古建筑工程计量

万彩林　编著

U0195717

中国建筑工业出版社

图书在版编目（CIP）数据

古建筑工程计量/万彩林编著．—北京：中国建
筑工业出版社，2022.5
ISBN 978-7-112-27315-7

Ⅰ.①古… Ⅱ.①万… Ⅲ.①古建筑－建筑工程－计
量 Ⅳ.①TU723.32

中国版本图书馆CIP数据核字（2022）第063727号

　　本书包括了砌体工程、地面工程、屋面工程、抹灰工程、木构架及木基层工
程、木装修工程、油饰彩绘工程、综合练习八章内容。除综合练习之外的七章内
容又包括了：统一性规定及解释说明、工程量计算规则详解、例题等内容，详细
讲述了古建筑工程中各个分部工程的工程计量方法、规则，以及相关的古建筑定
额的要求。第八章的综合练习，供读者学习后，自我检测学习成果。

　　本书适合高等院校古建筑专业、工程造价专业师生使用。也适用于古建筑工
程技术人员、古建筑工程审计人员、古建筑劳务分包人员阅读、使用。

＊　　＊　　＊

责任编辑：张伯熙
文字编辑：王　治
责任校对：姜小莲

古建筑工程计量

万彩林　编著

＊

中国建筑工业出版社出版、发行（北京海淀三里河路9号）

各地新华书店、建筑书店经销

霸州市顺浩图文科技发展有限公司制版

天津安泰印刷有限公司印刷

＊

开本：787毫米×1092毫米　1/16　印张：18¾　字数：459千字
2022年6月第一版　　2022年6月第一次印刷
定价：**80.00**元
ISBN 978-7-112-27315-7
（38720）

版权所有　翻印必究

如有印装质量问题，可寄本社图书出版中心退换

（邮政编码　100037）

编著者简介

万彩林，北京市文物古建工程公司总工程师、国家文物局方案评审专家、高级工程师、中国民族建筑研究会专家委员、中国圆明园学会古建园林分会专家、北京市建设教育协会文物古建园林分会专家。

万彩林先生从事文物古建修缮保护工程四十余年，受聘多所大专院校，讲授古建筑工程预算、中国古建筑瓦石营法、古建筑工程材料等课程。常年从事古建筑造价员岗位培训工作，为中国古建筑行业培养了大批专业造价人员。

万彩林先生具有丰富的古建筑工程造价管理工作经验和深厚的理论基础，多次参与国家、北京市古建筑工程定额的修编、审订工作，对古建筑工程造价理论有很深的研究。

参与本书编写人员名单

按姓氏笔画排序：

冯伟旖　李　影　杨春丽　邸小宁　张伟朋　张红宾

张宝全　张增美　林哲宇　盖宝超　韩荣荣　慕　春

前　言

很久以来，我一直想编写一本古建筑工程计量的图书，规范古建筑工程造价市场的计量行为。

2020年春节之后，本人在家休息了三个多月，闲来无事，动笔编写了此书。至今，书稿基本形成，谨以此书奉献给读者。

本书按照北京市的古建筑专业的工程预算定额中的统一规定、说明和工程量计算规则，逐条进行了详细解释。并对部分较难理解之处，以例题和图解形式进行了详细解释，使读者一目了然。

本书共有八章，每章后面附有例题。第八章为综合练习，大量的习题，使初学者反复演练古建筑工程量的计量。

本书在编写过程中参考了马炳坚先生的《中国古建筑木作营造技术》，刘大可先生的《中国古建筑瓦石营法》和边精一先生的《中国古建筑油漆彩画》等内容。经过诸位先生们的应允，引用了上述著作中的部分插图。同时，在编写过程中还得到了北京市文物古建工程公司的鼎力支持。参加本书编写的主要人员有冯伟旖、邸小宁、李影、林哲宇、杨春丽、张红宾、张宝全、张增美、张伟朋、盖宝超、韩荣荣、慕春等人。在此特表示诚挚的谢意。

由于本人知识水平所限，书中难免有误，恳请读者指教。

目　　录

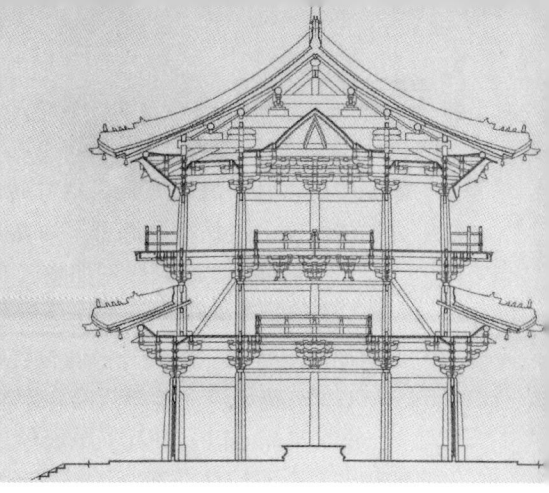

第一章
砌体工程

第一节　统一性规定及解释说明

1. 本章中细砖指经砍磨加工后的砖件，糙砖指未经砍磨加工的砖件，而非砖料材质的糙细；各种细砖砌体定额规定的砖料消耗量包括砍制过程中的损耗在内，若使用已经砍制的成品砖料，应扣除砍砖工的人工费用，砖料用量乘以 0.93 系数，砖料单价按成品砖料的价格调整后执行，其他不做调整。

2. 台基下磉墩、拦土墙按其材料做法执行相应砌体定额。

3. "整砖墙拆除""碎砖墙拆除"适用于各类实体性黏土砖墙体的拆除，不分细砖墙（含方砖心、上下槛立八字线枋等）或糙砖墙均执行同一定额，外整里碎墙拆除按"整砖墙拆除"定额执行，墙体拆除其附着的饰面层不另行计算。十字空花墙、砖檐、墙帽、花瓦心及琉璃砌体等拆除，另按相应定额执行。

4. 砖砌体墁活打点、刷浆打点及琉璃墙面打点，均包括各种砖（琉璃）饰件及什锦门窗套在内，旧有糙砖墙面、石墙面全部重新勾抹灰缝打点，按抹灰工程相应定额及相关规定执行。本章墙面勾抹灰缝定额只适用于新垒砌的糙砖墙、石墙。

5. 墙面剔补以所补换砖件相连面积之和，在 $1.0m^2$ 以内为准，相连面积之和超过 $1.0m^2$ 时，应执行拆除和砌筑定额。砖件相连以两块砖之间有一定长度的砖缝为准，不含顶角相对的情况。

6. 砖墙体拆砌均以新砖添配在 30％以内为准，新砖添配超过 30％时，另执行新砖添配每增 10％定额（不足 10％亦按 10％执行）。

7. 墙体砌筑定额已综合了弧形墙、拱形墙及云墙等不同情况，实际工程中如遇上述情况，定额不做调整，散砖博缝按墙体相应定额执行。

8. 传统工艺中的干摆、丝缝、淌白等细砖砌体及琉璃砖砌体砌筑均以十字缝排砖为准，其中，细砖砌体已综合了所需转头砖、八字砖、透风砖的砍制，丝缝墙综合了勾凸缝和勾凹缝做法。三顺一丁排砖按定额乘以 1.14 系数执行，一顺一丁排砖按定额乘以 1.33 系数执行。各种细砖、琉璃砖砌体拆砌、砌筑不包括里皮衬砌的糙砖砌体，里皮衬砌另执行相应的"糙砖墙体砌筑"定额。单块面积在 $2.0m^2$ 以内的山花、象眼等三角形细砖砌体的砌筑，按相应定额乘以 1.15 系数执行。

9. 什锦窗洞口面积按贴脸里口水平长乘以垂直高计算。

10. 影壁、看面墙、廊心墙、槛墙等方砖心摆砌以素做为准，有砖雕花饰者另行增加雕刻费用，其中尺七方砖裁制方砖心系是指将尺七方砖裁成四小块（每块约为 25cm 见方）的做法。线枋摆砌综合了海棠池做法。

11. 穿插档摆砌以线刻如意云头三环套月为准，若做其他雕饰，另行增加雕刻费用。

12. 传统工艺中梢子、挂落以不做雕饰为准，博缝头以线刻纹饰为准，如做雕饰应另行增加雕刻费用。梢子补换馒檐砖执行博缝补换砖定额。

13. 空花墙以一砖厚为准，定额已综合了转角处的工料。

14. 花瓦心以一进瓦（单面做法）为准，若为两进瓦按相应定额乘以 2.0 系数执行。墙帽花瓦心与墙体花瓦心执行同一定额。

15. 冰盘檐除连珠混已含雕饰外，其他各层雕饰均另行计算，鸡嗉檐、冰盘檐分层组合方式见表 1-1。

鸡嗉檐、冰盘檐分层组合方式　　　　　　　　　　　表 1-1

名　称	分层组合做法	备　注
鸡嗉檐	直檐、半混、盖板	
四层冰盘檐	直檐、半混、枭、盖板	
五层素冰盘檐	直檐、半混、炉口、枭、盖板	
五层带连珠混冰盘檐	直檐、连珠混、半混、枭、盖板	
五层带砖椽冰盘檐	直檐、半混、枭、砖椽、盖板	
六层无砖椽冰盘檐	直檐、连珠混、半混、炉口、枭、盖板	
六层带连珠混砖椽冰盘檐	直檐、连珠混、半混、枭、砖椽、盖板	
六层带方、圆砖椽冰盘檐	直檐、半混、枭、圆椽、方椽、盖板	
七层带连珠混砖椽冰盘檐	直檐、连珠混、半混、炉口、枭、砖椽、盖板	
七层带方、圆砖椽冰盘檐	直檐、连珠混、半混、枭、圆椽、方椽、盖板	
八层冰盘檐	直檐、连珠混、半混、炉口、枭、圆椽、方椽、盖板	

16. 冰盘檐拆砌分层执行相应定额。

17. 各种墙帽均以双面做法为准，包括砌胎子砖，若为单面做法按相应定额乘以 0.65 系数执行，瓦瓦（第一个瓦字是动词，四声，全书同）墙帽按本书第三章屋面工程中有关规定执行。

18. 琉璃挑檐桁及琉璃斗栱的机枋已综合了搭角部分，如遇搭角挑檐桁、搭角机枋，定额不做调整。

19. 柱顶石定额已综合了普通和五边形、扇形等不同规格形状及连做的情况，实际工程中，无论上述何种情况，对定额均不做调整。台基柱顶石需剔凿穿透的插扦榫眼，另执行柱顶石剔凿插扦榫眼定额。楼面套顶石制作定额已包括剔凿柱卡口，不得再执行柱顶石剔凿插扦榫眼定额。

20. 阶条石、平座压面石、陡板石、须弥座、腰线石等均以常见规格做法为准，如遇弧形或拱形时，其制作按相应定额乘以 1.10 系数执行。阶条石、平座压面石拆安归位若需补配，其补配部分执行拆除、制作、安装相应定额。硬山式建筑山墙及后檐墙下的均边石执行腰线石定额。石窗洞口的腰线石（窗榻板）执行阶条石定额。

21. 桥面石执行地面石定额，桥面侧缘仰天石执行阶条石定额。

22. 象眼石制作以素面为准，落方涩池（海棠池）其制作用工乘以 1.35 系数。

23. 角柱石制作以素面为准，不分圭背角柱、墀头角柱、宇墙角柱、扶手墙角柱及须弥座角柱，均执行同一定额。露明面若需落海棠池者，其制作用工乘以 1.2 系数。

24. 墙帽与角柱连做以两者连体为准，不分其墙帽出檐带扣脊瓦或不出槽带八字，均执行同一定额。

25. 独立须弥座系指用整块石料雕制的狮子座、香炉座等，不分方、圆等形状，均执行同一定额。

26. 石制门槛与槛垫石连做者，按地面及庭院工程中相应定额及相关规定执行。

27. 门窗券石其拱券（或腰线石）以下部分执行角柱石定额。

28. 门鼓石雕饰，圆鼓以大鼓做浅浮雕、顶面雕兽面为准，幞头鼓以露明面做浅浮雕为准。

29. 滚墩石雕饰以大鼓做浅浮雕、顶面雕兽面为准。

30. 石构件制作、安装、剁斧见新、磨光见新均以汉白玉、青白石等普坚石材为准。若为花岗石等坚硬石材，定额人工乘以 1.35 系数。

31. 旧石构件如因风化、模糊，需重新落墨、剔凿出细、恢复原样者，按相应制作定额扣除石料价格后乘以系数 0.7 执行。

32. 定额中规定的石材消耗量以规格石料为准，其价格中已含荒料的加工损耗和加工费用，实际工程中若使用荒料加工制作，定额不做调整。不带雕刻的石构件制作，定额已综合了剁斧、砸花锤、刷道、扁光或磨光等做法，实际工程中无论采用上述何种做法，定额亦不做调整。

第二节　工程量计算规则详解

1. 砖件、琉璃件剔补、补配按所补换砖件、琉璃件的数量以块（件）为单位计算。

砖件的剔补数量，一般在设计文件中不会直接标注。但设计文件会标注某些部位需要剔补的百分率。可以先计算出某部位总的平方米数量，再乘以设计文件规定的百分率，即为设计要求剔补的面积。用这个面积乘以定额消耗量"块/m²"，即为设计要求剔补砖的数量。

注：定额消耗量如为细砖墙面，还应扣除 13％ 的加工砌筑损耗量，糙砌砖墙的定额消耗量应扣除 3％ 的砌筑损耗量后，再与面积相乘。

砖件补配：剔补指博缝头、博缝、戗檐砖、透风砖、方砖心、上下槛、立八字、箍头枋、砖柱或枋、门窗贴脸砖、门窗洞口侧壁砖、墙面砖等，其中透风砖、门窗贴脸砖等不含砖雕刻。

琉璃件补配：剔补指琉璃梁、枋等构件，以件为单位。琉璃梁、枋一件指一根梁或枋在一侧投影面上，梁、枋尺寸有大小之分，以梁、枋的平方米为单位，计算出此梁、枋的面积（可能由多块拼合为一根梁、枋），将此面积带入相应定额内，按括号内价格调整，调预算基价。预算基价中的件并非指一根梁、枋由多少件琉璃件组成，而是指一根梁、枋

（无论由多少件组成）为一件。

例：某琉璃牌楼一侧剔补更换大额枋，额枋长 3800mm、高 350mm，额枋是由 6 块琉璃件组成，求此额枋的工程量及直接工程费。

解：（1）虽说此额枋是由 6 件组合而成，但这里的梁、枋计算仍为一件。梁的面积＝ $3.80 \times 0.35 = 1.33$（m²）。

（2）预算基价的确定

选择定额编号 1-234，将 1.33m² 代入材料消耗量的括号内，完善预算价的组成：新的预算基价＝ $47.57 + 1.33 \times 2600 = 3505.57$（元/件）

（3）直接工程费就是 3505.57 元。也就是补配此梁（面积为 1.33m²）的定额直接费为 3505.57 元。

2. 砖墙面、琉璃墙面打点按垂直投影面积以平方米为单位计算，不扣除柱门所占面积，扣除石构件及 0.5m² 以外门窗洞口所占面积，洞口侧壁不增加，凸出墙面的砖饰侧面不展开。

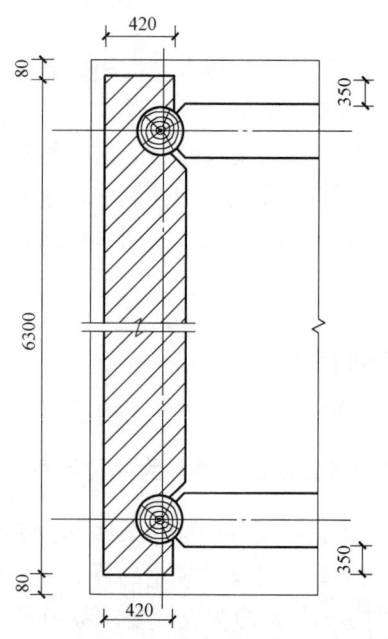

图 1-1　硬山式建筑山墙展开长度

墙面打点按垂直投影面积计算，砖腿子正面，腿子里侧面要展开计算，突出墙面的砖垛子也要展开计算。硬山式建筑山墙展开长度见图 1-1。

硬山式建筑山墙与腿子的关系，计算展开面积时长度＝ $6300 + 2 \times (420 + 350) = 7840$（mm）＝7.84（m）

带有砖垛的墙，计算两侧展开面积时（图 1-2），长度＝（2500mm＋500mm＋3600mm＋500mm＋2500mm）×2＋4×150mm×2＝20400mm＝20.40m

例：某室内后檐下肩打点，下肩高为 1050mm，求墙面打点的面积。

解：　　长＝3800＋4000＋3800
　　　　　＝11600（mm）＝11.60（m）

墙面打点的面积＝ $11.60 \times 1.05 = 12.18$（m²）

注：长度计算时不扣除柱门所占尺寸（图 1-3）。

如果是琉璃牌楼打点，按各构件露明面的展开尺寸乘以长，以平方米为单位计算。

琉璃斗栱打点按木质斗栱形式确定为几踩斗栱，按斗口尺寸，查阅木质斗栱表对应的展开面积值。

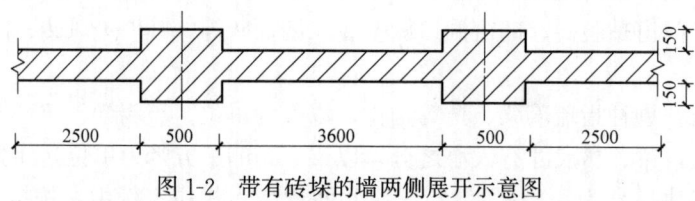

图 1-2　带有砖垛的墙两侧展开示意图

琉璃十字花孔宇墙打点按一面墙的垂直投影面积计算，十字花孔所占面积不被扣除。两面墙都打点时，面积乘以 2。宇墙墙帽如为琉璃压顶砖和扣脊瓦时，高度从地坪量至扣脊瓦顶端，再乘以长度，按面积计算。

斜花孔宇墙按墙体与地面的垂直高乘以墙长，以平方米为单位计算。

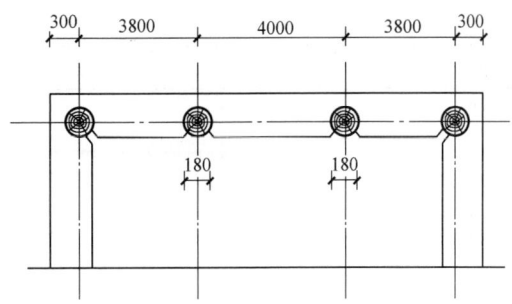

图 1-3　不扣除柱门所占尺寸

3. 黏土砖砌体及毛石砌体拆除按体积以立方米为单位计算。其中，墙体体积按对应的墙体垂直投影面积乘以墙体厚度计算，其附着的饰面层厚度计算在内，扣除嵌入墙体内的柱、梁、枋、檩、石构件等及琉璃砌体、$0.5m^2$ 以外的门窗洞口、过人洞所占体积，不扣除伸入墙内的梁头、桁檩头所占体积。带形基础体积按其截面面积乘以中心线长计算（内墙中心线以净长为准）。礅墩体积按其水平截面面积乘以高计算，放脚体积应予增加。

拆黏土砖墙按体积计算，墙体厚度以拆除时的厚度计算，如有抹灰层、贴面装饰层等均计入厚度。计算体积时应扣除墙内包裹或半包裹的柱、梁、枋、檩、石构件，扣除面积大于 $0.5m^2$ 以外的孔洞所占体积。不扣除伸入墙内的梁头、檩头。

墙体拆除除了计算拆除的工程量外，还应计算产生的渣土工程量。渣土工程量按渣土发生量表计算（表 1-2）。渣土发生量表所表示的体积是拆除后的虚方体积，不应再计算折虚系数。

渣土发生量表　　　　　　　　　　　　　　　　　　　　　　　　表 1-2

序号	工 程 项 目		单位	渣土量系数
1	现浇、预制混凝土板顶	外墙 1 砖厚	m²	1.07
2		外墙 1$\frac{1}{2}$砖厚	m²	1.21
3	加气混凝土板	外墙 1 砖厚	m²	1.04
4		外墙 1$\frac{1}{2}$砖厚	m²	1.19
5	布瓦及泥瓦水泥瓦顶	外墙 1 砖厚	m²	1.06
6		外墙 1$\frac{1}{2}$砖厚	m²	1.20
7		外墙 2 砖厚	m²	1.34
8	干挂水泥瓦顶	外墙 1 砖厚	m²	0.90
9		外墙 1$\frac{1}{2}$砖厚	m²	1.03
10	石棉瓦顶	外墙 1 砖厚	m²	0.85
11		外墙 1$\frac{1}{2}$砖厚	m²	0.99

注：序号 1～11 工程项目均为"平房全房拆除"。

续表

序号	工程项目			单位	渣土量系数
12	平房全房拆除	青灰顶	外墙1砖厚	m²	1.05
13			外墙1$\frac{1}{2}$砖厚	m²	1.18
14		空斗砖墙		m²	0.80
15		棚子		m²	0.70
16	屋面拆除	带泥背屋面	布瓦屋面(包括泥背)	m²	0.36
17			琉璃屋面(包括泥背)	m²	0.39
18			泥瓦水泥瓦屋面	m²	0.21
19		青灰顶、焦渣顶		m²	0.29
20		无泥背屋面	石棉瓦屋面	m²	0.02
21			玻璃钢屋面	m²	0.01
22			望板油毡顶	m²	0.01
23			瓦条挂水泥瓦屋面	m²	0.04
24		铲除卷材防水层	无砂石保护层	m²	0.01
25			有砂石保护层	m²	0.02
26			天沟、檐沟	m²	0.01
27		屋面保温层		m³	1.30
28		混凝土屋顶	现、预制混凝土板	m²	0.53
29			加气混凝土板	m²	0.25
30	琉璃布瓦屋面查补			m²	0.006
31	琉璃布瓦屋面揭瓦			m²	0.09
32	屋面挑修	布瓦屋面		m²	0.21
33		干挂水泥瓦屋面		m²	0.01
34	墙体拆除	砖墙、乱石墙、基础墙		m³	1.46
35		空心墙	空心	m³	1.13
36			实心	m³	1.43
37		空心砖墙		m³	1.30
38	拆砖墙体	加气混凝土块墙		m³	1.30
39		板条、苇箔、石膏板墙		m²	0.06
40		干摆、丝缝、淌白墙面拆砌		m²	0.20
41		砖墙拆砌		m³	0.74
42		带刀灰墙拆砌		m³	0.40
43	墙面铲灰皮	整体抹灰面积		m²	0.03
44		瓷砖、锦砖		m²	0.035
45		水磨石、大理石		m²	0.10
46	钢筋混凝土构件拆除			m³	1.35

续表

序号	工程项目		单位	渣土量系数
47	天棚拆除	板条、苇箔、钢丝网	m²	0.03
48		石膏板	m²	0.02
49	地面垫层拆除	混凝土垫层	m³	1.30
50		灰土、碎砖三合土	m³	1.40
51	拆除地面	标准砖、水泥格砖地面	m²	0.10
52		预制水磨石大理石	m²	0.10
53	地面拆除	耐酸砖地面	m²	0.06
54		通体砖地面	m²	0.05
55		玻璃锦砖、陶瓷锦砖	m²	0.04
56		整体面积	m²	0.03
57	地面起墁	水泥格砖	m²	0.07
58		预制混凝土块	m²	0.08
59		平铺标准砖	m²	0.05
60		陡铺标准砖	m²	0.09
61	古建筑石作工程石渣		m³	0.40
62	古建条砖、方砖砍砖砖渣		m²	0.12
63	油漆彩画工程	砍麻布灰地仗	m²	0.02
64		砍单披灰地仗	m²	0.01
65	拆除管道保温层		m³	1.30
66	土方工程余土		m³	1.35

带形基础的拆除，砌筑按其截面面积乘以中心线长（外墙按中心线，内墙按净长）计算；传统独立式磉墩按水平截面面积乘以高计算，大放脚体积与基础体积要累加计算。这一规则与土建工程砖砌体规则相同。基础用砖如与黏土砖规格不同，不能使用基础大放脚折算面积表。

带形基础偏心轴示意图见图 1-4。

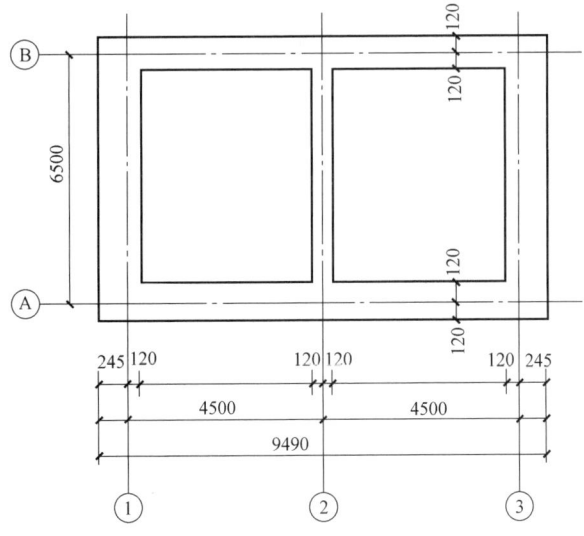

图 1-4 带形基础偏心轴示意图

例：例题图见 1-4。求外轴线长和内轴线长。

解：①轴外墙厚 365mm，若让①轴居中，则①轴要向左移动 62.5mm。同理③轴向右移动 62.5mm 时，③轴可以居中。这时新的①轴至新的③轴的轴线长＝2×62.50＋4500＋4500＝125＋9000＝9125（mm）＝9.125（m）

外墙轴线长＝2×（6.50＋9.125）＝31.25（m）

内墙净长＝6.50－0.12－0.12＝6.26（m）

4. 糙砖砌体及毛石砌体拆砌、砌筑均按体积，以立方米为单位计算。其中，墙体体积按对应的墙体垂直投影面积，乘以墙体净厚度计算，对其附着的饰面层及外皮琉璃砖、琉璃贴面砖厚度不计算，墙体上边线以砖檐下皮为准，博缝内侧衬砌的金刚墙体积应被计入，扣除嵌入墙体内的柱、梁、枋、檩、石构件等及 0.5m² 以外洞口所占体积，不扣除外皮细砖墙、琉璃砖墙伸入的丁头砖及伸入墙内的梁头、桁檩头所占体积；带形基础体积按其截面面积乘以中心线长计算（内墙中心线以净长为准）；礤墩体积按其水平截面面积乘以高计算，放脚体积应增加。

糙砌砖墙、毛石墙的拆除与砌筑计算规则相同。均按对应的墙体垂直投影面积，乘以墙体厚度，以立方米计算。

墙体表面的装饰面层、抹灰层、琉璃砖面层的厚度不应被计算。

墙高以出挑的首层砖檐底皮为准，方砖博缝后的金刚墙（博缝衬里墙）按糙砖墙计算。散装博缝的外皮墙如为干摆、丝缝、淌白，面层按平方米计算，其后的衬里墙按糙砖墙计算。

散装博缝如为带刀灰或者满铺灰做法，直接按糙砖墙规则以体积计算。

埋入糙砖墙内的柱子、梁、枋、檩子、石构件，以及大于 0.50m² 孔洞所占体积应被扣除。

硬山式建筑的山墙应扣除柱、梁、瓜柱等嵌入墙内的体积，山墙挑檐石应被扣除。什锦窗的面积按什锦窗外边棱所围最小外接矩形尺寸计算扣除。

糙砖墙用作衬里墙时，当外皮墙一侧或两侧为干摆、丝缝或淌白墙时，要另行计算衬里墙的厚度，原则是用总墙厚度减一侧或两侧外皮细砖墙面所占厚度，剩余尺寸仅为初步计算的墙厚度。

细砌的干摆、丝缝或淌白墙按设计用砖的宽度扣减，设计用砖的规格尺寸不一定是古建筑常用砖的尺寸，也可能与定额规定的用砖尺寸有出入。

定额规定了传统手工黏土砖的尺寸是为了测定砖的消耗量，定额规定尺寸与设计尺寸不一致时，允许换算用砖、用灰的数量。

古建筑定额用砖规格尺寸见表 1-3。

扣减后的尺寸为衬里墙的初步厚度尺寸，暂不能直接用来计算体积。还要按设计要求计算衬里墙厚度的最终尺寸。最终厚度尺寸参照设计所用砖的 $\frac{1}{4}$、$\frac{2}{4}$、$\frac{3}{4}$、$\frac{4}{4}$、$\frac{5}{4}$、$\frac{6}{4}$、$\frac{7}{4}$、$\frac{8}{4}$……的尺寸确定。如果初步尺寸正好等于 N 倍的 $\frac{1}{4}$ 砖长，最终尺寸就是这个尺寸。如果 N 倍的 $\frac{1}{4}$ 砖长在这两个数之间，取较大的 N 倍 $\frac{1}{4}$ 砖长的数值，确定为最终尺寸。

这样按用砖长的 $\frac{1}{4}$ 整数倍数计算厚度尺寸是考虑了一旦不足 $\frac{1}{4}$ 的整数倍数，实际砌筑中要打砖排活，被打掉的砖一定是小于砖长的 $\frac{1}{4}$，形成砖渣或垃圾而被扔掉。

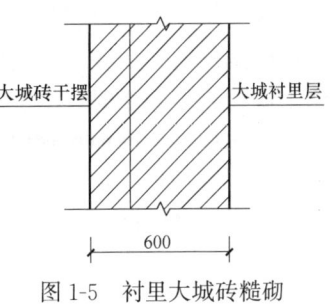

图 1-5　衬里大城砖糙砌

例：某墙厚为 600mm，外皮一侧大城砖干摆，衬里大城砖糙砌（图 1-5），求衬里墙厚度。

解：大城砖规格为 480mm×240mm×128mm，外墙大城砖干摆按面积计算。所用砖的一个宽度尺寸为 240mm，而 600mm 为墙总厚，用总厚 600mm 扣减 240mm，即为衬里墙初步厚度。

初步厚度为 600－240＝360（mm）

已知 $\frac{1}{4}$ 砖长 $=\frac{1}{4}\times480=120$（mm）

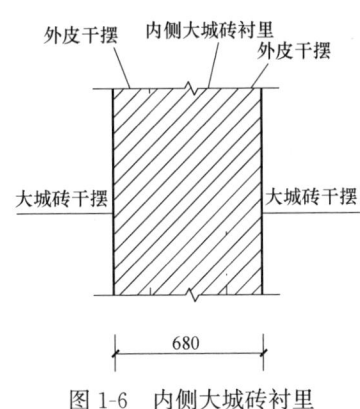

图 1-6　内侧大城砖衬里

360mm 的初步厚度内正好有三个 120mm，则此时初步厚度 360mm 即为最终衬里墙厚度。

例：某墙（厚 680mm）两侧均砌大城砖干摆，内侧大城砖衬里（图 1-6），求衬里墙厚度。

解：（1）衬里墙初步厚度＝680－（240＋240）＝200（mm）

（2）大城砖 $\frac{1}{4}$ 厚＝120mm、$\frac{2}{4}$ 厚＝240mm，这时，初步厚度 200mm 小于 240mm，大于 120mm，最终厚度取 240mm

拆除各种墙体时，按计算规则计算出的体积（工程量）是墙体的实际体积，如果发生运输、消纳等，要将实际体积再折算成自然状态下的虚体积。

细砌砖墙或琉璃砖墙背后有衬里墙，三顺一丁（图 1-7）、一顺一丁外墙排砖时，要用通长的丁砖（真丁）。这时每块丁砖会有二分之一的长度伸入到衬里墙中，而计算衬里

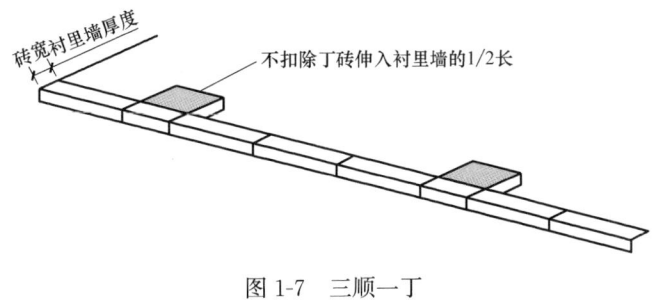

图 1-7　三顺一丁

墙时，这半块丁砖的体积虽已经计算，但在这里也不应被扣除。

硬山搁檩时，压在山墙内的檩头或檩垫不被扣除。后檐墙如不设柱，将梁头直接放置在墙上或设有梁垫木时，梁头及梁垫木所占体积不被扣除。

磉墩体积按截面面积乘以高计算，如带有大放脚时，大放脚体积按每层收退尺寸不同时的体积逐层计算，再与磉墩合并计算。

磉墩与磉墩间的拦土墙也属于基础墙，按磉墩之间净长，乘以拦土墙截面面积，按体积计算。拦土墙如有大放脚，也应计算体积。

台基基础墙体多砌成糙砖墙或毛石墙，用砖的规格尺寸不同，要分别计算。

糙砌砖墙、石砌体都要考虑墙面勾缝。勾缝的工程量按墙体表面积计算，斜坡形的拦土墙、护坡墙按斜坡面的实际面积计算。

古建筑定额用砖规格尺寸　　　　　　　　　　　表 1-3

名称	规格尺寸(mm)	名称	规格尺寸(mm)
大城砖	480×240×128	斧刃砖	240×120×40
二城样	448×224×112	蓝四丁砖	240×115×53
大停泥	416×208×80	尺七方砖	544×544×80
小停泥	288×144×64	尺四方砖	448×448×64
地趴砖	384×192×96	尺二方砖	384×384×58
大开条砖	260×130×50	小开条砖	245×125×40

5. 细砖墙拆砌、砌筑按垂直投影面积，以平方米为单位计算，不扣除柱门所占面积，扣除石构件、梢子及 0.5m² 以外洞口所占面积，洞口侧壁不增加。

细砌砖墙按面积计算，遇有砖腿等阳角要按展开面面积计算，带有收分的斜墙面按斜面面积计算。室内柱门不予扣除，山墙石挑檐，台基砖转角的埋头石、台阶等应予扣除。门窗洞口侧壁无论尺寸大小不应展开计算。细砌砖墙不扣除柱门，见图1-8。门窗内侧壁不展开，见图1-9。

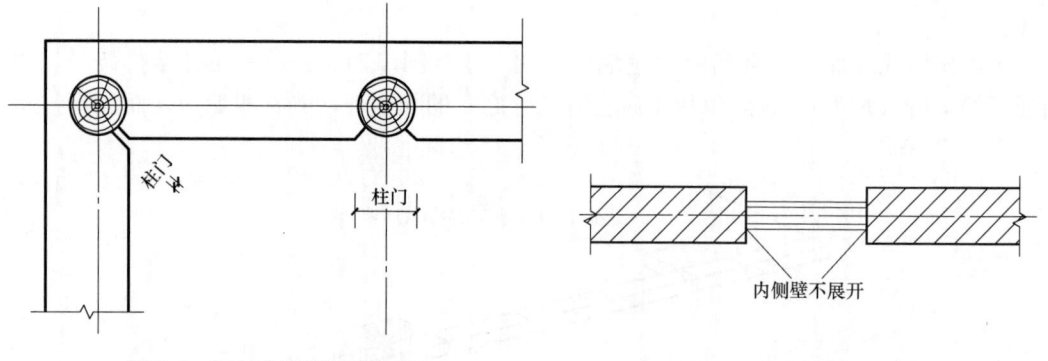

图 1-8　细砌砖墙不扣除柱门　　　　　　图 1-9　门窗内侧壁不展开

细砌砖墙用砖规格不同，但砌筑工艺相同时，要分别计算各自的工程量。细砌砖墙用砖相同，但砌筑工艺不同时，也要分别计算各自的工程量。

（1）山墙下肩大停泥淌白，上身小停泥淌白，要计算两次工程量。

（2）山墙下肩小停泥干摆，上身小停泥丝缝，要计算两次工程量。

6. 琉璃砖墙及琉璃贴面砖拆除、拆砌、砌筑均按垂直投影面积，以平方米为单位计算，不扣除柱门所占面积。

琉璃的梁、枋都是按粘贴琉璃饰面砖的展开面积计算。琉璃墙面按长乘以宽的面积计算。琉璃牌楼、琉璃影壁双面均贴砌琉璃饰面砖，则要乘以2，按两面计算面积。

琉璃砖砌筑的宇墙，虽双面可见琉璃面，但按单面面积计算。

7. 方整石砌体按体积以立方米为单位计算。

方整石（图1-10）是经过人工再加工的石材。与砖一样有六个面，对长、短、宽、窄可无要求，但薄厚尺寸要基本一致。方整石虽无尺寸上限，但这里指的是重量为30kg左右的方整料石，工人在砌筑时比较轻易搬动，可码放砌筑到墙上，超过这个重量就要使用起重设备。

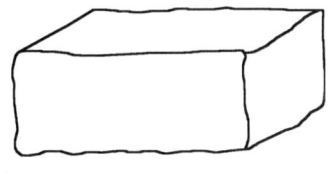

图1-10　方整石

超过上述条件的方整石墙，计算方法相同，但组价相对复杂。如万里长城的下肩多由特大型花岗石砌筑，高厚均可达800mm。如计算这类方整石墙体积，价格不应执行定额编号1-451和定额编号1-456子目。这两个子目只适用于小型料石的护坡墙、挡土墙、围墙、台基陡板等部位。

8. 十字空花墙、琉璃空花墙及花瓦心均按垂直投影面积，以平方米为单位计算。

十字空花墙（图1-11）、琉璃空花墙、各种花瓦心墙计算面积时，已包含端头、转角处的砖柱。如墙顶有冰盘檐或其他形式的墙帽时，冰盘檐和墙帽另按相关规则计算。如宇墙端头设有石带墙帽角柱石等，石构件可另行计算。其所占面积不应在计算空花墙时计算在内。

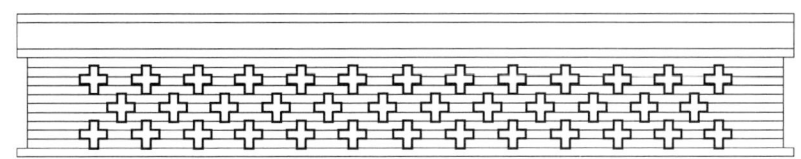

图1-11　十字空花墙

9. 砖券按体积以立方米为单位计算，其中门窗券按其垂直投影面积乘以墙体厚度计算体积，车棚券按其垂直投影面积乘以券洞长计算体积。

券的面积以半圆券为例，有两个弧长，一个内弧长，一个外弧长。计算券表面积时，取内弧长与外弧长的平均值（假想中心弧长），再乘以券砖总高度。券砖总高度内有竖直放置的丁砖，有竖直放置的条砖（券砖），也有平置的丁砖，砖券高要看设计文件标注，看排砖灰缝大小计算。

例： 某门洞口宽度为 2500mm，半圆券采用五券五伏砌筑（图 1-12），灰缝为 8mm，丁砖长为 120mm，丁砖厚为 65mm，墙体厚为 1600mm，求砖券体积。

解： 门口宽度即为半圆券内直径

内弧长 $=2500\times3.14\times\dfrac{1}{2}=3925$（mm）$\approx3.93$（m）

券高 $=5\times120+5\times65+9\times8=997$（mm）$\approx1$（m）

（注：五券五伏砌筑时有九个灰缝。）

外弧长 $=(2500+2\times997)\times3.14\times\dfrac{1}{2}\approx7056$（mm）$\approx7.06$（m）

平均弧长 $=(3.93+7.06)\times\dfrac{1}{2}\approx5.50$（m）

券洞口表面积 $=5.50\times1=5.50$（m²）

砖券体积 $=5.50\times1.60=8.80$（m³）

求外弧长时，取内洞口尺寸加上 2 倍的五伏尺寸为外弧长对应的外直径。

平砌体砖券（直券）计算规则相同，券洞表面积见图 1-13，券洞表面积是 $L\times H$。

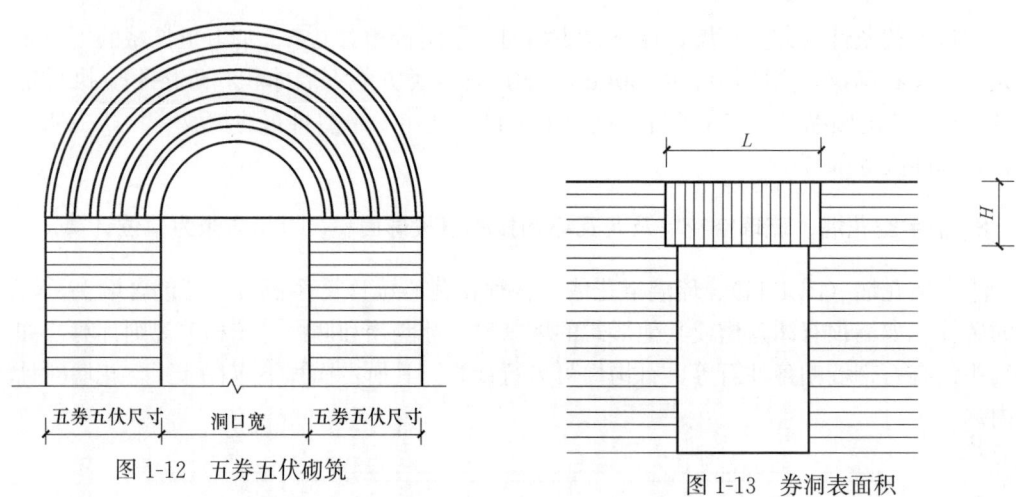

图 1-12 五券五伏砌筑　　　　　　　　　图 1-13 券洞表面积

如遇枕头券（非半圆券），洞口尺寸即为弦长，利用弦长、弦高求内弧长，其他方法同圆券。

砌各种砖石券除了按规则计算券体积以外，还应另行考虑或计算券胎的制作。跨度较小的砖石券可考虑木券胎或砖券胎，大型城门洞要考虑型钢组合支架的制作费用，具体采用何种材质制作券胎应按设计图要求或施工组织设计方案的要求，另行计算券胎支架。

10. 砖、石墙面勾抹灰缝按相应墙面垂直投影面积，以平方米为单位计算，扣除石构件及 0.5m² 以外门窗洞口所占面积，门窗洞口侧壁亦不增加。

因糙砌砖墙、石墙砌筑不包括表面勾缝，勾缝面积要单独计量。编制预算造价时，应单独列出墙面勾缝的子目计算价格。工程量计算与细砌墙面规则基本相同，勾缝工艺做法不同时，要选择对应的子目。此处毛石墙勾缝适用于新砌筑的毛石墙体勾缝，如旧有毛石墙勾缝，则适用于抹灰工程中的旧石墙维修重新勾缝。

勾缝面积中不扣除小于或等于 0.5m² 以内的门窗洞口所占面积。遇有带收分的墙体，按斜面面积计算。

糙砖墙体必须做表面勾缝处理。

11. 梢子、穿插档、小脊子以份为单位计算。

梢子（图 1-14）的一份包括荷叶墩、混砖、炉口、枭砖、两层盘头、戗檐砖及内侧腮帮、外侧的后续尾。不包括垫花砖及垫花砖雕，不包括博缝头，不包括戗檐砖、荷叶墩的雕刻及两层盘头的雕刻。

穿插档（见图 1-15 的标注）就是穿插枋上皮与抱头梁下皮之间的空，在山墙内侧多贴砌陡砖，每一处为一个。

小脊子位于穿插枋下皮与廊心卧八字砖之间。每一个廊心墙（图 1-15）有一条（个）

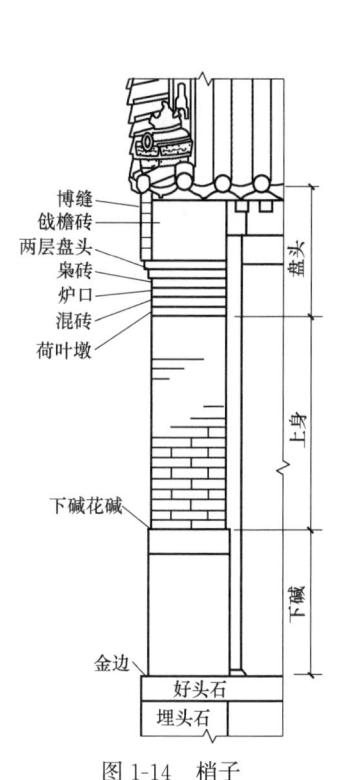

图 1-14 梢子

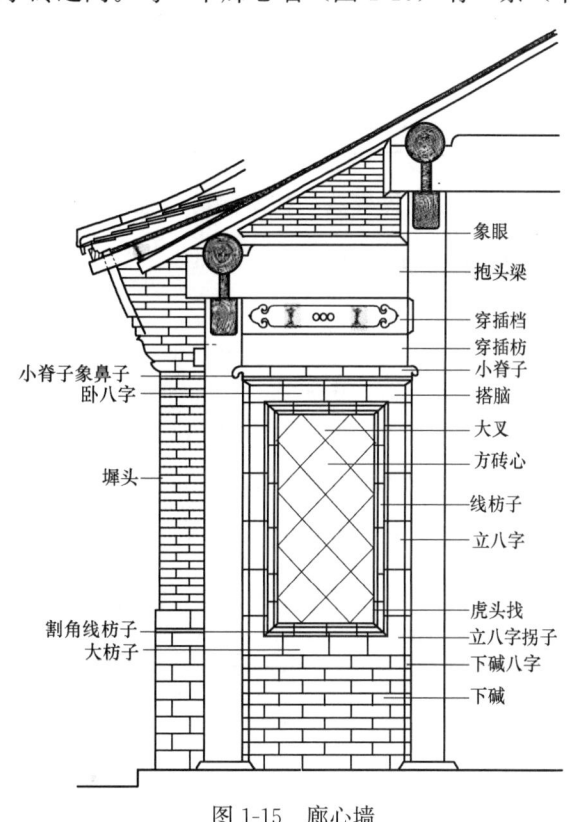

图 1-15 廊心墙

小脊子，小脊子砖要预磨成混砖，端头雕凿成"象鼻子"。不管廊步架有多大或者有多小，一个廊心墙小脊子都按"一条"计算。

梢子、穿插档、小脊子多成对出现。

12. 上下槛、立八字按长度，以米为单位计算。其中，上槛（卧八字）、下槛按柱间净长计算，扣除门口所占长度。廊心墙两侧立八字按下肩上皮至小脊子下皮净长计算，槛墙两侧立八字按地面上皮至窗榻板下皮净长计算。

砖上槛、下槛、立八字按累加的长度以米为单位计算。

上槛、下槛的长是两个柱里皮至里皮之长，也就是相邻两柱间净长。设有门口时，应扣除门口所占长度。

立八字高是自小脊子下皮至退花碱处的垂直距离，小脊子一般为60mm高，而穿插枋下皮可以通过檐檩中的标高，扣减相应垫板高、檐枋高和穿插枋高，求出小脊子上皮高。立八字的水平长等于线枋外棱水平长。

廊心墙小脊子设计多不标注尺寸，厚（高）可按60mm扣减，下肩上皮就是退花碱处的标高。实际工程图中会标注抱头梁下皮之高（檐柱高），标注抱头梁与穿插枋之高，不会标注穿插档之高。一般情况下，穿插档高等于穿插枋高，这样就可推算出小脊子下皮标高。

例：某檐柱高为3200mm，退花碱处标高为＋0.900m，檐枋为220mm×260mm，穿插枋截面为200mm×260mm，求廊心墙立八字高。

$$立八字高＝(3.20－0.90－0.26－0.26－0.06)×2$$
$$＝1.72×2＝3.44（m）$$

13. 砖饰柱、细砖箍头枋、琉璃方圆角柱均按长度以米为单位计算。其中，砖饰柱、琉璃方圆角柱按下肩上皮（琉璃垂柱按垂头上皮）至箍头枋上皮间净长计算，不扣除马蹄磉所占长度。细砖箍头枋按两侧砖饰柱间净长计算。

影壁见图1-16。

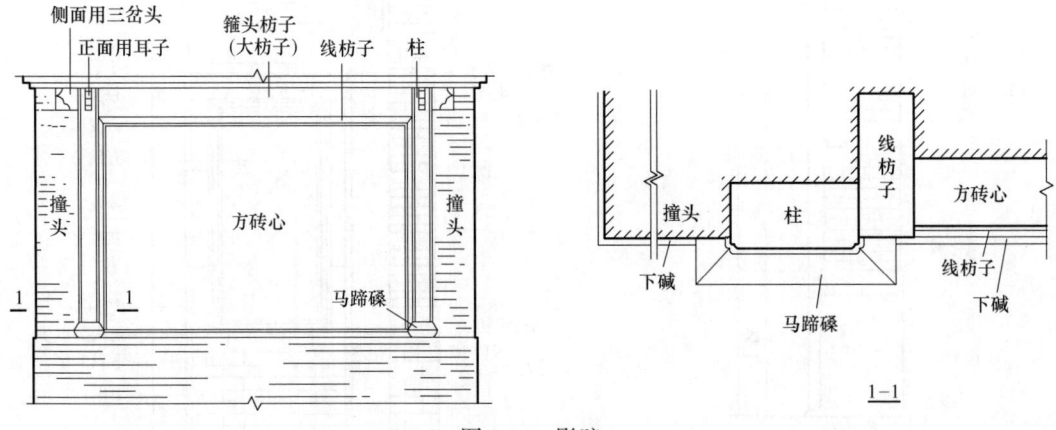

图1-16 影壁

琉璃垂柱按垂头上皮至垂头尖（端头）的高计算，马蹄磉是用砖或琉璃做成的仿柱顶石饰件，所占高不被扣除。

箍头枋是仿木的砖或琉璃饰件，按左右梁柱之间净长计算。箍头枋向柱外探出的榫头按个计算，是假榫头。

14. 琉璃梁、枋及垫板按垂直投影面积以平方米为单位计算，马蹄磉、箍头、耳子及琉璃垂头以件（份）为单位计算。

琉璃梁、枋及垫板多只粘贴一面，按琉璃饰件长乘以高的垂直投影面积，以平方米为单位计算。梁、枋探出柱外的榫头也要计算面积，榫头要计算四个面的面积，即两个立面、一个底面和一个端头面的面积。

琉璃牌楼、影壁两面贴面砖，按两面的面积计算。

15. 线枋按其外边线长，以米为单位计算。

砖线枋、琉璃线枋按外边线之和计算。即两个高加两个宽之和。

线枋长 $= 2 \times (H + L)$，见图1-17。

16. 方砖心按线枋里口围成的面积，以平方米为单位计算。琉璃花心拼砌，按垂直投影面积，以平方米为单位计算。

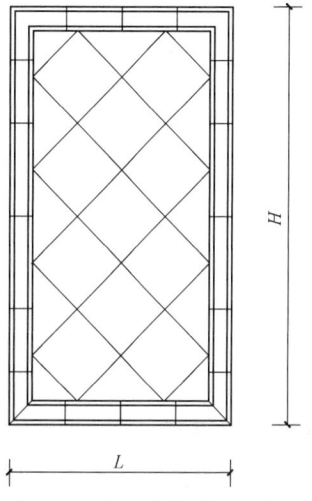

图1-17　廊心墙方砖心、线枋

无论方砖心或琉璃花心拼砌均按线枋子里侧所围面积计算。不扣除岔角花和中心花所占面积。方砖雕刻的岔角花、中心花另行计算砖雕刻的面积和费用，琉璃花饰与之相同。

17. 什锦门窗砖贴脸以份为单位计算，通透什锦窗双面做砖贴脸者每座按两份计算，什锦门双面做砖贴脸者每一门洞按两份计算。

砖贴脸是镶嵌在木桶座外侧，表面突出砖墙的一圈装饰，多用方砖砍制加工。

查阅什锦窗剖面图或所在墙体的正（背）立面图可以确定哪个面有砖套。什锦窗贴脸见图1-18。

定额中将什锦窗、门（图1-19）大小分为三个档次，面积的计算按直线边框或曲线边框图形外接最小矩形确定分档。

什锦门砖套与什锦窗砖套道理相同。

18. 门窗筒壁贴砌按洞口周长以米为单位计算，扣除门洞口底面或元宝石所占长度。

门窗筒壁贴砌（图1-20）与砖贴脸呈90°，是沿着门窗形状在墙厚度位置贴砌的砖，此做法多不在洞口内放置木口。

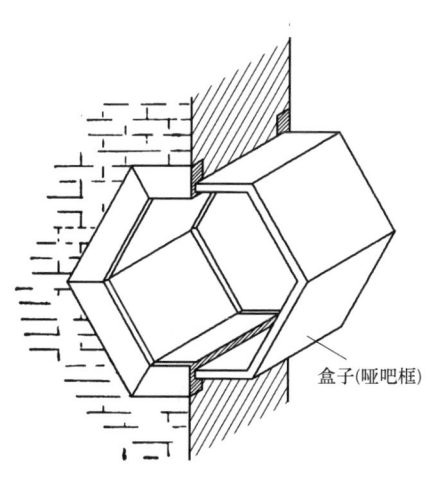

盒子(哑吧框)

图1-18　什锦窗贴脸

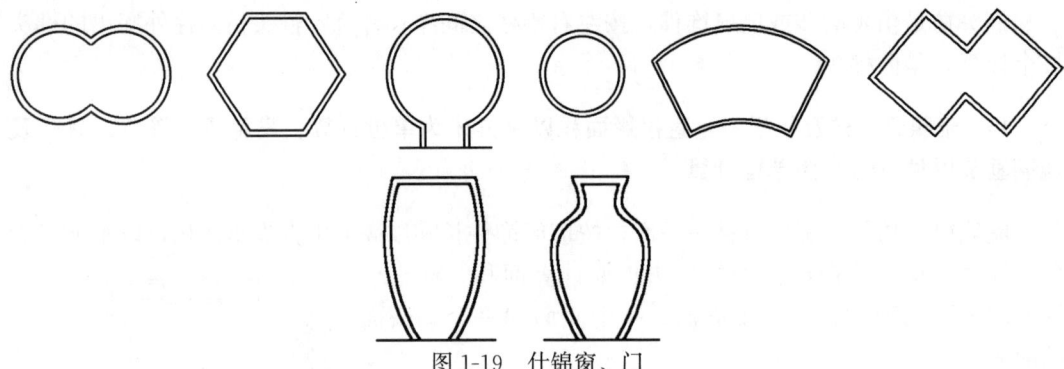

图 1-19　什锦窗、门

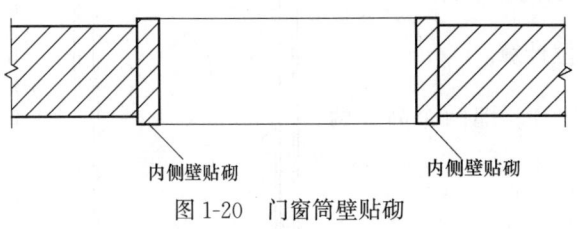

内侧壁贴砌　　　　内侧壁贴砌

图 1-20　门窗筒壁贴砌

为保证有效地拉结，多埋设（竹）木仁，或者用铜丝将贴砌的砖与墙体拉结后，灌实灰浆。贴砌砖梅花线见图 1-21。

折线、直线形的门洞口内壁贴砌砖，按洞口周长，即两倍的洞口高加洞口宽计算，底边不计入周长。什锦门见图 1-22。

什锦门洞口内壁长＝$2B+A$

带有曲线的洞口内壁贴砌砖，按外接最小矩形的边长之和，扣减一个洞口宽计算。圆形月亮门洞口内壁贴砌砖，按洞口内直径求出圆的周长，扣减洞底边的元宝石所占弧长计算，月亮门元宝石见图 1-23。

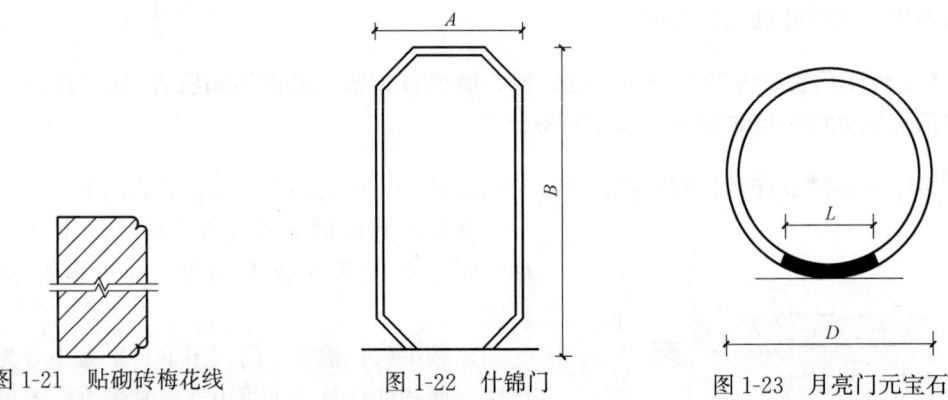

图 1-21　贴砌砖梅花线　　　　图 1-22　什锦门　　　　图 1-23　月亮门元宝石

月亮门内壁贴砌砖与发券的砖不是同一类型，贴砌砖起装饰作用，发券的砖起结构稳定作用，发券的砖另按砖券规则计算。

19. 须弥座打点、拆砌、砌筑均按上枋外边线长，乘以其垂直高以平方米为单位计算。

须弥座可由多层砖砌筑，计算时以最上一层（顶层）的外边棱所围的长度，乘以须弥座的垂直高，以平方米为单位计算。选择价格按须弥座使用砖的不同，而选择相应的定额。

佛像须弥座的背后多有衬里墙或其后填充一些回填土、灰土，应另行计算回填土、灰土、糙砖衬里墙和顶面的地面铺墁等。

例：使用二城样砖砌筑干摆须弥座，须弥座表面有细墁尺四方砖，其下用小停泥砖糙砌填充，须弥座示意图见图1-24，计算其工程量。

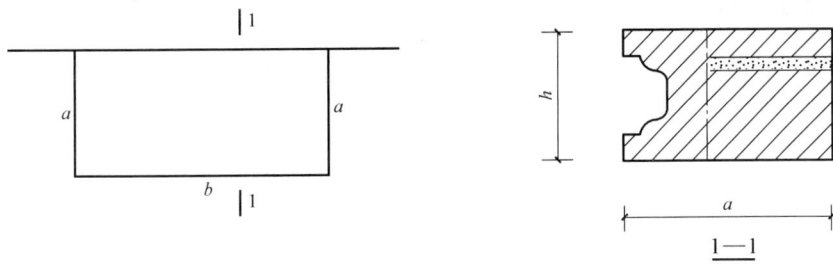

图1-24 须弥座示意图

解：（1）砖须弥座面积=$h\times(2a+b)$

（2）利用a、b值，沿外边各扣减一个二城样砖的宽度

已知二城样砖规格为440mm×220mm×110mm

长=$b-2\times0.22$m（左右各减一个砖宽）

宽=$a-0.22$m（只有佛像基座前面有须弥座，故只在前沿扣减一个砖宽）

墁地面积=$(b-2\times0.22\text{m})\times(a-0.22\text{m})$

糙砌小停泥衬里墙体积等于墁地面积乘以砌筑高度，这个高度不是须弥座的高，要扣减方砖墁地的厚度

墁地厚分别由尺四方砖厚和底下的灰泥结合层组成。尺四方砖厚为64mm

灰泥层标准做法为40mm，墁地总厚为104mm，糙砌小停泥衬里墙高为$h-0.104$

小停泥砖糙砌体积=$(h-0.104\text{m})\times[(b-2\times0.22\text{m})\times(a-0.22\text{m})]$

砖石须弥座的高含圭角高，不含土衬石高，砖石形成的土衬另计算

20. 冰盘檐打点按盖板外边线长，乘以其垂直高，以平方米为单位计算。

琉璃冰盘檐、砖冰盘檐打点维修按面积计算。无论砖檐有几层组合，长按最上一层檐（盖板砖）外棱边线长，高按各层檐高组合后的总高。

冰盘檐高度如图1-25所示，长为A点长度，高为各层砖檐厚之和h。

砖檐打点维修面积=$h\times A$（长度）

21. 砖檐、琉璃檐拆除、砌筑按盖板外边线长以米为单位计算。砖檐及琉璃檐拆砌分别按各层拆砌长度以米为单位计算。

砖檐、琉璃檐的拆砌或新砌，都是按长度计算。长度是最上一层盖板砖外棱长度。但是需要拆砌多少层要分别按照各层长之和计算。

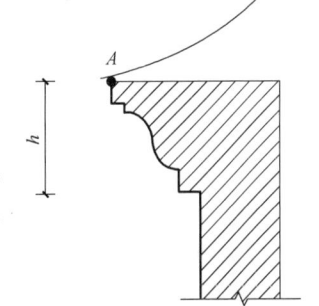

图1-25 冰盘檐高度

例：某墙帽两侧为小停泥五层冰盘檐，墙体长为7.50m，各层砖檐均要被拆砌，求

拆砌工程量。

解：墙长为 7.50m，双面做法，则砖檐长度为 15m。

砖檐做法为五层（直檐、半混、炉口、枭、盖板），每层需要被拆砌，拆砌工程量＝7.5×2×5＝75（m）

22. 方砖博缝按屋面坡长，以米为单位计算，不扣除博缝头所占长度，其下托山混不另行计算，方砖博缝头以块为单位计算。琉璃博缝按屋面坡长乘以博缝宽，以平方米为单位计算，琉璃博缝头不另行计算，琉璃博缝托山混另行按屋面坡长，以米为单位计算。

坡屋面长就是博缝的上弧长（图 1-26），它是由多根椽子长之和组成。每根椽子的长是根据椽子所在位置的步架和举架，通过勾股定理求斜边的方法计算而来。飞椽的斜长可以简化为 1.06 倍的水平长（按三五举系数）。当硬山式建筑后檐为封护檐时，后檐檩中至冰盘檐之间还有一段坡长。计算博缝长度时，这段长也要被计算。设计文件会标注冰盘檐的水平出挑尺寸和后檐墙的外包金尺寸。利用后檐步架举架的举折关系，把后檐金檩中至冰盘檐间的距离，当作新的三角形底边长（这个底边长等于后檐步架＋后檐外包金＋冰盘檐水平出挑尺寸），于是又构成了一个新的三角形。新构成的三角形与原后檐的三角形形成相似三角形。利用相似三角形对应边成比例的关系，利用勾股定理即可计算出金檩中至冰盘檐盖板上皮外棱之间的坡长。

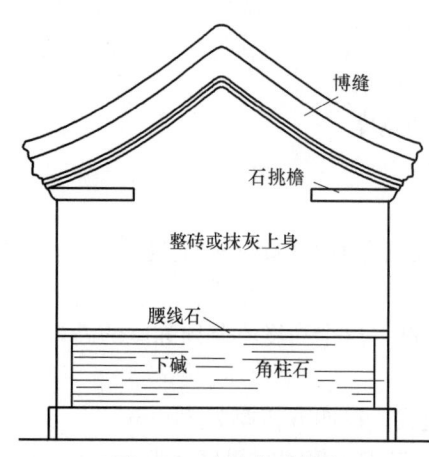

图 1-26　山墙方砖博缝

23. 方砖挂落按外皮长，以米为单位计算。琉璃挂落按垂直投影面积，以平方米为单位计算。琉璃滴珠板按突尖处竖直高，乘以长度，以平方米为单位计算。

方砖挂落多在门楼、平座位置出现，它是将方砖贴砌在墙外表面，起装饰作用。

方砖挂落按延长米计算，背后的衬里墙等应另行计算。

琉璃砖挂落按平方米计算，面积等于琉璃挂落砖水平长，乘以琉璃挂落砖高。

琉璃滴珠板（图 1-27）与琉璃挂落计算方法相同，只不过高度是滴珠板上棱至琉璃滴珠的凸尖处的垂直高。

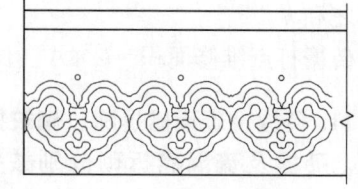

图 1-27　琉璃滴珠板

24. 琉璃山花板按垂直投影面积，以平方米为单位计算。

琉璃山花板在歇山建筑的侧立面，位于博脊之上。按垂直投影的三角形面积计算，注意每座歇山建筑会有两个侧立面，故三角形面积要乘以 2 倍。这个面积可用木作山花面积减掉博缝面积。

设计图多无此三角形的相关信息数据，可用此例尺从侧立面图中丈量出来。

25. 琉璃坐斗枋、琉璃挑檐桁，按长度以米为单位计算，不扣除搭角部分的长度。

琉璃坐斗枋、琉璃挑檐桁是烧制而成的琉璃件。两者都是按照各自的长度以米为单位计算，搭交部分所占长度不能被扣除，同时还要加上坐斗枋搭交榫头的长度。

搭交榫头的长，如图 1-28 所示，从搭交的中心点至桁檩端头为 1.5 倍檩径。从搭交的中心点至平板枋端头为 1.25 倍檩径。注意左右对称关系加出 3 倍檩径或 2.5 倍檩径。

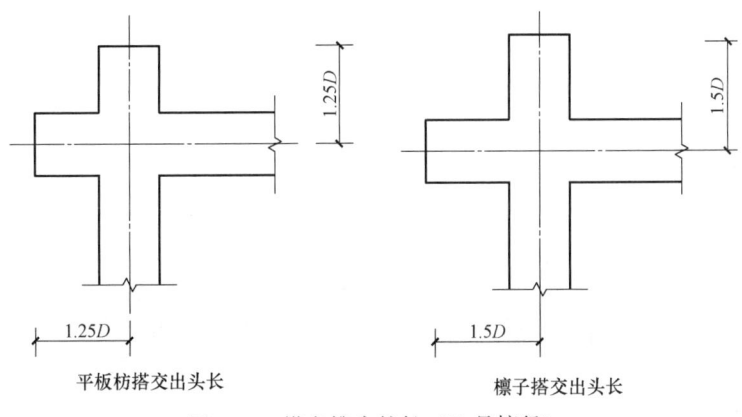

图 1-28　搭交榫头的长（D 是檩径）

26. 琉璃斗栱以攒为单位计量。

琉璃斗栱按攒计量，从建筑正立面和侧立面图或从斗栱仰视布置图中计量。琉璃斗栱不分柱头科与平身科，将柱头科归入平身科计量。角科斗栱（图 1-29）另按攒单独计量。

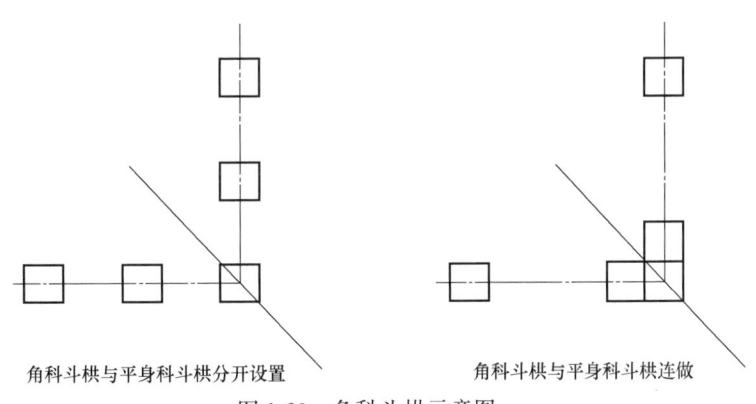

图 1-29　角科斗栱示意图

琉璃斗栱按高将斗栱分为若干档次，选择相应定额。斗栱的高从大斗底皮（或坐斗枋上皮）算至正心枋下皮。

例：三踩平身科斗栱，斗口为 50mm，斗栱总高为 2＋2＋1.20＝5.20（斗口），即：

5.20×0.05=0.26（m）

在琉璃斗栱中，很少见角科与平身科连做，如遇角科与平身科连做，一个转角连做的斗栱按两个平身科和一个角科计算。

注：三踩斗栱有 2 层，每层高为 2 斗口，昂下皮至大斗底皮为 1.20 斗口。

27. 琉璃椽飞按角梁端头中点连线长分段，以米为单位计算，正身椽飞与翼角椽飞以起翘处为分界点。

正身椽飞与翼角椽飞以起翘处为分界点（图 1-30），也是正身与最末一翘椽椽档的假想中心线（$\frac{1}{2}$ 椽档分界线，也是金檩中心线）。

AD 为角梁中心线，△BCD 为直角三角形，DC=BC，而 DC=檐步架+檐椽水平出挑尺寸。

此时正身平直段长度=CC′（或 N 间轴线之和）。

翼角椽飞段长度=BC+B′C′（这里 BC=B′C′）。

注：N 间轴线之和指房屋有多间时，处于转角处搭交金檩中至另一侧转角处搭交金檩中之间的距离，角梁端头中点连线长=BC+CC′+C′B′=2BC+CC′。

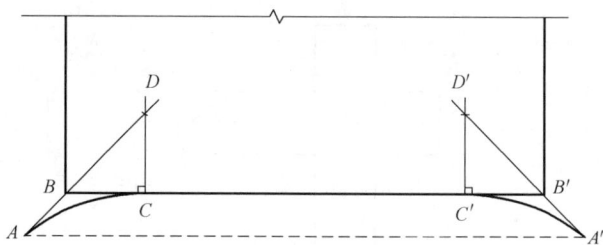

图 1-30　正身椽飞与翼角椽飞分界点
注：A 为冲出后角梁端点的中心点；B 为不考虑冲出后角梁端点的中心点。

28. 琉璃角梁、石角梁以根为单位计算。

琉璃角梁、石角梁按根计算。琉璃建筑物每个转角处有一个琉璃角梁或石角梁。

例 1：某八角琉璃塔，有十一层檐，则琉璃角梁数量=8×11=88（根）

例 2：某一字砖影壁，屋面形式为歇山式，设有石角梁，则石角梁有 4 根，影壁虽为一字影壁，但屋面为歇山式，有四个转角，每个转角会设石角梁一根。

29. 石墙帽（压顶）按中线长，以米为单位计算，扣除带墙帽角柱石所占长度。

石墙帽多用于宇墙和女儿墙压顶，分带扣脊瓦和不带扣脊瓦两种形式。宇墙墙帽压顶长应扣除出入口处连做带墙帽角柱石的厚度。砖墙帽多用于围墙、卡子墙等。墙帽做法见图 1-31。

例：某台基前宇墙平面图如图 1-32 所示。出入口处设角柱与墙帽连做石，规格是 450mm 宽、250mm 厚、1180mm 高，墙帽压顶石剖面图如图 1-33 所示，求墙帽压顶石长，求角柱与墙帽连做石体积，求糙砌宇墙体积，求墙面勾缝面积。

解：（1）月台实际长=（2×13000+18000）−（2000+2×1200）−2×450

=44000−4400−900

=38700（mm）

=38.70（m）

注：转角处不能被重复计量。

（2）墙帽压顶石长（要扣除墙帽与角柱连做石的厚度）＝38700－6×250＝38700－1500＝37200（mm）＝37.20（m）

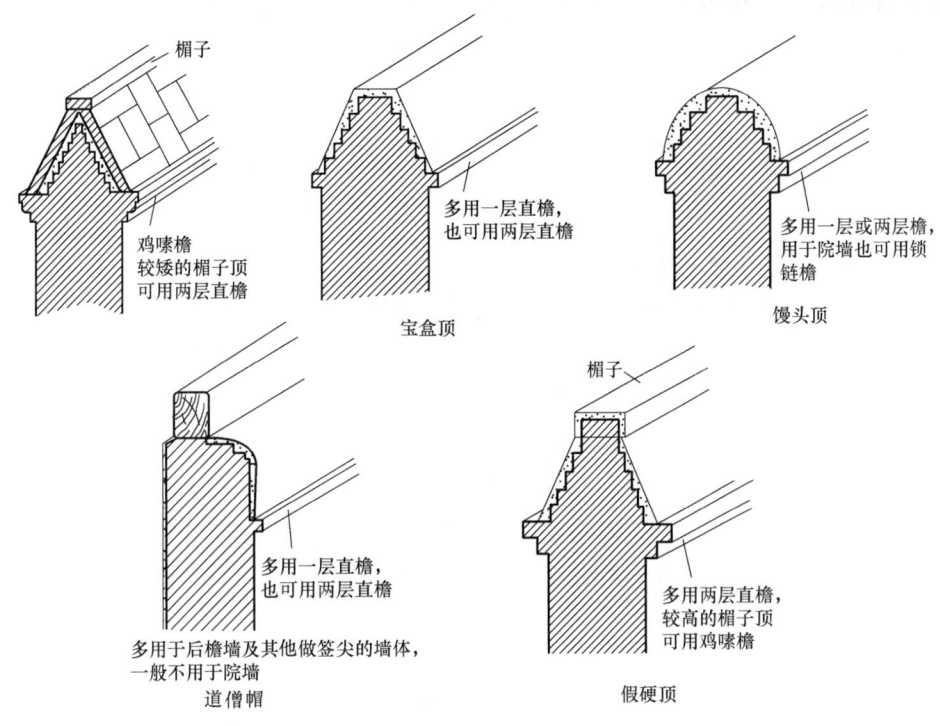

图 1-31　墙帽做法

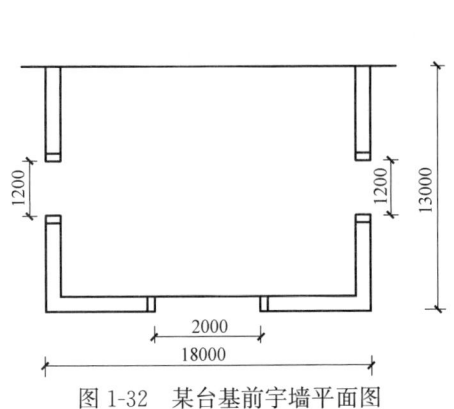

图 1-32　某台基前宇墙平面图

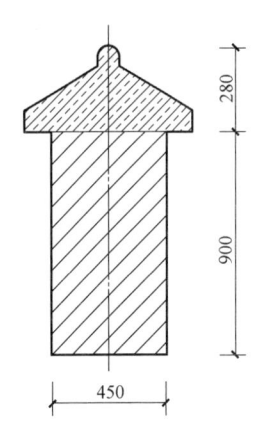

图 1-33　墙帽压顶石剖面图

（3）墙帽与角柱石连做的数量（份）

每个出入口有 2 个，共有 3 个出入口，共计 6 个（份）

（4）糙砌砖墙体积＝37.20×0.45×0.90≈15.07（m³）

（5）墙面勾缝面积＝37.20×0.90×2＝66.96（m²）

30. 埋头石、角柱石按高、宽、厚乘积，以立方米为单位计算。带墙帽角柱石以份为单位计算。

埋头石（图 1-34 和图 1-35）分为单埋头石、厢埋头石、混沌埋头石、窝角埋头石等。三种常见埋头石见图 1-36。

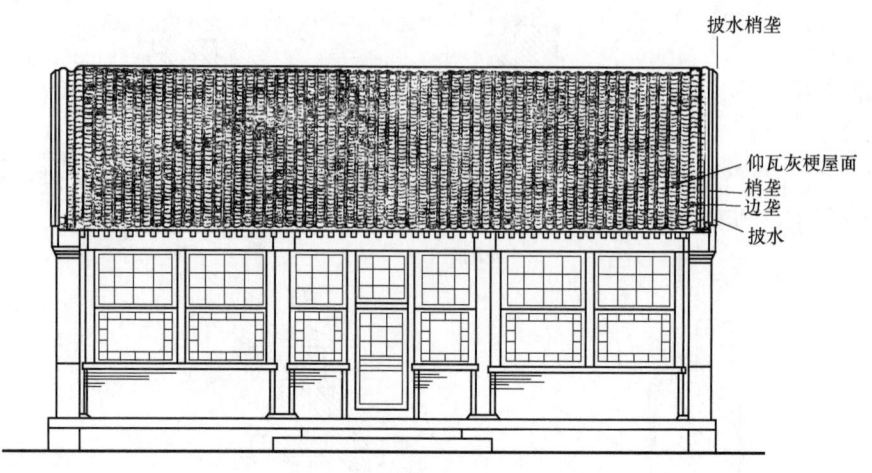

图 1-34 埋头石正立面示意图

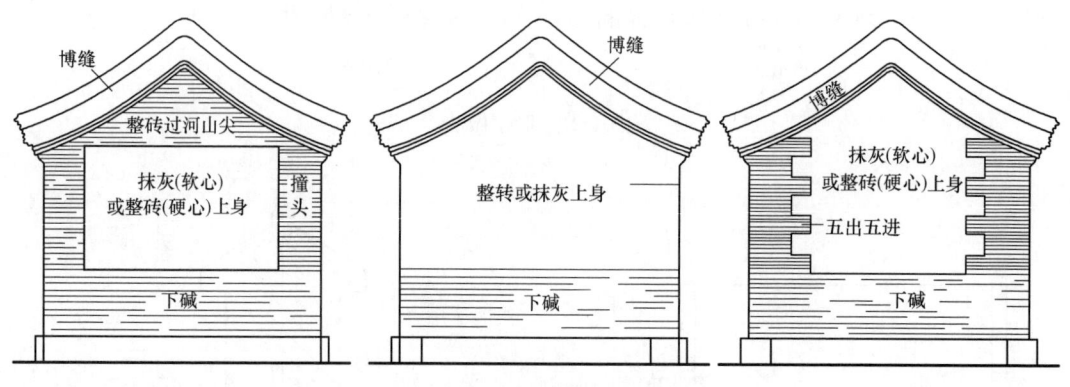

图 1-35 埋头石侧立面示意图

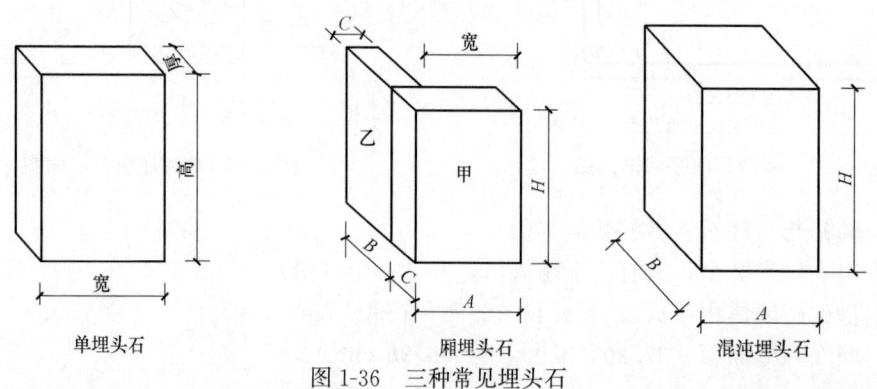

图 1-36 三种常见埋头石

埋头石的高为土衬石上皮至阶条石下皮之间的垂直距离。无土衬石，从自然地平算起，这些关系可以从图纸台基的标高中计算，宽、厚按图计算。

单埋头石体积＝高×宽×厚

厢埋头石由甲乙两块石头组成，厢埋头石体积是甲乙两块石头体积之和。

判断厢埋头石要从建筑物侧立面的台基转角判断，侧立面埋头石有三道竖线时即为厢埋头石。

混沌埋头石，形似一个正方形石矮柱，正立面与侧立面所见宽度相同，常用于皇家宫廷建筑或等级较高的建筑台基转角。

窝角埋头石，处于有转角关系的台基阴角位置。看面宽尺寸均一致，高相同，只是厚在立面图中看不到。平面俯视关系如图 1-37 所示，高度均为 H。

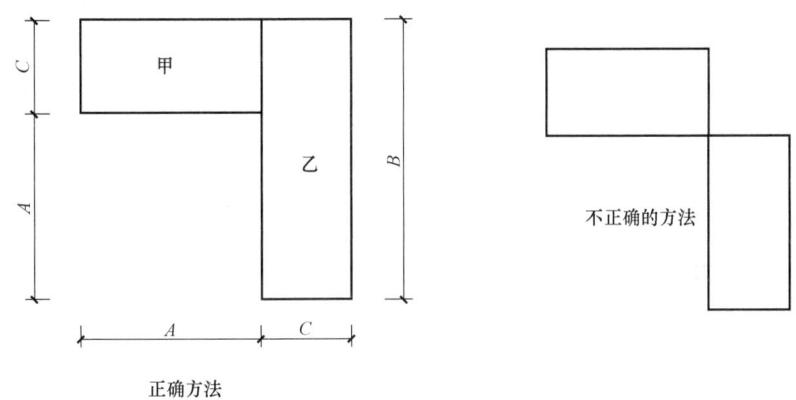

正确方法

不正确的方法

图 1-37　窝角埋头石平面俯视关系

甲石头体积＝$A×C×H$

乙石头体积＝$B×C×H$

其中 $B＝A＋C$

埋头石无论形式如何，在转角处前后左右对称出现，都要计算。

角柱石位于台基之上、山墙砖腿子之下或宇墙转角处，高一般无图示，角柱石高从阶条石上皮量至压面石下皮。

压面石上皮高为墙体下肩高，角柱石高为下肩高减去压面石厚。

角柱石与压面石见图 1-38。

角柱石体积为截面面积乘以高，圭角角柱石（图 1-39）按最小外接矩形面积为准。

遇有门窗石券其拱券（腰线石）以下的石构件按角柱石计算，其上按石拱券分别计算。

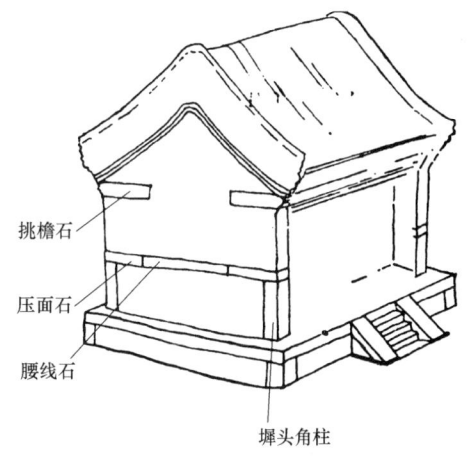

挑檐石

压面石

腰线石

墀头角柱

图 1-38　角柱石与压面石

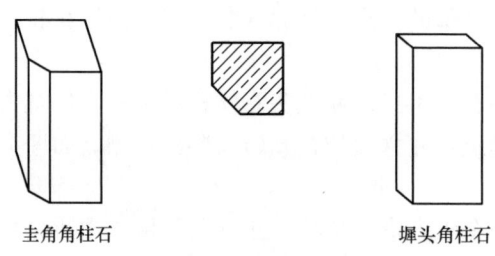

圭角角柱石　　　　　　　　　　墀头角柱石

图 1-39　两种角柱石

31. 土衬石、阶条石、腰线石、压砖板、挑檐石按长、宽、厚乘积，以立方米为单位计算，不扣除柱顶石或柱卡口所占体积，非 **90°** 转角处阶条石长度按长角面计算，圆弧形土衬石、阶条石长度按外弧长计算。

台基有土衬石时，如有石台阶，应扣除石台阶所占长度，但台阶两侧要加上平头土衬石的长度，平头土衬石一般碰到砚窝石即结束。

一般古建筑有阶条石（也称压面石），但硬山式建筑两山墙下压的条石及后檐墙下的石构件被称为均边石或金边石，不能归入阶条石计算。

硬山式建筑的均边石按体积计算，可与腰线石合并计算，也可分别计算。

一些台基阶条石做成割角，长度要按长边的长计算。

例 1：如图 1-40 所示，求台基阶条石体积。

解：台基阶条石体积＝6×4.20×0.40×0.13≈1.31（m³）

例 2：如图 1-41 所示四角亭台基图，求阶条石体积。

解：（1）台基外边长

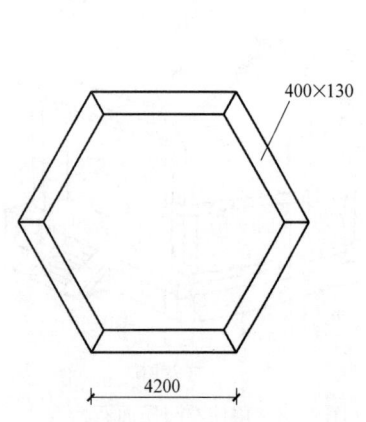

图 1-40　台基阶条石示意图（正六边形）

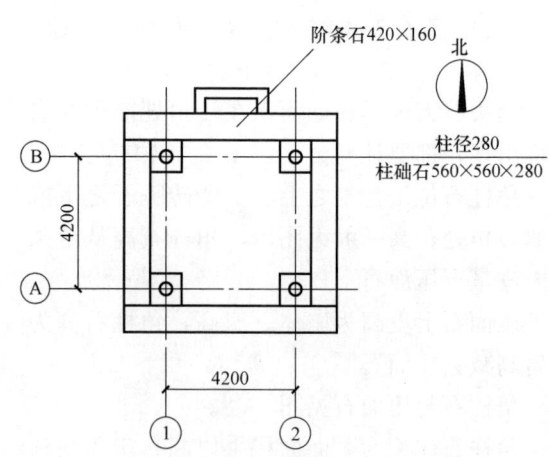

图 1-41　四角亭台基图

自①轴向左有 $\dfrac{1}{2}$×0.56＋0.42＝0.70（m）

自②轴向右有 $\frac{1}{2} \times 0.56 + 0.42 = 0.70$（m）

则石台基外边通长 $= 0.70 + 4.20 + 0.70 = 5.60$（m）

（2）东西方向阶条石长 $= \frac{1}{2} \times 0.56 + 4.20 + \frac{1}{2} \times 0.56 = 4.76$（m）

（3）四角亭阶条石全长 $= 2 \times (5.60 + 4.76) = 20.72$（m）

（4）阶条石体积 $= 20.72 \times 0.42 \times 0.16 \approx 1.39$（m³）

矩形台基非割角形式的转角处，长度不要被重复计算。阶条石遇柱顶石，有时要掏卡口，卡口体积不能被扣除（图1-42），也不能增加工日。

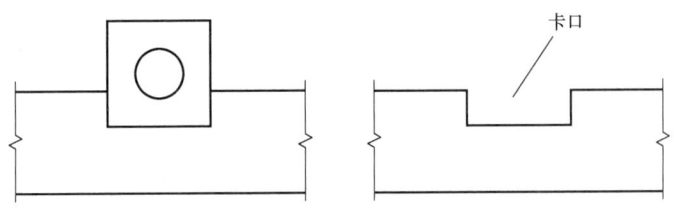

图1-42　阶条石掏卡口

带有转角的好头石，要按平面所示外接最小矩形计算面积（图1-43），再乘以厚计算其体积。

在特殊情况下，好头石不但有转角，转角厚度尺寸小于正面厚度尺寸，计算这块好头石的厚度，要取正面厚度尺寸。

如图1-44所示，A 为正面阶条石厚，B 为山面（侧面）阶条石厚，计算体积时厚度取 A，因为加工此异形石构件，必须用 A 厚度所形成的最小外接矩形，才能加工出该异形石构件，而如果取 B 厚是加工不出来该异形石构件的。

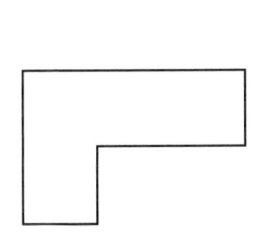

图1-43　带有转角的好头石

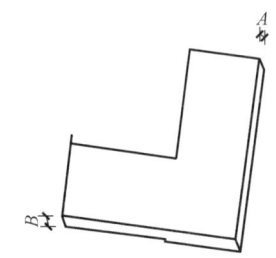

图1-44　极特殊的好头石

腰线石位于墙体下肩的顶部，腰线石按截面面积乘以长，以立方米为单位计算体积。腰线石厚（高）一般与阶条石相等。宽无图示时，可按（高）的1.5倍计算。腰线石的长度要减掉压砖板（压面石）的长度。

硬山式建筑两山墙及后檐墙下所压的石构件为均边石。均边石可与腰线石一同计算。均边石的厚（高），若无图示可取阶条石的厚（高），宽取自身厚（高）的1.5倍，如墙身有腰线石，均边石截面面积与腰线石截面面积相同。

压砖板也称压面石，是角柱石顶端叠压的条石，它与平座压面石不是同一构件。

压面石宽同角柱石宽，厚（高）同腰线石厚（高）。长度是从墀头外皮至金檩中心为止，设计图应标注压面石长尺寸。压面石为躲避檐柱，要做成刀柄形状，面积仍按外接最小矩形面积计算。

挑檐石（也称石挑檐）位于墀头上部。挑檐石宽同砖腿子上身宽，长从墀头外皮至金檩中，为石构件自身全长。为躲避檐柱，将挑檐石做成刀柄形状，面积仍以外接最小矩形面积计算。

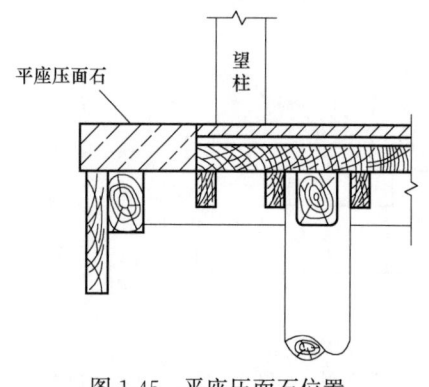

图 1-45　平座压面石位置

32. 平座压面石按水平投影面积，以平方米为单位计算。如遇圆弧形压面石，按其外弧长乘以宽的面积计算，均不扣除其本身凹进的套顶石卡口所占面积。

平座压面石位置见图 1-45。长度是山墙里侧至另一侧山墙里侧之间的水平长，高（厚）按图示计算。

如遇圆弧形平座压面石，长度取外弧长，平座压面石如有掏柱顶石卡口，不扣除卡口所占面积。

33. 陡板石、象眼石按垂直投影面积，以平方米为单位计算。

陡板石也称石陡板。是等级高的建筑，台明墙阶条石之下的露明石构件，以平方米为单位计算。

陡板石露明高是自土衬石上皮至阶条石下皮间的距离。一般情况下阶条石上皮标高就是首层地面标高±0.00。

长为露明的水平长，一般要扣除转角的埋头石和垂带台阶所占长度。

象眼石（图 1-46）：象眼石与陡板石会同时出现在古建筑台基之上，位于石台阶外侧垂带石之下，形状为三角形，以平方米为单位计算。象眼石底边长为数块踏跺石的宽。

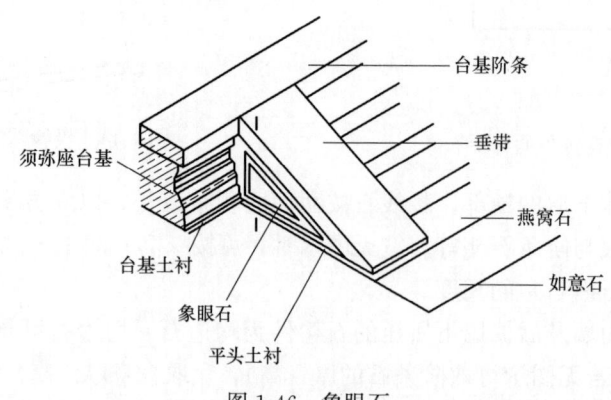

图 1-46　象眼石

34. 柱顶石、套顶石按体积，以立方米为单位计算，其厚度以底面至鼓径上皮为准。方形柱顶石、套顶石体积按见方长、宽厚相乘的体积计算。五边形或扇形柱顶石、套顶石按两直角顶点连线长与对称轴线长乘积，乘以厚，以体积计算。柱顶石剔凿插扦榫眼，按柱顶石的体积计算。

柱顶石（图 1-47）以立方米为单位计算，厚（高）以底面至鼓径上皮为准。

柱顶石平面多为正方形，图示无规格尺寸时，可按边长 $2D$ 计算（D 为柱径），厚（高）按 1 倍 D 计算。

柱顶石体积＝$2D \times 2D \times D$

五角亭及扇面亭的柱顶石为异形柱顶石

五角亭柱顶石（图 1-48）的面积为＝$AC \times BE$

其原理仍是异形构件面积为外接最小矩形面积，异形柱顶石的规格尺寸，设计图纸要明确。

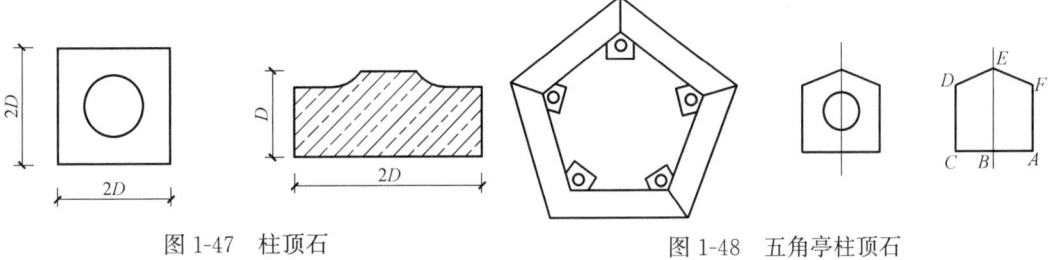

图 1-47　柱顶石　　　　　　　　　图 1-48　五角亭柱顶石

柱顶石与木柱接触的形式，见图 1-49。

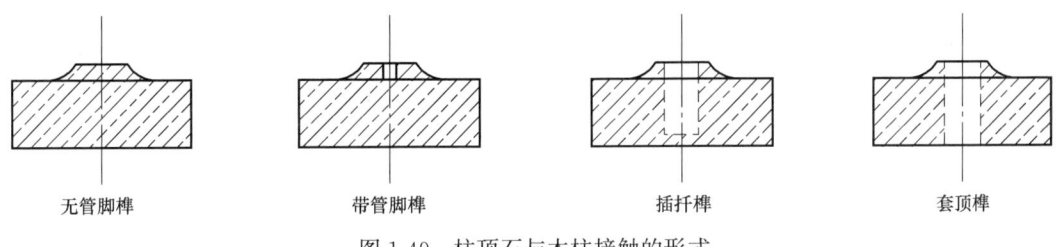

无管脚榫　　　　带管脚榫　　　　插扦榫　　　　套顶榫

图 1-49　柱顶石与木柱接触的形式

柱顶石无孔眼或有管脚榫眼，不需计算掏孔打眼，其已含在柱顶石制作中。若柱顶石为插钎榫眼时，要重新计算加工插扦榫眼的工程量，这种榫眼按其柱顶石的体积计算。柱顶石如带有莲花雕刻，体积计算与普通无雕刻柱顶石相同，选择定额时会有差异。

35. 石须弥座按体积，以立方米为单位计算。其中，非独立须弥座体积按上枋长宽乘积，乘以全高计算，矩形独立须弥座体积按上面面积乘以其全高计算，圆形或多边形独立须弥座体积按上面最小外接矩形面积乘以其全高计算。

石须弥座分为两种，一种是独立型须弥座，另一种是非独立型须弥座。前者是由一块石头加工出来的，后者是用若干块石头拼装起来的，须弥座均以立方米为单位计算。

石独立型须弥座如为矩形，取顶面面积乘以全高为其体积，如为圆形或正五边形、正六边形、正八边形，则按顶面的最小外接矩形面积乘以全高为其体积。

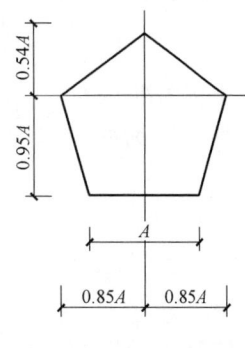

图 1-50 正五边形

正五边形、正六边形、正八边形最小外接矩形面积的计算。

A 为正五边形（图 1-50）的一个边长，则有最小外接矩形。

$$正五边形最小外接矩形面积=(0.85A+0.85A)\times$$
$$(0.95A+0.59A)$$
$$=(1.70A)\times(1.54A)$$

例 1：正五边形须弥座 A 尺寸为 0.50m 时，求其最小外接矩形面积。

解：正五边形最小外接矩形面积＝1.70×0.50×1.54×0.50
$$=0.85\times0.77\approx0.65（m^2）$$

正六边形最小外接矩形面积＝$2A\times1.732A$，A 为正六边形的一个边长。

例 2：正六边形（图 1-51）的一个边长为 0.60m，求最小外接矩形面积。

解：正六边形最小外接矩形面积＝2×0.60×1.732×0.60≈1.20×1.04≈1.25（m^2）

正八边形（图 1-52）的最小外接矩形是一个正方形。

已知△ABO 为等腰三角形

△AMO≌△BMO，若 $AB=1$，$AM=BM=0.50$

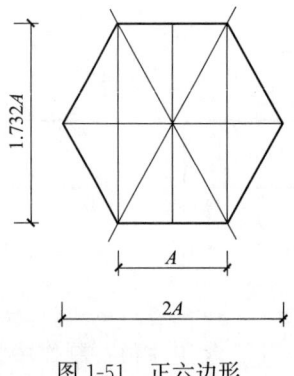

图 1-51 正六边形

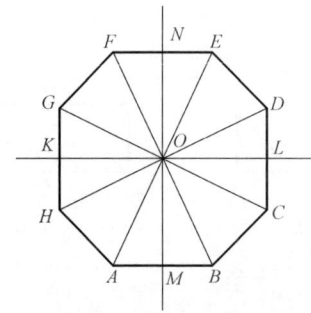

图 1-52 正八边形

在△OAM 中，$\angle A=67.5°$

$$tg67.5°=\frac{OM}{AM}$$

$OM=$tg67.5°×0.50

$MN=2MO=KL$

正八边形最小外接矩形等于 $KL\times MN$

正八边形最小外接矩形面积＝2×tg67.5°×0.50×2×tg67.5°×0.50

非独立形须弥座按面积乘以全高，以体积计算。面积取上枋外边棱所围面积。

例3：某影壁须弥座长为12.60m、宽为1.10m、高为1.30m，求须弥座体积。

解：长就是指上枋外边棱的长。

$$须弥座体积＝12.60×1.10×1.30≈18.02（m^3）$$

某些大型须弥座外表为石材，里边填充夯土或为砖砌体，石须弥座只计算外表的石材，里边要根据图示另行计算。这时要考虑须弥座的厚度，用须弥座外观投影面积乘以厚度即为须弥座体积。外观投影面积等于露明长乘以全高。计算露明长时，转角部分不要重复计算。

例4：须弥座平面图和剖面图如图1-53所示，求体积。

解：须弥座长＝2×AB＋2×(AD－2×0.56)

$\qquad\qquad$ ＝2×13.60＋2×(4.60－1.12)

$\qquad\qquad$ ＝27.20＋6.96

$\qquad\qquad$ ＝34.16（m）

体积＝34.16×0.56×1.15≈22（m^3）

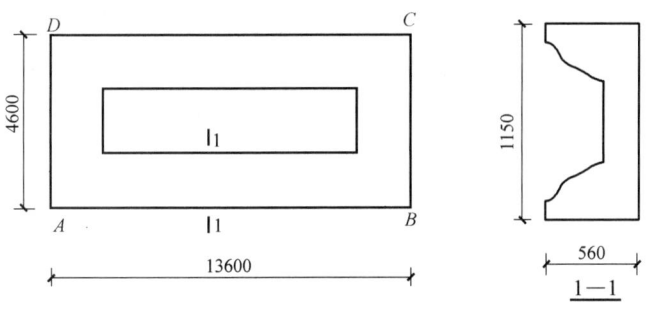

图 1-53　须弥座平面图和剖面图

36. 石须弥座雕刻按面积，以平方米为单位计算，上（下）枋雕刻按上（下）枋垂直投影面积计算，束腰雕刻按花饰所占长度乘以束腰高，以面积计算。

石须弥座上、下枋束腰雕刻以平方米为单位计算，雕刻图案以传统的卷草、绾花结带、浅浮雕为准，见图1-54。

上下枋的面积等于上枋顶面外棱长的2倍，乘以上枋高与下枋高之和，上枋长即为平面图所示长。

束腰雕刻面积等于束腰花饰面积，即束腰高乘以雕饰图案的长。雕饰图案若无尺寸，可用比例尺量出图案花饰的长。

石须弥座上下枭如雕刻、仰莲、俯莲时，要重新计算面积，此面积不是仰莲、俯莲之面积，而是须弥座的垂直投影面积。

面积等于上枋顶面外棱长，乘以须弥座的垂直投影高（斜面不要展开），以平方米为单位计算。

石须弥座一般有三种形式。

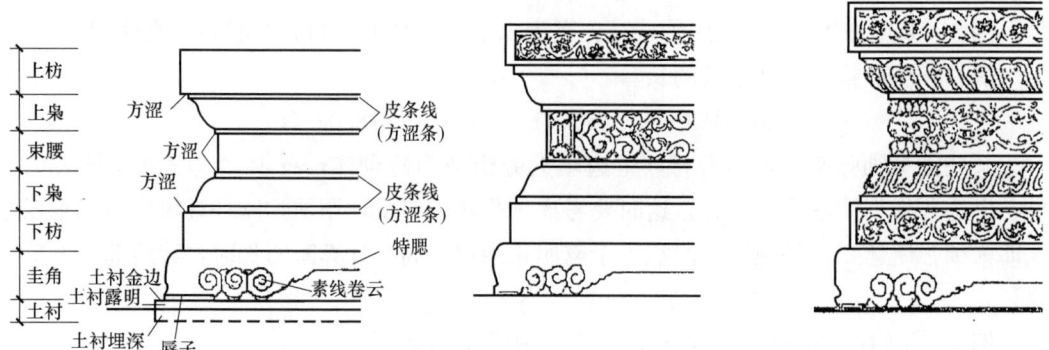

图 1-54　石须弥座的雕刻

第一种：无雕刻（但含圭角的素线卷云雕刻）。

第二种：上、下枋及束腰带有雕刻（含圭角雕刻）。

第三种：上、下枋，上、下枭，束腰全部有雕刻（含圭角雕刻）。

第三种情况出现时要计算三次工程量。第一次按规则计算上、下枭仰莲俯莲面积。第二次计算上、下枋雕刻面积。第三次计算束腰雕刻面积。分别选择对应定额子目。

例：某石须弥座高 1.15m，上枋长 11.60m，上、下枋高 0.22m，束腰高 0.25m，束腰长 11.00m，束腰全部雕饰，求此须弥座全部雕刻的面积。

解：（1）上、下枋及束腰雕刻面积

① 上、下枋雕刻面积＝11.60×（0.22＋0.22）≈5.10（m²）

② 束腰雕刻面积＝11×0.25＝2.75（m²）

③ 上、下枋及束腰雕刻面积＝5.10＋2.75＝7.85（m²）

（2）仰莲、俯莲雕刻面积＝11.60×1.15＝13.34（m²）

注：求出的两个面积不要相加，因其对应不同的定额子目，要分别计算。

37. 须弥座龙头、门枕石、门鼓石、元宝石、滚墩石等按不同规格，以块为单位计量。

石须弥座龙头是台基石栏杆下的排水孔，按个计量。

栏杆下的龙头可分为两种，一种是正身位置的小龙头，另一种是处于转角处的大龙头。两者要分别量，不可合并。

大、小龙头的制安也是分别计量的。但不包括龙头剔凿排水孔，每个龙头剔凿排水孔以块为单位要单独计量。

大小龙头的计量按台基平面图或各个立面图确定，逐一数出。

门枕石是位于大门门轴下方，承托木门轴的长方形石构件，对称出现。门枕石以剔浅圆形石槽为准，每樘对开大门有两块门枕石。

门鼓石用在比较讲究的大门，作用同门枕石，对称出现。从形态上分为圆形门鼓石与方形门鼓石。其后要剔出圆形浅槽，承托门轴，讲究的做法是在圆形浅槽内放置铁质石海窝，用熔化的白矾水将石海窝与门枕石筑牢。

门枕石或门鼓石如放置铁质石海窝，石海窝要以千克为单位计算。

元宝石是圆形月亮门下特有的石构件，因形似元宝而得名。每个圆形月亮门下只有一块元宝石。

滚墩石是垂花门独有的石构件，起加固稳定垂花门木柱的作用。形似两块圆形门鼓石，对称出现，迎面的宽度要比圆形门鼓石大许多，里外形状对称，以自重来稳固垂花门柱子，每座二郎担山式垂花门上有两块滚墩石。

38. 石门窗框按截面面积乘以长，以立方米为单位计算。其中，框长以净长为准，应将上下槛两端伸入墙体长度计算在内。

以石材料代替木门窗框，多用于石结构的牌楼门、棂星门或墓穴门。

石门窗框为竖向放置，若水平放置称之石槛框，这里的石槛框均指独立制作的石槛框（图1-55）。如果石槛框与其他构件连做，不应单独计算石槛框的体积，连做石构件体积按连做截面最小外接矩形面积，乘以高计算。

石槛水平放置，露明长即为门窗口宽度。如石槛框两端已埋入墙内，埋入的长边应被计算在长度内。如无图示时，埋入长度每端可按200mm计算。

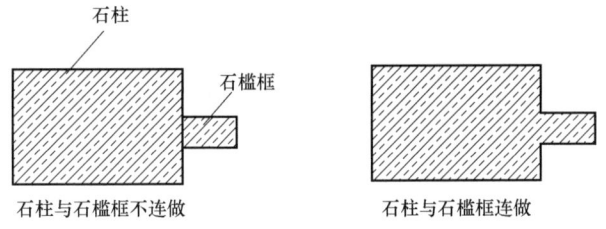

石柱与石槛框不连做　　　　　石柱与石槛框连做

图1-55　石柱与石槛框示意图

石槛框高度按扣除上、下槛的净高计算，是上槛下皮至下槛上皮间的净高。

例：石门框，截面尺寸为看面220mm，厚140mm，见图1-56。求槛框体积。

解：石槛框长 $=2\times1.50+2\times(2.20-2\times0.22)=3+3.52=6.52$（m）

石槛框体积 $=6.52\times0.22\times0.14\approx0.20$（m^3）

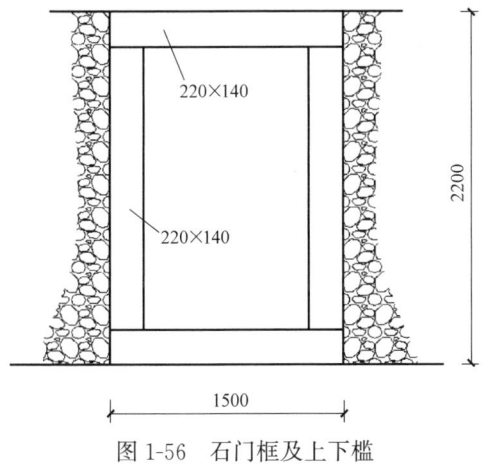

图1-56　石门框及上下槛

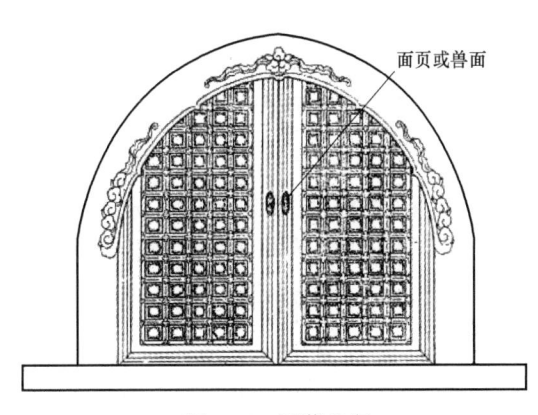

图1-57　石菱花窗

39. 石菱花窗按垂直投影面积，以平方米为单位计算。

石菱花窗（图1-57）是用石材仿照木槛窗加工而成的石窗，心屉可做成三交六椀或双交四椀形式，一般安在山门拱形窗口内侧，不可开启。

石菱花窗以平方米为单位计算。面积指石窗的面积，也是石菱花窗在拱券洞内露明面积。

40. 券脸石、券石按体积，以立方米为单位计算，其中，券脸石体积按其宽厚乘积，乘以外弧长计算；券石体积按券洞长，乘以券石厚，乘以外弧长计算。

券脸石是券洞外券的外端露明块石，券石是券洞内券脸石后边砌筑的块石，均以立方米为单位计算。

计算券脸石、券石均取外弧长。一般设计图会给出洞口宽，即内弧长，同时还要给出券石高和宽（进深方向尺寸），即可计算出券脸石和券石的体积。

例：某门洞进深方向尺寸为8m，如图1-58所示，洞口两面做法相同。求券脸石、券石体、角柱石体积。

解：（1）券脸石体积

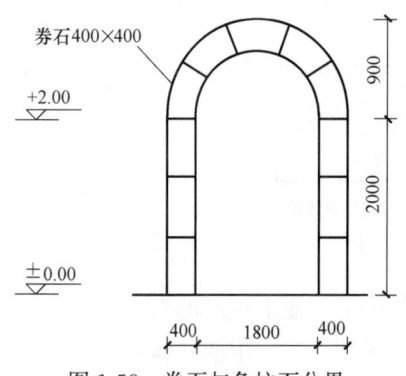

图1-58 券石与角柱石分界

洞口内直径为1.80m，洞口外直径＝1.80＋2×0.40＝2.60（m）

洞口外弧长＝2.60×3.14×0.50≈4.08（m）

券脸石体积＝4.08×0.40×0.40×2≈1.31（m³）

因门洞两面都有券脸石，故要乘以2。

（2）券石体积

洞口全长8m，券石长＝8－2×0.40＝7.20（m）

券石长＝8－0.40－0.40＝7.20（m）

券石体积＝7.20×0.40×4.08≈11.75（m³）

（3）角柱石体积（角柱石厚同券脸石，角柱石以后为砖砌体）

标高＋2.000以下的石构件应按角柱石计量。

角柱石体积＝2×2×0.40×0.40×2＝0.64×2＝1.28（m³）

注：门洞左右及前后均设有角柱石。券洞石的高同券脸石的高，进深方向尺寸不受限制，但应扣除券脸石所占尺寸。

41. 石构件挠洗及见新按面积，以平方米为单位计算。其中，柱顶按水平投影面积计算，不扣除柱所占面积；须弥座按上枋长，乘以垂直高，乘以1.4计算。

石构件挠洗是维修旧石构件的一个工艺，这里的"洗"不是用水刷洗，而是对石构件局部污渍用清洁剂或有机溶剂刷洗。大面用铁挠子挠一遍表面，清除掉表面污渍。

剁斧见新指对旧石构件表面的风化、污渍，用传统剁斧工艺，对石构件表面重新剁出新斧痕。

磨光见新指清洗污渍，有时要重新剁一遍斧（或砸花锤或刷道）后磨光见新。

三者均按石构件的展开面积计算，有些构件要展开两个面（踏跺石、阶条石、埋头石），有些构件要展开三面，有些构件仅有一面。

例1：某角柱石高为0.85m、宽为0.40m、厚为0.15m，求挠洗面积。

解：挠洗面积=0.85×（0.15+0.40+0.15）≈0.60（m²）

例2：某台阶左右垂带石需要剁斧见新，垂带厚为0.13m、斜长为1.15m、宽为0.40m，求垂带石剁斧见新面积。

解：垂带石剁斧见新面积=2×1.15×（0.15+0.40+0.15）=1.61（m²）

例3：某山墙腰线石长为7.20m，腰线石高为0.13m，求两侧山墙腰线石剁斧见新面积。

解：两侧山墙腰线石剁斧见新面积=2×7.20×0.13≈1.87（m²）

例4：某四角亭无金柱，柱础石为0.52m×0.52m，求挠洗见新面积。

解：挠洗见新面积=4×0.52×0.52≈1.08（m²）

柱顶石在这里计算面积时，不要扣除木柱所占的面积。

阶条石见新展开面积时，不扣除柱础卡口面积。

须弥座见新面积计算按新制作面积乘以1.4倍计算，即上枋顶面外棱长，乘以垂直投影高，再乘以1.4。石冰盘檐见新计算规则与须弥座相同。

例5：某独立影壁石须弥座正面上枋通长为12m，侧面上枋长为0.80m，须弥座高为0.98m，求挠洗见新面积。

解：上枋长=2×（12+0.80）=25.60（m）

须弥座面积=25.60×0.98×1.40≈35.12（m²）

42. 本章石构件工程量计算均以成品尺寸为准，有图示者按图示尺寸计算，无图示者按原有实物计算。其隐蔽部位无法测量时，可按表1-4内容计算。表中数据与实物的差，竣工结算时应予调整。

石构件工程量计算数据   表1-4

项目	宽	厚	备注
土衬（砖砌陡板）	细砖宽的2倍	4/10宽	
土衬（石陡板）	陡板厚加2倍金边宽	同阶条石厚	
土衬（须弥座）	同上枋宽	同上枋厚	
须弥座各层	按上枋厚的2.5倍		
埋头（侧面不露明）		同阶条石厚	无土衬且埋深无图示时，埋深暂按10cm计算
陡板、象眼石		同阶条石厚	
方柱柱顶石	2D	一半边长=D	
套顶石	2D	地面砖厚加鼓径高	
腰线石	厚的1.5倍		

注：表1-4中，D为柱径（mm）。

表1-4所列数据为设计文件未注明数据时的暂时参考数据，在实际施工中，要将这些数据与设计人员逐一确认（或以现场实际构件尺寸为准），以确定后的尺寸施工和结算。

石构件设计图示不全时，暂时可参考表中关系，确定工程量。待工程实施中，由设计单位、监理单位、施工单位共同书面确认石构件的尺寸，结算时按书面确认单的尺寸重新计算石构件的工程量，调整设计概算或投标工程量的偏差进行结算。

第三节 例 题

1. 衬里墙厚度如何确定？

解：（1）外墙如果是细砌墙做法时，用墙体总厚度减去外墙细砌墙面所用砖的宽度即为衬里墙初步的厚度。

（2）如果里皮墙和外皮墙都是细砌墙做法，且砖的规格相同时，用总墙厚度减去2倍的细砌墙面所用砖的宽度，即为衬里墙的初步厚度。

（3）里外墙都是细砌墙面，细砌墙面所用砖规格不同时，要分别确定各自砖的宽度，用墙体总厚度减去里外细砌墙面用砖的宽度就是衬里墙初步的厚度。

衬里墙最终的厚度是按衬里墙所用砖长的 $\frac{1}{4}$、$\frac{2}{4}$、$\frac{3}{4}$、$\frac{4}{4}$、$\frac{5}{4}$、$\frac{6}{4}$、$\frac{7}{4}$、$\frac{8}{4}$……对比衬里墙初步厚度确定的。

2. 某墙体总厚度是 520mm，外墙做法是小停泥干摆，求小停泥衬里墙最终的厚度。

解：定额中小停泥给定的尺寸是 288mm×144mm×64mm，原毛砖的宽度是 144mm，砖墙初步厚度是 520−144＝376（mm）。又知小停泥 $\frac{1}{4}$ 砖长 $=\frac{1}{4}\times288=72$（mm），$\frac{2}{4}$ 砖长 $=\frac{2}{4}\times288=144$（mm），$\frac{5}{4}$ 砖长 $=\frac{5}{4}\times288=360$（mm），$\frac{6}{4}$ 砖长 $=\frac{6}{4}\times288=432$（mm），衬里墙的最终厚度是 432mm，而不是 520−144＝376（mm）。

也可查古建筑常用砖件衬里墙厚度表（表1-5），等于 N 倍的 $\frac{1}{4}$ 长度时，取 N 倍 $\frac{1}{4}$ 对应的值，大于 N 倍的 $\frac{1}{4}$ 长度时，取右侧相邻的值。

3. 古建筑常用砖件衬里墙厚度如表 1-5 所示。

古建筑常用砖件衬里墙厚度表（mm） 表 1-5

砖的种类	砖的长度							
	$\frac{1}{4}$	$\frac{2}{4}$	$\frac{3}{4}$	$\frac{4}{4}$	$\frac{5}{4}$	$\frac{6}{4}$	$\frac{7}{4}$	$\frac{8}{4}$
大城砖	120	240	360	480	600	720	840	960
二城样	112	224	336	448	560	672	784	896
大停泥	104	208	312	416	520	624	728	832
小停泥	72	144	216	288	360	432	504	576
大开条	65	130	195	260	325	390	455	520
蓝四丁	60	120	180	240	300	360	420	480

解：（1）以大停泥砖为例：衬里墙厚度等于或小于 104mm 时，按 104mm 厚计算；大于 104mm 而小于等于 208mm 时，按 208mm 计算；大于 208mm 而小于等于 312mm 时，按 312mm 计算，以此类推。

（2）外皮细砌墙面的干摆、丝缝、淌白的定额工程量虽然是按平方米计算，但确定衬里墙厚度时也要考虑外皮墙用砖的宽度。

（3）各类细砌墙面虽然按照平方米为单位计算，但其消耗的人工、材料、机械均是以一皮砖的宽度为准计算的。其中，已经包含了各种组砌方法的丁砖探入衬里墙的因素。丁砖探入衬里墙在细砌墙面中不增加，在衬里墙中也不扣减。即使是一顺一丁的砌法也不得调整。

4. 某修缮工程后檐墙的长是 **17.60m**，高是 **2.60m**，厚是 **0.6m**，墙体做法是大停泥糙砌，因此墙变形严重，设计图纸要求拆墙后重新砌筑，墙体尚有 **60%** 的旧砖仍可以使用，重新砌筑此墙时应退甲方的材料费是多少？（砖的价格暂按定额原价计算）。

解：（1）使用旧砖的体积$=17.60 \times 2.60 \times 0.60 \times 60\% \approx 16.47$（$m^3$）

（2）确定相关定额，按照定额消耗量将 $16.47m^3$ 的大停泥糙砌折合成大停泥的砖数。

选择定额编号 1-148，从定额中查出每立方米大停泥糙砌墙需要用砖 124.34 块。退甲方大停泥砖的数量$=16.47 \times 124.34 \approx 2048$（块）

（3）按照定额中大停泥砖的单价将砖的数量折合成材料费

查定额编号 1-148 可知，大停泥砖的单价是 4.50（元/块）

退甲方材料费$=4.50 \times 2048 = 9216$（元）

（4）按照有关文件规定，甲方供货到施工现场时，应按供货价格的 99% 退还甲方材料费。修缮工程中利用甲方现场的旧材料，可视为甲方供货到施工现场。因此，应按使用甲方材料总价格的 99% 退还甲方材料费。实际应退甲方材料费$=9216 \times 99\% \approx 9124$（元）

注：有关文件规定指北京市建设工程造价管理处文件，如京造定〔2009〕7 号，关于执行《建设工程工程量清单计价规范》GB 50500—2013 若干意见的通知，或参照 2012《北京市房屋修缮工程计价依据——预算定额》古建筑工程预算定额下册附录费用标准关于总承包服务费的有关规定。

5. 某段大城砖干摆外墙长为 **12.60m**，下肩高为 **1.10m**。年久风化严重，图示按 **10%** 进行整砖剔补修缮。此段外墙整砖剔补大城砖的数量为多少？

解：（1）先计算需要整砖剔补外墙的面积

需要整砖剔补外墙的面积$=12.60 \times 1.10 \times 10\% \approx 1.39$（$m^2$）

（2）选择相关定额，确定整砖剔补砖的数量

选择定额编号 1-67，可知 $1m^2$ 大城砖干摆墙需要大城砖 23.89 块

整砖剔补砖的数量$=1.39 \times (23.89 - 23.89 \times 13\%) \approx 28.89$（块）

6. 某段围墙剖面图如图 **1-59** 所示，长为 **18.65m**，下肩二城样干摆，上身小停泥丝缝，尺二方砖细砌五层冰盘檐。设计说明要求下肩整砖剔补 **15%**，刷浆打点 **40%**。上身整砖剔补 **10%**，墁干活 **30%**，刷浆打点 **50%**。冰盘檐全部墁干活。求各分项工程的工程量，并选择相应定额。

解：（1）下肩墙面积$=18.65 \times 0.95 \times 2 \approx 35.44$（$m^2$）

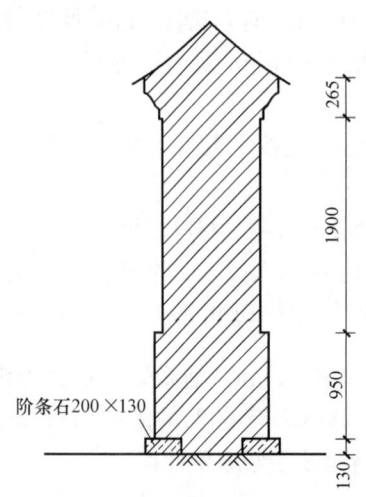

阶条石200×130

图 1-59　某段围墙剖面图

（2）下肩墙需要剔补面积＝35.44×15％≈5.32（m²）

（3）下肩墙需要剔补二城样砖的数量

选择定额编号1-68，可知1m²二城样干摆墙需用砖的数量是30.20块，实际应剔补砖的数量＝5.32×（30.20−30.20×13％）≈140（块）

（4）下肩墙刷浆打点40％的面积＝35.44×40％≈14.18（m²）

（5）上身墙面积＝18.65×1.90×2＝70.87（m²）

（6）上身剔补面积＝70.87×10％≈7.09（m²）

（7）上身剔补小停泥的数量

选择定额编号1-73，可知1m²小停泥丝缝墙需要用砖的数量是70.39块。上身实际剔补砖数量＝7.09×（70.39−70.39×13％）≈434（块）

（8）上身墁干活面积＝70.87×30％≈21.26（m²）

（9）上身刷浆打点面积＝70.87×50％≈35.44（m²）

（10）冰盘檐全部墁干活面积＝18.65×0.265×2≈9.88（m²）

（11）各分项工程选择定额如下。

下肩墙剔补二城样砖，定额编号为1-17，工程量为140块。

下肩墙刷浆打点，定额编号为1-6，工程量为14.18m²。

上身墙剔补小停泥丝缝砖，定额编号为1-21，工程量为434块。

上身墁干活，定额编号为1-7，工程量为21.26m²。

上身刷浆打点，定额编号为1-11，工程量为35.44m²。

冰盘檐墁干活，定额编号为1-9，工程量为9.88m²。

分析：修缮工程中剔补与打点是两个完全不同的概念，各自的修缮方法和修缮工艺均不相同。古建筑修缮定额中剔补指砖件风化损坏严重，需要将其剔除，重新按照原砌筑样式，使用原规格的砖补充砌筑；打点指墙面风化损坏不严重，只是墙面有污渍或灰缝脱落，需要清除污渍，勾抹灰缝或刷浆描缝。剔补砖件定额按块计算（若干块砖可按定额折合成平方米），而打点按平方米计算，两者不要混为一谈。修缮工程中两者经常同时发生，但各自应占有各自的百分率。在同一墙体中两者的百分率之和最大等于100％。如一面墙标注"剔补、打点60％"就是错误的。此标注可以让人有几种理解：第一种可以理解剔补砖是60％，同时打点墙面也是60％，但两者之和已经大于墙面积的100％，明显有误。第二种可以理解为剔补与打点面积之和是60％，那么剔补、打点又各占60％的多少呢？还是定位不准。正确的阐述应是分别标注，且两者之和最大等于100％。

7. 古建筑细砌砖券的面积是立面图所见到的面积吗？细砌砖墙与细砌砖券的分界在哪里？

解：不是。细砌砖券不仅指立面图所见到的面积，还包括券洞内仰视所见到的洞顶面积。

细砌砖墙与细砌砖券的分界线是平水位置最上一层砖的上棱，其下称为墙身，其上称为砖券（指发券部分）。项目划分不同，应各自分别计量。

8. 某墙做法如图 1-60 所示，墙长为 **70m**，下肩外墙小停泥干摆，蓝四丁衬里。上身小停泥丝缝，蓝四丁衬里。大停泥干摆直檐。请列出各分项工程项目，计算工程量，确定各分项定额编号，求计划砍磨砖的数量，求砍磨砖的工日，求直接工程费（暂按定额价不做调整）。

解：（1）下肩小停泥干摆面积

下肩小停泥干摆面积＝70×0.90×2＝126（m²）

选择定额编号 1-70。

（2）下肩蓝四丁砖衬里墙体积

衬里墙厚度＝墙体总厚度－外皮细砌墙的厚度

墙厚度＝350－144×2＝62（mm）

蓝四丁砖 $\frac{1}{4}$ 长为 60mm，$\frac{2}{4}$ 长为 120mm，这里取 120mm

下肩蓝四丁砖衬里墙体积＝70×0.90×0.12＝7.56（m³）

选择定额编号 1-73。

（3）上身小停泥丝缝面积

上身小停泥丝缝面积＝70×2.50×2＝350（m²）

选择定额编号 1-73。

（4）上身蓝四丁衬里墙体积

墙厚度＝（350－8－8）－144×2＝46（mm）

蓝四丁砖 $\frac{1}{4}$ 长为 60mm，这里取 60mm

上身衬里墙体积＝70×2.50×0.06＝10.50（m³）

选择定额编号 1-150。

（5）大停泥干摆直檐

直檐长＝70×2＝140（m）

选择定额编号 1-310。

（6）墙头馒头顶

馒头顶长为 70m

选择定额编号 1-428。

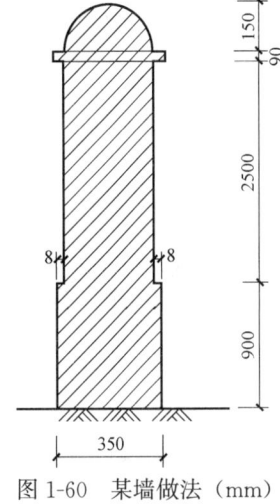

图 1-60　某墙做法（mm）

（7）砍磨砖的数量

小停泥干摆用砖＝126×74.91≈9439（块）（参照定额编号 1-70）

小停泥丝缝用砖＝350×70.39≈24637（块）（参照定额编号 1-73）

大停泥直檐用砖＝140×2.90＝406（块）（参照定额编号 1-310）

（8）需要砍磨砖的工日

加工小停泥干摆砖＝126×3.41≈430（工日）（参照定额编号 1-70）

加工小停泥丝缝砖＝350×3.20＝1120（工日）（参照定额编号 1-73）

加工大停泥直檐砖＝140×0.352≈49（工日）（参照定额编号 310）

合计需要砍砖工日＝430＋1120＋49＝1599（工日）

（9）直接工程费

小停泥干摆＝126×687.00＝86562.00（元）

下肩衬里墙＝7.56×1000.38≈7562.87（元）

上身小停泥丝缝＝350×671.42＝234997.00（元）

上身蓝四丁衬里墙＝10.50×1000.38≈10503.99（元）

大停泥直檐＝140×53.68＝7151.20（元）

墙头馒头顶＝70×71.19＝4983.30（元）

直接费合计＝86562.00＋7562.87＋234997.00＋10503.99＋7151.20＋4983.30

　　　　　＝351760.36（元）

9. 见图 1-61，某护坡虎皮石墙厚度为 **650mm**，长度为 **90000mm**，请计算砌筑虎皮石的工程量。勾凸缝工程量和外购毛石的质量为多少？并选择正确的定额。

解：（1）虎皮石砌筑选择定额编号 1-460。

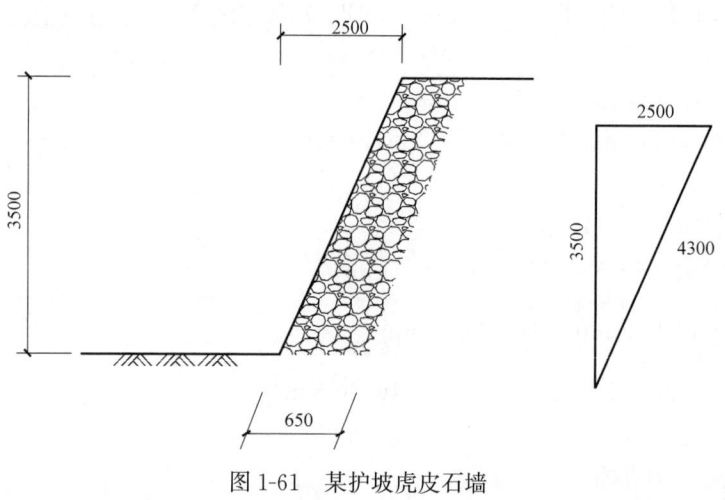

图 1-61　某护坡虎皮石墙

图 1-61 中高度为垂直高度，计算工程量时应使用图示的斜高，利用勾股定理可以求出斜高。

斜高＝$\sqrt{3.50^2+2.50^2}$≈4.30（m），虎皮石墙体积＝90×4.30×0.65＝251.55（m³）

（2）虎皮石墙勾缝选择定额编号 1-461。勾缝面积＝90×4.30＝387（m²）

（3）计划外购毛石质量

计划外购毛石质量＝251.55×2.268≈570.52（t）（毛石自然状态下的密度是 2.268 t/m³。）

10. 某古建筑墙体外侧是细砌做法，衬里墙是糙砌做法。如何计算衬里墙的体积？

解：衬里墙的体积等于衬里墙的面积乘以衬里墙的厚度。此墙面积等于正投影所得面积或外皮墙细砌的面积。衬里墙厚度等于墙体总厚度减去外皮墙用砖的宽度，再用这个厚度除以衬里墙使用砖长的 $\frac{1}{4}$、$\frac{2}{4}$、$\frac{3}{4}$、$\frac{4}{4}$、$\frac{5}{4}$、$\frac{6}{4}$、$\frac{7}{4}$、$\frac{8}{4}$……。所得的商如果是 N 倍

$\frac{1}{4}$ 的整数，衬里墙的厚度就是 N 倍的 $\frac{1}{4}$ 砖长。如果所得的商不是 N 倍 $\frac{1}{4}$ 的整数，向前寻找最接近的那个 N 倍 $\frac{1}{4}$ 的整数。这个 N 倍 $\frac{1}{4}$ 整数的砖长就是衬里墙的厚度。

11. 某大式古建筑，墀头做法带角柱石、压面石，山墙做法带腰线石，外墙下肩大城砖干摆，上身大停泥丝缝，内墙下肩大停泥干摆，上身及外墙衬里蓝四丁糙砌，内墙上身抹靠骨灰，刷白色涂料。现山墙内前后檐柱及山柱均需要墩接。试问，此墩柱工程可能会发生哪些分项施工内容？这些项目是否可以计取费用？

解： 上述情况可能会发生以下分项施工内容：

（1）拆除墙体；（2）拆除角柱石；（3）拆除压面石；（4）拆除腰线石；（5）渣土外运；（6）墩接檐柱；（7）墩接山柱；（8）柱紧固铁箍制作；（9）安装角柱石；（10）安装压面石；（11）砌外墙下肩大城砖干摆；（12）砌内墙下肩大停泥干摆；（13）糙砌下肩衬里蓝四丁墙；（14）安装腰线石；（15）砌外墙上身大停泥丝缝；（16）糙砌上身衬里蓝四丁外墙；（17）内墙上身抹靠骨灰；（18）内墙刷白色涂料。

分析： 定额规定，因墩接柱而发生的墙体或石构件拆除、砌筑、安装，可另执行相应定额；也就是说为了墩接柱而发生的必要施工内容，都应当按规定计算工程量，并计取分项施工费用。通过分析可知，墩接柱有时会连带发生许多工程项目，这些项目不会在施工图纸上表现，但这些项目是可以计算费用的。编制造价的人员务必细心，不要丢失应该计取的分项工程项目费用。

12. 墩接柱必须发生墙体拆砌吗？什么情况下不发生墙体拆砌？

解： 墩接柱有时也不发生墙体拆砌。凡是柱与墙体相交，墩接时才需要拆砌墙体。落架大修时，也有墩接柱，无论柱今后是否与墙体相交，均不发生墙体拆砌项目。

13. 柱顶石年久风化，要求重新落墨，剔凿出细恢复原样，如何选择定额和确定价格？

解： 以圆鼓径柱顶石 500mm×500mm 为例

（1）首先选择定额编号 1-491，定额原价为 5359.71 元/m³

（2）依据定额统一规定，扣除石料价格后再乘以 0.7 系数。应扣除石料价格＝1.0815×3000＝3244.50（元）

（3）换算后的价格＝（5395.71－3244.50）×0.70≈1505.85（元）

14. 某大式古建筑东西厢房做法相同，房屋平面图如图 1-62 所示，檐柱柱径是 **300mm**，金柱柱径是 **330mm**，檐柱共有 **8** 根，金柱共有 **4** 根。但图纸未标注柱顶石的规格尺寸，求檐柱与金柱的柱顶石工程量各是多少？

解： 根据定额说明的工程量计算参考表确定柱顶石规格尺寸可知：

檐柱柱顶石：长＝宽＝2×檐柱柱径＝2×300＝600（mm）

金柱柱顶石：长＝宽＝2×金柱柱径＝2×330＝660（mm）

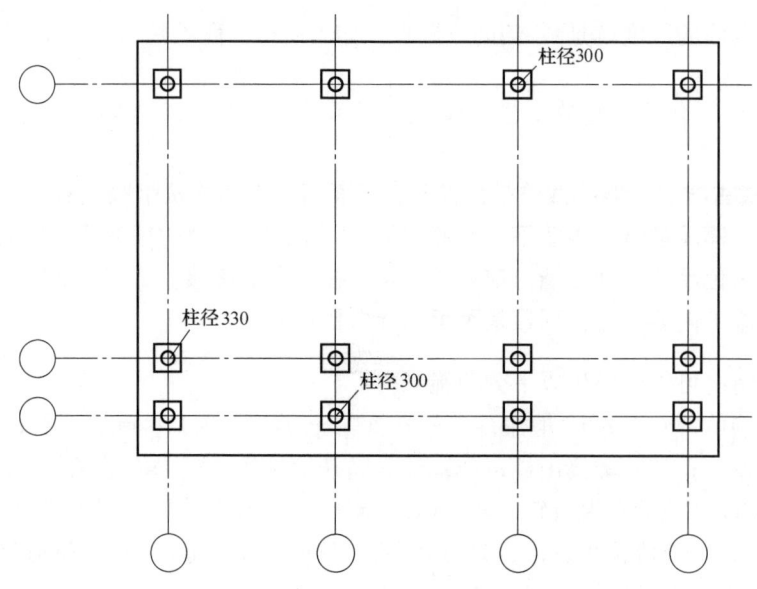

图 1-62　某房屋平面图

查表可知柱顶石的厚（高）＝一半长（或宽）＝1×柱径

檐柱柱顶石的体积＝600×600×300×16≈1.73（m³）

金柱柱顶石的体积＝660×660×330×4≈0.57（m³）

注：查《中国古建筑瓦石营法》可知，大式建筑柱顶石的长等于宽，等于2倍柱径。

15. 某硬山式古建筑的前檐阶条石规格为 440mm×140mm。该建筑两山均边石的截面尺寸是多少？

解：（1）均边石的厚（高）与前檐阶条石的厚（高）相同，也是140mm

（2）这里没有给出均边石的宽度，但均边石可以参照腰线石确定尺寸，腰线石的宽度等于自身厚（高）的1.5倍。同理，均边石的宽度＝140×1.5＝210（mm）

（3）均边石的截面尺寸是：厚（高）×宽度＝140mm×210mm

16. 石构件的归安是什么意思？主要包含哪些内容？

解：石构件归安是原有石构件保存完好，只是在原位发生了较大的位移或在异地（附近）存放，需按照原工艺重新在原位置安装。旧构件丢失或严重风化已损坏时，重新添配制作的石构件，不能使用石构件归安项目。石构件归安主要包含拆除旧构件，整修并缝，加肋或重做接头缝，露明面挠洗，重新扁光或剁斧见新，清理基层后重新安装。

17. 某三间硬山古建筑前后檐都有廊步，已知明间为 3.60m，次间为 3.20m，山出为 0.60m。进深方向檐柱中心至檐柱中心为 5.80m，下檐出为 0.85m。阶条石规格为宽 0.44m，厚（高）0.13m。此台基阶条石、均边石的体积各是多少？并选择哪些定额编号？

解：（1）面宽方向台基全长＝3.20＋3.20＋3.60＋0.60＋0.60＝11.20（m）

进深方向台基全长＝5.80＋0.85＋0.85＝7.50（m）

（2）前后檐阶条石的体积＝11.20×0.44×0.13×2≈1.28（m³）

（3）两山均边石体积：

均边石厚（高）等于阶条石的厚（高），为0.13m

均边石宽为自身厚（高）的1.5倍＝0.13×1.5≈0.20（m）

均边石长＝7.50－2×0.44＝6.62（m）

两山均边石体积＝6.62×0.13×0.20×2≈0.34（m³）

（4）选择定额，确定工程量

阶条石制作＝1.28m³，选择定额编号1-482。

阶条石吊装＝1.28m³，选择定额编号1-506。

均边石制作＝0.34m³，选择定额编号1-561。

均边石吊装＝0.34m³，选择定额编号1-562。

18. 某古建筑需要安装阶条石**8.84m³**，安装垂带石**2.04m³**，安装柱础石（**500mm×500mm**）**2.44m³**，安装踏跺石、砚窝石共**6.04m³**，欲完成上述施工项目都应准备哪些材料？这些材料各是多少？（石材除外）

解：（1）选择正确定额，从定额中查找需要消耗的材料种类和消耗数量，逐项进行计算

（2）安装阶条石选择定额编号1-506

安装时消耗1∶3.5水泥砂浆＝8.44×0.23≈1.94（m³）

（3）安装垂带石选择定额编号2-192

安装时消耗1∶3.5水泥砂浆＝2.04×0.03≈0.06（m³）

（4）安装柱础石选择定额编号1-510

安装时消耗1∶3.5水泥砂浆＝2.44×0.1507≈0.37（m³）

（5）安装踏跺石、砚窝石选择定额编号2-193

安装时消耗1∶3.5水泥砂浆＝6.04×0.04≈0.24（m³）

（6）汇总后合计消耗为

1∶3.5水泥砂浆＝1.94＋0.06＋0.37＋0.24＝2.61（m³）

（7）配合比是1∶3.5的水泥砂浆，在2.61m³中水泥、砂子的质量分别是多少？

查相关配合比资料可知1m³ 1∶3.5的水泥砂浆中含水泥364kg，含砂子1670kg。

水泥用量＝2.61×364＝950.04（kg）

砂子用量＝2.61×1670＝4358.70（kg）

（8）各种材料计划用量为：水泥950.04kg，砂子4358.70kg

19. 某古建筑工程经计算，拆除项目有：拆除阶条石**6.21m³**；拆除柱顶石**2.02m³**；拆除**180mm**厚石栏板**46m²**；拆除（**180×180**）石望柱**3.01m³**；拆除**170mm**厚石材地面**116m²**。试计算在正常施工条件下，工地欲安排**10**名石工完成此工作，需要几天才可以完成（求工期）？

解： 根据所给的分项施工项目和工程量，参照定额，计算出合计用工数量。

（1）拆除阶条石参照定额编号 1-465

计划用工时＝6.21×6＝37.26（工时）

拆除柱顶石参照定额编号 1-467

计划用工时＝2.02×6.60≈13.33（工时）

拆除 180mm 厚石栏板参照定额编号 2-208、编号 2-209

计划用工时＝46×(0.69＋0.03×4)＝37.26（工时）

拆除石望柱参照定额编号 2-206

计划用工时＝3.01×7.26≈21.85（工时）

拆除 130mm 厚石材地面参照定额编号 2-140

计划用工时＝116×0.54＝62.64（工时）

拆除增厚的 40mm 石材地面参照定额编号 2-141

计划用工时＝116×0.07×2＝16.24（工时）

合计＝37.26＋13.33＋37.26＋21.85＋62.64＋16.24＝188.58（工时）

（2）用计划工时数÷现有石工人数 ＝ 计划施工天数（工期天数）

$$188.58÷10＝18.86（天）≈19（天）$$

注：因石材增厚为 170－130＝40（mm），执行定额编号 2-141 时，需将定额乘以 2 倍计算。

20. 古建筑修缮工程中，旧石构件归安与新石构件安装有何不同？如何正确选择定额？

解： 古建筑石作归安指的是一种传统的修缮方法，特指旧的石构件尚存，且略加修整后仍可使用的方法。修整的方法有整修并缝、夹肋或重做接头缝、表面挠洗、重新扁光或剁斧见新重新安装（大多在原位安装）。归安定额是按照上述方法综合考虑后制定的。

石构件安装一般指新制作的石构件的安装，安装定额包括调制砂浆、打截一个头、打拼头缝、垫撒、灌浆、搭拆小型起重架等，不需要对已经加工好的成品进行再加工。两者看似都是安装，但性质不同。旧石构件归安是拆下来、修理、安装；而新石构件安装就是单一的安装。打截一个头、打拼头缝是制作项目的甩项，在安装时完成，这样有利于节约工时，提高工作效率，提高安装质量。因此，两者在执行定额时应分别科学、合理地选用相对应的定额，不得随意调整定额。

21. 石须弥座维修见新时工程量计算规则规定："按须弥座水平长乘以竖直高的积再乘以 1.40 系数计算面积"。这里为什么要乘以 1.40 系数？

解： 从剖面图上看，须弥座露明部分外轮廓是一个曲面与折线的组合图形。乘以 1.40 系数正是考虑剖切曲面在正投影后使原面积变小，剖面上的水平线在正立面投影中只是一个点。这导致须弥座实际的展开面积要远大于正投影面积，因此要增加 40% 的面积。

22. 某工程合同约定："工程所用石构件由建设单位提供成品材料，表面剁斧两遍，由施工单位负责安装"。施工单位按合同要求安装合格后，建设单位要求施工单位再剁一遍斧，且不允许施工单位计取费用。此做法合理吗？

解： 不合理。定额规定："制作石构件以剁三遍斧为准，有时加工时只剁两遍，待安装后或竣工前再剁一遍时，不应再计取'单独剁斧'定额的费用"。这里指的是制作和安装都是由施工单位负责完成。题目中制作的成品是由建设单位提供的。甩一遍斧，待安装后或竣工前再剁，从工艺说上是可行的。但施工单位的安装工作中不包含"剁一遍斧"的费用。因此，如果确实需要施工单位再剁一遍斧，建设单位应支付施工单位"单独剁斧"的费用。实际工作中，大多数情况下，制作与安装都由施工单位完成。这时如果甩一遍斧，待安装后或竣工前再剁，施工单位就不应再计取"单独剁斧"的费用。

23. 某古建筑四面出廊。面宽方向台基全长为 **15.65m**，进深方向台基全长为 **9.50m**，阶条石规格为 **480mm×150mm**。阶条石因年久失修，风化变形严重，设计图纸要求对阶条石全部进行归安。归安过程中，出现设计变更，新添配 **4.40m** 长阶条石。求此石作工程的分项工程量，选择相应定额，计算直接工程费。

解：（1）新添配的阶条石属于新石构件的制作与安装
① 新添阶条石的制作＝4.40×0.48×0.15≈0.32（m^3）
② 新添阶条石的安装＝4.40×0.48×0.15≈0.32（m^3）
（2）旧阶条石的归安
预计面宽方向归安长度＝2×15.65＝31.30（m）
预计进深方向归安长度＝2×9.50－4×0.48＝17.08（m）
预计归安总长度＝31.30＋17.08＝48.38（m）
实际归安长度＝预计归安总长度－新添阶条石的长度
实际归安长度＝48.38－4.40＝43.98（m）
实际归安的体积＝43.98×0.48×0.15≈3.17（m^3）
（3）选择相关定额
选择定额编号 1-482，新添阶条石制作，工程量为 0.32m^3
选择定额编号 1-506，新添阶条石安装，工程量为 0.32m^3
选择定额编号 1-470，旧阶条石拆安归位，工程量为 3.17m^3
（4）求直接工程费
阶条石制作＝0.32×5318.33≈1701.87（元）
阶条石安装＝0.32×1170.08≈374.43（元）
阶条石归安＝3.17×1762.52≈5587.19（元）
直接工程费＝1701.87＋374.43＋5587.19＝7663.49（元）
注：定额规定石构件的拆安归位工程量以实际拆安归位后的工程量为准。因此，要扣除新添配的 4.40m 长度。

24. 如图 1-63 所示，圆形亭平面图，已知柱中心至阶条石外边的垂直距离是 1m，阶条石规格是 **0.50m×0.15m**。试计算在执行定额原价时，阶条石的制作与安装的价格（直接工程费）以及建筑面积是多少？地面面积是多少？

解：（1）求圆形亭的建筑面积
设各柱中心点位置为 A、B、C、D，并使 $AB=BC=CD=DA=4m$，各柱中心点可以连接成一个正方形。做正方形的对角线交于 O 点，将对角线分别延长，取 $AE=1m$、

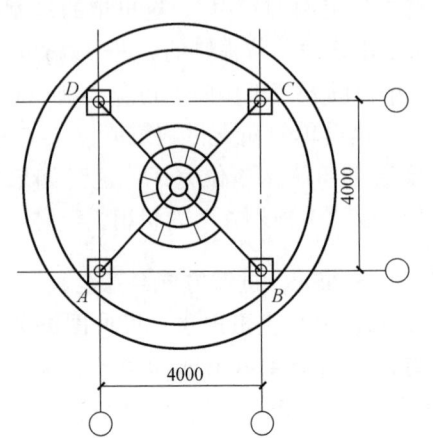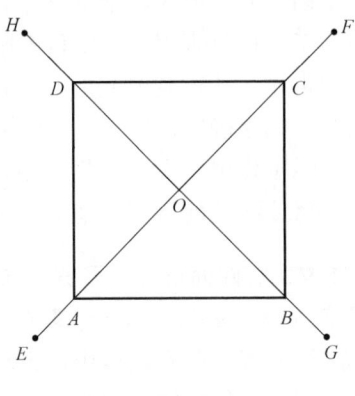

图 1-63 圆形亭平面图

$BG=1$m、$CF=1$m、$DH=1$m

在 $\triangle ABC$ 中 $AB=BC=4$m，则 $AC=1.414\times4\approx5.66$（m）

直线 $EF=GH=1+1+5.66=7.66$（m）（圆亭台基所围圆形的直径）

圆亭半径 $OE=OF=7.66\times0.50=3.83$（m）

圆亭的建筑面积 $=3.83\times3.83\times3.14\approx46.06$（m^2）

（2）求阶条石的体积

阶条石体积 $=0.50\times0.15\times7.66\times3.14=1.80$（m^3）

（3）选择定额，计算价格

阶条石制作选择定额编号 1-482，预算基价为 5318.33 元

阶条石安装选择定额编号 1-506，预算基价为 1170.08 元

阶条石制作直接工程费 $=1.80\times5318.33\times1.25=11966.24$（元）

阶条石安装直接工程费 $=1.80\times1170.08\times1.25=2632.68$（元）

（4）求地面面积

$OE=3.83$m，阶条石宽 0.50m，圆形地面半径 $=3.83-0.50=3.33$（m）

地面面积 $=3.14\times3.33\times3.33\approx34.82$（m^2）

另一方法：求出阶条石面积，用建筑面积减去阶条石面积就是地面面积

阶条石外半径为 3.83m，内半径为 3.33m

平均半径 $=(3.83+3.33)\times0.50=3.58$（m）

阶条石面积 $=0.50\times(3.58\times2\times3.14)=11.24$（m^2）

地面面积 $=46.06-11.24=34.82$（m^2）

注：此亭平面为圆形，阶条石属于异形构件，按规定应乘以 1.25 系数调整预算基价。

25. 方砖博缝的计算

解： 方砖博缝多用在硬山式山墙的顶部，以米为单位计算。

方砖博缝按屋面坡长，也就是博缝的上弧长计算。屋面坡长对老檐出而言，就是椽的斜长。封后檐墙时，要另行计算后檐檩中至冰盘檐盖板上皮外棱段的坡长。

计算博缝长时不扣除博缝头所占长度，其下的托山混也不能另行计算。方砖博缝头按块另行计算。博缝中心砖左右的插旗需要随弧线样活（赶活）确定大小，要裁砖，裁砖的损耗是很大的，而损耗的砖并未被计算，用这部分损耗弥补博缝头所占长度的重复计算，计算规则更科学合理。

26. 琉璃博缝的计算

解：琉璃博缝按上弧斜长乘以宽，以平方米为单位计算，不包括琉璃博缝下的二层琉璃砖檐。上弧斜长在硬山式老檐出形式下是坡屋面的斜长，也是构成坡屋面斜长的各个椽子长之和。如为硬山封后檐做法时，还要加上后檐檩至冰盘檐盖板上皮外棱的斜长。

琉璃博缝的上弧斜长已包括博缝头所占长度，对博缝头不得另行计算。

琉璃博缝因要事先放大样烧制，不产生安装时样活的打找损耗。因此，对博缝头不再另行计算。琉璃博缝下的二层琉璃托山混，以米为单位计算，同琉璃博缝上弧长。琉璃托山混分为两层放置，不允许将长度累加，工程量的长度已包含上下两层的长度。

琉璃砖、瓦、脊件色差的计算：

琉璃砖、瓦、脊件常见为黄色、绿色。定额或造价信息中凡涉及价格时，如无特殊阐述均指黄色砖、瓦、脊件的价格。在实际工程中绿色或其他颜色的琉璃价格要远高于黄色的价格。

一般情况下绿色砖、瓦、脊件的价格要比黄色价格高出20%，而孔雀蓝的价格又比绿色的价格高出15%。估价时可咨询生产厂家，平衡报价。

27. 如何计算细砌墙体购买已砍磨加工好的砖件时的价格和已使用砖件的数量？

解：古建筑砌筑计量规则规定，若使用购买加工完的砖件砌筑墙时，砖件使用数量应乘以0.93（扣除在加工砖时的损耗量），砖件单价要换算为成品砖（砍磨后）的价格，扣除砍砖的人工费用，其他不做调整，重新组合预算基价。

假设小停泥丝缝墙外购砖件已砍磨完成，每块砖的价格为6.10元，求调整后的预算基价（人工、材料、机械单价暂以定额原价为准）

查对应定额编号1-73

砖的调整后数量=0.93×70.3943≈65.47（块）

砖的单价由3.00元/块，调整为6.10元/块

机械费不做调整

人工费应扣除3.20×82.10=262.72（元）

新的人工费=426.92-262.72=164.20（元）

新的材料费

小停泥砖=65.47×6.10≈399.37（元）

素白灰浆=0.001×119.80≈0.12（元）

老浆灰=0.0236×130.40≈3.08（元）

其他材料费=4.50（元）

材料费合计=399.37+0.12+3.08+4.50=407.07（元）

重新组合后的预算基价＝164.20＋407.07＋25.62＝596.89（元）

注：例题中的砖用量已包括砌筑和现场内运输时的损耗。

28. 如何计算砖墙体的拆砌？

解： 砖墙体的拆砌是古建筑维修墙体的常用方法之一。基础定额均以添配新砖量小于或等于 30％为准，如添配新砖量大于 30％时，另执行新砖添配每增加 10％的定额，添配新砖量不足 10％时，仍按 10％计算。

假设某院墙为大停泥糙砌，局部拆砌长为 4200mm，高为 2100mm，厚为 300mm，设计要求旧砖利用率不低于 55％，计算需要外购新砖的数量。

拆砌墙量＝4.20×2.10×0.30≈2.65（m³）

添配新砖数量等于墙体总用量减去旧砖用量

100％－55％＝45％（新砖添配率）

查相应定额编号 1-135、1-136

添配率为 45％时，先计算添配率在 30％时的数量，再计算两次每增加 10％时的数量

45％－30％＝15％，不足 10％时，仍按 10％计算，15％按两次 10％计算

添配 30％时数量＝2.65×37.23≈98.66（块）

添配 10％二次时数量＝2.65×12.43×2≈65.88（块）

添配 45％时总用砖量＝98.66＋65.88＝164.54（块）

假设某城墙拆砌，墙长为 125000mm，墙厚为 480mm，墙高为 3500mm，添配新砖率为 32％。求计划消耗工时。

拆砌墙量＝125×0.48×3.50＝210（m³）

查相应定额编号 1-131、1-132

拆砌添配率在 30％时计划用工＝210m³×2.436＝511.56（工时）

拆砌添配率在 32％时计划用工＝210m³×（－0.247）＝－51.87（工时）

计划消耗工时＝511.56＋（－51.87）＝459.69（工时）

注：添配新砖越多，旧砖使用数量越少，旧砖清铲灰的用工越少，因此用工数为负值。

29. 异形墙体的计算。

解： 弧形墙、拱形墙、云墙定额不做调整。扇形亭子的台基陡板墙，回音壁的弧形墙、平面非直线或折线形的墙，都属于弧形墙、拱形墙。

30. 外墙排砖形式发生变化时，如何考虑用砖量的增加？

解： 在古建筑定额中干摆、丝缝、淌白砌体排砖时，按十字缝的形式计算人工、材料、机械的消耗，综合考虑了墙面形式变化所需要的转头砖、八字砖、透风砖的砍制加工。如墙面排砖形式发生变化时，人工、材料、机械消耗量会发生变化。三顺一丁排砖时，将定额上调 14％，一顺一丁排砖时，将定额上调 33％，即三顺一丁时按定额乘以 1.14 系数，一顺一丁时按定额乘以 1.33 系数。这种调整仅限于以平方米为单位计算时的墙体。糙砌砖墙因计算单位是立方米，故无论排砖形式发生何种变化，均不会有定额消耗

量的变化，故糙砖墙不会因排砖变化而调整系数。

31. 执行定额系数的几个问题。

解：执行定额调整系数是为了减少子目设置。

执行定额系数大于 1 时，定额水平是向上调整。执行定额系数小于 1 时，定额水平是向下调整，系数的大小不能随意改变。

例如：定额规定细砖砌体单块面积小于或等于 $2m^2$ 时，定额上调，可乘以 1.15 系数。

墙帽以双面做法为准，以米为单位计算。但如只做一面时，用系数 0.65 调整。花瓦心按一进瓦（单面做法、一个瓦的长）考虑定额消耗水平，若需做二进瓦时，按相应定额乘以系数 2.0 调整。系数调整也有规律可循，一般以单面做法确定的定额消耗量为准，若改为双面做法时要乘以 2。而以双面做法为准时确定的定额消耗量，改为单面做法时，要乘以一个大于 0.50 的系数。这里可不是除以 2 或乘以 0.50 的关系。不同情况，其系数也不相同。

32. 关于砖雕的计算。

解：古建筑定额大多不含砖雕的用工。比如，墙面砌筑中已包含透风砖的加工，但不包括透风砖的雕刻用工，透风砖可以另行计算雕刻的人工费。影壁的中心花、岔角花也不含砖雕用工。冰盘檐除连珠混外也不含砖雕用工。而包括砖雕用工的项目仅有清水脊端头的平草、跨草、落落草，以及布瓦屋面的咧角盘子，咧角盘子多以成品形式直接外购。

33. 十字空花墙。

解：十字空花墙砌筑（十字空花墙砌筑剖面图见图 1-64）按水平长乘以高，以平方米为单位计算。不扣除十字花孔所占面积，端头、转角处的砖柱已被综合考虑在整体面积中。空花墙墙顶如做成出檐形式，对其砖檐要另行计算。

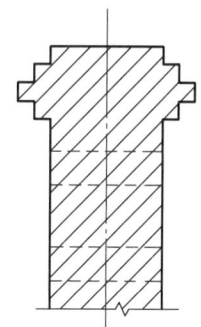

图 1-64　十字空花墙
砌筑（剖面图）

34. 冰盘檐拆砌的计算。

解：冰盘檐有三层、四层……八层，所用砖的种类有条形或方砖，拆砌冰盘檐以米为单位计算。这里的长度指需要拆砌的每一层砖檐的累计长度，而不是多层砖檐都需要拆砌范围内的长度。

假设某五层冰盘檐长度为 23000mm，拆砌按 15% 维修，求冰盘檐拆砌的工作量。

实际需要拆砌的长度＝23×15%＝3.45（m）

因在 3.45m 范围内的五层冰盘檐都需要被拆砌，所以拆砌总长度＝3.45×5＝17.25（m）

35. 古建筑墙帽的计算。

解：古建墙帽常见形式有宝盒顶、馒头顶、道僧帽、假硬顶、真硬顶、蓑衣顶、鹰不落、兀脊顶等（图1-65）。其中，包括衬里用的胎子砖及墙体向外出挑的砖檐，墙帽抹灰等，以两面对称做法为准。有时如只做单面，要按定额规定乘以0.65系数调整。墙帽如做瓦顶，则不属于上述范围。瓦顶墙帽，首层砖墙出挑的砖檐按两面长合计计算。衬砌的三角形坡屋面按糙砖砌体计算其体积，坡屋面还应做泥背找坡，做青灰背防水。然后按瓦屋面考虑正脊长度、瓦面面积、檐头附件长度，有时还要考虑吻（兽）、垂脊、披水排水脊、博缝头、砖博缝等。墙帽若为琉璃剪边，还要分不同瓦件的颜色分别计算。

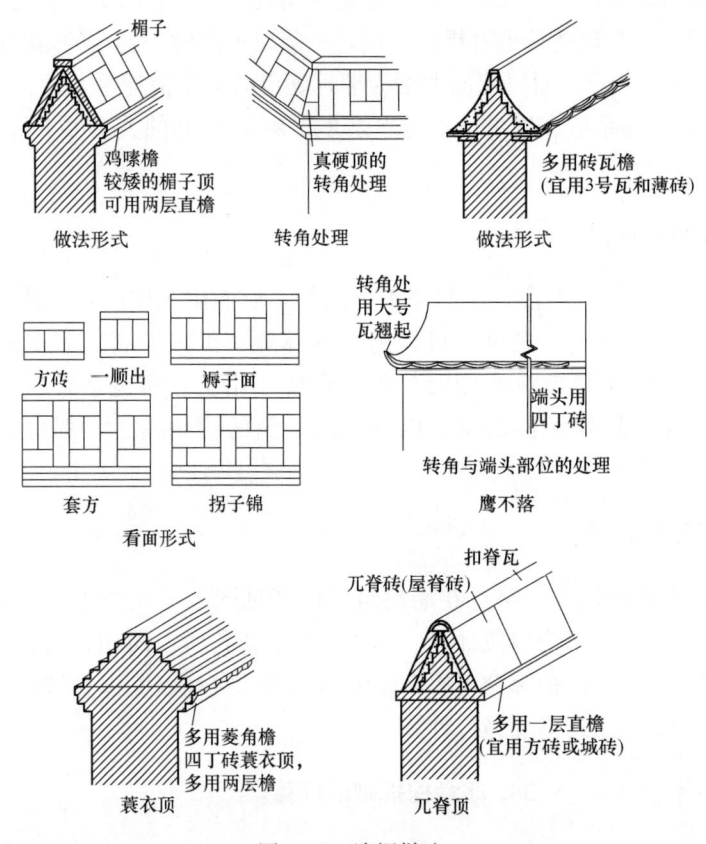

图1-65 墙帽做法

36. 套顶石与插钎榫透眼两者的区别。

解：插钎榫眼多是半榫，榫的截面面积要小于柱截面面积。而楼房用的套顶石是在柱径不变的前提下将柱顶石剔凿成与柱径相同的透眼，使柱从孔中穿过。有时为了施工方便，也可将套顶石沿中心线一切为二后，再剔凿柱凹槽，安装时将两个半块柱顶石在柱根部对严即可。

楼面用的套顶石因其特殊性与一般柱顶石不同，定额已含剔凿柱卡口，故套顶石不能再次执行柱顶石剔凿插钎榫眼定额。

37. 异形台基石构件如何处理?

解:阶条石、平座压面石、陡板石、须弥座、腰线石在矩形建筑平面或折线形建筑平面(如四角亭、五角亭、六角亭、八角亭和矩形平面或带有转角的转角房)计算时,不做系数调整。平面带有弧形的建筑,如圆形亭、扇面亭、弧形游廊、弧形墙体、回音壁等,其制作可以按相应定额提高 10%,即乘以 1.10 系数调整制作定额。

另外,在石台基维修归安的同时,往往也发生一部分补配(或添配)。归安是指原构件尚存,还可以重新在原位置使用的情形。设计文件要求全部归安,就是指在维修过程中所有构件尚存,剔除旧灰浆,重新铺灰安装、灌浆。有时归安与添配同时发生,添配就是重新购买石料,按原样制新加工制作石构件,将已经丢失或虽未丢失,但残状已不能再使用的构件,用新加工的石构件代替。对这部分添配的构件要分别计算制作与安装两个工程量。所添配的石构件如已丢失,不发生拆除的费用。如尚存石构件,但已无法被使用,还应计算补配时的拆除工程量。

硬山式建筑山墙及后檐墙下边的均边石(金边石)没有对应的定额,发生时应该借用腰线石的定额。腰线石如图示未标明宽度时,宽度可按高(厚)的 1.5 倍计算。

石窗洞口或石窗榻板没有对应定额,应执行阶条石定额。

38. 连做石构件的计算。

解:桥面石执行地面石定额,指的是桥面石的铺装与地面铺装基本相同,对应定额应是:"路面石、地面石制作(厚在 13cm,含以内)或安装。如石材厚度超过 13cm,另行考虑每增厚 2cm 的计算。而不应借用方整石板地面铺墁定额。

桥面仰天石应执行阶条石定额。但若遇仰天石与地伏石(图 1-66)连作,不可执行阶条石定额,计算规则应按照"最小外接矩形"计算截面面积。定额中未涉及此种做法,可借用挑檐石定额执行。

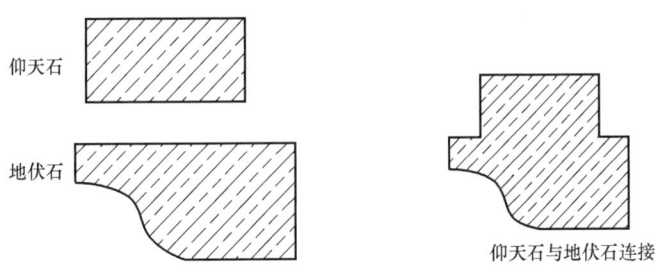

图 1-66 仰天石与地伏石

39. 角柱石的计算。

解:角柱石多见素面无雕刻或落海棠池。如表面落海棠池,制作用工可上调 20%,安装不可调整。

假设某象眼石为落海棠池做法,求其制作、安装时的预算基价(象眼石厚为100mm)。

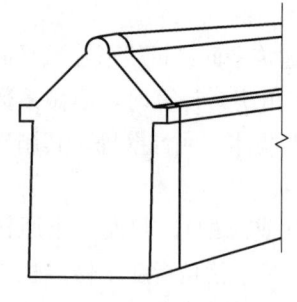

查定额编号 1-478，计算制作费用。

原基价＝473.18 元

应上调 20％的人工费＝0.20×147.78≈29.56（元），调整后的基价＝473.18＋29.56＝502.74（元）

注意：规则规定制作的人工费可上调 20％，而不是全部制作费上调 20％。安装费不予调整，故仍取原来的基价，查定额编号 1-507，仍为 111.84 元。

有时墙帽压顶石与端头的角柱石分开制作，这里则以连体为准（图 1-67）。

图 1-67　墙帽压顶石与角柱石

40. 角柱石与墙帽压顶石连做与不连做的计算。

解： 有时墙帽压顶石与宇墙端头的角柱石分开制作，这里则以连体为准。若分开时，应单独计算角柱体积和墙帽压顶石（图 1-68）。

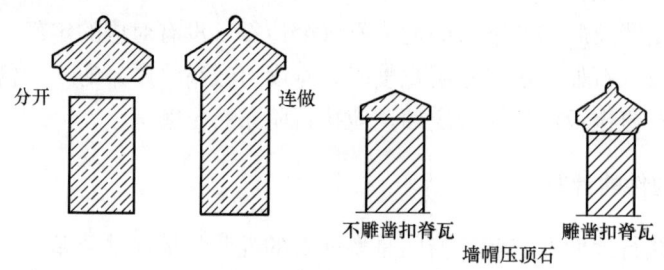

图 1-68　墙帽压顶石连做与不连做

41. 独立式须弥座的计量。

解： 独立式须弥座是用整块石料加工而成，多被用于四合院、园林庭院、寺庙内放置盆景、鱼盆、小型太湖石、香炉等。颐和园东门虽为狮子下须弥座，但其由多块石件组成，不可按此方法计量。香山公园昭庙前的石旗杆是由多层组成的须弥座，不能按独立式须弥座计量。

42. 石门槛连做的计算。

解： 石门槛是指用石材料加工成与木下槛作用相同的门槛。其下多通长放置平铺的槛垫石，有时将两个石构件连为一体加工，形成门槛与槛垫石连做（图 1-69），也称带下槛的垫石。连做时按外接最小矩形确定截面面积。

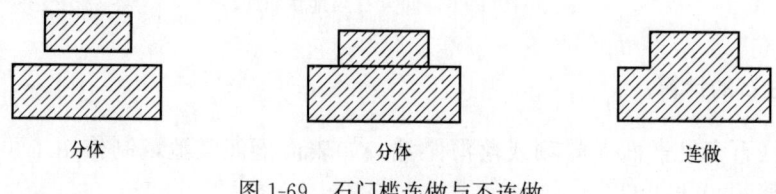

图 1-69　石门槛连做与不连做

43. 如何认知拱券上的石构件？

解：门窗拱券石指起拱时砌筑的部分，起拱以平水线为分界，平水线以上按起拱计算，平水线以下按角柱石计算。如平水线与腰线石上皮同高时，也可视为以腰线石上皮分界。

腰线石压在角柱石上的部分不能按角柱计算，而应按腰线石计算。腰线下皮以下按角柱计算，腰线上皮以上按门窗拱券计算，中间腰线石另按腰线石计算。

44. 门鼓石如何分类？

解：门鼓石从外形上分为两类，一类是方形门鼓石（图1-70），也叫幞头鼓子，另一类为圆形鼓子。门鼓石的雕刻图案众多，艺术性复杂。

图1-70　方形门鼓石

45. 花岗石制安时系数的调整。

解：对石材是按汉白玉或青白石等普通坚硬石材考虑的，加工时如将材质替换成花岗石等坚硬石材，加工制作的人工消耗要增加许多。安装时也因花岗石的密度远大于普通石材，安装剁斧见新，磨光人工费允许上调35%。这一点对劳务分包工程十分重要。

根据这条规则，如花岗石台基台阶等构件的归安也适用调整的方法。

比如，厚度为145mm的阶条石采用花岗石材质，求制作和安装时的预算基价。

选择定额编号1-482（阶条台制作）

原预算基价为5318.33元，其中，人工费为1940.84元，人工费上调35%＝1940.84×35%≈679.29（元）

上调后的预算基价为5318.33＋679.29＝5997.62（元）

选择定额编号1-506（阶条石安装）

原预算基价为1170.08元，其中，人工费为1034.46元

人工费上调35%＝1034.46×35%≈362.06（元）

上调后的预算基价为1170.08＋362.06＝1532.14（元）

46. 何谓石构件的落墨出细。

解：石构件表面风化、模糊不清，重新剁几遍斧，是落墨；按石构件原有形状，剔凿出边棱是出细。

47. 对有刷道工艺的石构件如何处理？

解：因现代切割技术的普及，将石材用铁撑子加工已成为历史，用大型电锯加工石材可以得到更加精准的尺寸。因为对石构件加工只给了很小的加荒，故无论有否加荒制作，用工用料的计算均不得调整。

常见的石构件（栏杆除外）多以无雕刻样式出现，其表面（最后一道工艺）有多种做法，观感也各不相同。无论是剁斧、砸花锤、刷道、扁光或磨光，不要因工艺繁简或用工多少而调整定额。

现实情况是：因刷道工艺几近失传，如要对石构件表面刷道，供应商（石材厂）会按露明刷道的展开表面积，对每平方米石构件再加收 300～400 元，对刷细道还会加收更高的费用。

48. 象眼石的计算。

解：象眼石多与陡板石配套使用，位于垂带式台阶的垂带石下方，呈直角三角形。素面就是表面为平面，不做落地加工，与表面为平面的陡板石对应使用。但台基如为须弥座，象眼石表面会做落地处理，加强立体感，其制作用工可乘以 1.35 系数，安装时不调整。

49. 坚硬石材计算单价时，为何人工要乘以 1.35 系数？

解：坚硬石材在制作时，加工耗用工时多。安装时，因其与同体积的青白石或汉白玉石材相比，也重了许多。故采取调整系数的方法解决制作安装时多耗用的工时。

50. 等腰梯形的石构件，计算体积时是用等腰梯形面积乘以厚度计算吗？为什么？

解：不是。这是一种特殊情况，这时等腰梯形的面积不是上底加下底乘以高除以 2，而是应取等腰梯形的外接最小矩形面积，用这个面积乘以厚度，即为等腰梯形石构件的体积。

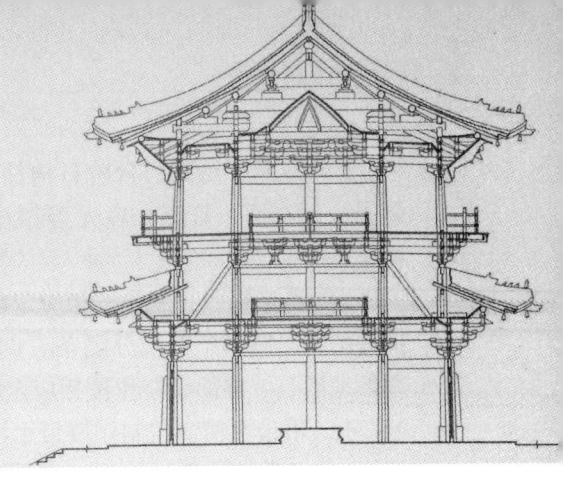

第二章
地面工程

第一节　统一性规定及解释说明

1. 本章中细砖是经砍磨加工后的砖件，糙砖是未经砍磨加工的砖件，而不是砖料材质的糙细。各种细砖地面、散水、路面、砖牙等定额规定的砖料消耗量包括砍制过程中的损耗在内，若使用已经砍制的成品砖料，应扣除砍砖工及相应人工费用，砖料用量乘以 0.93 系数，砖料单价按成品砖料的价格调整后执行，其他不做调整。

2. 在条形砖地面铺墁工程做法中，砖料大面向上铺墁者为平铺，其中弧形铺墁或宽度在 2m 以内路面斜向铺墁者为异形做法，条面向上铺墁者为柳叶，若将砖料顺长度方向裁成两条后再行铺墁者，为半砖柳叶。方砖地面铺墁工程做法中车辋、八卦锦、龟背锦等做法为异形做法。

3. 栽砖牙工程做法中，砖料条面向上者为顺栽，丁面向上者为立栽，砖牙宽度为砖长的 $\frac{1}{4}$ 者为"立栽 $\frac{1}{4}$ 砖"，砖牙宽度为砖长的 $\frac{1}{2}$ 者为"立栽 $\frac{1}{2}$ 砖"。

4. 石路牙是栽铺在园路两侧或散水边缘宽度在 12cm 以内，其底面在路面、散水结合层之下的石牙；路面铺装中随同路面石（或砖）铺墁的宽度大于 12cm、上皮与路面平齐的路缘条石或分隔条石（类似于现代地面工程中的"波打线"）执行路面石、地面石相应定额。

5. 道路随地势起伏做垫层，顺势铺墁面层砖件或毛石、石板形成一定坡度者即为坡道，执行地面定额，叠压铺墁面层砖件或毛石、石板形成台阶状者即为踏道，执行踏道定额。在平地用砖石砌筑成的阶梯，执行砌筑工程相应定额。

6. 地面、散水、路面剔补或补换砖以所补换砖件相连面积之和在 1.0m² 以内为准，相连面积之和超过 1.0m² 时，应执行拆除和铺墁定额。砖件相连以两块砖之间有一定长度的砖缝为准，不含顶角相对的情况。

7. 砖地面、散水、路面揭墁均以新砖添配在 30% 以内为准，新砖添配量超过 30% 时，另执行新砖添配每增 10% 定额执行（不足 10% 亦按 10% 执行）。

8. 地面、路面遇有方砖与石子间隔铺墁者，应分别执行定额。

9. 各种砖地面、散水、路面的铺装、揭墁及栽砖石牙，已综合了掏柱顶卡口、散水转角及甬路交叉、转角等因素，实际工程中遇有上述情况均按定额执行，不做调整。

10. 地面、路面、台阶石构件及排水石构件制作均以常规做法为准,定额已综合了剁斧、砸花锤、打道、扁光等做法,实际工程中无论采用上述何种做法,定额均不做调整。

11. 弧形踏跺石制作按相应定额乘以 1.10 系数执行;路面铺装中随同路面石(或砖)铺墁的弧形路缘条石或分隔条石制作,按路面石、地面石制作定额乘以 1.10 系数执行。扇形地面石、路面石制作按相应定额乘以 1.20 系数执行。

12. 不带水槽沟盖制作按带水槽沟盖制作定额人工乘以 0.6 系数执行。

13. 象眼石、平座压面石按砌体工程中相应定额执行。

14. 望柱定额已综合考虑了截面为五边形的情况,实际工程中无论其截面形状是什么样,定额不做调整。狮子头望柱制作以柱头雕单只蹲狮为准,龙凤头望柱制作以柱头浮雕龙凤及祥云为准。

15. 垂带上栏板及抱鼓制作按相应定额乘以 1.20 系数执行,拱形、弧形栏板制作按相应定额乘以 1.10 系数执行。

16. 地伏如遇拱形、弧形等做法时,按相应定额乘以 1.10 系数执行。

17. 地面、路面、台阶石构件及石勾栏、排水石构件、夹杆石、镶杆石等制作、安装均以汉白玉、青白石等普坚石材为准,若用花岗石等坚硬石材,定额人工乘以 1.30 系数。

第二节　工程量计算规则详解

1. 地面、散水、路面剔补或补换砖按所补换砖件的数量以块为单位计算。

地面剔补砖与墙面剔补砖计算道理相同。细墁地面、散水、路面原定额中已包含 13% 砍砖和砌筑的损耗,计算剔补数量时,应扣除 13% 的损耗。剔补砖件定额中已包含损耗,损耗量不能被重复计算。

例 1:某四角亭内为尺四方砖细墁地面 30m²,按 10% 剔补尺四方砖,求剔补砖的数量。

解:亭内面积为 30m²,欲剔补面积=30×10%=3(m²)

查尺四方砖细墁地面定额编号 2-82 可知,每平方米消耗砖 6.46 块

这里不能直接使用定额消耗量,而应先扣除 13% 的损耗量,再与面积相乘

扣除损耗量后的数量=6.46－6.46×13%≈5.62(块)

剔补数量=3×5.62=16.86(块)

糙砖地面剔补,补换砖件应扣除 3% 砌筑时的定额损耗,计算出用砖的块数。

注:定额细砌砖墙细墁地面中,砖的消耗量已包含 10% 的砖加工损耗和 3% 的砌筑损耗。在糙砌砖墙和糙墁地面中,砖的消耗量已包含 3% 的砌筑损耗。

例 2:某四角亭地面为尺二方砖糙墁,面积为 36m²,补换砖量为 8%,求补换尺二方砖数量。

解:亭内面积为 36m²,欲补换的面积=36×0.08%=2.88(m²)

查尺二方砖糙墁地面定额编号 2-106 可知，每平方米消耗砖 6.89 块，亭内补换砖数量＝2.88×(6.89−6.89×3‰)≈19.25（块）

细墁地面剔补换砖，不包括新补砖的钻生桐油。如图示要求钻生，应另行计算新砖钻生桐油的面积。

钻生桐油以平方米为单位计算。这里可直接使用欲剔补的面积即可。

2. 室内外通墁地面按阶条石、平座压面石（或冰盘檐）里口围成的面积计算；室内外地面不通墁，室内地面按主墙间面积计算，檐廊部分按阶条石、平座压面石（或冰盘檐）里口至槛墙间面积，以平方米为单位计算；均不扣除柱顶石、间壁墙、槅扇等所占面积。

室内外通墁指檐柱与金柱间有廊步地面，先墁地面，后砌槛墙。也就是将槛墙砌在已墁地的砖上面。

不通墁指有廊步地面，先砌槛墙，后墁地面（槛墙下边无地面）。

阶条石里口围成的面积指亭子、建筑物首层地面面积。平座压面石里口围成的面积指古建筑二层平座位置外檐安置的平座压面石后口，至槛墙或围护墙里皮所围成的面积。

冰盘檐里口围成的面积与平座压面石里口围浅的面积计算方法相同，只是将平座压面石换成冰盘檐而已。

计算地面面积时，不扣除柱顶石、套顶石、间壁墙、槅扇、过门石、分心石设备立管等所占面积。

计算室内地面面积时，应扣除佛像基座、须弥座所占面积。

例 1：求四角亭亭内地面面积（图 2-1）。

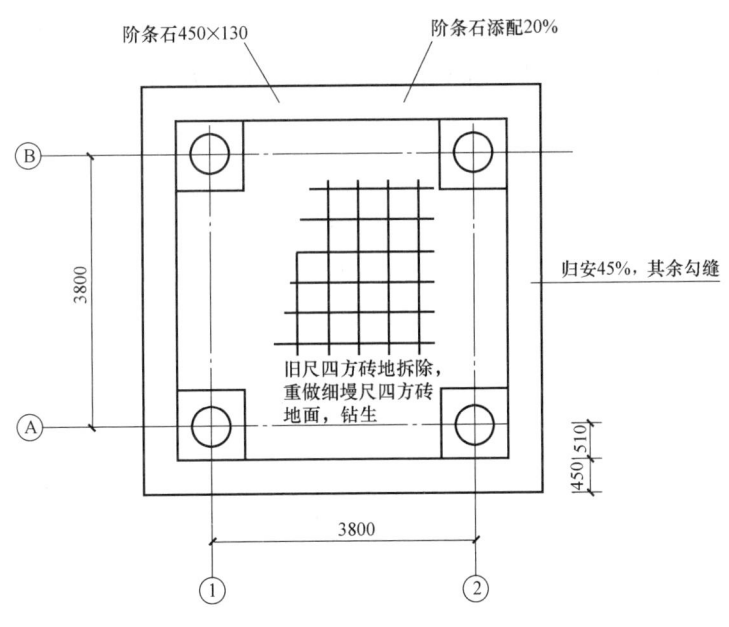

图 2-1　四角亭亭内地面

解： 每个方向台基外边长＝3.80＋2×(0.45＋0.51)＝5.72（m）

台基建筑面积＝5.72×5.72＝32.72（m²）

阶条石面积＝0.45×(4×5.72－4×0.45)＝9.49（m²）

墁地面积＝台基面积－阶条石面积＝32.72－9.49＝23.23（m²）

另一种计算方法：

阶条石里口的长度＝3.80＋2×0.51＝4.82（m）

阶条石里侧所围面积＝4.82×4.82≈23.23（m²）

例2： 某六柱圆亭台基外弧长为18000mm，阶条石宽为400mm，厚为130mm，求亭内墁地面积。

解：（1）外弧长＝18m时，则外直径＝$\frac{18}{3.14}$≈5.73（m）

（2）内直径＝5.73－2×0.40＝4.93（m）

（3）平均直径＝(5.73＋4.93)÷2＝5.33（m）

（4）平均周长＝5.33×3.14≈16.74（m）

（5）台基阶条石面积＝16.74×0.40≈6.70（m²）

（6）台基面积＝$3.14×\left(\frac{5.73}{2}\right)^2$≈25.77（m²）

（7）墁地面积＝25.77－6.70＝19.07（m²）

另一种方法：用内直径直接求出墁地面面积＝$3.14×\left(\frac{4.93}{2}\right)^2$≈19.09（m²）

3. 庭院地面、甬路、散水按砖石牙里口围成的面积，以平方米为单位计算，踏道按投影面积计算，礓磋、坡道按斜面面积计算，均不扣除1.0m²内的树池、花池、井口等所占面积，做法不同时应分别计算。石子地面、路面不扣除砖条、瓦条所占面积，方砖与石子间隔铺墁的地面、路面，计算石子地面面积时应扣除方砖心所占面积，方砖心按其累计面积计算。

庭院墁地分为海墁或甬路墁地，以平方米为单位计算，以砖（石）牙子所围面积为准。

粗墁与细墁只是工艺不同，无论室内或室外，计算规则是相同的。

计算面积时，凡小于或等于1m²的花池、树池、井口等不被扣除，大于1m²的应按实际占压面积扣除。

古建庭院墁地可能有多种形式的组合，做法不同时，应分别计算。

石子地面中如用砖瓦条拼花，砖瓦条面积不被扣除，如遇方砖与石子地间隔铺墁，应各自计算面积，不可合并。

墁散水按实际铺墁的面积计算，阴阳角部位不要漏算，也不能重复计算。

礓磋坡道（图2-2）按斜面面积计算，如两侧设有单独的垂带石，面积以垂带石里侧所围的斜面面积计算，垂带石另行计算。如礓磋石两侧留有一定尺寸（非礓磋状）时，面积按整块石头的斜面面积计算。

踏道（图2-3）是随道路坡度有变化时，随地势变化在其上平铺或斜铺的墁砖。

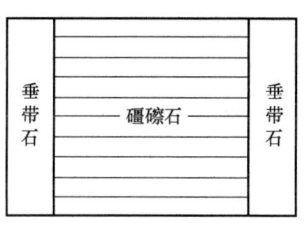 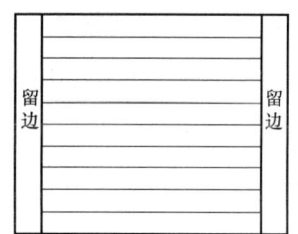

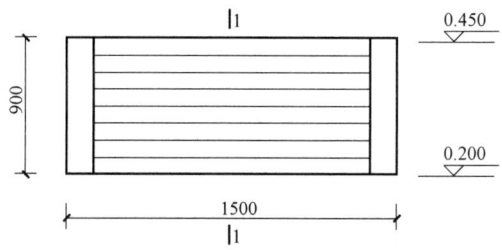 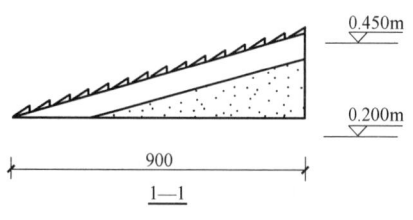

图 2-2　礓磋坡道

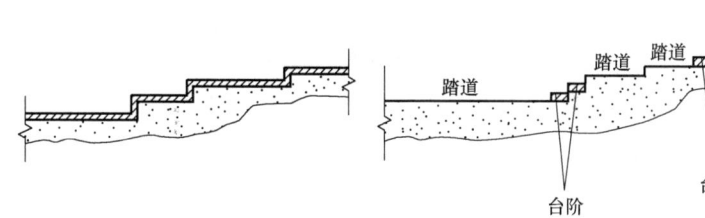

图 2-3　踏道

例 1：见图 2-2，求面积。

解：已知三角形底边长为 0.90m，
高度为 0.45－0.20＝0.25（m）

利用勾股定理求斜长

$$斜长＝\sqrt{0.90^2＋0.20^2}$$
$$＝\sqrt{0.81＋0.04}$$
$$＝\sqrt{0.85}$$
$$≈0.92（m）$$

坡道斜面面积＝1.50×0.92
$$＝1.38（m^2）$$

例 2：见图 2-4，求散水面积。

解：散水宽为 450mm，台基尺寸为

9m×6.50m

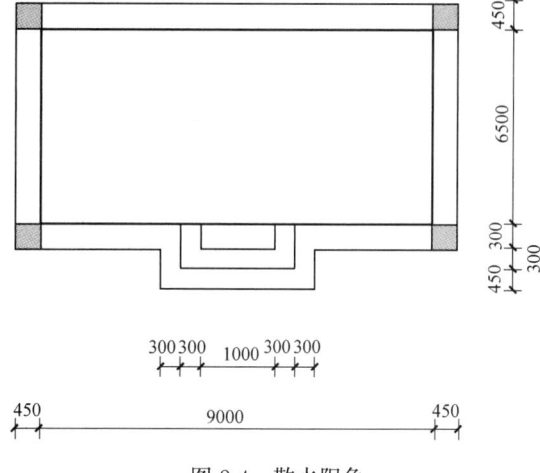

图 2-4　散水阳角

散水长＝(9＋6.50)×2＋4×0.30＋4×0.45＝31＋1.20＋1.80＝34（m）

散水面积＝34×0.45＝15.30（m²）

注：阴影面积也应被计算，阴影部分不能被重复计算。

4. 各种砖牙、石路牙按其中心线长度累计，以米为单位计算。

砖牙、石路牙用于砖石墁地的外围圈边。对不同材质、不同规格、不同工艺的牙应分

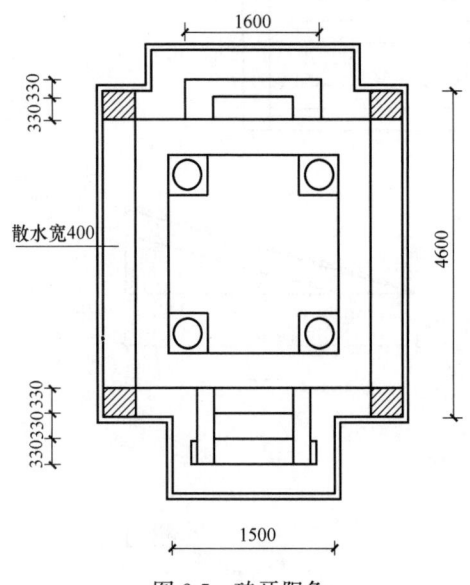

图 2-5 砖牙阳角

别计算。计算砖牙、甬路要考虑乘以 2，计算散水要考虑台阶所增加的长度和转角所增加的长度。

例： 某四角亭砖牙如图 2-5 和图 2-6 所示，求砖牙长度。

解：（1）台基外边长之和 $= 4 \times 4.60 = 18.40$（m）

（2）垂带台阶增加长 $= 2 \times 3 \times 0.33 = 1.98$（m）

（3）如意台阶增加长 $= 2 \times 2 \times 0.33 = 1.32$（m）

（4）台基转角增加部分 $= 4 \times 0.4 = 1.60$（m）

（5）砖牙里侧长合计 $= 18.40 + 1.98 + 1.32 + 1.60 = 23.30$（m）

（6）欲求砖牙中心线长，还应首先知道砖牙砖宽度，假如此时砖牙宽为 0.06m，则中心线长要考虑阴阳角增减 $\frac{1}{2}$ 砖宽，凡每个阳角要增加 $2 \times \frac{1}{2}$ 砖宽，每个阴角扣减 $2 \times \frac{1}{2}$ 砖宽。阴阳角数量可以抵消。

图 2-5 中有四个阴角、八个阳角，抵扣后剩四个阳角。中心线考虑增加长为 $= 4 \times 2 \times \frac{1}{2} \times 0.06 = 0.24$（m）

见图 2-6，散水砖牙宽为 0.06m 时，砖牙实际长 $= 0.24 + 23.30 = 23.54$（m）

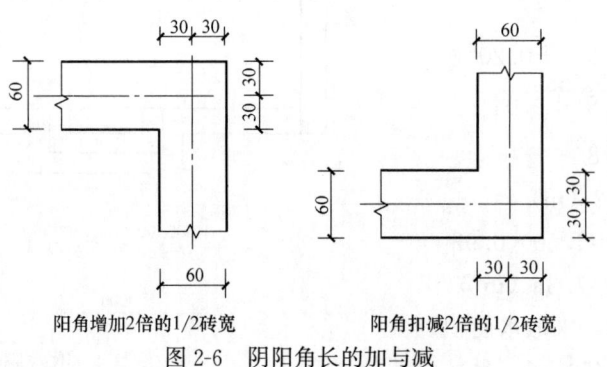

图 2-6 阴阳角长的加与减

5. 地面、散水、路面局部拆除、铺墁、揭墁按其实际面积，以平方米为单位计算。

揭墁面积不是整个地面的面积，而是需要被揭除的面积。

例1： 某甬路地面年久失修，局部砖破损严重，地面宽为 1.20m，长为 25m，按 15%

局部揭墁，求揭墁地面面积。

解：（1）地面面积＝1.20×25＝30（m²）

（2）揭墁地面面积＝30×15％＝4.50（m²）

例2：某院内地面长为15.60m，宽为7.25m，约有20％地面破损严重，需拆除后重新铺墁，求拆除和新铺墁的工程量。

解：（1）院内地面面积＝15.60×7.25＝113.10（m²）

（2）拆除面积＝113.10×20％＝22.62（m²）

（3）重新铺墁面积＝113.10×20％＝22.62（m²）

地面揭墁指旧地面已有残损，但仍有部分砖件尚好，还可以再利用的情形。

而地面拆墁指旧地面被拆除的部分已无旧砖尚可利用，需要在被拆除的范围内全部添配新砖，重新铺墁，揭墁和拆墁都是文物修缮的常用方法。拆除和重新铺墁计算规则相同，故两者工程量也相同。但应分设两个不同的分项工程名称，选择两个不同的定额子目。

从两个子目的材料消耗上也可得出上述结论。以尺四方砖细墁为例，揭墁尺四方砖细墁地面，主材方砖消耗量是1.95块/m²。而新做尺四方砖细墁地方砖消耗量是6.46块/m²。揭墁时添配新砖量仅为新做的30％，故仍有70％的旧砖件尚可利用。当揭墁地面添配新砖量小于或等于30％时，定额不予调整。当揭墁地面添配新砖量大于30％，小于或等于40％时，要再单列添加新砖增加10％的子目。当揭墁添配新砖量大于40％且小于或等于50％时，仍选择每增加10％的对应子目，但定额价格要乘以2倍，以此类推。每增加的部分不足10％时，仍按10％计算。

例3：某地面长15m，宽4.20m，按15％揭墁。旧砖利用率为55％，求揭墁工程量。

解：（1）地面面积＝15×4.20＝63（m²）

（2）揭墁地面面积＝63×15％＝9.45（m²）

（3）分项工程列项

① 揭墁地面：9.45m²（旧砖30％时）

② 每增加10％的面积仍是9.45m²

但选择对应定额时，要考虑乘以系数

旧砖利用率为55％，也就是新砖添配量是100％－55％＝45％。原揭墁子目中已含30％的新砖添配，因此，还需再添加新砖15％，选择每增加10％定额子目，定额价格要乘以2倍

6. 路面石、地面石、嗑口石、槛垫石、过门石、分心石按水平投影面积，以平方米为单位计算。其中，嗑口石不扣除夹（镶）杆石所占面积；带下槛垫石按截面全高，乘以宽乘以长，以立方米为单位计算。

水平投影面积就是俯视所见面积。路面石、地面石是按传统工艺加工后的条石，是非机械加工的切面石板。

石板地面分为方整形石板和碎石板，也可称为毛石板，但毛石板又与毛石地面不同。毛石地面是指用天然毛石直接拿来铺装地面的做法，现香山公园踏道仍可见此做法。石板地面路面板材的厚度应小于或等于60mm。

石材铺装地面见图 2-7。

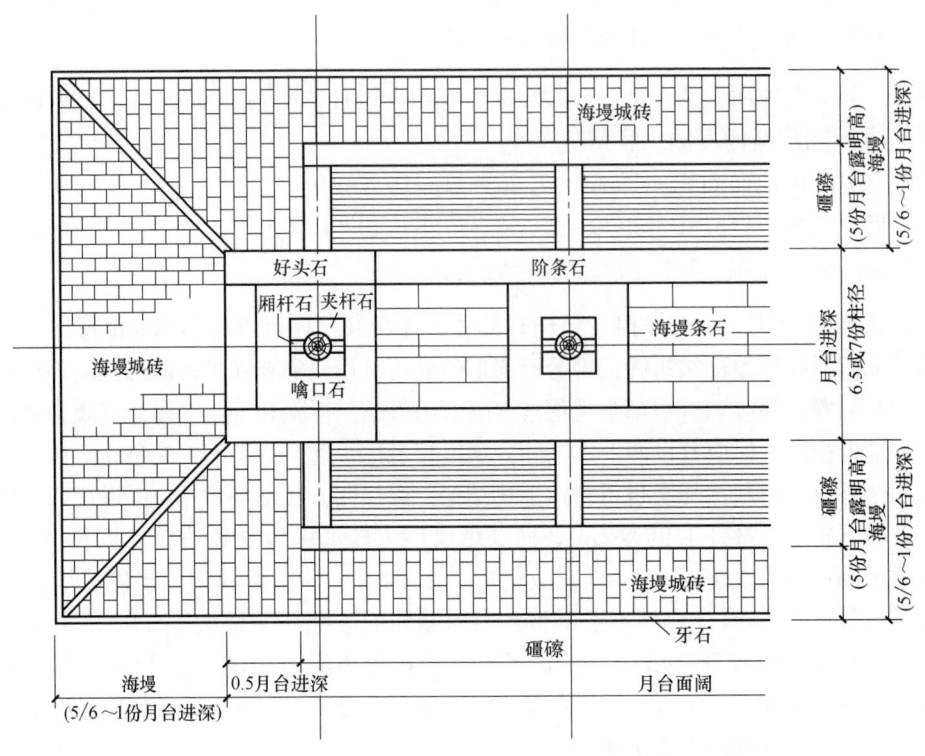

图 2-7 石材铺装地面

槛垫石（图 2-8），指建筑物门槛（下槛）之下衬垫的条形石构件，也称通槛垫。还有一种槛垫石被称为带下槛槛垫石。用石下槛代替木下槛，多用于皇家建筑或高等级建筑中。

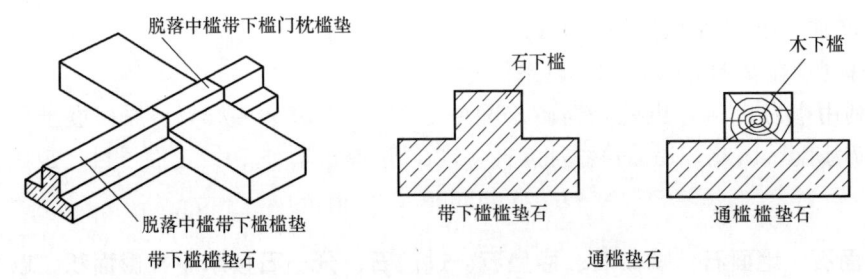

图 2-8 槛垫石

分心石，多位于明间廊步中心位置，与地面平齐。

过门石，位于各间面宽中心线上，与地面平齐，且一部分在室内，一部分在走廊内。

拜石，多位于明间室内中心，在进门处与室内地面平齐。分心石、过门石、拜石见图 2-9。

槛垫石、分心石、过门石、拜石均按平方米计算。如果厚度大于 130mm，应注意加厚的问题，厚度小于或等于 130mm 不调整。

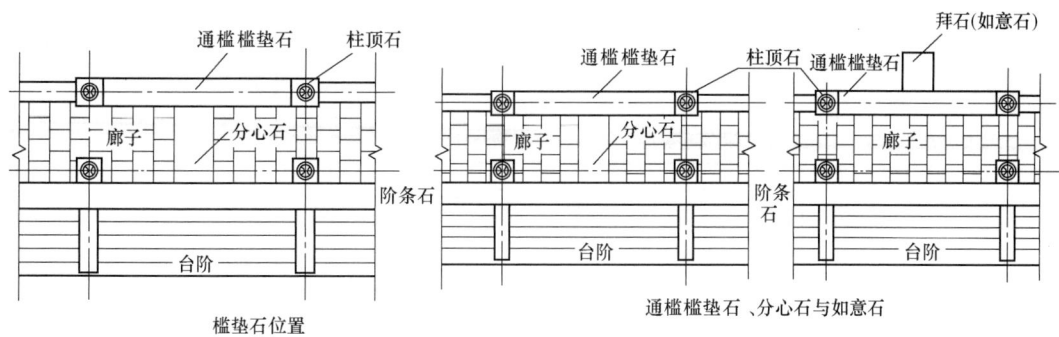

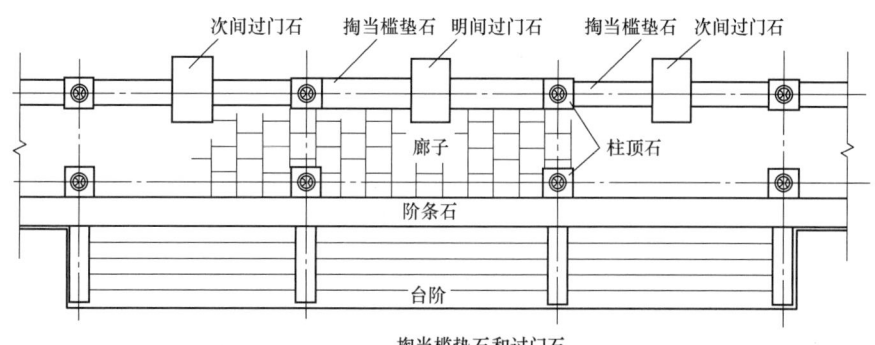

图 2-9　分心石、过门石、拜石

带下槛槛垫石以最小外接矩形体积计算，以立方米为单位计算。

最小外接矩形见图 2-10。

$$最小外接矩形面积＝A×B$$

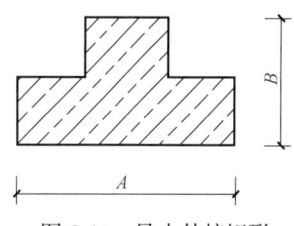

图 2-10　最小外接矩形

嚹口石（图 2-11）在计算时不应扣除夹（镶）杆时所占面积，夹（镶）杆石之间的海墁条石地面要单独列分项工程名称另行计算。

例： 如图 2-11 所示，计算牌楼阶条石、嚹口石、地面石、垂带石、礓磜石、砚窝石工程量（嚹口石、垂带石、礓磜石、砚窝石均 130 厚）。

解： 首先确认这是一个三间牌楼，有对称符号显示，明间面宽为 2×3.24＝6.48（m）

（1）阶条石体积

$$阶条石长＝2×(1.29＋4.48＋3.24)×2＋2×(1.30＋1.30)$$
$$＝36.04＋5.20＝41.24（m）$$
$$阶条石体积＝41.24×0.45×0.13≈2.41（m^3）$$

（2）地面石面积

$$地面石宽＝1m，地面石长＝2×(3.48＋2.74)＝12.44（m）$$
$$地面石面积＝1×12.44＝12.44（m^2）$$

（3）嚹口石面积

$$嚹口石长＝(0.60＋0.24＋4.48＋3.24)×2$$
$$＝17.12（m）$$

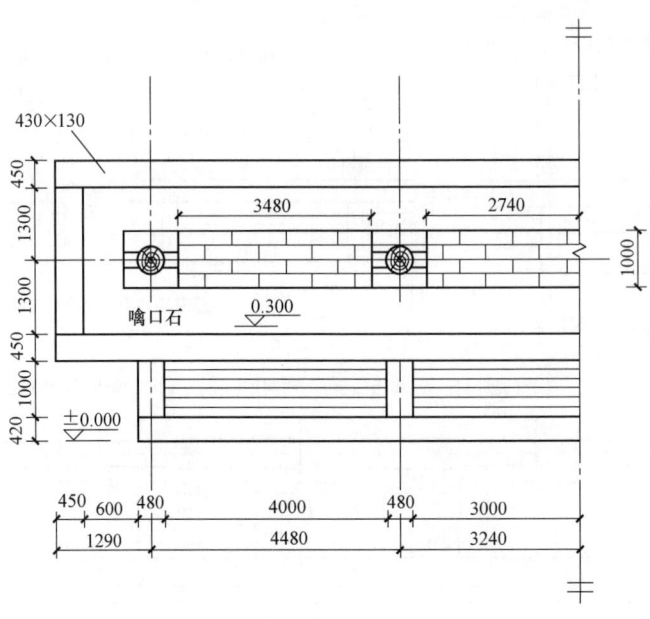

图 2-11　噙口石

噙口石面积＝17.12×2×1.30－12.44≈32.07（m²）

（4）垂带石面积

垂带石宽 0.48m

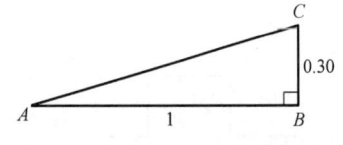

图 2-12　垂带石斜长与边长关系

垂带石长（图 2-12）：斜长＝$\sqrt{1^2+0.30^2}=\sqrt{1.09}\approx$ 1.04（m）

垂带石面积＝0.48×1.04×4≈2（m²）

（5）礓磜台阶石面积＝1.04×（4＋2×3＋4）＝14.56（m²）

（6）砚窝石面积＝0.42×2×（0.48＋4＋0.48＋3）≈6.69（m²）

7. 石台阶拆安归位及打点勾抹包括垂带在内按水平投影面积以平方米为单位计算，垂带不再另行计算。

解：台阶拆安归位及台阶打点勾抹水平投影面积就是台阶俯视面积。

如意式台阶（图 2-13）＝1.60×3×0.30＝1.44（m²）

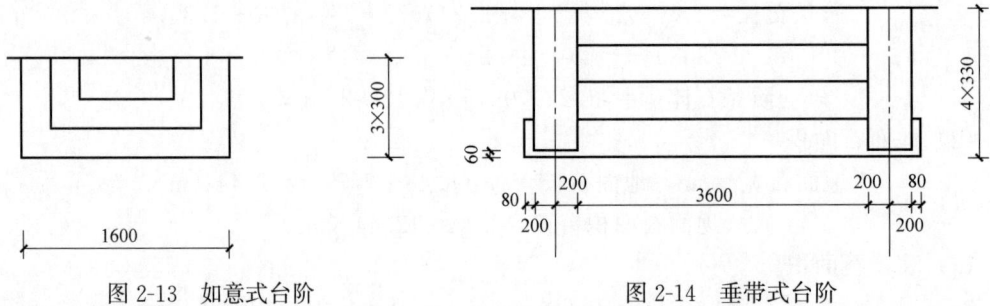

图 2-13　如意式台阶　　　　　图 2-14　垂带式台阶

垂带式台阶（图 2-14），长＝0.20＋0.20＋3.60＋0.20＋0.20＝4.40（m）

$$垂带式台阶面积＝4.40×4×0.33≈5.81（m^2）$$

各种台阶拆安归位，打点勾抹计算面积时，踏跺石垂带石的侧面（小面）均不应展开计算。

8. 石台阶拆除、制作、安装均按面积计算。其中，垂带石按上面长乘以宽的面积，以平方米为单位计算，砚窝石按水平长乘以宽的面积，以平方米为单位计算，踏跺石（图2-15）按水平投影面积，以平方米为单位计算。

台阶从类型上大致分为两类：一类是带有垂带石的垂带式台阶，另一类是如意式台阶。

垂带式台阶由数块踏跺石、垂带石、砚窝石、有时还有如意石组成，礓磋台阶由斜置的礓磋石组成。

垂带石、礓磋石按斜面面积计量，其他按水平投影计算。

例：见图2-15～图2-17，求台阶工程量。

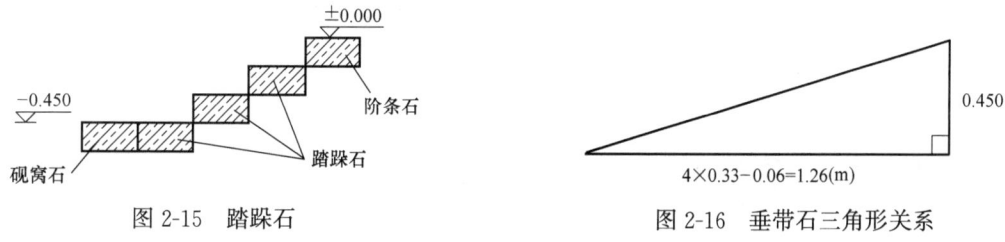

图 2-15 踏跺石   图 2-16 垂带石三角形关系

解：（1）垂带石

垂带石构成的三角形见图2-16，垂带石斜长$=\sqrt{1.26^2+0.45^2}≈\sqrt{1.79}≈1.34$（m）

垂带石面积$=1.34×0.40×2≈1.07$（m²）

（2）踏跺石

踏跺石面积$=0.33×3.60×3≈3.56$（m²）

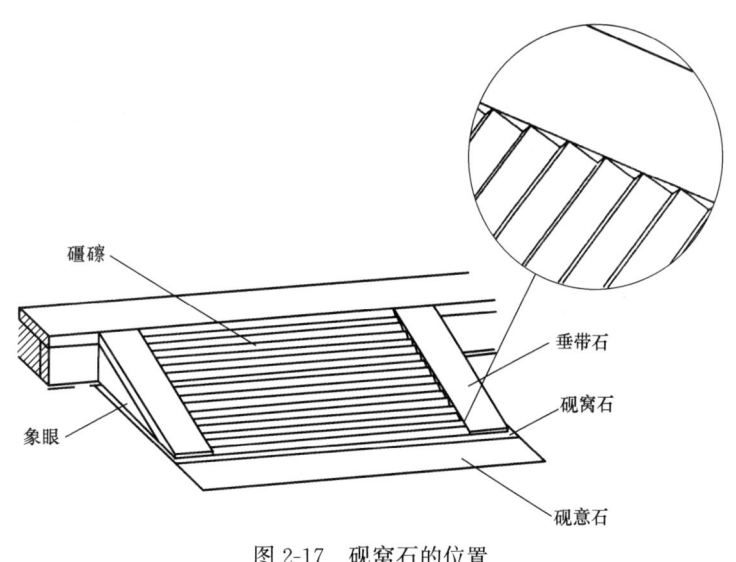

图 2-17 砚窝石的位置

（3）砚窝石

砚窝石面积＝0.33×（0.08＋0.20＋0.20＋3.60＋0.20＋0.20＋0.08）＝0.33×4.56
≈1.50（m²）

在砚窝石（图2-17）之前，有时再放一块与之平齐的条石，它被称为如意石，计算规则同砚窝石。

9. 礓磜按长乘以宽的面积，以平方米为单位计算。其中，拆安归位及打点勾缝包括垂带面积在内，垂带不再另行计算。

礓磜石拆安归位及打点勾缝，按斜面面积计算。如礓磜石两侧设有独立的垂带石，拆安归位面积计算应包含在投影面积内。

新做时另计，垂带的斜面长，可用勾股定理求出。

10. 望柱拆除、制作、安装均按柱身截面面积乘以全高的体积，以立方米为单位计算。其中，柱身截面为五边形时，截面面积按其最小外接矩形面积计算，望柱头补配以根为单位计算。

望柱按照截面面积乘以高，以立方米为单位计算。

截面面积应计取与石栏板接触位置的截面面积。

望柱高指地伏石上皮至望柱头之间的高。

望柱头新配，指望柱头被损毁或丢失，仅补配新做一个望柱头，安在旧望柱上。按所新配的个数计量。连接方式如采用金属插接等，应另计算费用。

石桥上位于转角处的望柱，截面呈六边形，见图2-18，此时截面面积按最小外接矩形面积计算（或按正身面积乘以2计算）。

11. 栏板按垂直净高乘以相邻两望柱中至中长的面积，以平方米为单位计算，随栏板抱鼓按垂直净高乘以相邻望柱中至前端长的面积，以平方米为单位计算。

石栏板可分为罗汉栏板和寻杖栏板，均按平方米为单位计算。

栏板水平长按照相邻两望柱中心至中心的长计算（望柱宽不扣除）。

栏板的高，按地伏石上皮至扶手上皮垂直高计算。栏板淹入地伏石槽深部分不予考虑。

抱鼓石高与栏板同高，长按图示，无图示时可按一个栏板长计算。或按立面图示截取的最小外接矩形面积计算。

转角石望柱见图2-18，石栏板与石望柱见图2-19。

例：某台基石栏板全长为15m，望柱截面为0.20m×0.20m，望柱高为1.35m，望柱中至中为1.50m，栏板高为0.95m，地伏石高为0.15m，宽为0.25m。

求台基石工程量。

解：（1）求望柱体积

全长15m栏杆按1.5m间距应有11根望柱（同时设有10块栏板）

望柱体积＝11×0.20×0.20×1.35≈0.59（m³）

（2）求石栏板面积

石栏板面积＝10×0.95×1.50＝14.25（m²）

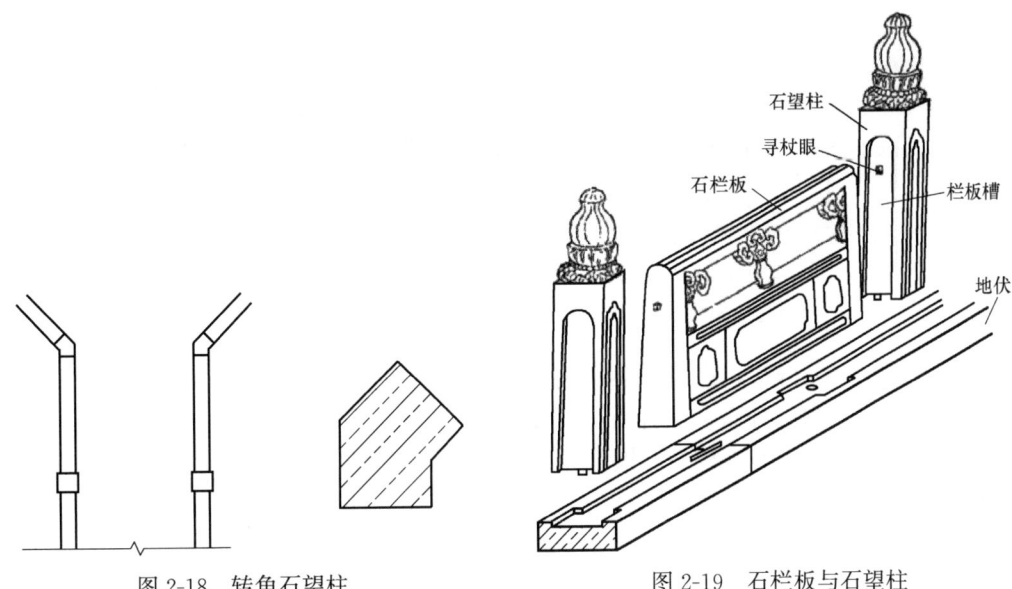

图 2-18　转角石望柱　　　　　　　　图 2-19　石栏板与石望柱

（3）求地伏石体积

地伏石体积＝15×0.15×0.25≈0.56（m³）

12. 地伏石按截面面积乘以长，以立方米为单位计算。

地伏石是石栏板、石望柱下面衬垫的条石。地伏石的剖面图如图 2-20 所示，计算截面面积时按最小外接矩形面积计算，凹槽面积不扣除。

13. 带水槽沟盖板按水平投影面积，以平方米为单位计算；石排水沟槽按中心线长度以米为单位计算；石沟嘴子、沟门、沟漏按数量以块为单位计算。

带水槽沟盖板（图 2-21）一般用于城墙，作为城台顶面排水沟的盖板，中间有小孔。

图 2-20　地伏石剖面图　　　　　　　图 2-21　带水槽沟盖板

石排水槽（剖面图见图 2-22）多用于院内明排水，在山区的园林内可见，现香山植物园樱桃沟内有大量遗存。

14. 夹杆石、镶杆石按宽、厚、高的乘积，以立方米为单位计算，不扣除夹柱槽所占体积，其高度包括埋深，埋深无图示者，其下埋深度按露明高度计算。竣工结算时据实调整。

夹杆石、镶杆石（图 2-23）是牌楼特有的石构件，以立方米为单位计算。

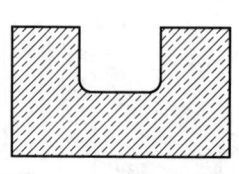

图 2-22　石排水槽剖面

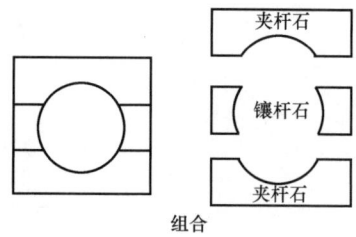

组合

图 2-23　夹杆石、镶杆石

例：某四柱三楼牌楼，夹杆石露明高为 1.20m，夹杆石与镶杆石安装后形成的正方形边长为 0.90m，求夹杆石、镶杆石体积。

解：四根柱下均设有夹杆石、镶杆石

埋入地下高暂按露明高计算，高为 2×1.20＝2.40（m），夹杆石与镶嵌石一同计算。

夹杆石、镶杆石体积＝4×2.40×0.90×0.90≈7.78（m³）

夹杆石、镶杆石安装时不含石身铁箍，铁箍按图示以千克计算。

另外，夹杆石、镶杆石分为有雕刻与无雕刻的情形。有雕刻的情形仅指夹杆石、镶杆石四个侧面有浅浮雕。如果夹杆石、镶杆石不仅侧面有浅浮雕，且顶面也带有蹲兽雕刻，此时蹲兽的雕应另行计算。

夹杆石、镶杆石安装铁箍，如需剔槽卧平，其剔槽用工不应再计算。

第三节　例　题

1. 某地面糙墁尺二方砖设计图纸要求使用 3：7 灰泥铺墁，而定额中糙墁地面是按 1：3 石灰砂浆确定的预算基价。试按有关规定换算新的预算基价（注：人工、材料、机械暂按定额原价）。

解：(1) 首先确定使用哪个定额进行换算

糙墁尺二方砖应选择定额编号 2-106

(2) 原定额基价是 119.99 元/m²，其中，含 1：3 石灰砂浆的价格是 0.0319×163.32≈5.21（元/m²），又知定额编号 2-83 中 3：7 灰泥的价格是 0.0412×28.90≈1.19（元/m²）

(3) 换算后的价格等于原价格减去石灰砂浆价格再加上灰泥价格。即，119.99－5.21＋1.19＝115.97（元/m²）

2. 某地面使用二尺方砖细墁，但定额中没有这种规格的项目，如何换算和确定二尺方砖细墁地面的价格（二尺方砖暂按 80 元/块计算，人工、材料、机械费暂按定额原价计算，其他因素暂不考虑)？

解：(1) 首先分析相关定额，求出墁方砖地面所给方砖的消耗量

① 求尺四方砖的消耗量

尺四方砖毛规格为 448mm×448mm×60mm，假设经砍磨加工后砖的规格变为

418mm×418mm，砍磨后的砖单块面积＝0.418×0.418＝0.174724（m²）

分析定额编号 2-82 细墁尺四方砖地面，其中给定方砖定额消耗量是 6.46 块/m²

方砖理论消耗量＝1÷0.174724≈5.72（块/m²）

方砖消耗数＝定额消耗量÷理论消耗量

方砖消耗数＝6.46÷5.72≈1.13

② 求尺七方砖的消耗量

尺七方砖毛规格为 544mm×544mm×80mm。假设经砍磨加工后砖的规格变为514mm×514mm，砍磨后的砖单块面积＝0.514×0.514＝0.264196（m²）

分析定额编号 2-81 细墁尺七方砖地面，其中给定方砖定额消耗量是 4.28 块/m²

方砖理论消耗量＝1÷0.264196≈3.79（块/m²）

方砖消耗数＝定额消耗量÷理论消耗量

方砖消耗数＝4.28÷3.79≈1.13

（2）尺二方砖数量的换算

二尺方砖毛规格为 640mm×640mm×96mm，假设经砍磨加工后砖的规格变为610mm×610mm，砍磨后的砖单块面积＝0.61×0.61＝0.3721（m²）

理论消耗量＝1÷0.3721≈2.69（块/m²）

方砖消耗量＝定额消耗量÷理论消耗量

定额消耗量＝方砖消耗量×理论消耗量

定额消耗量＝1.13×2.69≈3.04（块/m²）

（3）参照定额编号 2-81 换算二尺方砖细墁地面的预算基价

① 应扣除尺七方砖的价格＝4.28×25.50＝109.14（元）

② 应加入二尺方砖的价格＝3.04×80.00＝243.20（元）

③ 换算后的预算基价＝323.01－109.14＋243.20＝675.35（元）

3. 某古建筑室内地面做法为三层砖叠墁，表层为尺七方砖细墁。底下两层均为平铺二城样砖。设计图纸没有明确底下两层铺墁是糙墁还是细墁，应如何正确选择定额？

解：首层墁地按设计要求为细墁尺七方砖，应选择定额编号 2-81。

底下两层砖设计虽无明确要求，因其不暴露在外，比较合理的做法应选择二城样糙墁。若选择定额编号 2-109，也符合古建筑传统做法。

注：古建筑传统做法地面底层多为糙墁，造价员不要片面追求价格高，而忽略了传统做法。

4. 某月台平面图如图 2-24 所示，地面要求细墁尺七方砖并钻生。请计算墁地的工程量，并选择正确定额。计算外购方砖的数量，计算加工砖需用多少工日，计算外购生桐油的数量，计算外购黄土的质量。

解：（1）月台尺七方砖墁地面积

月台面积＝9.50×7.30＝69.35（m²）

阶条石面积＝9.50×0.40＋（7.30－0.40）×0.40×2

＝3.80＋6.90×0.80

＝9.32（m²）

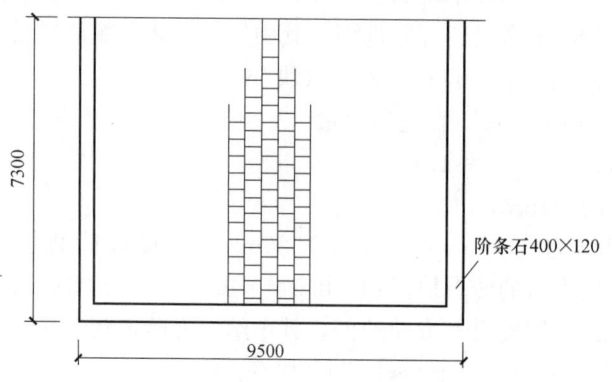

图 2-24　某月台平面图

实际墁地面积＝69.35－9.32＝60.03（m²）

尺七方砖细墁地面选择定额编号 2-81。

（2）钻生面积

钻生面积与尺七墁地面积相同，钻生选择定额编号 2-103。

（3）外购尺七方砖数量

$$外购数量＝60.03×4.28≈257（块）$$

（4）外购桐油数量

$$外购数量＝60.03×0.5225≈31.37（kg）$$

（5）计划砍砖需用工日

$$需用工日＝60.03×1.64≈98.45（工日）$$

（6）计划外购黄土的质量

先求出需用 3∶7 灰泥的体积，再求出其中黄土的体积，利用黄土的密度求出黄土的质量。

$$3∶7 灰泥体积＝60.03×0.0412≈2.47（m³）$$

在 2.47m³ 3∶7 灰泥中有 70％是黄土，则黄土体积＝2.47×70％≈1.73（m³）（实方），黄土实方折虚方乘以 1.35 系数。

注：外购黄土属于虚方，这里要进行换算。

外购黄土体积（虚方）＝1.73×1.35≈2.34（m³）

5. 条砖柳叶墁地可分为整砖柳叶地面与半砖柳叶地面。设计图纸上应如何确定两者的不同做法？

解： 建筑平面图中一般不能反映出整砖柳叶地面或者半砖柳叶地面的做法，但可以在图纸说明中阐述清楚，或者在剖面图中表明铺地用砖的竖向尺寸。一砖宽是整砖柳叶地面，半砖宽是半砖柳叶地面。

6. 室内墁地面积计算规则规定不扣除室内柱顶石所占面积，原因是什么？

解： 柱顶石虽然会占有一定的室内面积，但在铺墁过程中，遇有柱顶石，砖件要进行裁割打找。被裁割掉的砖属于合理损耗，用此损耗弥补未扣除的柱顶石所占面积，使材料消耗量相互抵扣。

7. 用小停泥糙墁牙子砖时的顺墁、立墁 $\frac{1}{4}$、立墁 $\frac{1}{2}$ 时，牙子宽各是多少（小停泥砖规格为 288mm×144mm×64mm）？

解： 糙砖墁牙子就是砖不需要砍磨加工，直接用毛砖墁牙子。顺墁时牙子的宽度是 64mm，露明的砖长是 288mm，立墁 $\frac{1}{4}$ 时牙子的宽度是 64mm，露明的砖长是 144mm。立墁 $\frac{1}{2}$ 时牙子的宽度是 144mm，露明的砖长是 64mm。

8. 细墁柳叶地面分为整砖柳叶地面与半砖柳叶地面。两者在平面图中显示的做法是一样吗？两者的区别在哪里？设计墁柳叶地面时，如何分清哪个是整砖柳叶地面？哪个是半砖柳叶地面？

解： 两种做法虽然不同，但是在平面图中的表示是完全一样的。设计时应用文字加以说明，或者在剖面图显示出砖的埋置深度。整砖柳叶是将整个砖宽尺寸全部埋入地下。半砖柳叶是将一块砖沿着长度方向裁成两块 $\frac{1}{2}$ 砖宽（长度不变），将裁好的砖埋入地下，埋入的深度是砖宽的 $\frac{1}{2}$。

9. 有人认为凡是细墁地面都必须钻生桐油。这种说法正确吗？为什么？

解： 不正确。因为，细墁地面分为室内墁地与室外墁地，一般情况下室内细墁地面钻生桐油比较多见，但不是绝对的，这要看设计图纸的具体要求，两者没有必然的联系。室外细墁散水、甬路几乎不钻生桐油。所以，是否钻生桐油完全取决于设计要求。不是细墁地面都需要钻生桐油。

10. 墁毛石地面与墁碎石板地面有何不同？二者从工艺、材料上有何不同？

解： 毛石就是砌筑毛石墙体使用的毛石。这种石料，其各个面没有统一形状。铺墁时要尽量选择一个比较平整的好面向上，铺墁完成后，地面所露石材呈不规则的自然形状。碎石板铺墁的地面，并非使用毛石，而是使用不规则的石板，这种碎石板属于板材，是事先经过机器切割成的板材，厚度为 25～60mm。碎石板向上的露明表面也是机器切割的面。不像毛石属于相对较平的自然面，两者铺墁地面的效果也不相同。

11. 某四角亭平面图如图 2-25 所示，求各分项工程量。求需要多少定额工日。求直接工程费（价格暂以定额价格为准）。

解：（1）各分项工程量

① 阶条石添配制作，如图 2-25 所示，从①轴线左至台基外边的长＝0.96m，下檐出与此

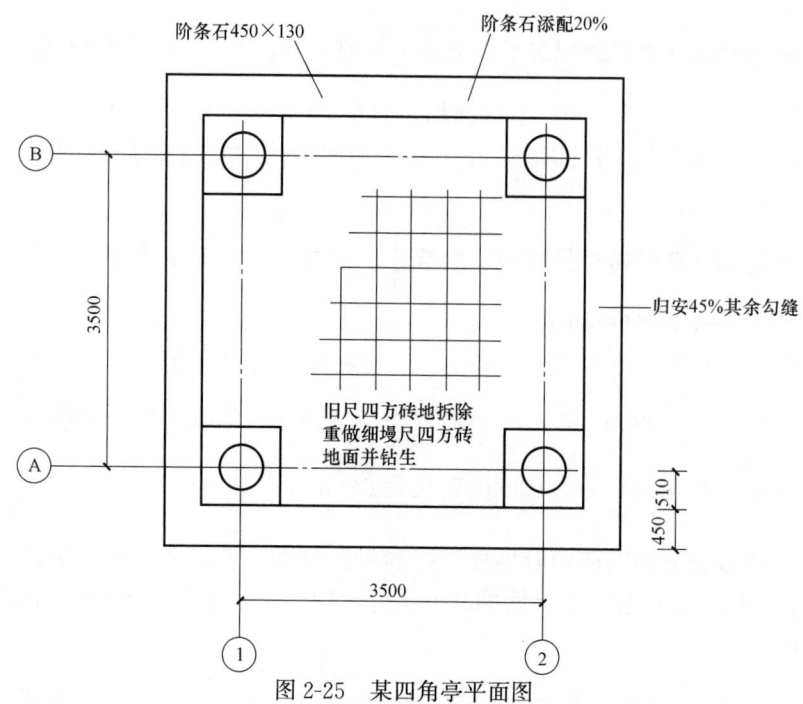

图 2-25　某四角亭平面图

线构成直角等腰三角形，则四角亭台基面宽（或进深）方向长＝0.96＋3.50＋0.96＝5.42（m）

阶条石全长＝4×5.42－4×0.45＝19.88（m）（转角处不准重复计算）

阶条石总体积＝19.88×0.45×0.13≈1.16（m³）

添配 20％时，添配的制作量＝1.16×20％≈0.23（m³）

② 阶条石添配的安装量为 0.23m³

③ 阶条石归安 45％，归安量＝1.16×45％≈0.52（m³）

④ 计算地面拆除面积（即阶条石里口所围面积）

地面面积＝台基面积－阶条石面积

阶条石面积＝19.88×0.45≈8.95（m²）

台基面积＝5.42×5.42≈29.38（m²）

地面面积＝29.38－8.95＝20.43（m²）

⑤ 渣土发生量＝20.43×0.10＝2.43（m³）（注：计算渣土发生量查渣土发生量计算简表，由于篇幅所限，该表被省略。）

⑥ 重新铺墁尺四方砖地面面积＝地面拆除面积＝20.43m²

⑦ 地面钻生面积＝铺墁方砖面积＝20.43m²

（2）需用定额工日

① 阶条石制作选择定额编号 1-482

定额用工＝0.23×23.64≈5.44（工日）

② 阶条石安装选择定额编号 1-506

定额用工＝0.23×12.60≈2.90（工日）

③ 阶条石归安选择定额编号 1-470

定额用工＝0.52×19.20≈9.98（工日）

④ 拆旧方砖地选择定额编号 2-73

定额用工＝20.43×0.12≈2.45

⑤ 渣土外运选择定额编号 11-13（假设施工地点在北京市区三环路以内）

定额用工＝2.43×0.453≈1.10（工日）

⑥ 铺墁尺四方砖地面选择定额编号 2-82

定额用工＝20.43×2.26≈46.17

⑦ 地面钻生选择定额编号 2-103

定额用工＝20.43×0.17≈3.47（工日）

⑧ 分项工程合计需用定额工

定额用工＝5.44＋2.90＋9.98＋2.45＋＋1.10＋46.17＋3.47＝71.51（工日）

（3）直接工程费

① 阶条石制作＝0.23×5318.33≈1223.22（元）

② 阶条石安装＝0.23×1170.08≈269.12（元）

③ 阶条石归安＝0.52×1762.52≈916.51（元）

④ 拆方砖地＝20.43×10.49≈214.31（元）

⑤ 渣土外运＝2.43×77.16≈187.50（元）

⑥ 铺墁尺四方砖地面＝20.43×313.17≈6398.06（元）

⑦ 地面钻生＝20.43×31.59≈645.38（元）

⑧ 各分项工程直接工程费

＝1223.22＋269.12＋916.51＋214.31＋187.50＋6398.06＋645.38＝9854.10（元）

注：归安工程量是阶条石总量的 45%，不应是阶条石总量减去添配的 45%。

12. 如图 2-26 所示，根据六角亭的几何关系图，计算相关数据

解：如图 2-26（1）所示，C、G 为柱中心点，下檐出为 1m，即 $BC=GK=$1m，柱径为 0.2m，柱础为 0.4m×0.4m，面宽 $CG=EL=BK=$3m。求亭子建筑面积，亭内地面面积。

如图 2-26（3）所示：柱径为 0.2m，柱础为 $2D×2D=$0.4m×0.4m，

即 $FN=2FC=$0.4m，可知 $CF=$0.2m

由于是六边形，故 $\angle ACB=30°$，如图 2-26（4）所示：$EF=\frac{1}{2}CF=0.1$（m），

$CE=\sqrt{FC^2-EF^2}=0.17$（m），$BE=BC-CE=1-0.17=0.83$（m）

如图 2-26（4）所示，$AF=2AD=2×0.48=0.96$（m）

如图 2-26（5）所示，阶条石的面积＝（3.20＋4.16）×0.83×0.50≈3.05（m²）

如图 2-26（1）所示，在 $\triangle AOH$ 中，$AH=2AB+BK=2×(0.48+0.1)+3=$4.16（m），故 $AP=PH=0.5AH=4.16/2=2.08$（m）

如图 2-26（1）所示，在 $\triangle AOP$ 中，$\angle OAP=60°$，$AP=2.08$，$\text{tg}\angle OAP=\dfrac{OP}{AP}$，

$OP=\text{tg}60°×2.08$，$OP=1.732×2.08≈3.60$（m）

故亭子建筑面积＝2.08×3.60×0.5×12≈44.93（m²）

亭内地面面积＝亭子建筑面积－阶条石面积＝44.93－6×3.05＝26.63（m²）

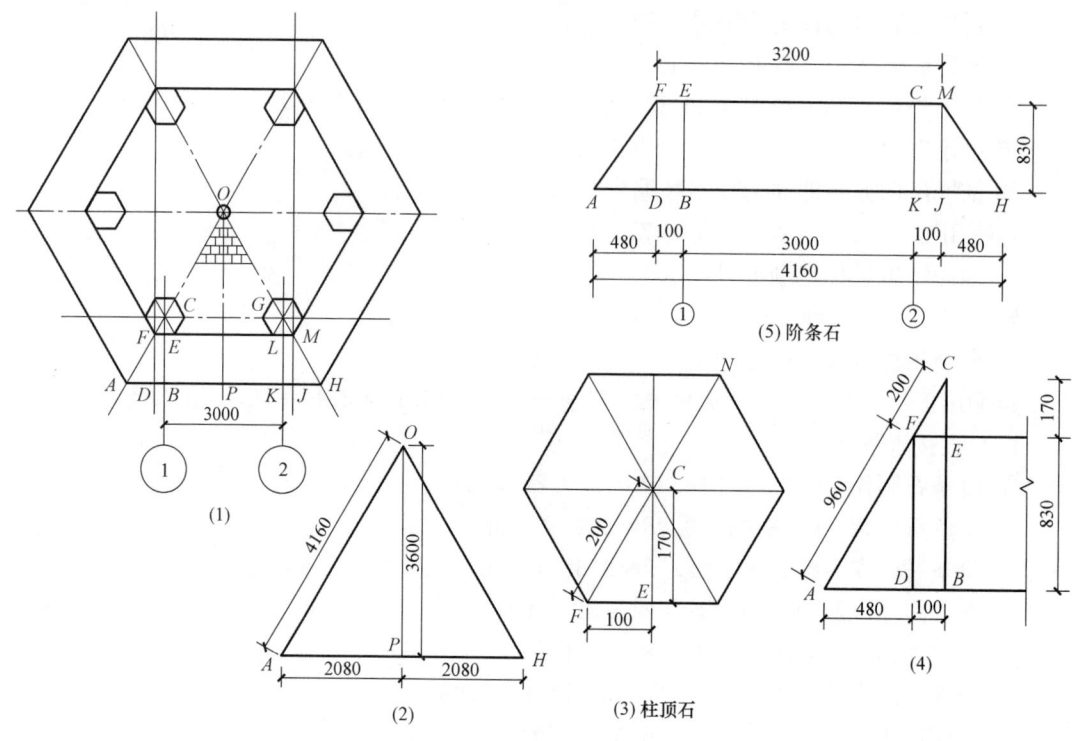

图 2-26　六角亭的几何关系

13. 某古建筑石作工程设计要求选用花岗石制作垂带踏跺。已知花岗石市场价为 **2150** 元/m³，求此条件下的预算基价为多少（注：其他材料费、中小型机械费暂不调整）？

解：（1）首先选择定额编号 2-189，预算基价是 649.10 元

（2）被换算的材料在预算基价中占有的价格＝被换算材料的定额用量×该材料的定额单价＝0.1384×3000＝415.20（元）

（3）需要换算的花岗石石材价格 ＝ 定额用量×市场价格＝0.1384×2150＝297.56（元）

（4）按定额规定使用花岗石等坚硬石材，人工费×1.30 系数调整

需要调整的人工费价格＝原定额基价中人工费合计×0.30＝216.74×0.30≈65.02（元）

（5）调整后的预算基价＝原预算基价－被换算的材料价格＋需要调整的各项价格

调整后的预算基价 ＝ 649.10－0.1384×3000＋0.1384×2150.00＋65.02＝596.48（元）

14. 某古建筑设计图示要求石栏板使用青白石制作，经计算此栏板的面积是 **75m²**，栏板厚度是 **150mm**。此制作工程的直接工程费是多少（人工费、材料费、机械费暂按定额原价执行）？

解：（1）选择定额编号 2-223

预算基价是 4018.99 元/m²

（2）制作的直接工程费＝75×4018.99＝301424.25（元）

（3）制作时增厚的直接工程费

① 每增厚 2cm 时的直接工程费＝75×98.27＝7370.25（元）

② 实际每增厚 5cm 的直接工程费

增厚的倍数＝5÷2＝2.5（倍）（按 3 倍计算）

75×98.27×3＝22110.75（元）

（4）栏板制作的直接工程费＝301424.25＋22110.75＝323535.00（元）

注：增厚倍数计算出的商，是整数时取整数，有小数时不考虑四舍五入，一律进位后取整数。

15. 某古建筑工程需加工 **150mm** 厚寻仗栏板 **118m²**，假设汉白玉石材市场价格是 **11000** 元/m³，人工单价经甲乙双方商定为 **105** 元/工日，此分项工程的直接工程费为多少元？

解：（1）选择正确定额，按照定额所给条件，结合市场价格进行换算，求出新的预算基价

选择定额编号 2-223、2-224

（2）换算定额编号 2-223 基价

4018.99－[（42×82.10）＋（0.1201×3000）]＋[（42×105）＋（0.1201×11000）]

＝4018.99－3808.50＋5731.10

＝5941.59（元）

（3）换算定额编号 2-224 基价

98.27－[（0.384×82.10）＋（0.0214×3000）]＋[（0.384×105）＋（0.0214×11000）]

＝98.27－95.73＋275.72

＝278.26（元）

（4）直接工程费＝工程量×换算后的预算基价＝118×（5941.59＋278.26×3）＝799611.66（元）

注：增厚 5cm 按增厚 2cm 的 3 倍计算，不足 1cm 时按 2cm 计算。

16. 某古建石作工程合同约定：施工单位包工包料。在加工石台阶、阶条石等构件时，施工单位只剁了两遍斧。安装后竣工前几日，施工单位又派人重新剁了一遍斧。结算时，施工单位不仅计取了台阶、阶条石的制作与安装费，还计取了一遍单独剁斧的定额。请问施工单位的做法正确吗？为什么？

解：施工单位的做法不正确。因为在计取台阶、阶条石制作费用时，已经包括了剁三遍斧的做法。加工制作时有意留一遍斧不剁，待安装后或竣工验收前再剁一遍斧，不应再单独计取剁斧的费用。因此，这种做法不正确，属于重复计算。

17. 如何认定路牙石、路缘石或分隔地面的分隔条石？

解：路牙石指地面两侧或散水边缘所栽的宽度在 120mm 以内的条石。其底面应在路面、散水的结合层之下（伸入垫层内）。路缘石或分隔条石多随石材地面铺装，上口与路面平齐，下口与石材地面的底面平齐（不伸入垫层内），上口宽度大于 120mm，路牙石与路缘石见图 2-27。

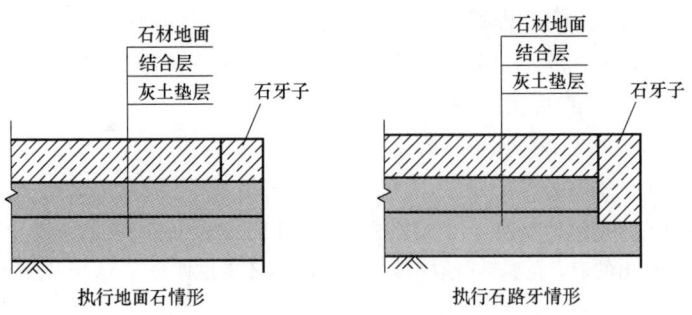

执行地面石情形　　　　　　执行石路牙情形

图 2-27　石路牙与路缘石

18. 图 2-28 石栏杆采用汉白玉制作，厚度为 **100mm**，全长为 **100.20m**。求石栏板、石望柱、地伏石的制作、安装的直接工程费之和（人工、材料、机械费单价按原定额基价，汉白玉取 **12000 元/m³**）。

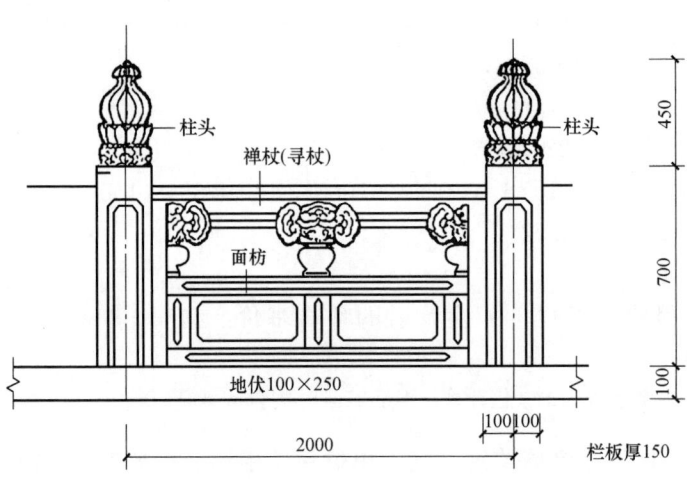

图 2-28　石栏板与石望柱、地伏石

解：（1）工程量计算

① 地伏石体积 $= 100.20 \times 0.10 \times 0.25 \approx 2.51$（m³）

② 石望柱体积：石望柱根数 $= 100.20 \div 2 + 1 \approx 51$（根）

石望柱体积 $= 51 \times 0.20 \times 0.20 \times (0.70 + 0.45) \approx 2.35$（m³）

③ 石栏板面积 $= 100.20 \times 0.70 = 70.14$（m²）

（2）价格计算

① 地伏石制作价格选择定额编号 2-227

换算后价格 $= 5783.29 - 1.0815 \times 3000 + 1.0815 \times 12000 = 15516.79$（元）

② 地伏石安装价格选择定额编号 2-233

基价 $= 1135.60$ 元

③ 石望柱制作价格选择定额编号 2-215

换算后价格 $= 17599.69 - 1.0815 \times 3000 + 1.0815 \times 12000 = 27333.19$（元）

④ 石望柱安装价格选择定额编号 2-229

基价＝1282.72 元

⑤ 石栏板制作价格选择定额编号 2-223

换算后价格＝4018.99－0.1201×3000＋0.1201×12000＝5099.89（元）

⑥ 石栏板安装价格选择定额编号 2-231

基价＝124.30 元

（3）计算直接工程费

① 地伏石制作＝2.51×15516.79≈38947.14（元）

② 地伏石安装＝2.51×1135.60≈2850.36（元）

③ 石望柱制作＝2.35×27333.19≈64233.00（元）

④ 石望柱安装＝2.35×1282.72≈3014.39（元）

⑤ 石栏板制作＝70.14×5099.89≈357706.28（元）

⑥ 石栏板安装＝70.14×124.30≈8718.40（元）

合计＝38947.14＋2850.36＋64233.00＋3014.39＋357706.28＋8718.40＝475469.57（元）

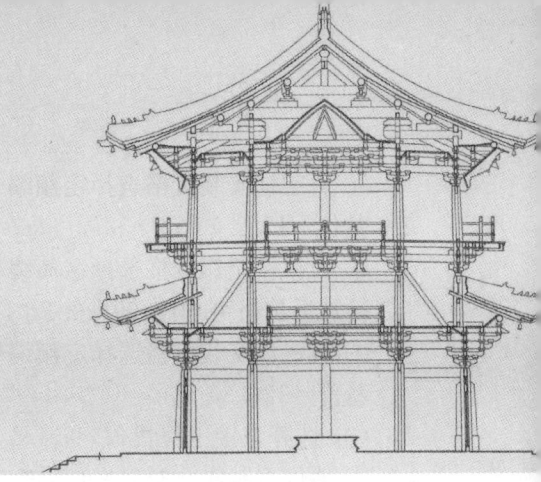

第三章
屋面工程

第一节　统一性规定及解释说明

1. 瓦屋面查补、檐头、天沟沿、窝角沟整修均已综合考虑了屋面及檐头、天沟沿、窝角沟各自的不同损坏程度，执行中不做调整。其中，琉璃檐头、天沟沿、窝角沟整修均包括补配钉帽，若不发生时应扣减钉帽的价格。

2. 垂兽、岔兽添配已包括兽角，仙人添配已包括仙人头，均不得再执行兽角、仙人头添配定额，兽角、仙人头添配定额只适用于单独添配的情况。

3. 青灰背查补按青灰背屋面查补定额执行；青灰背屋面按屋面苫背相应定额执行。

4. 布瓦瓦面揭瓦以新瓦件添配在 30％以内为准，琉璃瓦瓦面揭瓦以新瓦件添配在 20％以内为准，瓦件添配量超过上述数量时，另执行相应的新瓦添配每增 10％定额（不足 10％亦按 10％执行）。

5. 抹护板灰已包括望板勾缝，不得再另执行望板勾缝定额。

6. 屋面苫泥背以厚度 4～6cm（含）为准，厚度在 6～9cm（含）时，按定额乘以系数 1.5 执行，厚度在 9～12cm（含）时，按定额乘以系数 2.0 执行，以此类推。

7. 苫灰背以每层厚度 2～3.5cm（含）为准，厚度在 3.5～5.0cm（含）时，按定额乘以系数 1.5 执行，厚度在 5.0～7.0cm（含）时，按定额乘以系数 2.0 执行，以此类推。

8. 瓦面与角脊、戗（岔）脊及庑殿、攒尖垂脊相交处裁割角瓦所需增加的工料已包括在相应屋脊定额中，实际工程中无论屋顶形式及瓦面面积大小，定额均不做调整。

9. 琉璃屋面以使用黄琉璃瓦件、脊件为准，如使用其他颜色的琉璃瓦，应换算瓦件、脊件及相应灰浆价格，其用量不做调整。

10. 琉璃钉帽安装定额以在檐头及中腰节安装为准，窝角沟双侧安装琉璃钉帽者按相应定额乘以 1.4 系数执行。铃铛排山脊定额已含钉帽安装，不得再单独执行琉璃钉帽安装定额。

11. 各种脊已分别综合了弧形、拱形等情况；其中，角脊、戗（岔）脊及庑殿、攒尖垂脊定额均已包括瓦面与其相交处裁瓦所需增加的工料。

12. 琉璃博脊若采用围脊筒做法时，按围脊定额执行，琉璃围脊若采用博脊承奉连做法时，按博脊定额执行。

13. 布瓦屋脊除脊端附件及蝎子尾部分有雕饰外，其他均以无雕饰为准，需雕饰者另增加工料。

14. 布瓦屋脊砖件以在现场砍制为准，若购入已经砍制的成品砖件，应扣除砍砖工的人工费用，砖件用量乘以 0.93 系数，砖件单价按成品价格调整，其他不做调整。

第二节　工程量计算规则详解

1. 屋面除草冲垄、屋面打点刷浆、屋面查补、青灰背查补、苦灰泥背、瓦面揭瓦、瓦面拆除、瓦面铺瓦均按屋面面积，以平方米为单位计算，不扣除各种脊所占面积，屋角飞檐冲出部分不增加，同一屋顶瓦面做法不同时应分别计算面积。其中，屋面除草冲垄、屋面打点刷浆、屋面查补的屋脊面积不再另行计算。屋面各部位边线及坡长规定如下：

（1）檐头边线以图示木基层或砖檐外边线为准。

（2）硬山、悬山式建筑两山以博缝外皮为准。

（3）歇山式建筑拱山部分边线以博缝外皮为准，撒头上边线以博缝外皮连线为准。

（4）重檐建筑下层檐上边线以重檐金柱（或重檐童柱）外皮连线为准。

（5）坡长按脊中或上述上边线至檐头折线长计算。

屋脊无论是尖山或圆山，均计算至脊的假想中心线为止，不扣除各种脊本身所占面积，见图 3-1 和图 3-2。

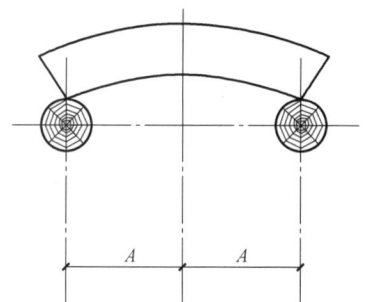

图 3-1　圆山时脊的假想中心线

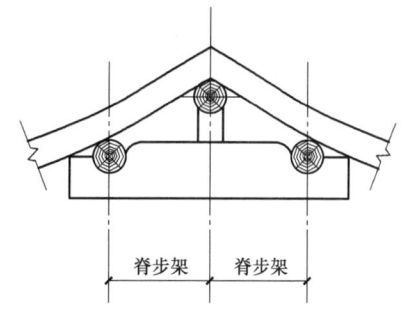

图 3-2　尖山时脊的假想中心线

屋角飞檐冲出翘起部分不增加，仍把檐头按一条延长的直线考虑，檐头直线在老角梁处形成 45°夹角（仅限平面为矩形的建筑），见图 3-3。

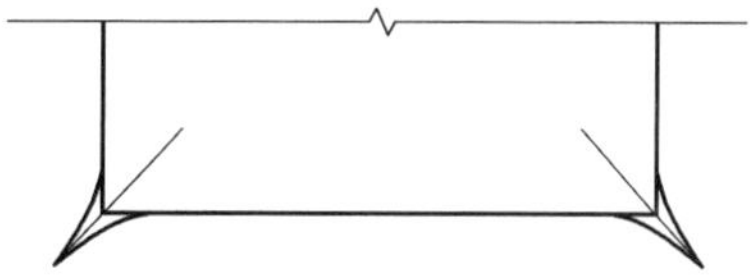

同一屋顶瓦面做法不同时应分别计算。做法不同指的是屋面剪边做法，聚锦拼图做法不同。因为即使

图 3-3　屋角飞檐冲出和起翘面积示意图

同样是琉璃屋面，只要瓦的颜色发生了改变，对每种颜色的面积都要单独计算。还有绿琉璃剪边，后边瓦面是削割瓦或布瓦做法，也要分别计算面积。

琉璃剪边的宽有一个勾头的长，有一勾一筒的长，有一勾二筒的长，甚至有一勾三筒的长。筒瓦头的灰缝可按 8mm 考虑。这些都是计算剪边面积的关键因素，设计文件应明确。

屋面维修时，如遇设计要求屋面除草冲垄、屋面打点刷浆、屋面查补时，只计算屋面面积，脊的面积不能展开计算，已包含在除草、打点、查补项目中。

屋面按斜长构成的坡屋面计算面积，坡面曲线的形成，实质是若干个三角形斜边构成的多条折线，多条折线长之和就是屋面的坡长（图 3-4）。

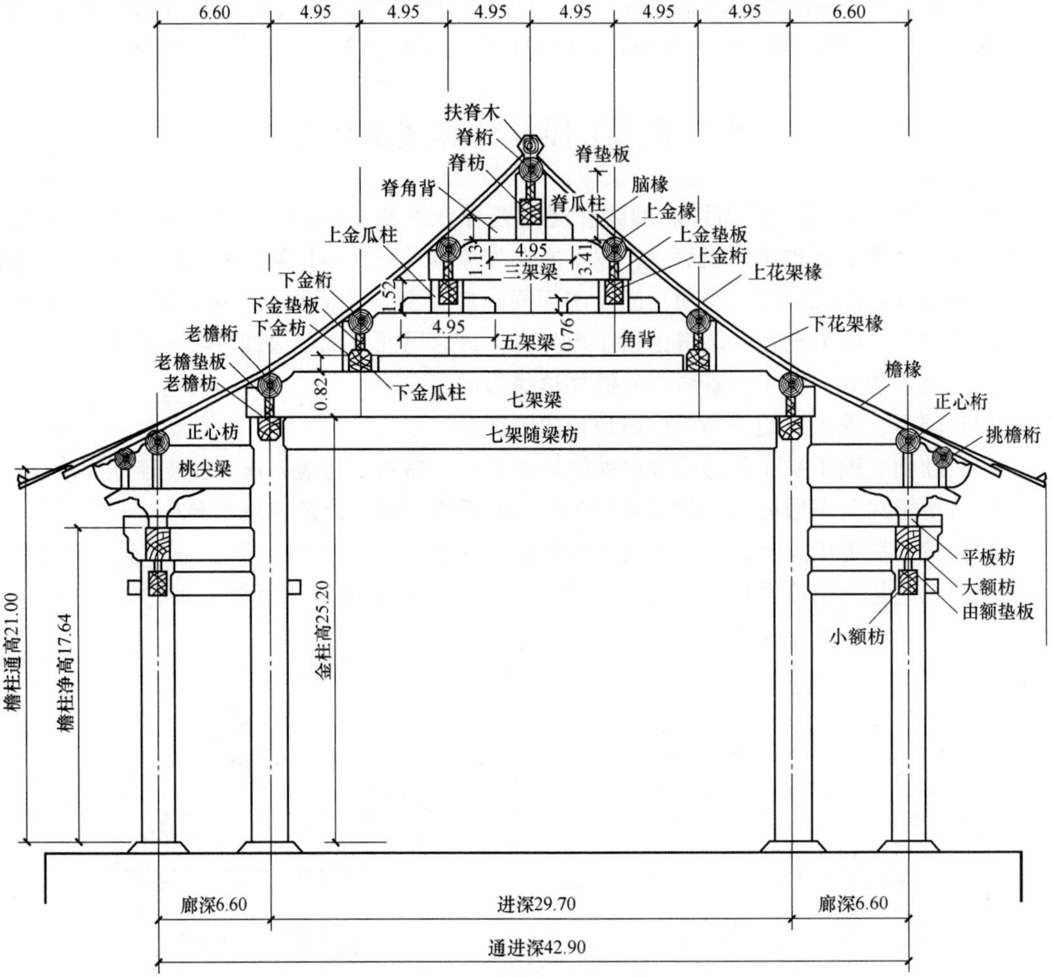

图 3-4　折线形成的屋面坡长（横剖面图）

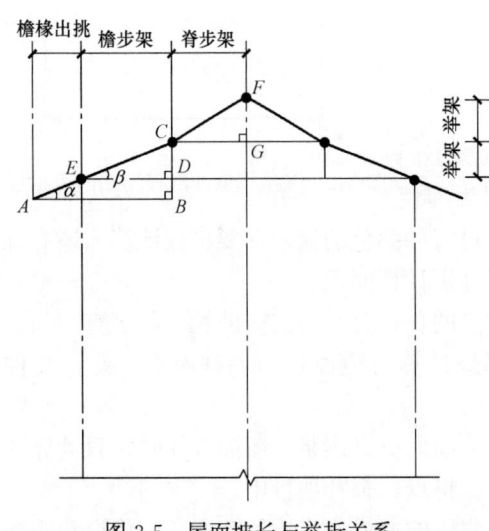

图 3-5　屋面坡长与举折关系

屋面坡长由折线 AC 与 FC 之和构成，见图 3-5。

在△CED 中，∠CDE 为直角三角形，CD 为檐部举架高。ED 为檐步架尺寸，在直角三角形中，已知两个直角边，可以通过勾股定理，求出三角形斜边之长 EC。在△CAB 中，∠CBA 为直角，线段 ED 平行于 AB，则 α 角等于 β 角，两个三角形构成相似三角形。△CED∽△CAB，利用相似三角形对应边成比例的关系，可求出 AC 之长（即檐椽长）。

则有 $\dfrac{AC}{AB}=\dfrac{EC}{ED}$，$AC=AB\times\dfrac{EC}{ED}$

已知：① AB＝檐椽出挑尺寸＋檐步架尺寸

② ED＝檐步架尺寸，CD＝举高尺寸

③ $EC=\sqrt{ED^2+CD^2}$

可求出第一道折线长（即檐椽长）

第二道折线长利用△FCG 的已知关系，求出 FC 长（恼椽长）

已知 CG 为步架尺寸，FG 为举高，∠CGF 为直角，则 $FC=\sqrt{CG^2+FG^2}$

屋面坡长＝$AC＋FC$

由于屋架形式有多种，构成的折线也有许多条，但计算方法是相同的。

飞椽斜长的计算：

当檐椽上附有飞椽时（图 3-6），计算屋面坡长时还要计算飞椽的斜长（图 3-7）。一般情况下，传统建筑大多遵循五举拿头的原则，即，檐步架与举架构成的三角形，底边长的 50％为举架高。这样就决定了檐椽俯仰的角度，在这个角度上飞椽叠压在檐椽上。另外，按照传统模数关系，飞檐要制作成一头三尾的比

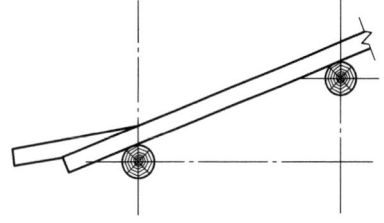

图 3-6　飞椽与檐椽

例，这个比例也决定了飞椽翘起的角度，受五举拿头和一头三尾形成的角度影响，经测算，此时飞椽水平出挑部分构成的直角三角形为三五举的关系，也就是底边长（飞椽出挑尺寸）的 35％是三角形的高。

$AB×35\%＝CB$

解此三角形时，设 $AB＝1$，则 $CB＝0.35$

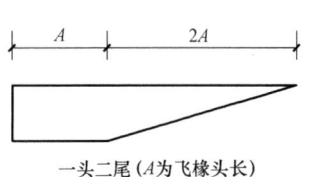

一头三尾（A为飞椽头长）

一头二尾（A为飞椽头长）

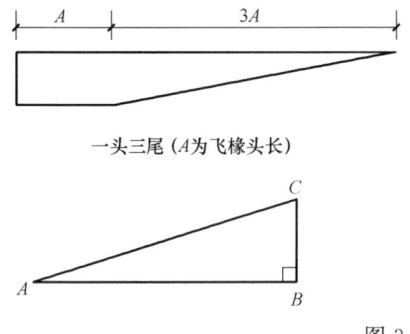

图 3-7　飞椽斜长

$AC=\sqrt{1^2+0.35^2}≈1.06$

结论：当飞椽形成三五举时，$AC＝1.06×AB$

当屋面设有飞椽时，坡长计算至飞椽端头，飞椽的斜长等于 1.06 倍的飞椽水平出尺寸。

当屋面后檐为封护檐做法时，屋面的坡长要计算到冰盘檐最上一层盖板上皮的外棱。

古建筑的屋面面积计算要掌握以下几个原则：

① 木基层檐头的端点有飞椽时，计算至飞椽头；无飞椽时，计算至檐椽头。后檐如为封后檐做法时，后檐檩中至冰盘檐盖板上皮外棱点形成的坡长也要被计算。

② 硬山、悬山式建筑两山以博缝外皮至另一侧博缝外皮之间的水平连线为准。

硬山式建筑山墙博缝外皮尺寸是从山墙外皮加上二层拔檐的出檐尺寸，再加上博缝砖的出檐尺寸。在设计图纸上往往无标注，一般为 60～100mm。我们可以假想沿博缝外皮线向下做一条垂线，大约会与台基的外棱重合。因为山面台基一般向后退均边尺寸60～100mm。在建筑平面图上一般会标注山墙均边尺寸，我们可以忽略地认为山墙台基外边线与山墙博缝同在一条垂线上。这样我们就可以通过平面图的信息寻找到山墙台基外边线至另一侧山墙台基外边线尺寸，也就是硬山式建筑面宽方向台基的通长，也是各间轴线之和加 2 倍的山出尺寸。将它视为硬山式建筑山墙博缝至另一侧山墙博缝之间的距离，用此尺寸即可计算硬山式建筑屋面面积。硬山式建筑屋面见图 3-8。

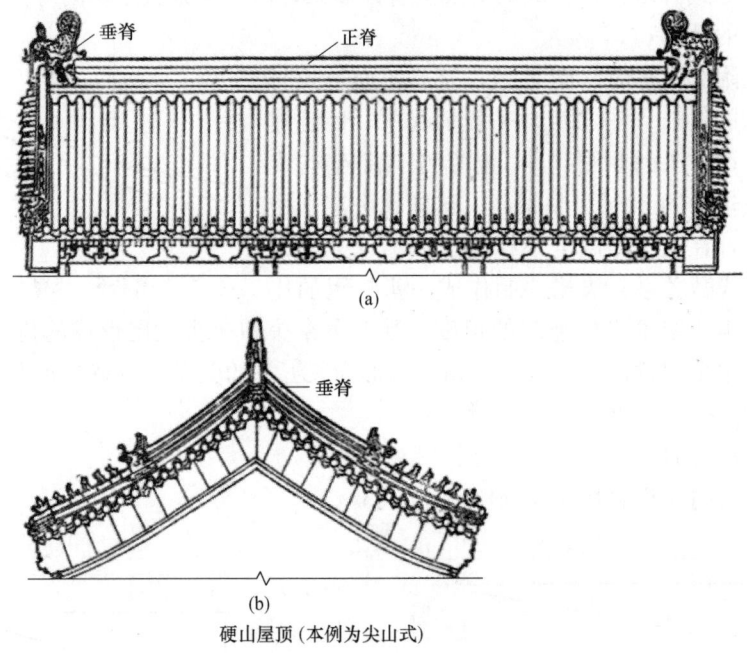

图 3-8　硬山式建筑屋面

（a）正立面；（b）侧立面

例：某硬山式建筑图，见图 3-9 和图 3-10，明间为 3600mm，两次间为 3200mm，屋

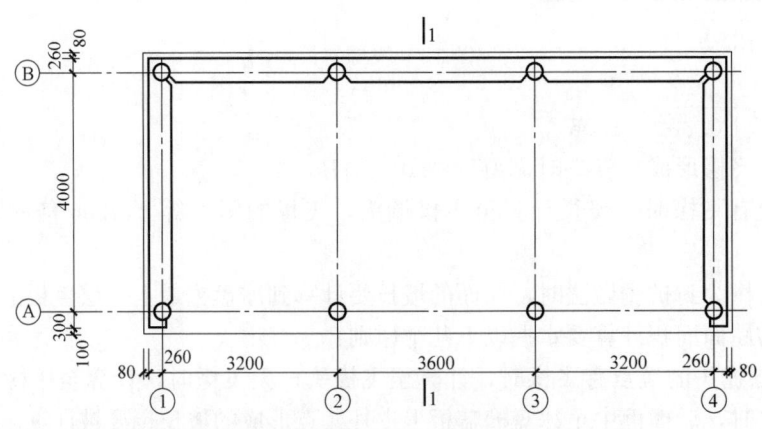

图 3-9　某硬山式建筑平面图

面举折关系如图 3-10 所示，求屋面面积。

解：（1）博缝外边长至另一边博缝外
边长＝0.08＋0.26＋3.20＋3.60＋3.20＋
0.26＋0.08＝10.68（m）

（2）屋面坡长

在图 3-10 中，AB 为檐檩至金檩的斜
长＝$\sqrt{1^2+0.50^2}=\sqrt{1.25}\approx1.12$（m）

做辅助线，找到两个相似三角形，利
用相似三角形对应边成比例的关系，则有

$\dfrac{L_1}{0.80+1}=\dfrac{1.12}{1}$ $L_1=\dfrac{1.12}{1}\times(1.80)\approx$
2.02（m）

△AGF 中，底边长 AF 为 1m，高
FG 为 0.75m

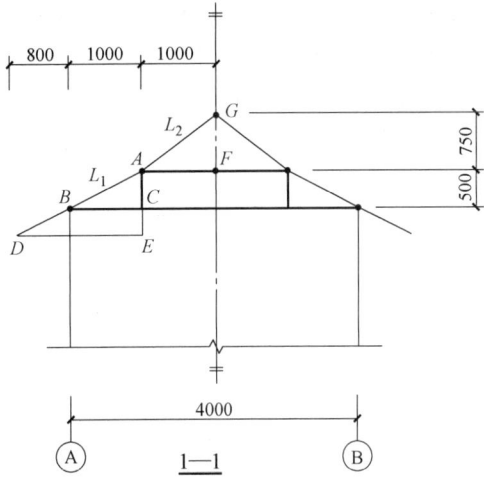

图 3-10　某硬山式建筑剖面图

$$L_2=\sqrt{1^2+0.75^2}=\sqrt{1.56}\approx1.25\ (\text{m})$$

屋面坡长＝2×（2.02＋1.25）＝6.54（m）

屋面面积＝10.68×6.54≈69.85（m²）

③ 悬山式建筑计算屋面面积时，屋面坡长与硬山式建筑屋面坡长计算相同，只是水
平方向的长度取木博缝板外皮至另一侧木博缝板外皮之距，悬山式建筑屋面见图 3-11。

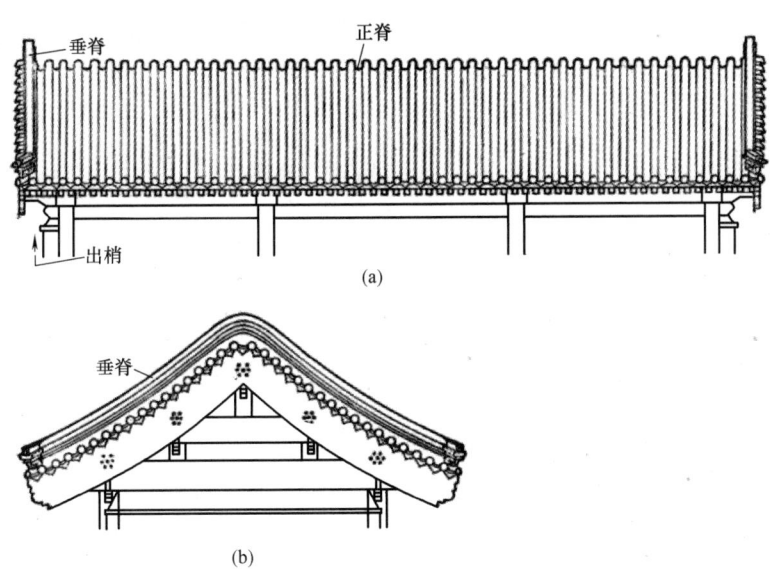

图 3-11　悬山式建筑屋面图
（a）正立面；（b）侧立面

悬山式建筑的间数可能有三间、五间、七间等，我们统称之为 N 间。然后再找到第
一间左边与末一间右边出梢的尺寸，即可。

悬山结构出梢尺寸，指的是自边柱中心至博缝板中心之间的尺寸。一般情况下，博缝板厚度为 1 倍椽径，如果从柱中心至博缝板外皮计算，在 8 倍椽径的基础上还要加上 0.50 倍椽径，为 8.50 倍椽径，左边出梢为 8.50 倍椽径，中间会有 N 间，右边同样还有 8.50 倍椽径，左右合计为 17 倍椽径。

结论：悬山式建筑博缝板外皮至另一侧博缝板外皮间尺寸为 N 间轴线之和加 17 倍椽径。

例 1：某游廊有 8 间，每间面宽为 3600mm，檐椽为 65mm×65mm，前后坡屋面长合计为 4800mm，求屋面的瓦面积。

解：（1）水平方向通长（博缝板外皮至外皮长）＝17×0.065＋8×3.60≈29.91（m）

（2）屋面的瓦面积＝29.91×4.80＝143.6（m²）

例 2：某廊子坡长（双脊檩）如图 3-12 所示，求屋面坡长。

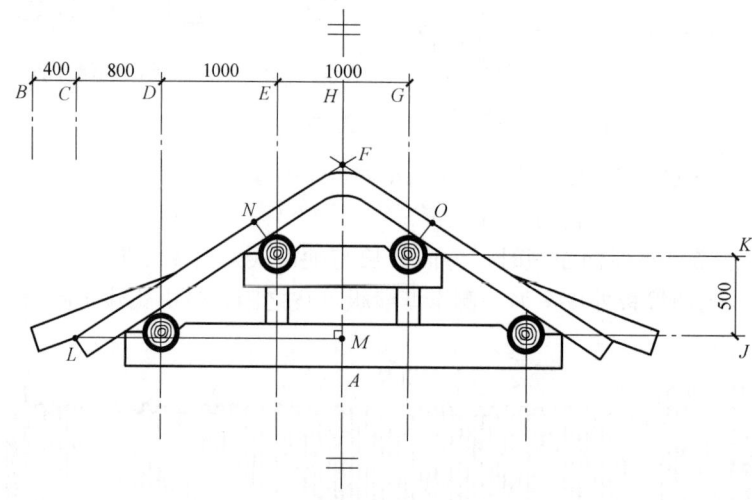

图 3-12　廊子坡长（双脊檩）

解：我们首先确定两个檩相邻时会有一道假想的对称中心线 AH，也就形成 $EH＝GH$，在檐椽上皮做延长线，两线相交于 F 点，在已知檐檩

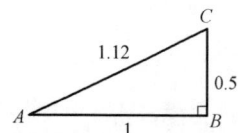

图 3-13　五举时步架与坡长

与脊檩构成的三角形中，斜边长＝$\sqrt{1^2+0.50^2}≈1.12$（m）

$\triangle FML$ 与图 3-13 三角形为相似三角形，对应边成比例。则有 $\dfrac{LF}{LM}=\dfrac{1.12}{1}$

$LM＝CD＋DE＋EH＝0.80＋1＋0.50＝2.30$（m）（$EG＝EH＋GH$）

我们将罗锅椽的弧长变成直线长就是 $NO＝NF＋OF$。因为一侧的坡长

$$LF＝\frac{1.12}{1}×2.30≈2.58（m）$$

屋面坡长＝2.58＋0.40×1.06＝2.58＋0.42＝3（m）

若前后坡等长时，前后坡屋面长＝2×3＝6（m）

注：飞椽斜长一般按三五举考虑，三五举系数为 1.06。

④ 歇山式建筑屋面（图 3-14）中，拱山部分边线以博缝外皮为准，撒头上边线以博

缝外皮连线为准。

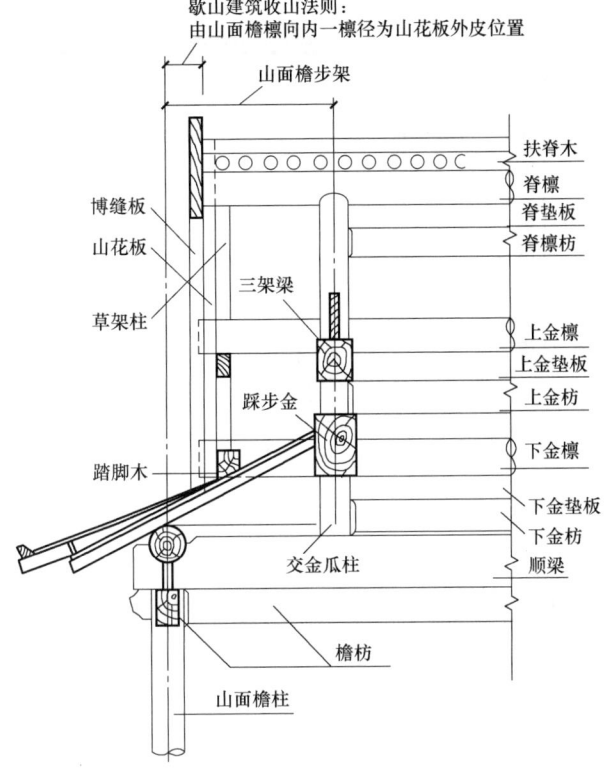

图 3-14　歇山式建筑屋面

在歇山前后坡沿博缝板外皮做一条向下的延长线，把立面所见屋面想象成一个由 *ABCD* 构成的矩形（图 3-15）。

AB 即是拱山部分博缝板外皮至另一侧博缝板外皮的长，*AC* 为屋面坡长（多个三角形斜边长之和构成的曲线）。

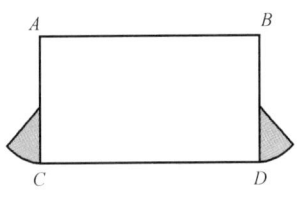

图 3-15　拱山部分示意图

从图 3-14 中可知：从山面檐檩中，向后退 1 倍檩径距离就是山花板外皮（收山法则），山花板外皮也就是图中博缝板里皮，从博缝板里皮向左加出 1 倍博缝板厚尺寸，即为博缝板外皮位置。

如图 3-16 所示，假设山面檐步架为 1.20m，即山面檐柱中心至踩步金中心水平长为 1.20m，由此可推算出踩步中至博缝板外皮之距 L。

L＝山面檐步架－檐檩直径＋博缝板厚

设踩步金中心向右至②轴间距为 L_1

L_1＝（①～②轴间距）－1.20

L_1＝3.30－1.20

L_1＝2.10（m）

自②轴向右即为各 N 间轴线之和，歇山收山时左右关系对称，设歇山建筑两山博缝

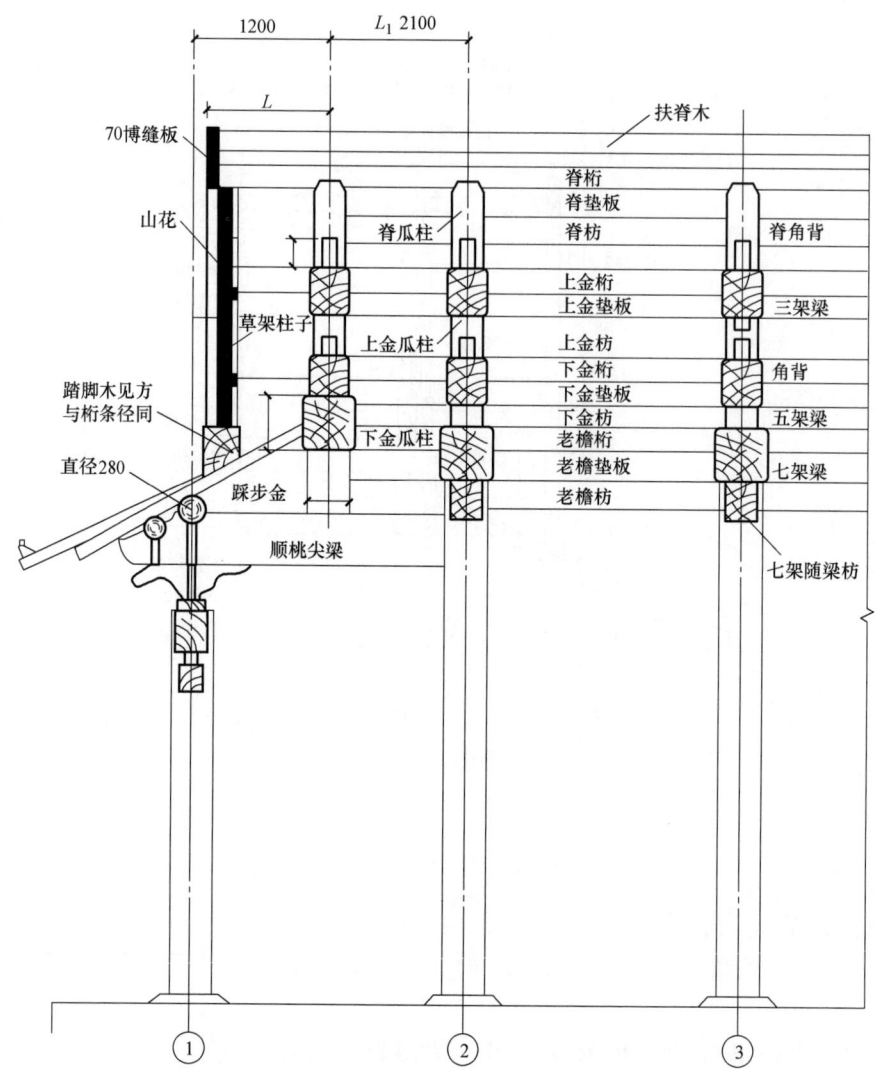

图 3-16　山花板与博缝板关系

板外皮间水平连线为：$(L+L_1)\times 2+N$ 间轴线之和 $=2\times(0.99+2.10)+N$ 间轴线之和

注：0.99 是由 $1.20-0.28+0.07$ 计算得出。

歇山拱山部分面积＝水平通长×前后坡坡长之和

这时，正立面阴影部分并未被计算，留在计算撒头时一并计算。

从屋面俯视图看，撒头是一个等腰梯形。这个梯形是沿边角折成 45°斜线后构成的等腰梯形，被折去的三角形面积正好是计算正立面矩形面积未包含的面积（图 3-17）。

如果我们将撒头假想成一个矩形，就将拱山未计算的正面三角形包含进来。这个矩形长边的长是檐头正身飞椽不考虑冲出因素的延长线与仔角梁中心的交点。BC 为金檩中至飞椽端头的平出尺寸。$\triangle ABC$ 中，$\angle ABC$ 为直角且为等腰三角形，故 $AB=BC$。BC 为正身檐椽与末翘的翘飞椽椽当的假想中心线。

撒头的檐椽长利用剖面图步架与举架关系可以计算。再利用相似三角形关系，新的

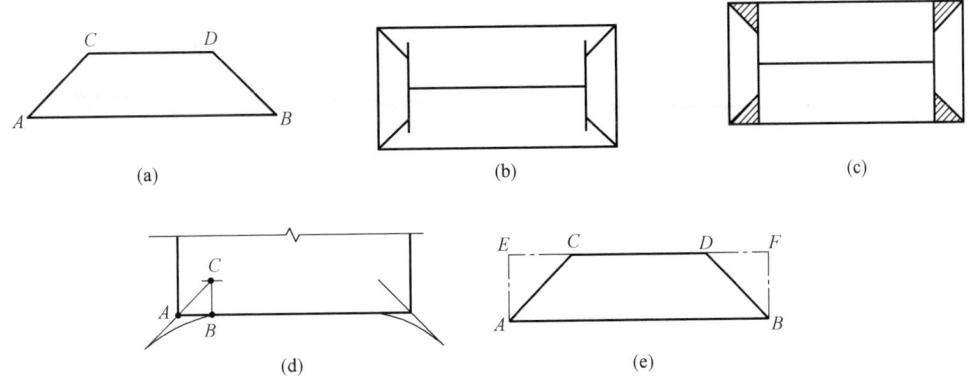

图 3-17　歇山式屋面，正侧立面关系

三角形底边长取檐椽端头至博缝板外皮之距，可求出檐椽头至博缝板外皮间的斜长（坡长）。

飞椽斜长按飞椽水平出尺寸乘以 1.06 系数即为飞椽的坡长。两个坡长相加就是有飞椽时撒头瓦面的坡长。

计算歇山式屋面要注意歇山式屋面共有四个屋面，每两个有相互对称关系，不要忘记乘以 2 倍。

⑤ 重檐建筑上层檐上边线以重檐金柱（或重檐童柱）外皮连线为准。设计图纸上一定会给出重檐柱网平面图，通过柱网柱中位置关系可以推算出重檐金柱的外皮尺寸。利用重檐下层檐檐檩与金檩的剖面关系（下层檐椽的举折关系）找出两个相似三角形，直接计算出下层檐檐椽端头至檐椽后尾到金柱外皮之间的斜长（即下层檐瓦面的坡长），有飞椽时，还要加上飞椽平出乘以 1.06 后的飞椽坡长。

⑥ 屋面曲线形成的坡长，其前端有飞椽时，计算到飞椽端头；无飞椽时，计算到檐椽端头。整个屋面曲线是由多个三角形斜边长构成的折线，折线长之和就是屋面曲线之长。

⑦ 攒尖建筑先计算出一个面的面积，然后再乘以相同屋面面积的个数。

以单檐四角亭为例，见图 3-18（a），整个亭子屋面是由四个三角形组成的，只要求出 △ABO 的面积，再乘以 4 即可求出整个亭子屋面面积。

在 AB 的假想中心线 OE 处做一个剖切面，攒尖建筑一般由两个步架组成。

第一个步架由 AB 至 FG，是檐步架。第二个步架是由 FG 至中心点 O 形成的脊步架。计算方法同硬山式建筑坡屋面计算方法，这两个折线之和（有飞椽时三条折线之和）就是三角形屋面的坡长，也是 △ABO 的高。这个三角形的底边边长不是 AB 的长，A、B 代表檐柱中心线的位置，AB 的连线也是檐檩的中心线，檐椽（含飞椽）向外是有水平出挑的，刚才计算折线时，是计算到了正身飞椽的端头，沿这个端头点向左延伸，与角梁中线的交点，就是三角形底边长的一个终点，同理，向右找到另一个底边终点，两个终点的直线长就是三角形底边长。

利用三角形面积公式＝底×高×$\frac{1}{2}$，即可求出攒尖四角亭一个坡面的面积。

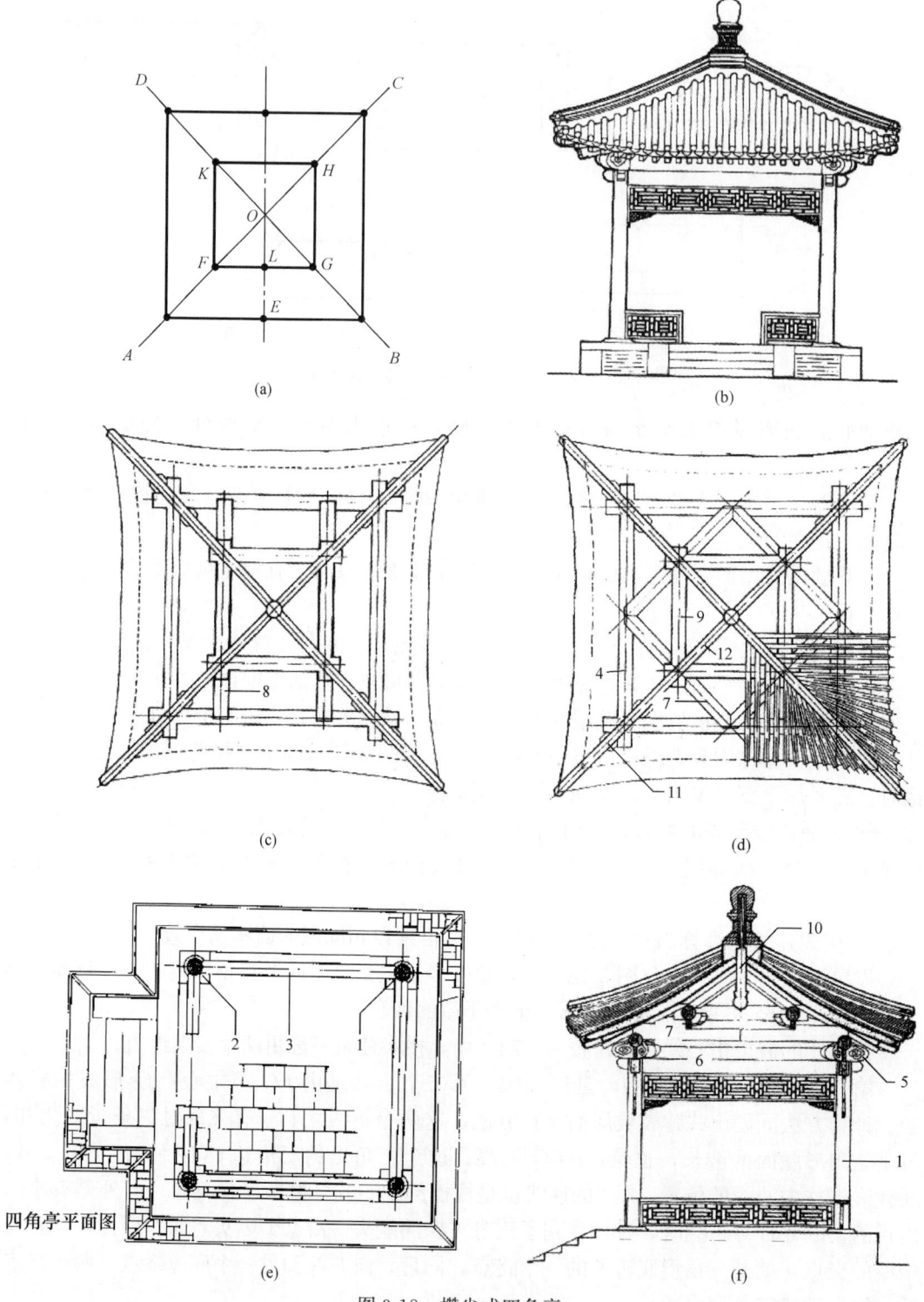

图 3-18　攒尖式四角亭

（a）屋面几何图形；（b）正立面图；（c）构架平面图（趴梁法）；（d）构架平面图（抹角梁法）；（e）基本构造；（f）剖面图

1—檐柱；2—柱顶石；3—坐凳面；4—檐檩；5—角云；

6—檐枋；7—抹角梁；8—趴梁；9—金檩；10—雷公柱；11—角梁；12—由戗

见图 3-19，*BE* 为平直段正身檐椽，*BC* 为末翘与正身檐椽之椽档的假想中心线，*FG* 为檐檩，*GE* 为檐椽水平出加飞椽水平出之和，*CD* 为金檩中线，*DG* 为檐步架。

由于四角亭转角为 90°，∠*ACB* = ∠*CAB* = 45°，△*ABC* 为直角等腰三角形，则 *AB* = *CB*。此时 *DE* 为亭子面宽假想中心线，则仔角梁与檐头直线的交点 *A* 与另一侧对称的交点之距，就是三角形屋面底边之长。

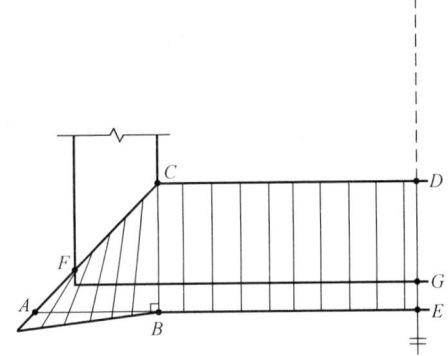

图 3-19　屋面转角时，三角形的等腰关系

如图 3-19 所示，底边长 = (*AB* + *BE*) × 2

当攒尖建筑为非 90° 转角时，计算道理相同。只是不能利用等腰三角形的关系，利用已知底角角度和对边的长（檐椽水平出 + 飞椽水平出）求解。

例 1：求六角亭屋面面积。在图 3-20 中，已知 *GL* 为正身飞椽平直段长度，*MN* 为金檩中心位置，*MG* = *NL*，为金檩中心至飞椽头的水平长度，且为正身飞椽与末翘的飞椽椽档的假想中心线。这时，*AB* = *AG* + *GL* + *BL*，求 *AG* 长（*AG* = *BL*）。

解：△*OAB* 为全等三角形，各内角均为 60°。

在 △*MAG* 中（图 3-21），已知 ∠*MAG* = 60°，ctg60° = *AG*/*MG*

AG = ctg60° × *MG*

AB = 2 × (ctg60° × *MG* + *GL*)

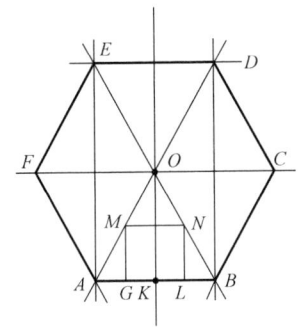

图 3-20　六角亭底边的几何关系

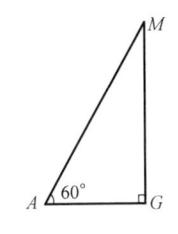

图 3-21　△*MAG*

AB 就是六角亭屋面某个三角形的底边长，坡长计算方法与四角亭相同。

六角亭屋面瓦面面积 = *AB* × 坡长 × 6，六角亭见图 3-22。

例 2：求八角亭屋面面积。

解：已知 *CD* 为金檩中心线（图 3-23），*CE* = *DF*，为金檩中心至飞椽头的水平距离，*EF* 为正身飞椽头平直段长度。（也是搭交金檩搭交点至另一搭交点的距离）

AB 为不考虑翼角冲击因素平直段的长，也是计算三角形屋面面积时的底边长（图 3-24）。

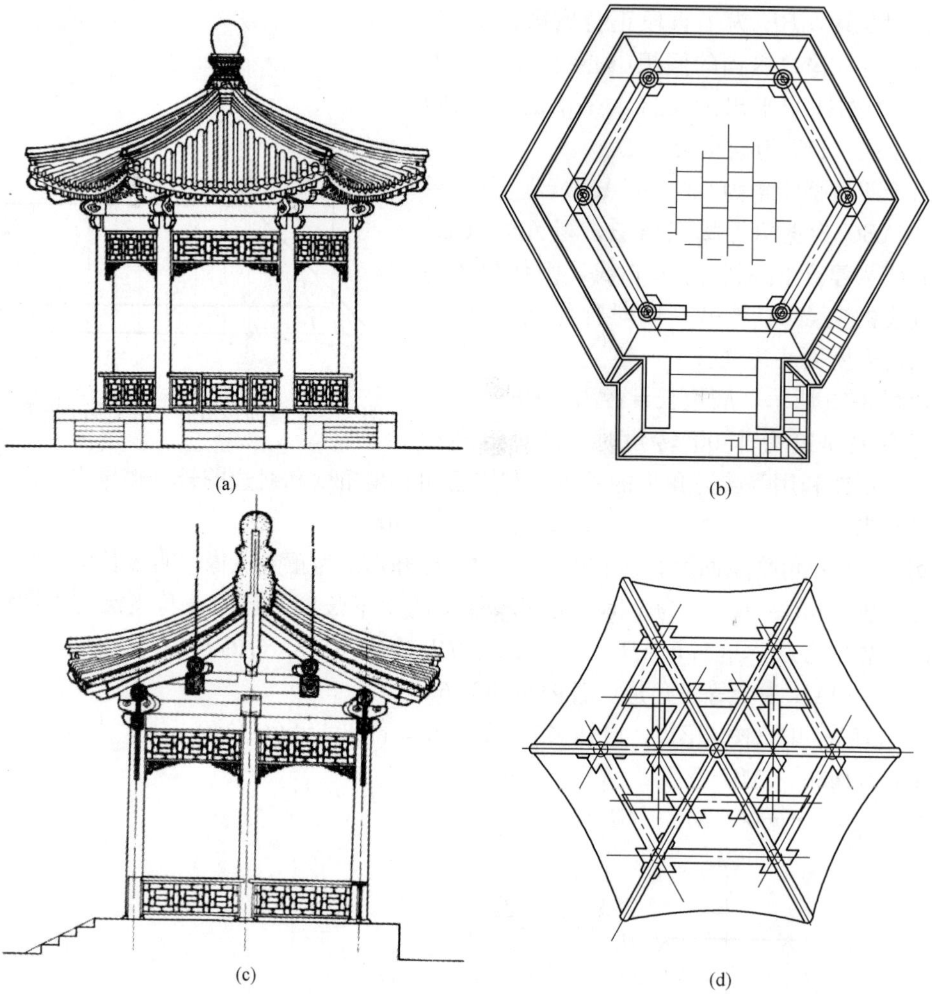

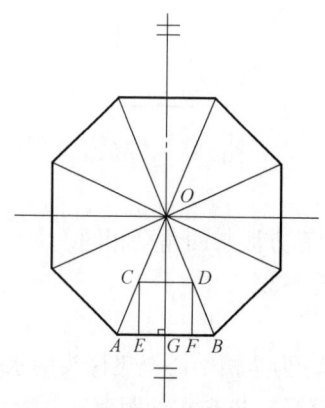

图 3-22　六角亭

（a）正立面图；（b）平面图；（c）剖面图；（d）构架平面图

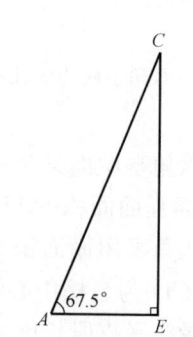

图 3-23　八角亭底边的几何关系　　　　图 3-24　八角亭几何关系

CE 与 DF 为正身飞椽与末翘翘飞椽椽档假想中心线，$AB=AE+EF+FB$，因 $AE=FB$，只要求出 AE 即可求出 AB 长。

通过正八边形可知：$\angle AOB=360\div 8=45°$，$\angle OAB=\angle OBA=67.5°$

OG 为对称轴线，则 $\triangle OAG\backsim\triangle CAE$，则 $\angle ACE=\angle AOG=\dfrac{1}{2}\times 45°=22.50°$

或在 $\triangle CAE$ 中，$\angle AEC=90°$，$\angle CAE=67.50°$

$\angle ACE=180°-90°-67.5°=22.50°$

在 $\triangle CAE$ 中有

$ctg67.5°=AE/CE$

$AE=ctg67.50°\times CE$

$AB=2\times(ctg67.50°\times CE+EF)$

AB 就是八角亭屋面某个三角形的底边长，坡长计算方法与四角亭相同。

八角亭屋面瓦面面积$=(AB\times$坡长$)\times 8$，八角亭见图 3-25。

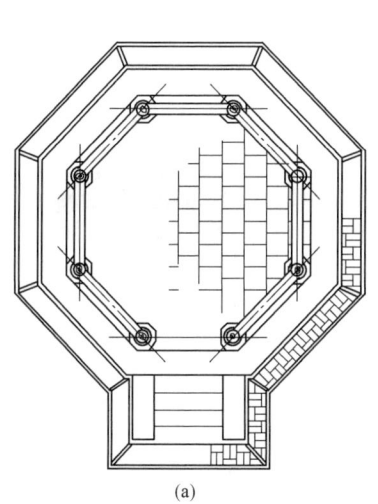

(a)

(b)

图 3-25　八角亭

（a）平面图；（b）正立面图

例 3：求五角亭屋面面积。

解：正五角亭，见图 3-26，O 为攒尖雷公柱子中心点，构成五个相等的三角形屋面。

在 $\triangle AOB$ 中，$\angle AOB=360°\div 5=72°$

则 $\angle AOG=72\div 2=36°$

$\angle OAG=180°-36°-90°=54°$（图 3-27）

CD 为金檩中心线，EF 为飞椽椽头正身平直部分

$CE=DF=$金檩中至飞椽椽头水平出挑尺寸

在 $\triangle CAE$ 中有

$ctg54°=\dfrac{AE}{CE}$

$AE=ctg54°\times CE$

$AB=2\times ctg54°\times CE+EF$

AB 长就是正五边形屋面某个三角形的底边长，坡长计算方法与四角亭相同。

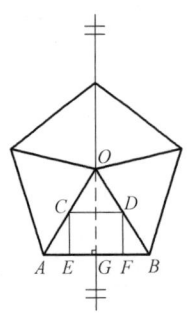

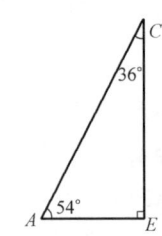

图 3-26　五角亭底边的几何关系　　　　图 3-27　五角亭几何关系

五角亭屋面瓦面面积＝$AB×$坡长$×5$，五角亭见图 3-28。

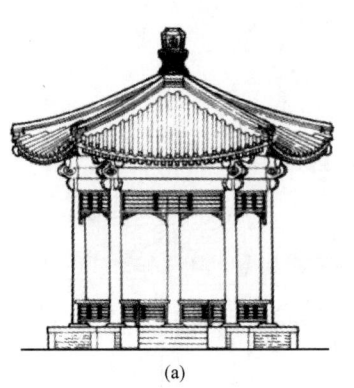
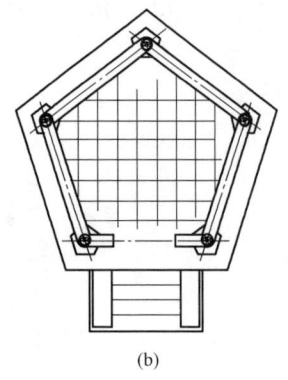
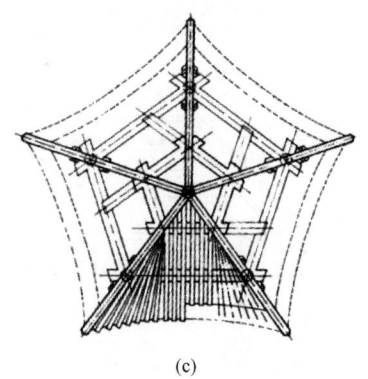

(a)　　　　　　　　(b)　　　　　　　　(c)

图 3-28　五角亭

(a) 正立面图；(b) 平面图；(c) 构架平面图

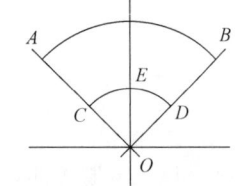

图 3-29　扇形平面关系

例 4：求扇形屋面面积。扇形屋面比较少见，设计图纸上要给出圆心点 O 的位置（图 3-29），要给出 CO 与 AO 的半径和 $\angle AOB$ 的角度。

解：计算出 AB 与 CD 的弧长，两弧长相加后除以 2（取平均弧长），再与坡长相乘即为扇形屋面面积，坡长计算方法与四角亭相同。

扇形弧长＝$n\pi×r÷180$

式中：n 为圆心角的角度，r 为弧长对应半径，π 为圆周率。

扇形面积＝$\frac{1}{2}×(n\pi×r_{外半径}÷180＋n\pi×r_{内半径}÷180)×$坡长

式中：外半径为 OA，内半径为 OC，π 为圆周率，n 为 $\angle AOB$ 的度数。

例 5：求庑殿式屋面面积。庑殿式建筑是中国传统建筑中等级最高的建筑形式。从俯视图看，庑殿屋顶就是一个矩形屋面。庑殿式建筑见图 3-30，庑殿式建筑侧面屋顶见图 3-31，庑殿式建筑正面屋顶见图 3-32。

解：庑殿式建筑屋面由四部分组成，假设前后坡成对称关系为 S_1，左右坡也呈对称关系为 S_2，见图 3-33。

则，庑殿屋顶面积＝$2×(S_1＋S_2)$

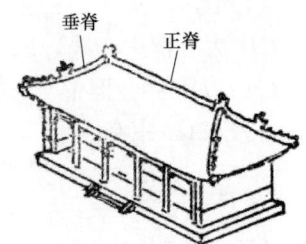

图 3-30　庑殿式建筑

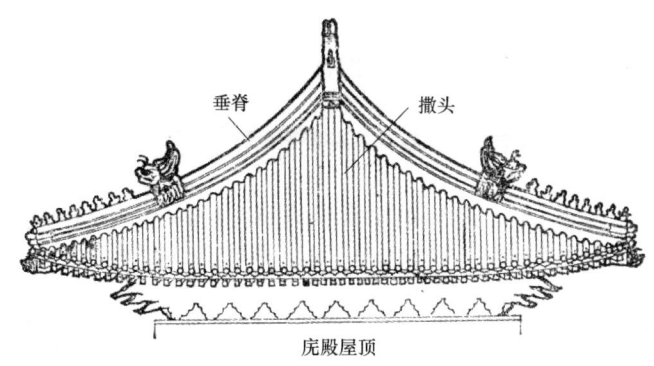

图 3-31　庑殿式建筑侧面屋顶

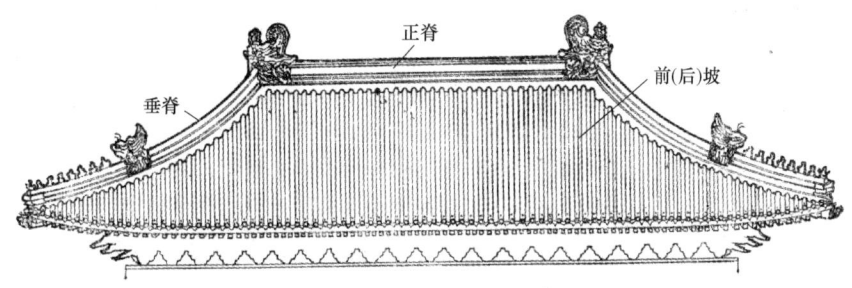

图 3-32　庑殿式建筑正面屋顶

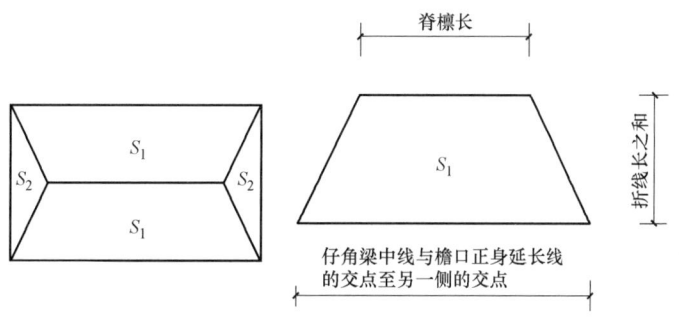

图 3-33　屋顶俯视关系

　　S_1 是一个等腰梯形，坡长就是等腰梯形的高，等腰梯形的上边长是脊檩长（或扶脊木长）。下边计算方法同四角亭三角形底边长相同。只不过这里正身飞椽的平直段长度较长，由若干间组成。但正身平直段的长仍以两侧正身飞椽与末翘翘飞椽之间的空档中心（假想空档中心线）为准，再向左右各延伸计算到与仔角梁中心点相交为止。

　　S_2 为庑殿式建筑的侧立面屋面，形状为三角形，三角形高仍取正面 S_1 屋面中的坡长（各折线长之和），底边计算方法同四角亭底边计算方法。

　　S_2 坡长应该依据沿建筑物纵向，在正脊位置的剖面图所显示的侧立面举折关系图计算。严格意义上讲庑殿式屋面侧面的举折要略短于正面的举折，利用推山后的举折计算出的各折线长，是最精准的。

　　例 6：求圆形攒尖屋面面积，见图 3-34。

　　解 ：圆形攒尖式建筑将宝顶中心线（攒尖雷公柱中心线）视为圆心，屋面坡长仍为

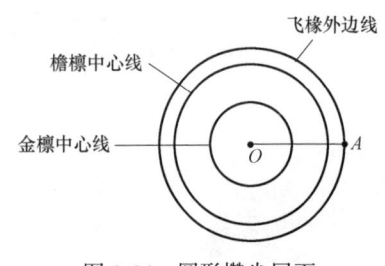

图 3-34　圆形攒尖屋面

多个三角形斜边长之和而构成的折线长之和，O 点为圆心，即攒尖雷公柱的柱中心线，OA 为三道折线之和构成的坡长。

$$圆形攒尖屋面面积=3.14 \times OA^2$$

圆形攒尖屋面面积不宜按圆锥体的侧面展开长计算，那样会缺少许多条件，而无法计算。但重檐圆形攒尖的下层檐长可按圆台体的侧面展开长计算。

四角亭、五角亭、六角亭、八角亭的重檐下层檐和悬山式、歇山式、庑殿式的下层檐屋面面积计算方法相同。下层檐的等腰梯形上边长取角柱中心线至角柱中心线间距（图 3-35），其他方法参照四角亭、歇山屋面的计算方法。

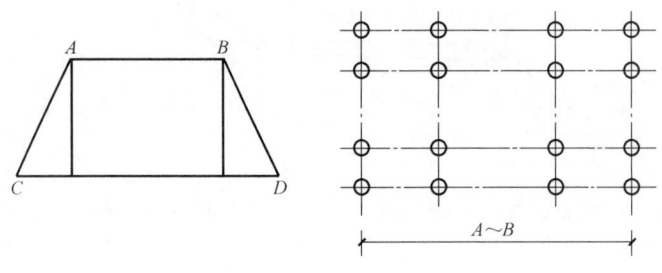

图 3-35　重檐下层檐

2. 檐头、天沟沿，均按长度以米为单位计算，其中，硬山、悬山式建筑按两山博缝外皮间净长计算，带角梁的建筑按仔角梁端头中点直线长计算，天沟沿以单侧沿为准，按两侧沿累加计算。

檐头指檐头附件，即滴水与勾头的安装。檐头附件按长度，以米为单位计算。

屋面瓦瓦面积的计算，已包含勾滴位置所占面积。但勾滴还应被再次另行单独计算，这是因为勾头、滴水的价格与板瓦、筒瓦的价格相差很大。

天沟沿指屋面天沟处瓦垄安放的勾滴，天沟沿也以米为单位计算。但仅指一侧的安放，如两侧均需安放，按每侧的长度累加计算。

（1）硬山式建筑檐头附件计算长度时，以两山博缝外皮间净长计算。

（2）悬山式建筑檐头附件计算长度时，以两山木博缝板外皮间净长计算。

（3）带有角梁的建筑按仔角梁端头中点连接直线长计算，可参照四角亭三角形屋面底边长的计算方法，但略有不同。

正身椽与翼角椽平面示意图见图 3-36。

如图 3-37 所示，A 表示正身飞椽端头至仔角梁端头冲出的 3 个檐径；B 表示上檐出尺寸（$B=$檐椽平出+飞椽平出）；C 表示檐步架；GH 为末翘翘飞椽与正身飞椽之间的假想中心线，沿 GH 向下延长与虚线交于 H 点，$GH=$檐步架 $C+$上檐出 $B+$冲出部分 A，$\triangle GDH$ 为直角等腰三角形，故 $GH=DH$。此时带角梁的建筑仔角梁端点中点连线长 $DF=DH+HK+KF$（这里 $DH=KF$）。

这个方法也适用于大连檐、瓦口等制安时长度的计算。图 3-37 中 HK 距离可通过屋

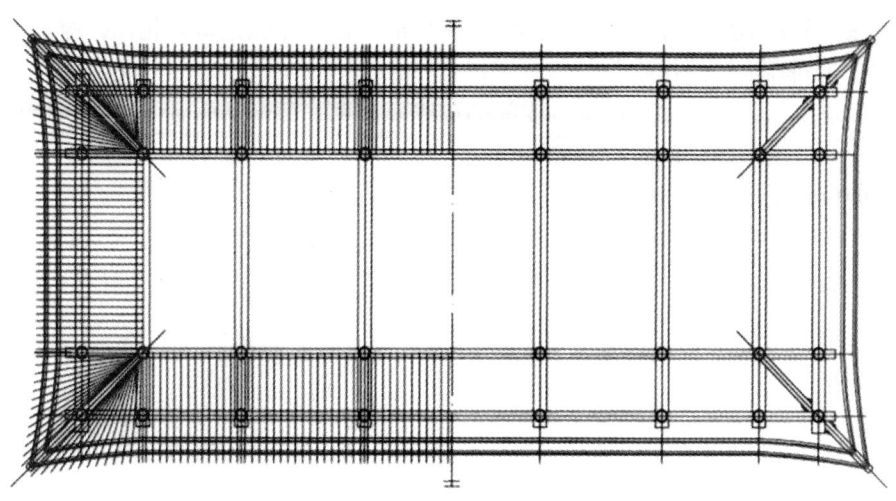

图 3-36　正身椽与翼角椽平面示意图

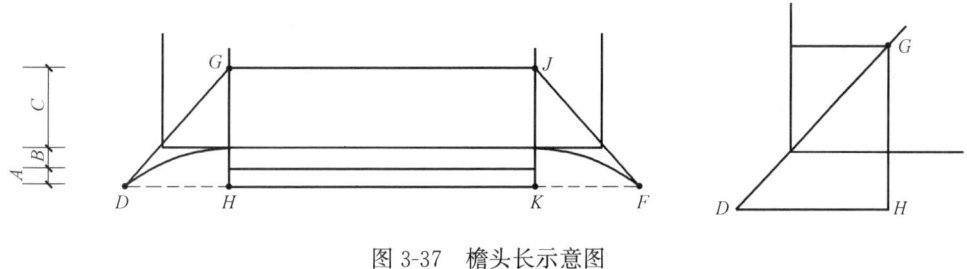

图 3-37　檐头长示意图

面木基层俯视图计算。

3. 软瓦口砌抹、青灰背屋面砖瓦檐摆砌，均按檐头长，以米为单位计算。

软瓦口（图 3-38）是用砖和麻刀灰堆砌成的瓦口，软瓦口一般会出现在屋面以下五个部位：

图 3-38　软瓦口

（1）硬山式建筑的封后檐、冰盘檐盖板砖之上。

（2）硬山式建筑铃铛排山博缝砖之上。

（3）天沟檐口的瓦垄端头。

（4）青灰背屋面（无瓦面）砖瓦檐下边。

（5）棋盘心的檐口。

软瓦口做法在设计图中不会表示。但有以上部位，应主动计算软瓦口的长度。

青灰背屋面砖瓦檐，也是一种不常见的做法。古建筑屋面仅做青灰背防雨，其上不做任何瓦件的铺装，或从正脊处向下做瓦垄。瓦垄不是从正脊通向檐头，只做坡长二分之一左右，剩余的二分之一屋面做成青灰背或铺石板，此做法叫棋盘心，多见于北京较低等级的民宅，在青灰背的檐头部位用板瓦摆放在檐口部位，板瓦瓦翘紧紧相连，板瓦后口用青灰背压实，起到滴水瓦的作用。

硬山式建筑软瓦口长按砖博缝外皮间的连线长计算（即台基面宽方向的通长）。

硬山铃铛排山上软瓦口长按博缝长计算。

天沟檐口软瓦口长按天沟长×2计算。

青灰背屋面檐口软瓦口长按砖博缝外皮间的连线长计算（即台基面宽方向的通长）。

棋盘心檐口软瓦口长按砖博缝外皮间的连线长计算（即台基面宽方向的通长）。

4. 窝角沟按其走向，按脊中至檐头中心线长，以米为单位计算。窝角沟附件安装以份为单位计量。

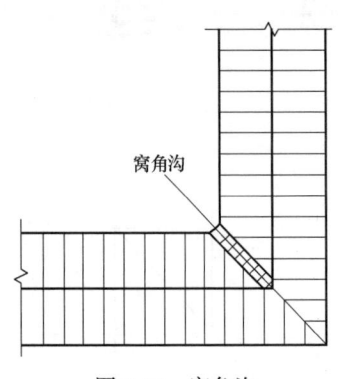

窝角沟

图 3-39　窝角沟

窝角沟（图 3-39）是带有转角的房屋，转角处阴角部位的排水沟，按长度以米为单位计算。

窝角沟如为直角转角时，沟长按正身一侧屋面坡长×$\sqrt{2}$计算。上边的起点是两条正脊相交的中心交点，前端是两个方向木基层的交点。

窝角沟附件安装，指琉璃屋面窝角沟中特有的一些异形附件。计量单位为份，每条窝角沟为一份。

5. 脊件添配按添配的实际数量以件（份、对）为单位计量。

旧脊件丢失或残损破坏严重，已不能继续使用，这时需要添配新脊件安装，以件（份、对）为单位计量。

例如：琉璃歇山博脊瓦添配、琉璃背兽、琉璃剑把、套兽、琉璃走兽、仙人、淌头、窜头等都是按件或个计量。

按照份计量的有合角吻、正吻（兽），按对计量的有兽角、合角剑把。

6. 屋脊均按脊中心线长度，以米为单位计算。戗脊、角脊及庑殿、攒尖、硬山、悬山垂脊带垂（岔）兽者，以兽后口为界，兽前、兽后分别计算，其中：

（1）歇山式、硬山式、悬山式建筑正脊按两山博缝外皮间净长计算，庑殿建筑正脊按脊檩（扶脊木）图示长度计算，均扣除正吻（兽）、平草、跨草、落落草所占长度。

（2）庑殿、攒尖垂脊按雷公柱中至角梁端点长计算，硬山、悬山垂脊按坡长计算，歇山垂脊按正脊中至兽座或盘子后口长度计算，分别扣除正吻（兽）、宝顶所占长度。

（3）戗脊按博缝外皮至角梁端点长计算。

（4）琉璃博脊按两挂尖端头间长度计算，不扣除挂尖所占长度，布瓦博脊按戗脊间净长计算。

（5）围脊按重檐金柱（或重檐童柱）外皮间图示净长计算，扣除合角吻所占长度。

（6）角脊按重檐角柱外皮至角梁端点长计算，扣除合角吻所占长度。

（7）披水梢垄按坡长计算。

各种屋脊均按长度以米为单位计算。

有些脊因兽前与兽后脊件组合不同，前后要分开单独计算。以兽为分界，兽之前称为兽前（含兽座所占长度），兽之后称为兽后，兽前长加兽后长等于脊长。因兽前与兽后各有对应的定额子目，故兽前与兽后应分别计算（图 3-40～图 3-42）。

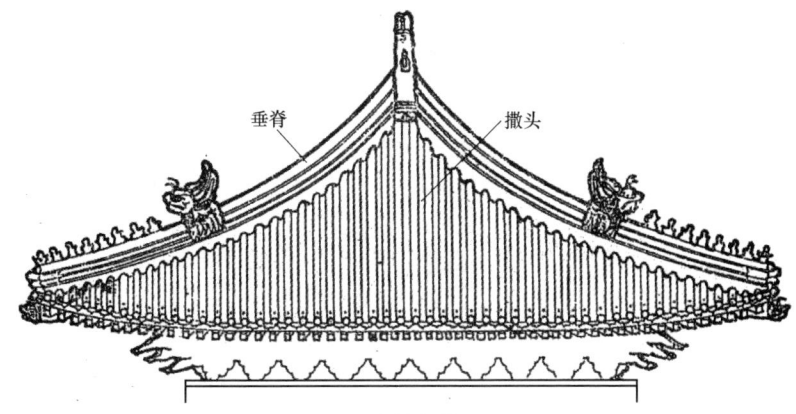

图 3-40　兽前与兽后（一）

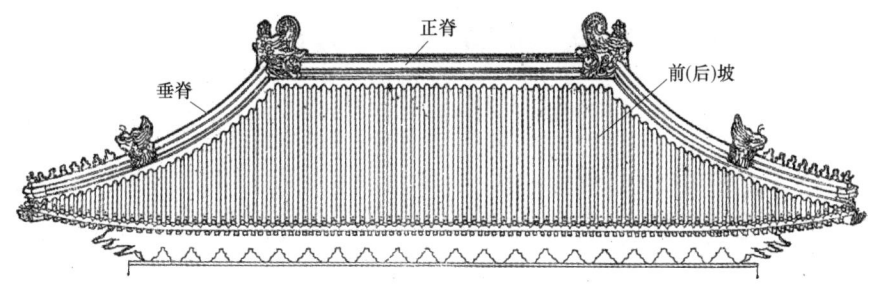

图 3-41　兽前与兽后（二）

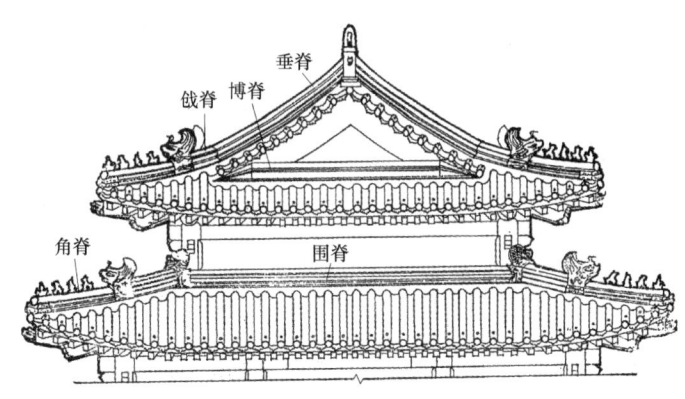

图 3-42　歇山垂脊

（1）歇山式、硬山式、悬山式建筑的正脊，无论脊的形式如何，均按博缝外皮至另一侧博缝外皮间的距离计算。庑殿建筑正脊按脊檩（或扶脊木）图示长度，以米为单位计算，这些正脊计算长度时应扣除正吻（兽）（图 3-43）、清水脊（图 3-44）蝎子尾下的花草盘子（平草、落落草、跨草）所占长度。

硬山式建筑博缝外皮至另一侧博缝外皮之间的距离就是其台基面宽的通长。这个通长也是 N 间轴线之和加 2 倍的山出尺寸。

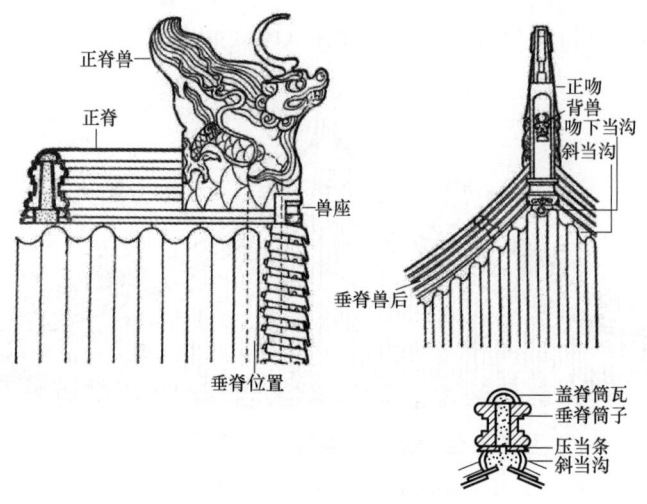

图 3-43　正吻（兽）

吻兽的长可查阅相关资料，蝎子尾花草长无图示时可用比例尺直接量取。

（2）庑殿垂脊、各种攒尖垂脊（图 3-45）按雷公柱中心至仔角梁端点长计算。硬山、悬山垂脊长按坡长计算。歇山垂脊按正脊假想中心线至兽座或盘子后口长计算，分别扣除正吻（兽）、宝顶所占长度。

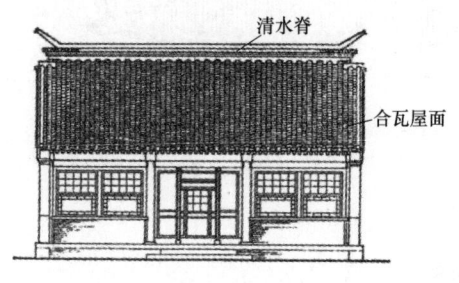

图 3-44　清水脊

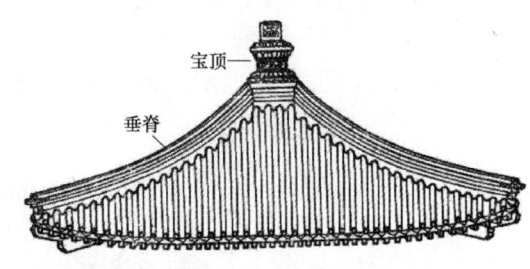

图 3-45　攒尖垂脊

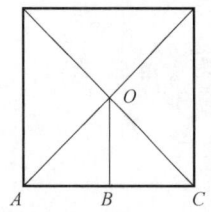

图 3-46　攒尖式屋面的坡长

以攒尖四角亭为例，假如某一个面三角形的高（坡长）为 3.50m，则垂脊长＝$3.50 \times \sqrt{2} \approx 4.50$（m）

如图 3-46 所示，当坡长为 OB 时，$OA = \sqrt{2} \times OB$

歇山垂脊示意。

歇山垂脊有两种形式，一种是带正脊的尖山式，另一种是卷棚过垄脊的圆山式。无论何种形式，脊的上端均计量至正脊的假想中心线，前端琉璃屋面计算至垂兽座后尾止。黑活布瓦屋面计算至砖盘子后口止。歇山垂兽的位置位于檐檩的位置，通过举折关系，可以求出垂脊之长。

歇山垂脊（图3-47）的长，也可以从剖面图中用比例尺量取。

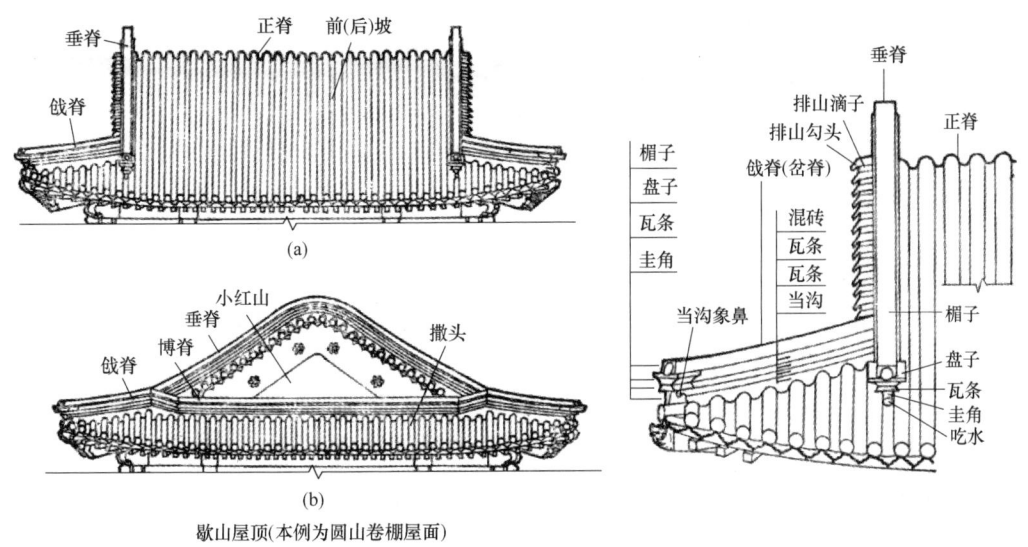

图 3-47　歇山垂脊

（a）正立面；（b）侧立面

（3）戗脊按博缝板外皮量至仔角梁端点的长计算，戗脊是歇山屋面转角处的脊，其长度可按撒头瓦面的坡长乘以$\sqrt{2}$求得。

（4）琉璃博脊按两挂尖端头之间的长度，以米为单位计算。这个长度已包含挂尖自身长。布瓦博脊如做成仿挂尖形式，长度计算与琉璃博脊相同，若非挂尖形式，按戗脊内侧之间净长计算，也可按照屋面俯视图比例尺量计量。

（5）围脊按重檐金柱（或重檐童柱）柱子外皮间图示长，以米为单位计算。扣除转角处合角吻（或合角兽）所占长度。重檐歇山垂脊见图3-48。

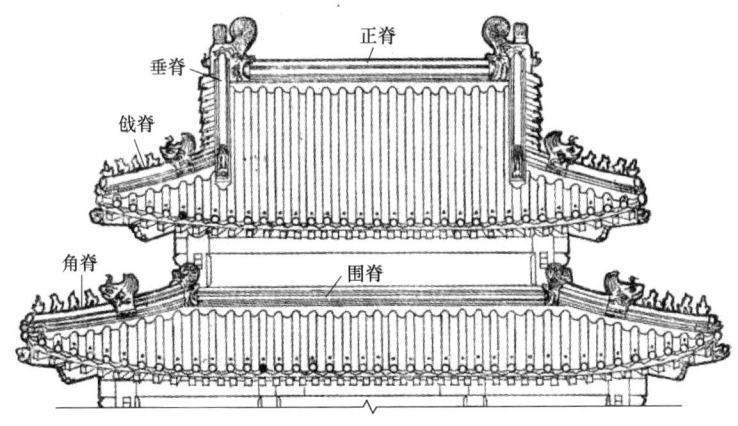

图 3-48　重檐歇山垂脊

例：求围脊长。

已知：二层柱网如图 3-49 所示，柱径为 300mm，使用五样绿色琉璃瓦

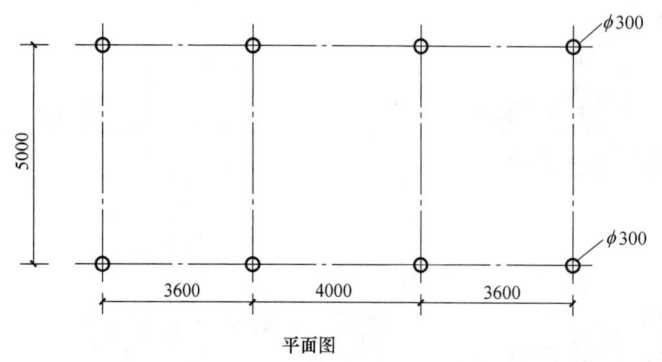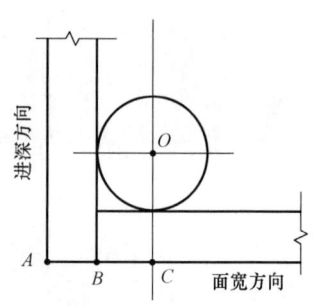

平面图

图 3-49　二层柱网

解：面宽方向长＝(0.15＋3.60＋4.00＋3.60＋0.15)×2＝23.00（m）

进深方向长＝(0.15＋5＋0.15)×2＝10.60（m）

围脊理论长＝23.00＋10.60＝33.60（m）

查相关资料五样合角吻长 544mm

则围脊实际长＝33.60−8×0.544≈29.25（m）

每个转角处要加半柱径，不涉及转角重复计算，因围脊是紧贴柱外皮砌筑的脊。

(6) 角脊按重檐角柱外皮至角梁端点长，以米为单位计算，但应扣除合角吻所占长度。

角脊是位于重檐屋面转角处的脊，角脊也分为兽前与兽后，计算时先按规则计算角脊全长，然后再计算兽前长，用全长减兽前长，就是兽后长。

直角转角时，角脊的长可用下层檐正身屋面坡长乘以 $\sqrt{2}$ 计算。但若是攒尖建筑（四角亭除外）非 90°转角，如重檐六角亭，重檐八角亭等，按 90°转角的几何关系，只是夹角发生了变化，仍可以计算。

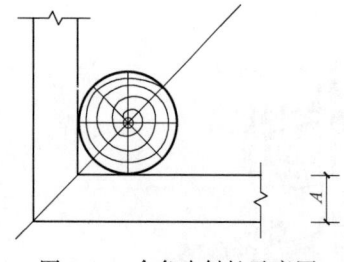

图 3-50　合角吻斜长示意图

严格意义上讲，用坡长乘以 $\sqrt{2}$ 所得的角脊斜长，并未扣减合角吻所占的长。

如图 3-50 所示，A 为合角吻的厚度，则割角（45°转角）处的斜长＝$A\sqrt{2}$。其中 A 的尺寸应从瓦脊件的规格表中查阅，再扣除 $A\sqrt{2}$ 则为实际角脊的长。

角脊兽前长按所用瓦件规格，查询出筒瓦和垂兽座的长。按立面图要求摆放几个小兽（含仙人），用筒瓦长度乘以小兽数量（含仙人），再加上兽座长和兽前一个筒瓦长，即为角脊兽前长。用角脊全长减去兽前长就是角脊兽后长（攒尖垂脊、庑殿垂脊兽前、兽后计算方法同此）。

(7) 披水梢垄（图 3-51 和图 3-52）按坡长，以米为单位计算。披水梢垄是屋面最外一垄筒瓦，压扣披水砖。

坡长可直接取自计算瓦面时求得的坡长，不需另行计算。

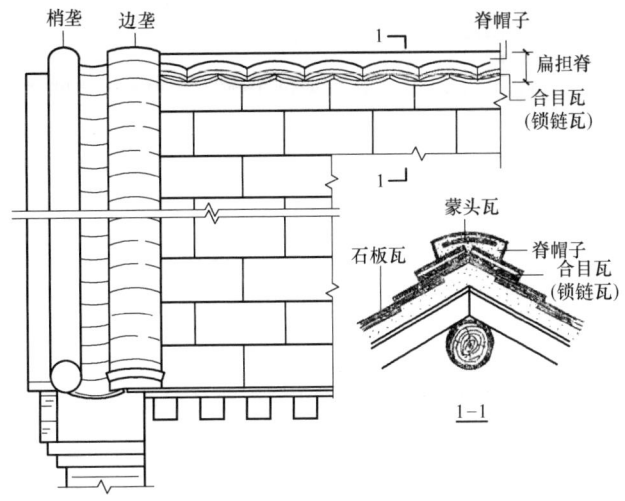

图 3-51　披水梢垄

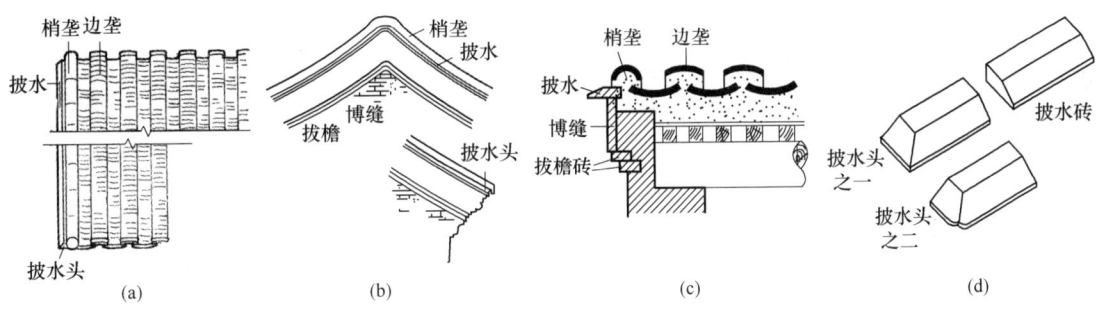

图 3-52　披水捎垄分解

7. 排山脊卷棚部分以每山为一单位计量，以份为单位计量。

排山脊卷棚（图 3-53）指一座山墙的山尖为圆山形式。用于琉璃屋面，因山尖为圆形，卷棚脊要随山尖烧制一些带有圆弧的特殊琉璃件，例如罗锅正当沟、续罗锅压当条、罗锅垂脊筒子、续罗锅垂脊筒子、罗锅扣脊瓦、续罗锅扣脊瓦。这些特殊琉璃件价格较

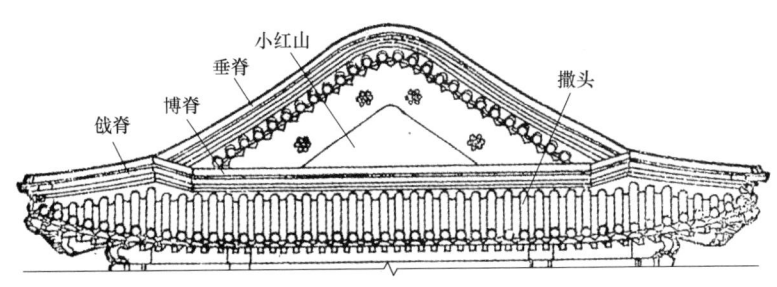

图 3-53　排山脊卷棚

· 99 ·

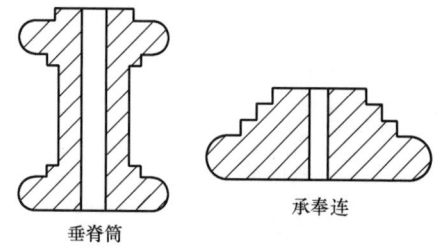

垂脊筒　　　　承奉连

图 3-54　铃铛排山脊

高，故此类异形构件要拿出来单独计量。

一般情况下琉璃卷棚脊有四种不同的形式：

(1) 铃铛排山脊垂脊筒做法（图 3-54）。

(2) 铃铛排山脊垂脊承奉连做法（图 3-54）。

(3) 披水排山脊垂脊筒做法。

(4) 排水排山脊承奉连做法（用承奉连替代垂脊筒）。

使用哪种做法要看设计图说明，特别要看圆山垂脊的剖面图。无论何种做法，计量单位和规则是相同的，布瓦屋面不存在此类问题。

8. 各种脊附件安装以单坡为单位计量，以条为单位计量。

各种脊附件不相同，脊的附件是最容易被遗忘的计量项目。大部分的脊都会有附件存在，比如五样正脊看似没有附件，但我们仍可以将正吻（兽）看作是正脊的附件，正吻按份计量，包括剑把、背兽、背兽角。一条清水脊，我们可以将两端的蝎子尾看成清水脊的附件。

琉璃博脊附件是指博脊两端头的挂尖砖。

角脊附件、戗脊附件指的是角脊、戗脊上安放的小兽。

垂脊附件指的是带陡板垂脊、琉璃垂脊前安放的小兽，不带陡板的布瓦屋面垂脊是不带小兽的。

小兽的数量要依据设计立面图确定，琉璃小兽的数量中不包括仙人的数量。布瓦小跑的数量不包括最前端的抱头狮子，将其后的数量在定额价格中调整完善。

例 1： 根据北京地区的古建筑工程预算定额编号 3-489 的内容，假如设计图上显示安放 7 个小兽（不含仙人），新的预算基价是多少？

解： 这时需要调整计量的数量为 7 个，查定额编号 3-489，从材料用量分析可以看出，预算基价 1157.82 元/条中已包含仙人的价格，而未包含任何小兽的价格。此时的预算基价要根据安放 7 个小兽的价格调整。新的预算基价 = 1157.82 + 7 × 58 × 1.05 = 1584.12（元）

注：小跑消耗量参照仙人消耗量，定为 1.05%。

例 2： 某寺庙硬山 2 号筒瓦，带陡板垂脊高为 420mm，上有 5 个小跑（含前端的抱头狮子），此时预算基价要添加多少个小跑？新的基价如何调整？

解：（1）首先选择正确的定额子目，查定额编号 3-351 与所给条件对应，从定额材料分析可知预算基价中已含有 2 号狮子的价格

（2）需要增加小跑的数量为 5 - 1 = 4（个）

（3）新的预算基价为 404.60 + 4 × 35 × 1.05 = 551.60（元）

在计算调整数量时，注意要乘以 1.05 系数，因为定额材料消耗量按 5% 考虑。

各种脊的附件数量是以单坡（每一个坡屋面）条数计量，最后求出该房屋总共有几条。

例 3： 硬山式建筑，无论正脊形式如何，都会有两个坡屋面，每个坡屋面中有两个垂脊附件（图 3-55），而整个房子有 2 × 2 = 4（条）垂脊附件。

例4： 从八角亭屋面俯视图 3-56 可知：八角亭有八个三角形的屋面，也有八条垂脊，而每条垂脊上会有一条垂脊附件，八角亭上共有八条垂脊附件。

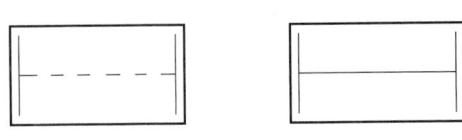
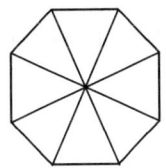

图 3-55　垂脊附件示意图　　　　　　　　　　图 3-56　八角亭屋面俯视图

例5： 某重檐歇山式屋面有几条博脊附件？有几条围脊附件？

解： 重檐的上层檐侧面有两条博脊，则共有两条博脊附件（注：每条附件上有两块挂尖）。重檐的下层檐有一条封闭的围脊，在每个转角处有一份合角吻，我们可以把合角吻看作是围脊附件，则此围脊共有四份合角吻，这里的合角吻一份也称"一对"。

9. 正吻、歇山垂兽、宝顶座、宝顶珠、平草、跨草、落落草均以份为单位计量，合角吻以对为单位计量。

正吻在正脊两端成对出现。

歇山垂兽在前后坡每个坡屋面成对出现。

宝顶座与宝顶珠相互依赖出现，有一个宝顶座必有一个宝顶珠。

平草、跨草、落落草的一份指的是蝎子尾下边无论由几块拼成，均为一份，一条清水脊左右各有一份。一般情况下一份平草由三块砖雕花饰组成，一份跨草由七块砖雕花饰组成，一份落落草由六块砖雕花饰组成。

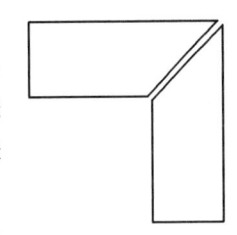

合角吻（图 3-57）的一份是由两块合角吻在后尾处拼合为一份，同理，合角剑把也是由两块拼合而成，合角吻没有背兽。

图 3-57　合角吻示意图

10. 铅板背（锡背）按图示或实际面积，以平方米为单位计算。

一般建筑几乎不用铅板背，宫廷建筑屋面的关键部位可能会使用铅板背。如正脊附加在两侧，歇山建筑角梁部位，沟连搭的天沟等。铅板背主要由铅和锡的合金构成，是非常优秀的防水材料，无老化期，不易发生氧化反应，几百年不会损坏。

设计文件应明确哪些部位要使用铅板背，铅板背铺设宽度，铅板的厚度等。根据这些信息，结合计算规则，可以计算出铅板背的面积。

11. 琉璃屋面的中腰节安钉帽，按中腰节横向长，以米为单位计算，窝角沟双侧安钉帽按窝角沟长度计算。

中腰节指古建筑屋面坡长的中间位置，布瓦屋面不会有中腰节安钉帽。琉璃瓦、削割瓦屋面可能会有，但不是必然出现的。

中腰节安钉帽是当坡长较大时，在中间部位用瓦钉将筒瓦固定住，防止滑坡出现（也称溜坡）的一种措施。天安门城楼的南（北）立面琉璃瓦面上就各有两道中腰节安钉帽。

　　一般情况下，将钉帽安放在勾头瓦上（檐头附件、铃铛排山脊）。但中腰节安钉帽是在筒瓦上（此块筒瓦在烧结前已打好小圆孔），檐头附件和铃铛排山脊定额中都已包含安装钉帽的工料。瓦面是不含有钉帽的，因此，设计图如要求中腰节安钉帽，要单独计算中腰节安钉帽的长度。规则规定的横向长应指歇山屋面拱山部分博缝板外皮至另一侧博缝板外皮之距。

　　庑殿建筑屋面坡长指沿面宽方向垂脊中心线至另一侧重脊中心线的水平长，这个长用屋面等腰梯形上边长和下边长的比例关系可以计算出来。硬山、悬山时屋面坡长指博缝外皮至另一侧博缝外皮的水平长。有时，当屋面坡长很长时，会设有两道，甚至三道中腰节安钉帽。

　　窝角沟双侧安钉帽按窝角沟的 2 倍长度计算，天沟同理。

第三节　例　题

　　1. 某单檐古建筑，屋顶为庑殿形式，瓦、脊件均使用五样琉璃瓦。试列出屋面工程需要计算的各分项工程名称，并选择相应的定额编号（注：按传统工艺从望板勾缝开始）。

　　解：（1）木望板勾缝，定额编号 3-100。
　　（2）护板灰，定额编号 3-101。
　　（3）苫麻刀泥背，定额编号 3-103。
　　（4）苫青灰背，定额编号 3-106。
　　（5）瓦四样琉璃瓦，定额编号 3-146。
　　（6）琉璃檐头附件，定额编号 3-153。
　　（7）调带吻兽正脊，定额编号 3-376。
　　（8）正吻安装，定额编号 3-400。
　　（9）调庑殿垂脊（兽前），定额编号 3-416。
　　（10）调庑殿垂脊（兽后），定额编号 3-422。
　　（11）庑殿垂脊附件，定额编号 3-489。

　　2. 某单檐古建筑，屋顶为悬山形式，使用 2 号筒板瓦捉节夹垄，正脊为过垄脊，垂脊为铃铛排山无陡板做法。试列出屋面工程需要计算的各分项工程名称，并选择相应的定额。

　　解：（1）木望板勾缝，定额编号 3-100。
　　（2）护板灰，定额编号 3-101。
　　（3）苫麻刀泥背，定额编号 3-103。
　　（4）苫青灰背，定额编号 3-106。
　　（5）屋面瓦 2 号筒瓦，定额编号 3-111。
　　（6）2 号筒瓦檐头附件，定额编号 3-121。

（7）筒瓦过垄脊增价，定额编号 3-328。

（8）无陡板垂脊（兽后），定额编号 3-348。

（9）垂脊附件，定额编号 3-361。

3. 某古建筑屋面为硬山形式，使用 2 号合瓦，正脊跨草蝎子尾，两山披水梢垄。试列出屋面工程需要计算的各分项工程名称，并选择相应的定额。

解：（1）木望板勾缝，定额编号 3-100。

（2）护板灰，定额编号 3-101。

（3）苫滑秸泥背，定额编号 3-102。

（4）苫青灰背，定额编号 3-106。

（5）屋面瓦 2 号合瓦，定额编号 3-131。

（6）2 号合瓦檐头附件，定额编号 3-134。

（7）调清水脊，定额编号 3-331。

（8）跨草蝎子尾，定额编号 3-336。

（9）披水梢垄，定额编号 3-350。

（10）披水梢垄附件，定额编号 3-361。

4. 图 3-58 为单檐四角亭，屋面使用七样琉璃瓦。试列出该屋面工程需要计算的瓦瓦、调脊分项工程名称，并选择相应定额。

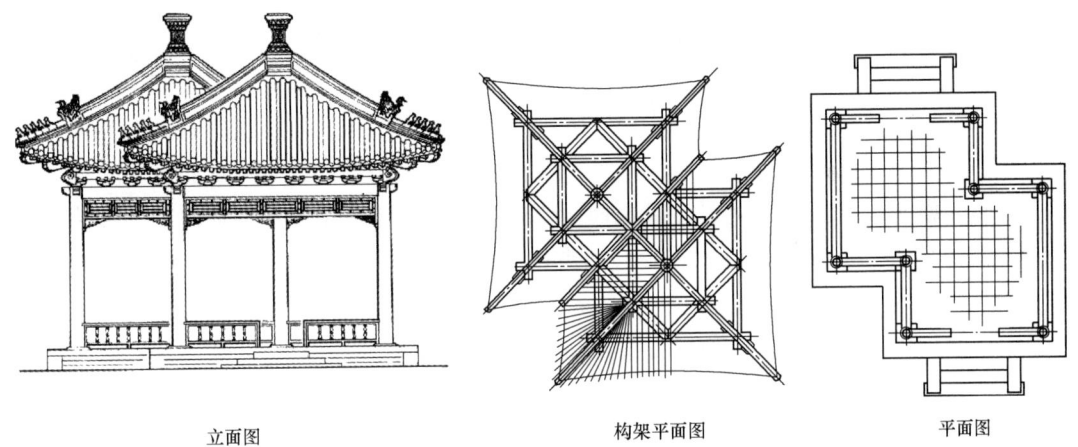

立面图　　　　　　　　构架平面图　　　　　　　平面图

图 3-58　单檐四角亭

解：（1）瓦七样琉璃瓦面，定额编号 3-149。

（2）七样琉璃瓦檐头附件，定额编号 3-156。

（3）调七样琉璃垂脊（兽前），定额编号 3-419。

（4）调七样琉璃垂脊（兽后），定额编号 3-425。

（5）七样琉璃垂脊附件，定额编号 3-492。

（6）七样宝顶座安装，定额编号 3-557。

（7）七样宝顶珠安装，定额编号 3-561。

（8）檐头钉帽安装，定额编号 3-162。

（9）窝角沟，定额编号 3-175。

5. 某硬山式古建筑，假如不考虑飞椽后尾重叠部分的望板，其余部分的望板面积与苫抹泥背、苫抹青灰背、瓦瓦的面积相等吗？为什么？

解：不相等。望板的面积要小于屋面苫背、瓦瓦的面积。由于两者的计算规则不同，所以得出的面积也不相同。望板面积的计算规则是屋面坡长乘以面宽方向排山梁架中心至另一侧排山梁架中心的水平距离（即各间面宽尺寸之和）；而苫背、瓦瓦面积的计算规则是屋面坡长乘以山墙博缝外皮至另一侧山墙博缝外皮之间的水平距离。很明显，苫背、瓦瓦的面积要大于望板的面积。

6. 如何理解筒瓦屋面揭瓦的定额，执行时应注意哪些问题？

解：筒瓦屋面揭瓦是屋面维修的一种方法，多用在因年久失修而有漏雨或因沉降而有变形的屋面维修。揭瓦就是拆除后重新铺瓦，这种维修中大多存在许多可以重新使用的旧瓦，只需添配部分新瓦就可以恢复建筑物原貌。因此，定额设置了最基础的旧瓦利用率，以定额编号 3-59 为例，执行此定额时只要添配的新瓦数量等于或小于总数量的 30%；均不能调整定额。如添配新瓦的数量大于总数量的 30%；小于或等于总数量的 40% 时，先执行一次基础定额（编号 3-59），再执行一次递增性定额（编号 3-60）。但如果添配的新瓦数量占总数量的 51% 时，应先执行一次基础定额（编号 3-59），再执行三次定额（编号 3-60），也就是把定额编号 3-60 的基价乘以 3。

添配新瓦的数量应在设计图纸中明确，有时图纸反应的是旧瓦利用率，请读者注意。

7. 用琉璃聚锦屋面做法时，应注意哪些问题？

解：聚锦是在琉璃屋面用几种颜色的瓦拼出一些图案的做法。由于不同颜色的琉璃瓦价格不同，因此，对不同颜色的琉璃瓦面积要分别计算。定额中给定的琉璃瓦、脊件的价格只是黄色琉璃瓦的价格。组价时除了要考虑颜色带来的价格差异，也要考虑市场价格差异，两种价差都要考虑。

8. 在屋面整修工程中，添配与归安各指什么内容？

解：（1）添配指屋脊饰件缺失或残损严重，已不能继续使用。需要拆除残损严重的旧件，补换（安装）新的屋脊饰件。

（2）归安指屋脊饰件松动（掉落），但饰件尚存且完好，需要利用旧件重新安装的项目。

9. 瓦屋面带陡板正脊的脊高指的是屋脊哪里的高度？

解：以定额编号 3-332 为例，带陡板正脊（高在 50cm 以下），指的是带陡板的正脊底层瓦条的下皮至楣子上皮（或扣脊筒瓦上皮）之间的垂直距离。脊高示意图见图 3-59。

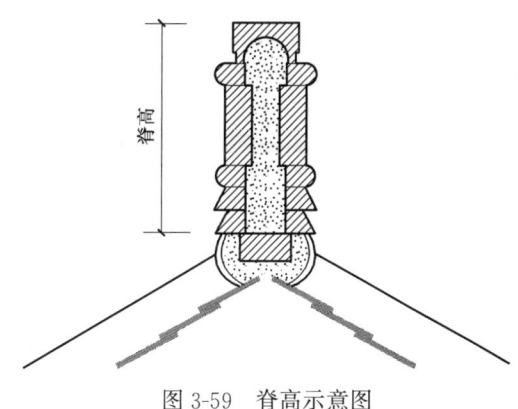

图 3-59　脊高示意图

10. 某设计图纸要求屋面苫抹滑秸泥背的掺灰泥取 5∶5 配合比。如何选择定额并进行换算？（假设以定额单价为准，暂不调整。）

解： 选择定额编号 3-102，原预算基价是 26.22 元/m²，从预算基价的组成可知，其中 3∶7 掺灰泥的定额消耗量是 0.0515m³/m²，单价是 28.90 元/m³。从传统灰浆配合比表中得知其单价不含黄土泥的价格，仅指掺灰泥中的白灰价格。现在要换算成 5∶5 掺灰泥，也就是扩大白灰的用量，不考虑黄土泥的价格。原基价中白灰占 30％，现在要换算成 50％，用 50％÷30％≈1.67。将原来掺灰泥中的白灰用量乘以 1.67 倍后，重新组价即可。

换算后的基价＝26.22＋（28.90×67％×0.0515）≈27.20（元）
也可简化计算＝0.0515×28.90÷3×2＋26.22≈27.20（元）

11. 图 3-60 中的八角单檐亭子有几条垂脊附件？

解： 此亭有几条垂脊就有几条垂脊附件，图 3-60 中八角单檐亭共有八条垂脊附件。

12. 某硬山式建筑，山尖为圆山时有几条垂脊附件？为什么？

解： 共有四条垂脊附件。因为垂脊附件不分尖山、圆山以单坡为准，按条计算。

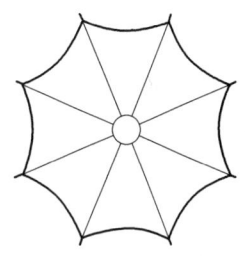

图 3-60　八角单檐亭子
垂脊附件示意图

13. 在北京地区的古建筑工程预算定额中，瓦 2 号筒瓦捉节时，使用的是 4∶6 掺灰泥。如设计图纸要求使用 5∶5 掺灰泥或 3∶7 掺灰泥，试分别计算新的预算基价（注：各种单价暂以定额单价为准，不考虑黄土的价格）。

解：（1）首先确定定额编号，瓦 2 号筒瓦捉节时，应选择定额编号 3-111，预算基价为 204.99 元。

（2）分析原预算基价的构成，按相关规定换算。

原预算中使用 4∶6 掺灰泥的价格是 0.0918×47.90≈4.40（元）

这个价格就是白灰的价格。用白灰价格除以 4 就是一份白灰价格。

一份白灰价格＝4.40÷4＝1.10（元）

① 换算成 5∶5 掺灰泥＝204.99＋1.10＝206.09（元）

② 换算成 3∶7 掺灰泥＝204.99－1.10＝203.89（元）。

各种掺灰泥材料消耗构成表见表 3-1。

各种掺灰泥材料消耗构成表

表 3-1

灰土配合比	材料名称	计量单位	定额消耗量
3∶7	石灰	kg	196.20
	黄土	m³	0.92
4∶6	石灰	kg	261.60
	黄土	m³	0.78
5∶5	石灰	kg	327.00
	黄土	m³	0.65
6∶4	石灰	kg	392.40
	黄土	m³	0.53
7∶3	石灰	kg	457.80
	黄土	m³	0.39

14. 硬山、悬山屋面瓦瓦的檐头附件有其单独的定额项目，计算工程量时还需要单独计算吗？有什么简便方法？

解： 硬山、悬山屋面檐头附件可以不再单独计算长度，直接使用大连檐计算出的长度即可。因为大连檐与檐头附件的工程量计算规则一致。

15. 试问一座硬山式建筑应有几份正吻？每份正吻都包括哪些分件？

解： 一座硬山式建筑应有两份正吻。每一份正吻应包括正吻、箭把、背兽、背兽角。

16. 试问合角吻的一份都包括哪些分件？合角吻有背兽吗？

解： 合角吻的一份由四个分件组成。即两个（合角）单个吻，两个（合角）单个箭把。合角吻没有背兽。

17. 屋面清水脊端头的平草、跨草、落落草如何区别？它们可以执行同一定额吗？

解： 水平放置的砖雕花饰叫平草。竖向放置的砖雕花饰叫跨草（砖的宽等于跨草的高）。两层水平叠放的砖雕花饰叫落落草。它们各自有对应的定额项目，不能执行同一定额。

18. 有些调脊定额被划分为兽前与兽后，也就是分别对兽前与兽后计算，各自的预算基价也不相同，为什么？

解：因为这些脊的兽前与兽后做法不同，所用的砖件（或琉璃件）不同。导致各自的材料品种、数量、人工消耗也不同，要分别计算。例如：琉璃垂脊、戗脊等各自有各自的组合。因此，单位长度内的价格不同，应分别计算。

19. 屋面苫抹泥背，当设计图纸无明确要求时，如何选用苫抹滑秸泥背和苫抹麻刀泥背？

解：当设计图纸无明确要求时，可以掌握以下原则：一般小式房屋、民宅或建筑等级比较低的房屋，宜采用苫抹滑秸泥背的做法；而大式房屋或等级较高的建筑，宜采用苫抹麻刀泥背的做法。

20. 某单檐四角亭子，屋面瓦为七样琉璃瓦，垂脊为垂脊筒子做法，垂脊附件有 5 个小兽，请按定额基价换算每一条垂脊附件的价格？

解：（1）选择相应定额编号，定额编号 3-492 是七样垂脊筒子做法的垂脊附件定额。基价是 620.01 元。应根据图示要求确定小兽的数量，补充和完善原来的不完全价格。

（2）查定额编号 3-492 可知，小兽的价格是 41.60 元/个，每条垂脊上安放 5 个小兽，补充价为 5×41.60＝208.00（元）。

（3）换算后的新基价＝原预算基价＋补充价

换算后的新基价＝620.01＋208.00＝828.01（元）

注：换算这类基价时，只要求明确小兽的数量。用小兽的单价乘以小兽的数量所得的积，再与原预算基价相加，即为换算后的新基价。但是，小兽的数量不包括仙人。小兽的顺序、形式如何可不考虑。实际工程中原预算基价的人工费、材料费、机械费应按照市场价格先行调整，再按照上述方法补充完善换算新基价。换算新基价时，小兽的价格也应按照市场价格调整。

21. 以天安门城楼为例，顶层檐使用四样琉璃瓦，下层檐使用五样琉璃瓦。试列出屋面工程的各分项工程名称，并选择相应的定额（按传统工艺从望板勾缝开始）。

解：（1）顶层檐项目（均为四样瓦、脊件）。

① 木望板勾缝，定额编号 3-100。

② 护板灰，定额编号 3-101。

③ 苫麻刀泥背，定额编号 3-103。

④ 苫青灰背，定额编号 3-106。

⑤ 瓦四样琉璃瓦，定额编号 3-146。

⑥ 琉璃檐头附件，定额编号 3-153。

⑦ 调带吻兽正脊，定额编号 3-376。

⑧ 正吻安装，定额编号 3-400。

⑨ 调岔脊（兽前），定额编号 3-416。

⑩ 调岔脊（兽后），定额编号 3-422。

⑪ 岔脊附件，定额编号 3-495。

⑫ 铃铛排山脊（兽后），定额编号 3-444。

⑬ 铃铛排山脊附件，定额编号 3-495。

⑭ 调博脊，定额编号 3-531。

⑮ 博脊附件，定额编号 3-543。

⑯ 檐头及中腰节安钉帽，定额编号 3-159。

（2）下层檐项目（均为五样瓦、脊件）。

① 木望板勾缝，定额编号 3-100。

② 护板灰，定额编号 3-101。

③ 苦麻刀泥背，定额编号 3-103。

④ 苦青灰背，定额编号 3-106。

⑤ 瓦五样琉璃瓦，定额编号 3-147。

⑥ 琉璃檐头附件，定额编号 3-154。

⑦ 调围脊，定额编号 3-526。

⑧ 围脊合角吻安装，定额编号 3-538。

⑨ 调角脊（兽前），定额编号 3-417。

⑩ 调角脊（兽后），定额编号 3-423。

⑪ 角脊附件，定额编号 3-490。

⑫ 檐口安钉帽，定额编号 3-160。

22. 琉璃剪边屋面执行定额应注意哪些问题?

解：应在设计图纸上明确剪边是一勾几筒，常见的有一勾、一勾一筒、一勾二筒、一勾三筒。筒瓦颜色应与勾头瓦颜色相同。其后的琉璃瓦又是另一种颜色，不同颜色的瓦面，价格不同。以黄色剪边一勾二筒，绿色瓦面为例，会涉及四个定额项目：第一，黄色琉璃瓦檐头附件；第二，安黄色钉帽；第三，黄色琉璃瓦的屋面；第四，绿色琉璃瓦的屋面。其中，檐头黄色琉璃瓦面的面积由勾头后面的筒瓦长决定。因此，一定要了解设计图纸上剪边做法勾头后面设几块筒瓦，才能准确计算各色琉璃瓦的面积。

23. 如何计算屋脊打点的展开面积?

解：屋脊打点不需要单独计算展开面积，屋脊打点展开面积已包含在屋面、瓦面查补打点面积中。

24. 卷棚式双脊檩结构，脊步坡长的计算。

解：屋架结构呈双脊檩形式，计算望板、苦背、瓦面等仍然要计算到正脊的假想中心线。双脊檩时，图纸必然要标明这两个脊檩中心之距和檩径。我们取这个水平之距的二分之一作为脊的假想中心线（图 3-61）。

设 LB 为 DG 的中心线，则 $EB = \dfrac{DG}{2}$

$\triangle DCE$ 为原来举架、步架关系构成的三角形

做 CE 的延长线交假想中心线于 B

做 CD 的延长线交假想中心线于 F

$\triangle FCB \backsim \triangle DCE$，利用相似三角形对应边成比例的关系，可求出 CF 的长，CF 是檐檩中至脊檩假想中心线的坡长。

又知 JA＝檐椽平出尺寸，$\triangle LJK \backsim \triangle FCB$，可以求出 JL 的长，JL 长就是檐椽头至双脊檩假想中心线的屋面坡长。

飞椽坡长＝飞椽水平出尺寸×1.06

以图 3-61 为例，已知：檐步架为 1200mm，脊部举架为 600mm，檐椽平出为 850mm，脊檩中心至中心为 800mm，求屋面坡长（计算至檐椽端头）。

如图 3-61 所示。此时 $CE=1.20$m，$DE=0.60$m，$DG=0.80$m，$JA=0.85$m，在 $\triangle DCE$ 中，$DE \div CE=0.50$，为五举关系。

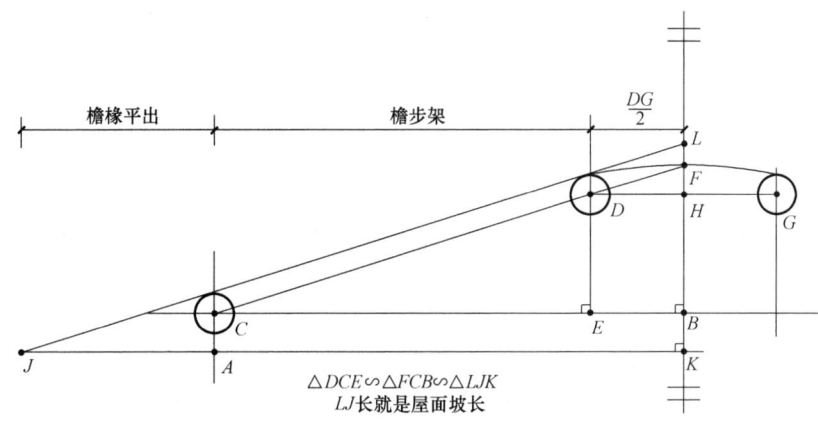

图 3-61 游廊坡长示意图

在 $\triangle FCB$ 中，$CB=CE+\dfrac{DG}{2}=1.20+0.40=1.60$（m）

根据 $\triangle DCE \backsim \triangle FCB$，$DE=\dfrac{1}{2} \times CE$（五举关系）

则 $FB=1.60 \times \dfrac{1}{2}=0.80$（m）

同理在 $\triangle LJK$ 中，$JK=JA+CE+EB=0.85+1.20+0.40=2.45$（m）

$KL=\dfrac{1}{2} \times JK=\dfrac{1}{2} \times 2.45=1.225$（m）

在 $\triangle LJK$ 中，$LJ=2.45$m，$KL=1.225$（m）

$LJ=\sqrt{2.45^2+1.225^2} \approx \sqrt{6+1.50} \approx 2.74$（m），或用五举系数 1.12，$LJ=1.12 \times JK=1.12 \times 2.45 \approx 2.74$（m）

$\triangle DCE$ 为原举架步架关系构成的三角形

做 CE 延长线交假想中心线于 B

做 CD 延长线交假想中心线于 F，$\triangle FCB \backsim \triangle DCE$，利用三角形对应边成比例的关系，求出 CF 的长，就是檐檩中心至脊步三角形斜边长。

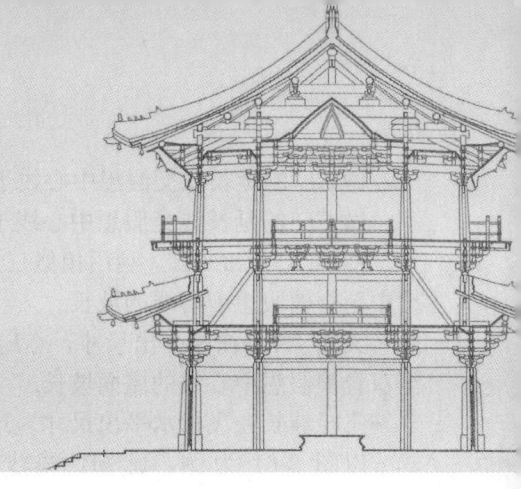

第四章

抹灰工程

第一节　统一性规定及解释说明

1. 抹灰面修补定额适用于单片墙面局部补抹的情况，若单片墙（每面墙可由柱门、枋、梁等分隔成若干单片）整体铲抹时，应执行铲灰皮和抹灰定额。

2. 抹灰面修补不分墙面、山花、象眼、穿插档、匾心、券底等部位，均执行同一定额。

3. 抹灰面修补及抹灰定额均已考虑了梁底、柱门抹八字线角，门窗洞口抹护角等因素；其中补抹青灰已综合了轧竖间小抹子花或做假砖缝等因素。

第二节　工程量计算规则详解

1. 墙面、券底等抹灰面修补按实际补抹面积累计计算，冰盘檐、须弥座抹灰面修补按实际补抹部分的垂直投影面积计算，墙帽补抹按实际补抹的长度计算。

抹灰面修补指抹灰局部出现问题，缺失或空鼓严重，需要将损坏部位补抹的情形，抹灰面修补按平方米为单位计算。这里的平方米指若干块抹灰面修补的合计工程量。

而每一块抹灰面修补面积，自然形状不一，均以自然形状的最小外接矩形面积为准（图 4-1）。

 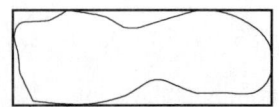

图 4-1　不规则形状的最小外接矩形面积

有时，设计文件上会明确补抹的比例。这时，要先计算出墙面的总面积，再按图示要求计算出具体的抹灰面修补面积。

例 1： 某围墙上身高为 1.56m，长为 12m，内外抹红色靠骨灰，设计要求有 15% 抹灰面修补，求抹灰面修补面积。

解： 原抹灰面面积 $=12×1.56×2=37.44$（m^2）

抹灰面修补面积 $=37.44×15\%≈5.62$（m^2）

冰盘檐、须弥座抹灰面修补属于曲面抹灰，按修补面积的累加计算，而每块抹灰面修补面积按冰盘檐、须弥座的垂直投影面积计算。

投影面积长取冰盘檐盖板外棱之长或须弥座上枋顶面外棱之长，高取冰盘檐或须弥座的垂直全高。

无论冰盘檐有几层，全高是从头层出挑砖檐的底皮，垂直量至最上一层盖板上皮。
须弥座的高自圭角底皮垂直量至上枋上皮。

按上述规则计算出的抹灰面修补面积要小于实际展开面积，这些因素已在定额中考虑。

墙帽抹灰面修补按长度累加计算，无论墙帽形式或宽度如何，一律按长度计算。墙帽抹灰面修补常见的形式有鹰不落、馒头顶、假硬顶、宝盒顶、道僧帽。

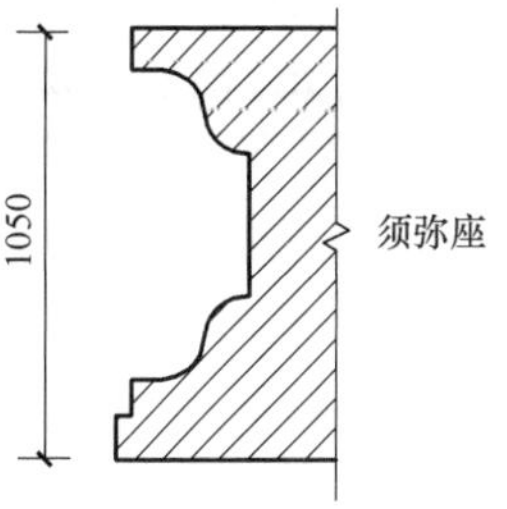

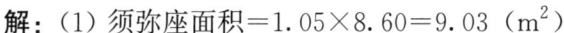

例2：某须弥座长 8.60m，如图 4-2 所示，按 10% 时抹灰面修补的面积。

图 4-2　须弥座示意图

解：（1）须弥座面积＝$1.05×8.60＝9.03$（m²）

（2）10% 时抹灰面的面积＝$9.03×10\%≈0.90$（m²）

例3：某墙长 20m，剖面如图 4-3 所示，墙帽按 30% 抹灰面修补，冰盘檐按 20% 抹灰面修补，上身按 60% 抹灰面修补，求各修补工程量。

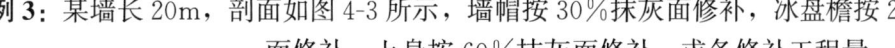
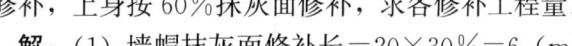

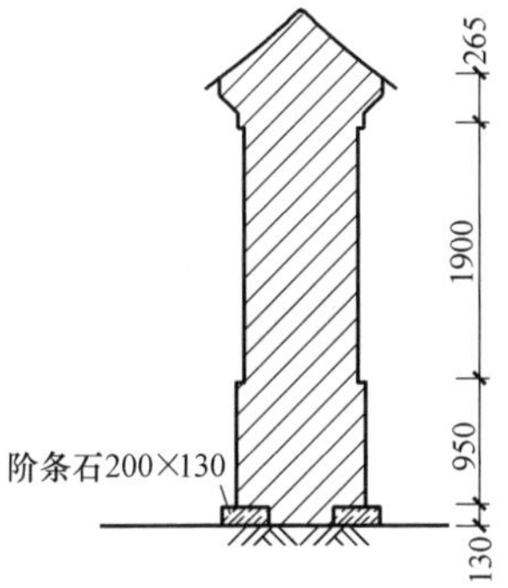

阶条石200×130

图 4-3　某墙剖面

解：（1）墙帽抹灰面修补长＝$20×30\%＝6$（m）

（2）冰盘檐抹灰面修补面积＝$20×0.27×2×20\%＝2.16$（m²）

（3）上身抹灰面修补面积＝$20×1.90×2×60\%＝45.60$（m²）

例4：古建筑维修中，抹灰面修补的形状往往是自然的不规则形状，随意性很大，实际工程中如何计算面积？

解：自然形状无法按照几何形状进行计算，但应掌握一个原则：以自然形状的外接最小矩形面积为准，求矩形面积。

2. 抹灰工程量均以建筑物结构尺寸计算，不扣除柱门、踢脚线、挂镜线、装饰线、什锦窗及 0.5m² 以内孔洞所占面积，扣除 0.5m² 以外门窗及孔洞所占面积，其内侧壁面积亦不增加，墙面抹灰各部位边线如表 4-1 所示。

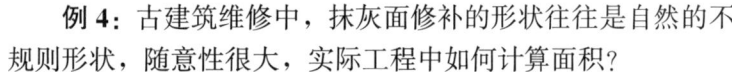
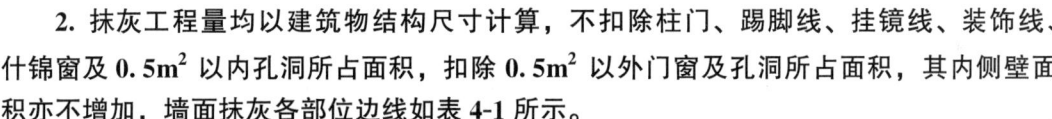

墙面抹灰各部位边线　　　　　　　　　　表 4-1

工程部位	底边线		上边线		左右竖向边线
室内抹灰	有墙裙	墙裙上皮	梁枋露明	梁枋下皮	砖墙里皮（不扣柱门），若以柱门为界分块者，以柱中为准
	无墙裙	地（楼）面上皮（不扣除踢脚板）	梁枋不露明	顶棚下皮（吊顶不抹灰者算至顶棚另加20cm）	
室外抹灰	下肩抹灰	台明上皮	墙帽或博缝出檐下皮		砖墙外皮棱线（垛的侧面面积应被计算）
	下肩不抹灰	下肩上皮			
槛墙抹灰	地面上皮		窗榻板下皮		同室内
棋盘心墙	下肩上皮		山尖清水砖下皮		墀头清水砖里口

建筑结构尺寸指室内墙皮至墙皮之距，不扣除柱门宽，也不增加八字。

墙根部的踢脚线无论多高，不被扣除，挂镜线、装饰线（如阴角线）也不被扣除。因为有时候先抹灰，后安装装饰线。什锦窗及孔洞按最小外接矩形面积计算，当面积小于或等于 0.50m^2 时不扣除。凡外接最小矩形面积大于 0.50m^2 时的门窗洞口要扣除其面积，无论墙厚如何，对门窗洞口内侧壁不应展开计算。

各部位边线见表 4-1，注意表 4-1 中室内抹灰，当梁枋在顶棚内，梁枋不露明时，如顶棚也有抹灰，高度算至顶棚下皮为止。当顶棚为吊顶不抹灰时，高度算至顶棚下皮（顶棚标高）还要另加 200mm。

室内水平方向的长，以墙里皮至墙里皮间距为准，不扣除各种柱门宽尺寸。

山墙抹灰、博缝拔檐是一条弧线，按直线考虑。山尖抹灰按三角形面积计算。

例：某首层室内抹灰，已知石膏板顶棚下皮标高为 3.25m，室内有踢脚线高 0.15m。请问计算抹灰面积时高度是多少？为什么？

解：此室内抹灰高度＝3.25＋0.2＝3.45（m）。因为抹灰工程量计算规则规定：室内抹灰无墙裙时从室内地面上平算起，不扣除踢脚线所占高度。上皮算至顶棚后再加 0.20m。因此，高度应是 3.45m。

3. 券底抹灰按券弧长乘以券洞长的面积，以平方米为单位计算。

券洞顶面抹灰不同于一般墙面抹灰，要单独以平方米为单位计算。券洞顶面一般是一个半圆的周长（券洞为非标准几何半圆时，仍按几何半圆形计算）。

$$券洞顶面的展开长＝直径×\pi×\frac{1}{2}$$

券洞顶抹灰面积等于洞顶展开长乘以洞长（深度）

$$券洞顶抹灰面积＝直径×\pi×\frac{1}{2}×洞长$$

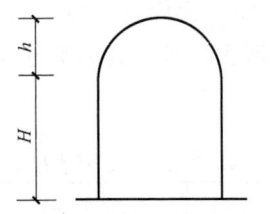

图 4-4 券顶抹灰分界

h＝券顶抹灰

H＝墙体抹灰

通常一个门洞抹灰要分成两段，见图 4-4。

垂直部分为墙面抹灰，洞顶弧面为券顶抹灰，各自分别计算，不能将两者相加。

墙面抹灰按垂直段的高，乘以洞口深度，再乘以 2 侧，以平方米为单位计算。

例：券洞内抹月白靠骨灰 18mm 厚，已知券的跨度是 2.60m，洞长为 4m，如图 4-5 所示，券洞内抹灰面积各是多少？选择相应定额，计算各分项工程的合计直接工程费（暂以定额单价

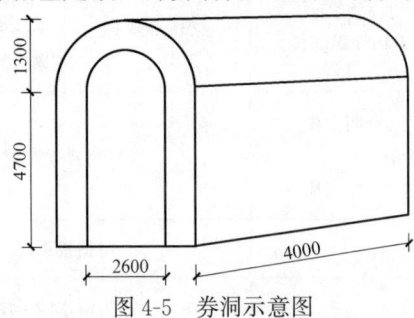

图 4-5 券洞示意图

为准）。

解：（1）券洞内直墙抹灰面积＝4.70×4×2＝37.60（m²）

（2）券洞顶面积＝2.60×3.14×0.50×4≈16.33（m²）

（3）券洞内直墙抹灰应选择定额编号 4-18；抹灰增厚应选择定额编号 4-23

（4）券洞顶抹灰应选择定额编号 4-24；抹灰增厚应选择定额编号 4-27

（5）券洞内直墙抹灰直接工程费＝37.60×14.76≈554.98（元）

（6）券洞内直墙抹灰增厚直接工程费＝37.60×4.60＝172.96（元）

（7）券洞顶抹灰直接工程费＝16.33×18.22≈297.53（元）

（8）券洞顶抹灰增厚直接工程费＝16.33×4.25≈69.40（元）

（9）各分项工程的合计直接工程费＝（5）＋（6）＋（7）＋（8）＝1094.87（元）

4. 冰盘檐、须弥座抹灰分别按盖板或上枋外边线长，乘以其垂直高，以平方米为单位计算。

冰盘檐抹灰、须弥座抹灰属于曲面抹灰，无法做展开计算。为简化计算，按其垂直高度乘以水平长，以平方米为单位计算。

冰盘檐高与须弥座的高如图 4-6 所示（H 为高）。

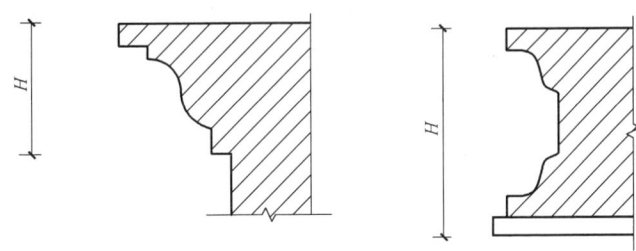

图 4-6　冰盘檐高与须弥座的高

5. 旧糙砖墙勾缝打点，旧毛石墙勾缝打点按垂直投影面积，以平方米为单位计算。

旧砖墙与旧毛石墙勾缝打点是勾缝墙面维修的一种做法，它不同于新墙面勾缝，指的是旧墙原来有勾缝，因脱落空鼓需要在旧基面上重新做勾缝。其中，部分未脱落或末空鼓的灰缝要原状保留，只对已发生损坏的部位勾缝。

垂直投影面积指的是与墙面相垂直时的面积。一般墙面如有小于 3% 的收升，也按垂直投影考虑，不计收升关系。

如图 1-61 所示，标注的是与地面的垂直高，还要利用剖面图的其他信息，计算出墙面的斜高，以斜高乘以水平长的真实面积为计算面积。

例：已知某护坡墙长 70m，其余数据见图 1-61，求毛石墙勾缝打点的面积。

解：根据已知关系得出三角形的关系，在直角三角形中，已知两个直角边的边长，求斜边长，见图 1-61。

斜边长$=\sqrt{3.50^2+2.50^2}\approx4.30$（m）

勾缝打点面积$=70\times4.30=301$（m²）

勾缝打点面积中如遇大于 0.50m² 孔洞或门窗洞口，应扣除其面积。

6. 抹灰后做假砖缝或轧竖向小抹子花、象眼抹青灰镂花，均按垂直投影面积，以平方米为单位计算。

抹灰后做假砖缝，是维修旧墙面的一种做法。抹灰后待墙面未彻底干燥之前，用 3mm 铁丝做成专用工具"溜子"，用木尺板在还软些的墙面上做出浅痕，似砖缝。砖缝要模仿真砖排砖的砖缝，有横缝，也有立缝，如：三顺一丁、十字缝等。

轧竖向小抹子花，此工艺并不难，现已很少在工程中使用。墙面抹麻刀灰后，最后进行一两遍轧活时，只允许竖向轧活，使墙面留下许多竖向轧痕，这是一种外墙抹灰的传统做法。

象眼抹青灰镂花是在山墙象眼处，用白麻刀灰打底，表面罩深灰色麻刀灰。趁表层灰稍硬时，用锋利的玻璃或钉子、竹扦在表面画出花卉图案。常见图案有兰花、菊花、立体图案等。被划破的表面露出基底的白色，黑白相衬，自然美观。象眼抹青灰镂花按三角形面积计算，不扣除檩子、柁头占压面积。

例1： 某围墙长 120m，下肩虎皮石高 0.95m。因围墙年久失修，勾缝灰脱落严重。上身从退花碱上皮至墙帽出檐砖下皮为 1.75m，冰盘檐高度为 0.56m，墙帽前后坡长合计为 1.48m。要求下碱重新用青麻刀灰找补勾凸缝，上身铲掉原抹灰后，新抹红灰，将砖檐及墙帽铲掉旧灰，重新抹青麻刀灰，求直接工程费（单价以定额价格为准）。

解：（1）计算工程量

① 下碱旧石墙勾缝$=120\times0.95\times2=228$（m²）

② 上身铲灰皮$=1.75\times120\times2=420$（m²）

③ 上身抹灰$=1.75\times120\times2=420$（m²）

④ 渣土外运$=420\times0.03=12.60$（m³）

⑤ 冰盘檐铲灰皮$=120\times0.56\times2=134.40$（m²）

⑥ 冰盘檐抹灰$=120\times0.56\times2=134.40$（m²）

⑦ 墙帽铲灰皮$=120\times1.48=177.60$（m²）

⑧ 墙帽抹灰$=120\times1.48=177.60$（m²）

⑨ 铲冰盘檐、墙帽渣土$=0.03\times(134.40+177.60)=9.36$（m³）

（2）求直接工程费

① 选择旧石墙勾缝定额编号 4-46，直接工程费$=57.39\times228=13084.92$（元）

② 选择上身铲灰皮定额编号 4-43，直接工程费$=3.54\times420=1486.80$（元）

③ 选择上身抹灰定额编号 4-20，直接工程费$=15.74\times420=6610.80$（元）

④ 选择渣土外运定额编号 11-14，直接工程费$=(12.60+9.36)\times65.39\approx1435.96$（元）

⑤ 选择冰盘檐铲灰皮定额编号 4-43，直接工程费$=3.54\times134.40\approx475.78$（元）

⑥ 选择冰盘檐抹灰定额编号 4-28，直接工程费$=23.43\times134.40\approx3148.99$（元）

⑦ 选择墙帽铲灰皮定额编号11-43，直接工程费＝3.54×177.60≈628.70（元）

⑧ 选择墙帽抹灰定额编号4-20，直接工程费＝15.74×177.60≈2795.42（元）

（3）直接工程费合计为（2）中的各项之和＝①＋②＋③＋④＋⑤＋⑥＋⑦＋⑧＝29667.37（元）

例2：某古建筑修缮，设计要求下碱抹青灰厚25mm，划假砖缝。试列出分项工程名称，并说明原因。

解：（1）分项工程名称

① 下碱抹青灰。

② 抹青灰增厚。

③ 抹灰后划假砖缝。

（2）因为基础定额编号4-20所指的厚度是小于或等于20mm的情形，本例实际抹灰厚度是25mm，超过标准厚度10mm。因此，要增设定额编号4-23的每增厚5mm的项目，基价乘以2。

抹灰后，划假砖缝定额编号4-41仅指在抹完灰的表面，只划假砖缝，材料费构成中也不含抹灰的材料，基价的主要构成是人工费，所以要列出三项分项工程名称。

例3：某房间室内面积为45m²，顶棚高度为3.60m，室内墙面、顶棚抹灰时能否计取脚手架的费用？

解：（1）首先应明确脚手架的费用属于措施费，措施费的设立由企业根据自身的管理水平和施工技术条件自行确定，是否计取由企业自主确定。

（2）定额编制时已综合考虑了修缮工程的特殊性，定额项目中已包括搭拆操作高度小于或等于3.60m的非承重脚手架和单间面积小于或等于50m²的满堂红非承重脚手架。因此，不宜再考虑脚手架的费用。

例4：某修缮抹灰工程，抹灰平均厚度为25mm，但局部内凹过大，采取钉钢板网衬垫措施，应将钢板网的费用包含在抹灰价格里吗？

解：不应包含。钉钢板网或其他衬垫措施是为了解决局部增厚的问题。抹灰项目和每增厚5mm项目均不包括此类费用，发生时应另执行相应定额计算费用。

第三节　例　题

1. 某围墙长为**60m**，下肩虎皮石高为**0.95m**。因年久失修，勾缝灰脱落严重，围墙上身从退花碱上皮至墙帽出檐砖下皮为**1.75m**，冰盘檐高度为**0.56m**，墙帽前后坡长合计为**1.48m**。要求下碱重新用青麻刀灰找补勾凸缝，上身铲掉原抹灰后，新抹红灰，将砖檐及墙帽铲掉旧灰，重新抹青麻刀灰，求直接工程费（单价以定额价格为准）。

解：（1）计算工程量

① 下碱旧石墙勾缝＝60×0.95×2＝114（m²）

② 上身铲灰皮＝1.75×60×2＝210（m²）

③ 上身抹灰＝1.75×60×2＝210（m²）

④ 渣土外运＝210×0.03＝6.30（m³）

⑤ 冰盘檐铲灰皮＝60×0.56×2＝67.20（m²）

⑥ 冰盘檐抹灰＝60×0.56×2＝67.20（m²）

⑦ 墙帽铲灰皮＝60×1.48＝88.80（m²）

⑧ 墙帽抹灰＝60×1.48＝88.80（m²）

⑨ 铲冰盘檐、墙帽渣土＝0.03×（67.20＋88.80）＝4.68（m³）

（2）求直接工程费

① 选取旧石墙勾缝定额编号4-46，直接工程费＝57.39×114＝6542.46（元）

② 选取上身铲灰皮定额编号4-43，直接工程费＝3.54×210＝743.40（元）

③ 选取上身抹灰定额编号4-20，直接工程费＝15.74×210＝3305.40（元）

④ 选取渣土外运定额编号11-14，直接工程费＝（6.30＋4.68）×65.39≈717.98（元）

⑤ 选取冰盘檐铲灰皮定额编号4-43，直接工程费＝3.54×67.20≈237.89（元）

⑥ 选取冰盘檐抹灰定额编号4-28，直接工程费＝23.43×67.20≈1574.50（元）

⑦ 选取墙帽铲灰皮定额编号11-43，直接工程费＝3.54×88.80≈314.35（元）

⑧ 选取墙帽抹灰定额编号4-20，直接工程费＝15.74×88.80≈1397.71（元）

（3）直接工程费合计为（2）中的各项之和＝①＋②＋③＋④＋⑤＋⑥＋⑦＋⑧＝14833.69（元）

2. 某首层室内抹灰，已知石膏板顶棚下皮标高是3.25m，室内踢脚线高为0.15m。请问，计算抹灰面积时高度是多少？

解：室内抹灰高度＝3.25＋0.2＝3.45（m）。因为抹灰工程量计算规则规定：室内抹灰无墙裙时，从室内地面上皮算起，不扣除踢脚线所占高度。上皮算至顶棚后再加0.20m。因此，高度应是3.45m。

3. 古建筑维修修补抹灰的形状往往是自然的、不规则的形状，随意性很大，实际工程中如何计算面积？原则是什么？

解：对自然形状是无法按照几何形状计算面积的，但应掌握一个原则：以自然形状的外接最小矩形为准，分别计算每块自然形状的面积，最后求合计面积。

4. 毛石墙勾缝项目与旧毛石墙面勾缝项目有什么区别？选择定额时如何把握？

解：毛石墙勾缝项目适用于新砌筑的毛石墙体勾缝，也适用于旧毛石墙体拆除后重新砌筑的墙体勾缝。旧毛石墙面勾缝项目适用于旧墙体仍然存在时（非新砌筑）墙面灰缝脱落，以及打点勾抹灰缝的修缮项目。

5. 墙面钉麻揪与墙面抹灰两者工程量有何关系？

解：墙面钉麻揪与墙面抹灰两者工程量相等，故不用再计算，可直接借用。

6. 计算不规则抹灰面积时，应掌握哪些原则？

解：计算不规则抹灰面积时，应掌握按照不规则形状的外接最小矩形面积计算的原则。

7. 墙帽为馒头顶时，如何计算馒头顶抹灰面积？

解： 墙帽若为馒头顶做法时，已包含墙顶抹灰内容。故馒头顶抹灰不再被单独计算。如为修缮工程，仅对馒头顶进行抹灰，其抹灰面积按长乘以圆周长的一半计算，价格应执行券顶抹灰价格。

第五章
木构架及木基层工程

第一节 统一性规定及解释说明

1. 定额中各类构、部件分档规格均以图示尺寸（即成品净尺寸）为准，柱径以与柱础或墩斗接触的底面直径为准，扶脊木按其下脊檩径分档。

2. 墩接柱的接腿长度以明柱不超过柱高的 1/5，暗柱不超过柱高的 1/3 为准。

3. 柱类构件抽换不分方柱圆柱，均执行定额。

4. 新配制的木构件除另有注明者外，均不包括安铁箍等加固铁件，实际工程需要时，另按安装加固铁件定额执行。

5. 直接使用原木经截配、剥刮树皮、稍加修整即弹线、制作榫卯、梁头的柱、梁、瓜柱、檩等均执行草栿定额。

6. 各种柱拆卸、制作、安装及抽换，定额已综合考虑了角柱的情况，实际工程中遇有角柱拆卸、制作、安装、抽换，定额均不调整。

7. 木构件拆卸、吊装，定额已综合考虑了重檐或多层檐建筑的情况，实际工程中无论其出檐层数，定额均不做调整。

8. 牌楼边柱上端无论有无通天斗，均与牌楼明柱执行同一定额。

9. 下端带有垂头的悬挑童柱，执行攒尖雷公柱、交金灯笼柱定额。

10. 实际工程中遇有需拼攒制作柱时，其费用另计。

11. 带斗底昂嘴随梁制作、吊装、拆卸，均执行带桃尖头梁定额。

12. 枋类构件吊装定额，大额枋、单额枋、桁檩枋类系指一端或两端榫头交在卯口中的枋及随梁，常见的有大额枋、单额枋、桁檩枋等；小额枋、跨空枋类系指两端榫头均需插入柱身卯眼的枋及随梁，常见的有小额枋、跨空枋、棋枋、博脊枋、天花枋、承椽枋等。

13. 三架梁至九架梁、单步梁至三步梁的梁头需挖翘栱者，按带麻叶头梁定额执行。

14. 除草栿瓜柱外，各种瓜柱以方形截面为准，若遇圆形截面者定额不调整。

15. 太平梁上雷公柱若与吻桩连做者另行计算。实际工程中更换脊檩若遇太平梁上雷公柱与吻桩连做的情况，需在檩木端头凿透眼时执行带搭角头圆檩定额。

16. 檩木一端或两端带搭角头（包括脊檩一端或两端凿透眼）均以单根檩木为准。

17. 额枋下雀替的翘栱以单翘为准，不带翘者定额不调整，重翘者与丁头栱制作定额合并执行；所需安装的三幅云栱、麻叶云栱另按三幅云栱添配、麻叶云栱添配定额执行。

18. 桁檩垫板与燕尾枋连做者分别执行桁檩垫板和燕尾枋定额。

19. 挂檐板和挂落板无论横拼、竖拼均执行同一定额；其外虽安装砖挂落，但无需做胆卡口者执行普通挂檐（落）板定额。

20. 木楼板安装后净面磨平定额，只适用于其上无砖铺装、直接油饰的做法。

21. 木楼梯以其帮板与地面夹角小于45°为准。帮板与地面夹角大于45°，小于60°时，按定额乘以1.4系数执行；帮板与地面夹角大于60°时，按定额乘以2.7系数执行。木楼梯转折处休息平台柱，按梅花柱定额执行，休息平台梁按楞木定额执行，休息平台板按木楼板定额执行。在侧梁上钉三角木铺装踏步板、踢板的新式木楼梯，按北京市房屋修缮工程计价依据《土建工程预算定额》相应项目及相关规定执行。

22. 牌楼匾刻字另按油饰彩绘工程中相应项目及相关规定执行。

23. 斗栱检修适用于建筑物的构架基本完好，无需拆动的情况下，对斗栱所进行的检查、简单整修加固。斗栱拨正归安定额适用于木构架拆动至檩木，不拆斗栱的情况下，对斗栱进行复位整修及加固。

24. 斗栱检修、斗栱拨正归安其所需添换的升斗、斗耳、单才栱、麻叶云栱、三幅云栱、宝瓶、盖（斜）斗板及枋等另执行斗栱部件、附件添配相应定额。

25. 斗栱检修、斗栱拨正归安定额均以平身科、柱头科为准，牌楼斗栱角科检修及拨正归安按牌楼斗栱平身科检修、拨正归安相应定额乘以3.0系数执行，其他类斗栱角科按其相应平身科、柱头科定额乘以2.0系数执行。

26. 斗栱拆修定额适用于将整攒斗栱拆下进行修理的情况，定额已综合了缺损部件添换的工料在内，实际工程中无论添换多少定额均不做调整，也不得再另执行部件添配定额；斗栱拆修若需添换正心枋、拽枋、挑檐枋、井口枋及盖斗板、斜斗板等附件，另执行相应附件添配定额。

27. 昂嘴剔补定额以平身科昂嘴为准，柱头科昂嘴、角科斜昂嘴及由昂嘴剔补，按相应定额乘以2.5系数执行。

28. 正心枋、拽枋、挑檐枋、井口枋配换定额已综合考虑了各种枋截面不同、形制不同的工料差别，实际工程中无论配换哪种枋，均执行同一定额。

29. 昂翘、平座斗栱的里拽及内里品字斗栱两拽均以使用单才栱为准，若改用麻叶云栱、三幅云栱，定额不做调整。

30. 角科斗栱带枋的部件，以科中为界，外端的工料包括在角科斗栱之内，里端的枋另按附件计算。

31. 斗栱里拽或内里品字斗栱正心若使用压斗枋，压斗枋执行楞木相应定额，不再执行斗栱里拽附件和内里品字斗栱正心附件定额。

32. 斗栱拆除、拨正归安、拆修、制作、安装定额，除牌楼斗栱以5cm斗口为准外，其他斗栱均以8cm斗口为准，实际工程中斗口尺寸与定额规定不符时，按表5-1规定的系数调整。

斗口数值表　　　　　　　　　　　　　　　　　　表 5-1

斗口项目		4cm	5cm	6cm	7cm	8cm	9cm	10cm	11cm	12cm	13cm	14cm	15cm
昂翘斗栱、平座斗栱、内里品字斗栱、镏金斗栱、麻叶斗栱、隔架斗栱、丁头栱	人工调整系数	0.64	0.7	0.78	0.88	1	1.14	1.3	1.48	1.68	1.9	2.14	2.4
	机械调整系数	0.64	0.7	0.78	0.88	1	1.14	1.3	1.48	1.68	1.9	2.14	2.4
	材料调整系数	0.136	0.257	0.434	0.678	1	1.409	1.918	2.536	3.225	4.145	5.156	6.315
牌楼斗栱	人工调整系数		0.9	1	1.12	1.26	1.43						
	机械调整系数		0.9	1	1.12	1.26	1.43						
	材料调整系数		0.53	1	1.688	2.637	3.89						

33. 望板、连檐制安及拆安定额均以正身为准，翼角部分望板、连檐制安及拆安按定额乘以 1.3 系数执行；同一坡屋面望板、连檐正身部分的面积（长度）小于翼角部分的面积（长度）时，正身部分与翼角翘飞部分的工程量合并计算，定额乘以 1.2 系数执行。

34. 顺望板、柳叶缝望板制安项目所标注的厚度，括弧外为刨光前厚度，括弧内为刨光后的厚度。

第二节　工程量计算规则详解

1. 柱类构件按体积以立方米为单位计算。其截面面积均以底端面积为准（方柱按见方面积计算），柱高按图示由柱础或墩斗上皮算至梁、平板枋或檩下皮，插扦柱、牌楼柱下埋部分按实长计入柱高中。其中，牌楼柱下埋无图示时，下埋长按夹杆石露明高计算，上端连做通天斗者，柱高计算至通天斗（边楼脊檩）上皮。

古建筑大木构件制作与安装要分开计算，因定额计价要分开计量，计算工程量只需一次。列分项工程子目时，制作与安装要各自独立列项。

计算柱体积时，柱半径为设计图纸标注半径，实际测量时取柱根（最底下部位）半径。梅花柱按柱根边长的见方计算截面面积，总之要取最粗或见方最大柱的边长。

柱高不是从地表平面算起，而是从柱础石的鼓径上皮或童柱（图 5-1）下墩斗上皮开始计算。

鼓径高设计图未明确时，可按 $\frac{1}{5}$ 檐柱径计算。量至柱上部高度有三种情形：

（1）柱高上边算至梁底皮，大多数抬梁式建筑是这种情况。

柱高＝梁底标高至地面上皮标高减鼓径高

例： 如图 5-2 所示，只给出檐檩中的标高，给出了檐檩、檐垫板、檐枋的截面尺寸，可以推算出梁底标高。如檐檩径为 260mm，檐檩中心标高为 3800mm，檐垫板高为 200mm，地面标高为±0.000，檐柱径为 260mm，求梁底标高。

解： 已知垫板上皮为檩底皮，垫板下皮为梁底皮

$$柱高＝3.80-\left(\frac{1}{2}\times0.20+0.20\right)-\left(\frac{1}{5}\times0.26\right)\approx3.45（m）$$

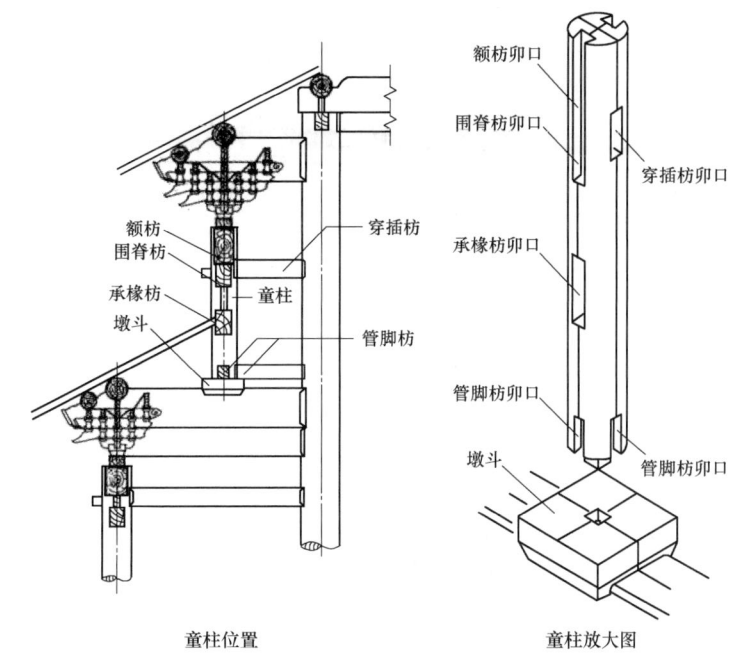

图 5-1 童柱位置及童柱放大图

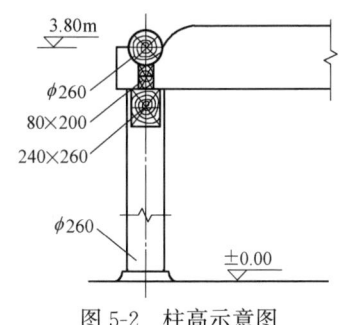

图 5-2 柱高示意图

童柱高从墩斗上皮开始计算

（2）柱高从鼓径上皮算至平板枋下皮，这种情况用于大式带斗栱的建筑。平板枋是斗栱下衬垫的一个木枋，平板枋下皮就是大额枋上皮，也是柱的顶端。柱高与平板枋关系见图 5-3 和图 5-4。

（3）柱高从鼓径上皮算至脊檩下皮

当排山梁架有中柱时，会出现这种情形。中柱与排山梁架形成三步梁、双步梁、单步梁，中柱一直顶到脊檩底，脊檩底标高可以通过剖面图梁架和举折关系计算。柱高与脊檩的关系见图 5-5。

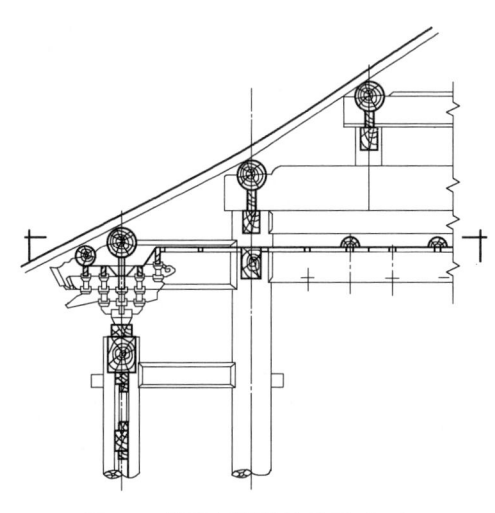

图 5-3 柱高与平板枋关系（一）

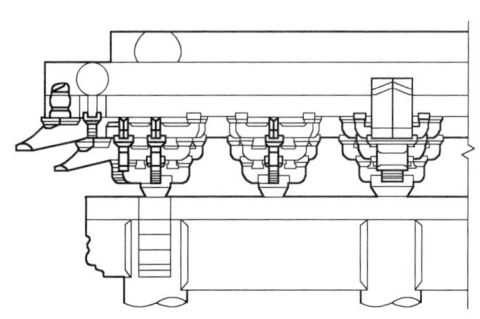

图 5-4 柱高与平板枋关系（二）

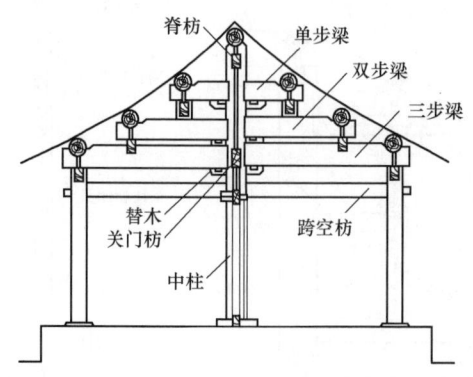

图 5-5　柱高与脊檩的关系

　　柱根部从柱础石鼓径顶面算起，如柱有管脚榫，管脚榫不计入柱高，但若为插钎榫或套顶榫，被柱顶石掩埋入的部分要计入柱高。

　　牌楼柱埋入地下的柱高，无图示时，可暂按夹杆石地面以上露明高计算，结算时按实际情况调整。牌楼上端连做通天斗时，柱高上端算至通天斗（边楼脊檩）上皮。牌楼的柱高见图 5-6。

　　柱出头式牌楼，地上露明部分高算至柱顶端。

　　柱与梁底相交时，柱上端要制作馒头榫，馒头榫不计入柱高。榫与柱的关系见图 5-7。

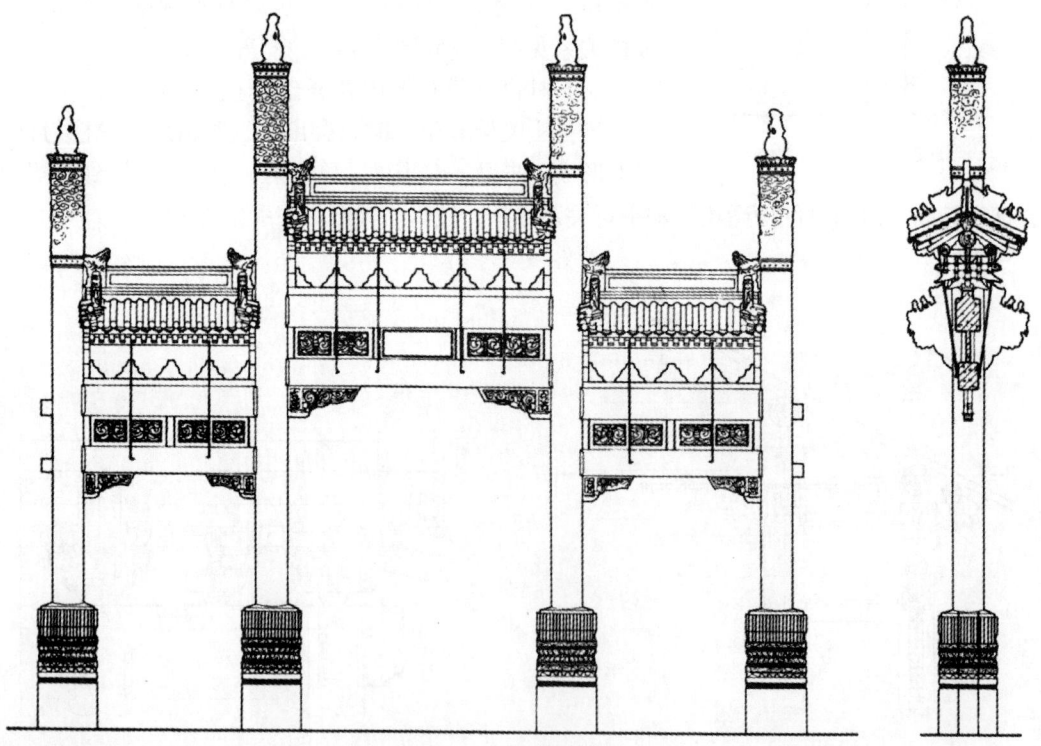

图 5-6　牌楼的柱高

2. 墩接柱、包镶柱根按图示数量以根为单位计量。

墩接柱是维修木柱常用方法之一。将糟朽旧柱根截掉，做一截新木柱，用榫接方法替代糟朽部分。柱不分截面方圆，都可以墩接。

包镶柱根（图5-8）适用于柱根表皮糟朽，但不影响结构安全的柱。将糟朽部分剔除掉，用新木料替补，这种方法也叫攒柱根。

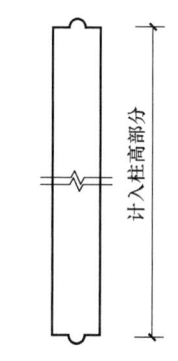

图 5-7 榫与柱的关系

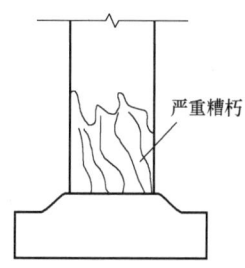

严重糟朽

图 5-8 包镶柱根示意图

墩接柱、包镶柱按根计量，设计图应具体明确哪根柱需要墩接或包镶柱根。也可按柱的总量给出一个墩接或包镶柱根的百分率，按百分率得出数据，若出现小数，无论小数多大，均进位取整数，因此计量起来很容易。

按规则规定，墩接柱的接腿长度以明柱不能超过柱高的 $\frac{1}{5}$，暗柱不能超过柱高度的 $\frac{1}{3}$ 为准。有时在修缮中，接腿超过规定值时，可以用系数来调整。

例1： 某明柱高为 3m，图示墩接高度为 1.25m，但在选择对应定额时，要考虑用系数调整超出部分的人工、材料、机械消耗。

解： 理论上定额规定的最大高度：$h \leqslant \frac{1}{5} \times 3m$，即 $h \leqslant 0.60m$，但实际接腿高是 1.25m，比原规定超过 0.65m，也就是价格要增加 108%。因此，在选择正确定额的基础上应乘以 2.08 系数。

例2： 某暗柱高是 4.25m，实际墩接高是 3.60m，需要乘以多大系数？

解： 当柱高为 4.25m 时，暗柱墩接最大高度是 $4.25 \times \frac{1}{3} \approx 1.42$（m），实际墩接 3.60m 约是计划高度 1.42m 的 2.54 倍。此情况下调整系数是 2.54 倍。

墩接柱的计算还有一个更重要的问题容易被遗忘，一般在设计图上也不标明，即，为了墩接柱，往往要先拆除一部分墙体，保证墩接操作时，有一个必要的操作空间，待墩接完毕后，要按原样恢复墙体。一般情况下，要从柱外皮向左右各拆除 800mm，拆的高度比墩接柱腿要高出 500mm，且要拆透墙体，才能保证操作的最小空间。拆此段墙可能会涉及拆外皮墙，拆石构件，拆衬里墙等，恢复时可能会增加内墙抹灰，刷涂料，渣土外运或消纳等项目，要将这些费用一并考虑计算。

墩接柱按最大柱径小于等于 450mm 考虑，当确有超过 450mm 直径墩接柱时，工程量计算仍按原规则。但具体发生的费用要按设计方案另行考虑。因此时的安全项目、结构变形观测、墩接方法、安全保障都要综合考虑，不可用乘以系数的方法简单套用。

3. 拼攒柱拆换拼包木植，按更换部分表面面积以平方米为单位计算，更换两层或两层以上时，分层累计计算。

拼攒柱如图 5-9 所示，为解决柱截面过小的问题，在实心木柱外拼包数块木植，有时包一层或多层。

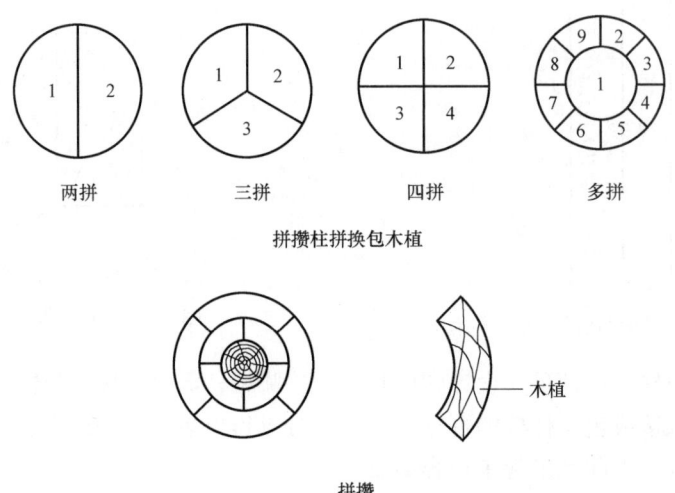

两拼　　　三拼　　　四拼　　　多拼

拼攒柱拼换包木植

拼攒

图 5-9　拼攒柱

拆换木植是拼攒柱的一种维修方法，面积以各块表面积累加为准，此修缮方法较少见。

4. 垂头柱补换四季花草贴脸，按补换的数量以块为单位计量。

垂头柱（图 5-10）多使用在垂花门上，四季花草贴脸补换发生在方柱头上，因贴脸某一面损坏，需按照原大小，加工一块新花草贴脸，剔补损坏的部分，将新花草贴脸钉在垂头柱柱头上。

每个方柱头有四个面，每个面为一块。

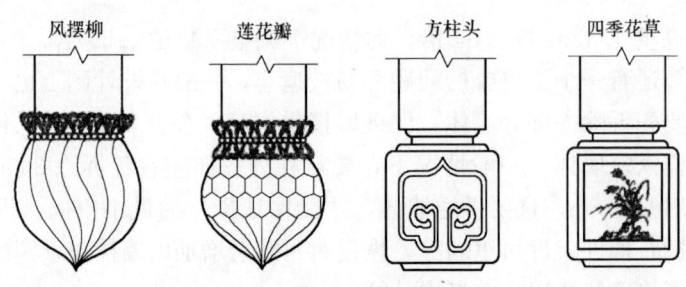

风摆柳　　　莲花瓣　　　方柱头　　　四季花草

图 5-10　垂头柱

5. 枋、梁、承重、楞木、沿边木按体积，以立方米为单位计算，其截面面积除草栿梁外，均按宽乘以全高计算。草栿梁截面面积计算同圆柱截面面积计算。长度按以下规定计算：

（1）枋类端头为半榫或银锭榫的长度按轴线间距计算，端头为透榫或箍头榫的长度计算至榫头外端，透榫露明长度无图示者按半柱径计算。

（2）梁类构件中两端均有梁头者，按图示全长计算，端头插入柱身或趴于其他构件上的半榫或趴梁榫计算至柱中轴线，插入柱身的透榫计算方法同枋类透榫。

（3）承重出挑部分长度计算至挂落板外皮。

（4）踏脚木按外两端皮长计算至角梁中线。

（5）楞木、沿边木长度按轴线间距计算，沿边木转角处按外皮长计算至斜向梁的中心线。

枋、梁、承重、楞木、沿边木的体积等于构件截面面积乘以长，截面按图示标注的尺寸测量。测量时按梁中间的截面为准，不按梁头截面为准。

枋指各种枋类构件的总称，包含有檐枋、金枋、脊枋、平板枋、大额枋、小额枋、箍头枋、跨空枋、棋枋、穿插枋、博脊枋、间枋、天花枋、承檐枋、帘垄枋等。

梁是各种梁类构件的总称，包括九架梁、八架梁、七架梁、六架梁、五架梁、四架梁、三架梁、月梁、随梁、太平梁、帽梁、三步梁、双步梁、单步梁、抱头梁、扒梁、顺梁、太平梁、抹角梁、老角梁、仔角梁、天花梁等。

承重和楞木用在带楼层的古建筑，是楼板下边的承重构件。承重也称承重梁，沿进深方向对应柱位设置，是承重木楼板荷载的主梁。

楞木与承重梁共同使用，沿面宽方向设置，与承重梁垂直相交，截面远小于承重，是承托木楼板的次梁。

沿边木是木挂檐板后面，紧贴挂檐板的通长方木，固定挂檐板之用。各类枋、梁、承重、沿边木都是按最大截面面积乘以长，以立方米为单位计算。

（1）枋类构件长度有两种计算方法：

①枋类端头为半榫或银锭榫时，枋的长度按柱间轴线间距计算。

②端头为透榫或箍头榫的长度应计算出头的榫头长，榫头出头无图示时，按半柱径计算。

如带斗栱的穿插枋，前端为透榫出榫头，后端为半榫不出榫头，后尾算至金柱中。

穿插枋长＝前端榫头至金柱中心之长

例1：檐柱径为300mm，金柱径为340m，廊步进深为1300mm，穿插枋截面为200mm×280mm，求穿插枋体积（后尾不出头时）。

解：穿插枋长＝0.15＋0.15＋1.30＝1.60（m）

檐柱中心至檐柱外皮为0.15m，檐柱外皮至枋子端头长为0.15m，前端按出头计算，后端按金柱中计算。

穿插枋体积＝0.20×0.28×1.60≈0.090（m³）

例2：穿插枋前后都出榫头时，檐柱径为280mm，金柱径为320mm，廊步进深为1200mm，穿插枋截面为200mm×280mm，求穿插枋体积。

解：穿插枋长＝0.14＋0.14＋1.20＋0.16＋0.16＝1.80（m）

檐柱中心至檐柱外皮为0.14m，檐柱外皮至枋端头长为0.14m，前端按出头计算，后端也按出头计算。

穿插枋体积＝$0.20 \times 0.28 \times 1.80 \approx 0.10$（$m^3$）

例 3：某硬山房有明间 4m、次间 3.80m、稍间 3.60m，前檐枋为 260mm×280mm，求前檐枋体积。

解：（1）求枋长。此种情况，枋与柱都是银锭榫相交，均按柱中的长计算，遇这种情况，可把枋假想成一根。

它的长＝$3.60 \times 2 + 3.80 \times 2 + 4 = 18.80$（m）

（2）枋体积＝$18.80 \times 0.26 \times 0.28 \approx 1.37$（$m^3$）

例 4：某四角亭檐枋为 250mm×280mm，檐柱径为 280mm，面宽为 4000mm，求檐枋体积。

解：（1）求檐枋长。已知轴线长为 4m，三叉头榫长为 3/4D，左右均出三叉头榫，D 为檐柱径。

$$\text{檐枋长} = \frac{3}{4}D + \frac{1}{2}D + 4 + \frac{1}{2}D + \frac{3}{4}D$$

$$= \frac{5}{4}D + 4 + \frac{5}{4}D$$

$$= 2.5D + 4$$

$$= 4.70 \text{（m）}$$

（2）檐枋体积＝$4.70 \times 0.25 \times 0.28 \times 4 \approx 1.32$（$m^3$）

结论：箍头枋从柱中心至三叉头端点长为 1.25D。

例 5：某带斗栱四角亭，檐枋为 280mm×300mm，檐柱径为 300mm，面宽为 4600mm，求檐枋体积。

解：（1）求檐枋长，檐枋端头应做成霸王拳出头。

大式霸王拳头从柱外皮向外至霸王拳端头的长应为 0.50 檐柱径，那么从柱中心至霸王拳出头长等于 1 檐柱径，左右做法相同。

檐枋长＝$4.60 + 2D$

$\qquad = 4.60 + 2 \times 0.30$

$\qquad = 5.20$（m）

（2）檐枋体积＝$5.20 \times 0.28 \times 0.30 \times 4$

$\qquad\qquad\qquad \approx 1.75$（$m^3$）

结论：当枋子端头做成霸王拳头时，从柱中心至霸王拳头的长为 1D（D 为檐柱径）。枋子计算规则相同，但计算要按照定额的分类方法，各自单独计算，截面不同部分要分开计算，枋子出头形式不同（三叉头、霸王拳）也要分开计算。

（2）梁类构件：

梁类构件长度计算有四种情况：

①梁的两端均有梁头，如五架梁、三架梁（图 5-11）

梁长按梁的端头至另一端头长计算。

梁的两端有檩窝，从檩窝中心（也就是檩子中心）到梁的前端头长为一倍檩径，后端同理，这类梁全长等于柱间进深尺寸加 2 倍檩径。

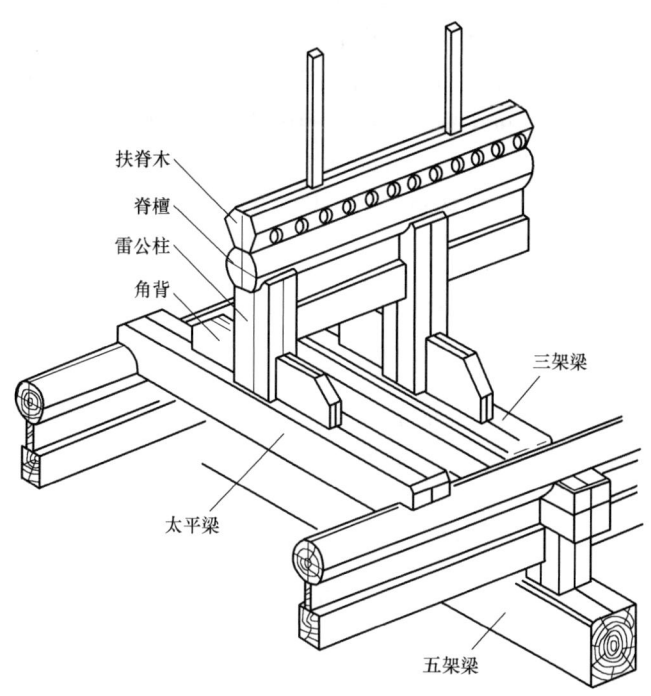

扶脊木

脊檩

雷公柱

角背

三架梁

太平梁

五架梁

图 5-11　五架梁、三架梁

例： 求五架梁长，假如檩径为 260mm，两柱进深为 5200mm。

解： 梁长＝0.26＋5.20＋0.26＝5.72（m）

八架梁、七架梁、六架梁、二架梁等同理。

②梁的一端出头，另一端插入柱身

前端梁头出按 1 倍檩径计算，后端插入柱头时，算至柱中心线。

例： 求抱头梁长，假设檐檩径为 260mm，檐柱与金柱间距（廊步架）为 1200mm，檐柱径为 260mm，金柱径为 300mm，求抱头梁长。

解： 抱头梁长＝0.26＋1.20＋0.30÷2＝1.61（m）

三步梁、双步梁、单步梁等同理。

③梁的两端均插入柱子，如随梁

例： 假设金柱间距为 5200mm，金柱柱径为 300mm，梁截面为 350mm×420mm，求随梁体积。

解： 此情况梁长是一根金柱中至另一根金柱中。

金柱间距为 5.20m

梁体积＝5.20×0.35×0.42≈0.76（m³）

④梁两端趴于其他构件上的半榫或趴梁榫长度计算至檩中轴线

计算梁长时，有出头的梁，从檩中加出一个檩径。插入柱或趴于其他构件时，计算至柱中心线或檩中。梁头做法不同时，各按规则计算梁头长。

⑤承重（梁）出挑时梁长的计算

承重梁出挑时长度计算至挂落板外皮，不扣除挂落板厚度和沿边木厚度。

⑥踏脚木按外皮长，两端计算至角梁中心线。

踏脚木是歇山式建筑特有木构件，钉在山面檐椽上，踏脚木截面取最小外接矩形截面。确定踏脚木的长还可以通过梁架俯视图直接用比例尺量取。

⑦楞木沿面宽方向放置，长按每间开间轴线尺寸计算，要累加计算。

⑧沿边木位于挂檐板后面，非转角房时，长按各开间轴线之和计算。对转角房，计算至斜梁中心线为止，也就是两个挂檐板的交点。

6. 假梁头、角云、捧梁云、通雀替、角背、柁墩、交金墩及童柱下墩斗均按全长乘以全高乘以宽（厚），以立方米为单位计算。

交金墩是大木构件之一，常用于歇山式建筑下金檩与采步金轴线相交处。交金墩下面是顺扒梁或抹角梁，上边承托采步金梁，形如矮墩。

角云长等于 3 个檩径加斜，如四角亭用角云，檩径为 260mm 时，角云长 $= 3 \times 0.26 \times \sqrt{2} \approx 1.10$（m）。亭子转交角度不同，加斜系数也不同。

通雀替（图 5-12）是指柱头两侧雀替连为一体的情形，每侧露明长 $= 0.25 \times$ 柱间净跨（或按 3 倍柱径）。

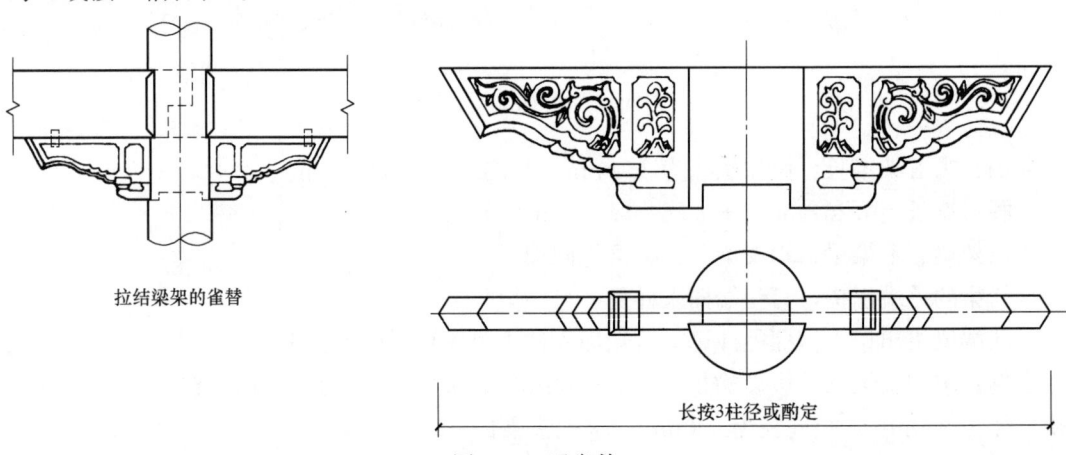

拉结梁架的雀替

长按3柱径或酌定

图 5-12　通雀替

柱间净跨等于面宽轴线尺寸减去 1 倍柱径。

通雀替全长 $= 2 \times$ 露明长 $+ 1$ 倍柱径

角背（图 5-13）长为一个步架，角背高取最小外接矩形高，厚为自身高的三分之一，

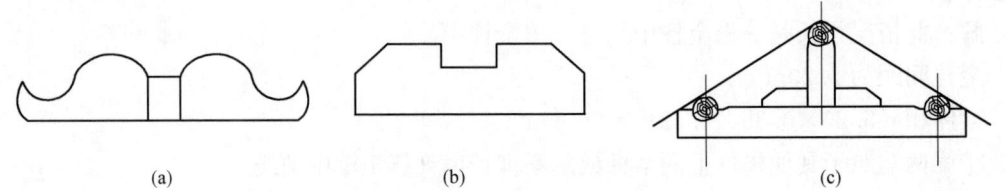

(a)　　　　　　　　　　(b)　　　　　　　　　　(c)

图 5-13　角背
(a) 荷叶角背；(b) 普通角背；(c) 角背与梁架关系

高为瓜柱的 $\frac{1}{3} \sim \frac{1}{2}$，起稳定瓜柱的作用。

捧梁云多发生在大式脊檩位置，截面积按最小外接矩形计算面积。

7. 瓜柱、交金瓜柱、太平梁上雷公柱，按截面面积乘以柱高，以立方米为单位计算。其中，金瓜柱、交金瓜柱柱高按上下梁间图示净高计算，脊瓜柱、太平梁上雷公柱柱高按三架梁或太平梁与脊檩间图示净高计算。

瓜柱是承托梁或脊檩的矮柱。太平梁上的雷公柱是庑殿建筑特有构件，均按截面面积乘以高计算。

金瓜柱、交金瓜柱的高按上下梁之间净高计算。脊瓜柱、太平梁上雷公柱柱高按三架梁或太平梁上皮至脊檩间净高计算（即脊檩底皮）。

8. 交金灯笼柱、攒尖雷公柱按圆形截面面积乘以柱高，以立方米为单位计算。攒尖雷公柱长度无图示者，按其本身径的 7 倍计算，截面为多边形的攒尖雷公柱，按其外接圆计算截面面积。

多边形攒尖雷公柱截面面积按最小外接圆面积计算（图 5-14）。

例 1：某四角亭攒尖雷公柱截面为 260mm×260mm，求攒尖雷公柱面积。

解：已知攒尖雷公柱，$AB = CB = 260$mm

做辅助线 AC、BD，则 $\triangle ABC$ 为直角等腰三角形

$AC = \sqrt{2} \times AB = \sqrt{2} \times 0.26 \approx 0.37$（m）

$AC = BD = 0.37$ 即为圆形攒尖雷公柱的直径

圆形截面面积 $= \pi \times \left(\frac{1}{2} \times 0.37 \right)^2 \approx 3.14 \times 0.03 = 0.09$（m²）

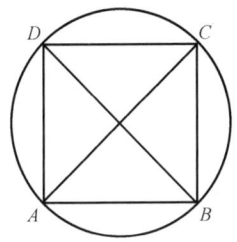

图 5-14 雷公柱最小外接圆

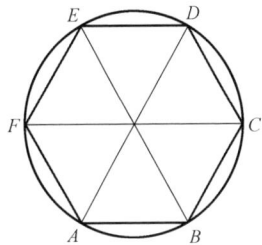

图 5-15 攒尖雷公柱为正六边形

例 2：攒尖雷公柱为正六边形时（图 5-15），求截面面积。

解：从正六边形可知，每个三角形为全等三角形。

此时圆的直径 $= 2AB = BE = FC = AD$

圆面积 $= \pi \times \left(\frac{2AB}{2} \right)^2 = \pi \times AB^2$

9. 额枋下雀替、替木、菱角木以块为单位计算。

这里的雀替分为单雀替与骑马雀替（图 5-16），不可混在一起计算。替木按每一根计算。

柱子左右两侧显示的菱角木为一块，它与通雀替道理相同，菱角木在建筑上成对出现（图5-17）。

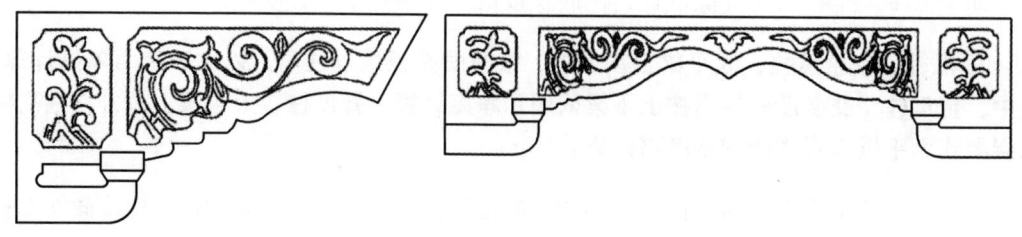

图 5-16　单雀替与骑马雀替

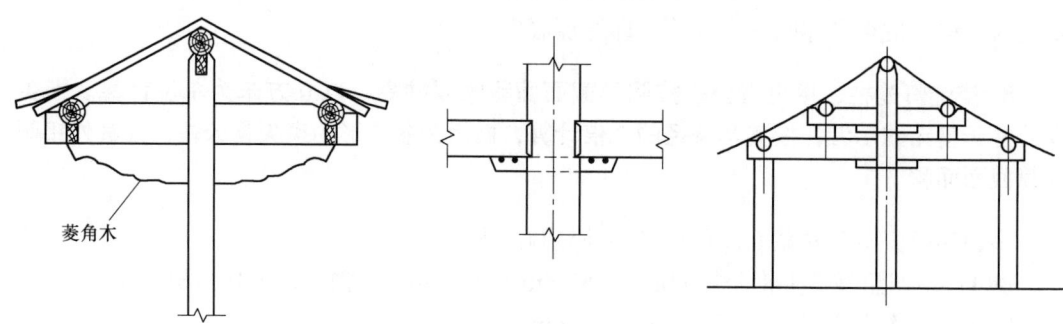

图 5-17　菱角木与替木

10. 桁檩、扶脊木按圆形截面面积乘以长，以立方米为单位计算。其长按每间梁架轴线间距计算，搭角出头部分按实计入，悬山出挑、歇山收山者，山面算至博缝板外皮，硬山式建筑山面计算至排山梁架外皮；扶脊木截面面积按其下脊檩截面面积计算。

扶脊木是大式建筑脊檩上叠压的木构件，截面呈不规则六边形，侧面剔有一排椽窝。扶脊木与脊檩等长、等截面面积，也就是说扶脊木与脊檩等体积。因此，扶脊木的体积不用计算，可以直接借用脊檩体积。桁檩计算截面面积时不扣除金盘减少的面积，按标准的圆面积计算。

一般长度计算有三种情形：

（1）长度按每间梁架轴线计算。

（2）悬山出挑，歇山收山时，计算至博缝板外皮（图5-18）。

（3）有搭交关系时，搭交檩的出头长要计入（图5-19）。

（4）硬山式建筑山面左右端头的一间檩长，计算至排山梁架外皮。

例1：悬山出挑时，从最外一根柱（或最末一根柱）向左或右各加出8.5倍椽径，就是清式建筑檩子出挑长。

某悬山椽径为90mm，明间为3800mm，次间为3600mm，稍间为3400mm，共五间，梁架为五架梁形式，檩径均为280mm，求檩子体积。

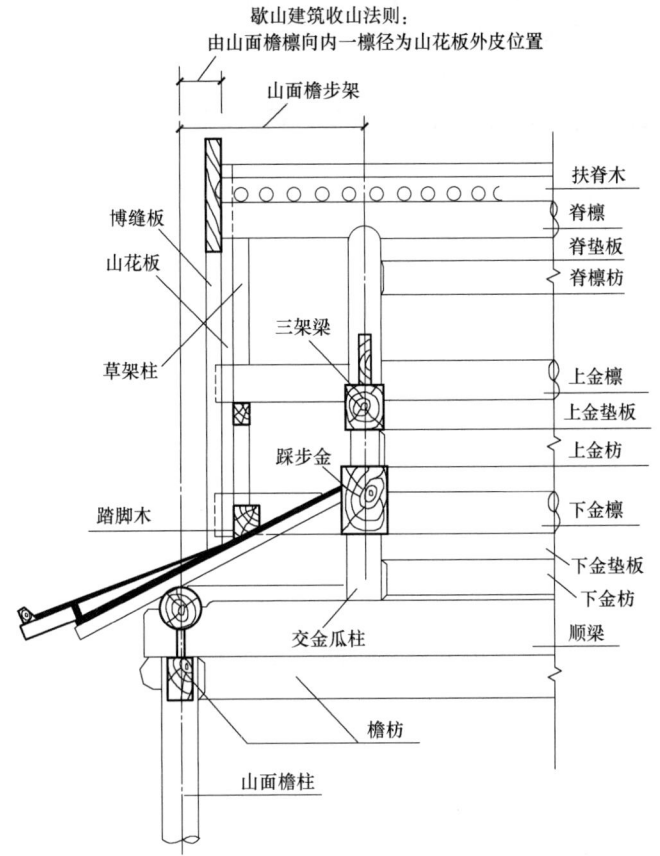

图 5-18 收山法则的关系

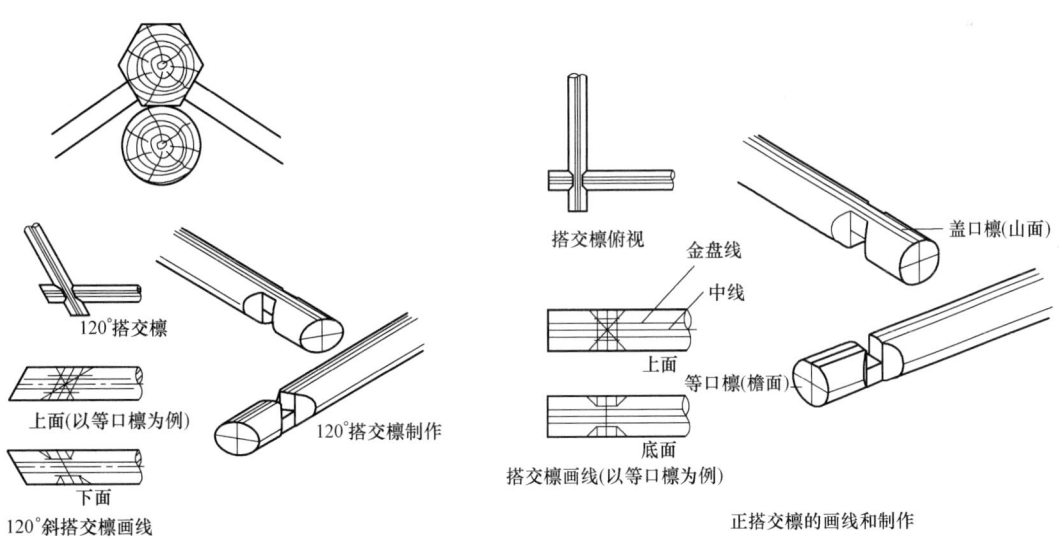

图 5-19 扶脊木与搭交檩

解：（1）五间房轴线之和＝2×（3.40＋3.60）＋3.80＝17.80（m）

考虑左右出稍部分需增加的长＝8.50×0.09×2＝1.53（m）

博缝板外皮之距$L_1＋L_2$＝17.80＋1.53＝19.33（m）

（2）檩子体积＝（π×0.14^2）×19.33×5

　　　　　　　　≈5.95（m^3）

歇山收山檩长计算与歇山屋面瓦面计算道理相同。硬山式建筑檩长不是各开间轴线之和长，各开间轴线之和长指的是排山梁架中心至另一侧排山梁架中心长。

排山梁架中心也就是排山柱中心，排山梁架中心线至排山梁架外边线之距离等于二分之一排山梁架的宽。一座硬山式建筑只有两个排山梁架，每个排山梁架要向外加出半个梁架宽。两个排山梁架共加出2倍的$\frac{1}{2}$梁架宽（也就是一个梁架的宽）。

结论：硬山式建筑檩子长等于N间轴线之和加上一个排山梁架宽。

例2： 有某五檩硬山式建筑三间，明间为3600mm，次间为3300mm，檩径均为260mm，五架梁为300mm×380mm，求檩子体积和扶脊木体积。

解：（1）轴线之和＝3.30＋3.60＋3.30＝10.20（m）

（2）排山梁架外皮至另一排山梁架外皮间距＝10.20＋2×$\frac{1}{2}$×0.3＝10.50（m）

（3）檩子体积＝3.14×0.13×0.13×10.50×5≈2.79（m^3）

（4）扶脊木体积＝3.14×0.13×0.13×10.50≈0.56（m^3）

11. 角梁按截面面积乘以长，以立方米为单位计算。老角梁长以檐步架水平长＋檐椽平出＋2倍椽径＋后尾榫长为基数，仔角梁长以檐步架水平长＋飞椽平出＋3倍椽径＋后尾榫长为基数，正方角乘以1.5、六方角乘以1.26、八方角乘以1.2计算长度，其后尾榫长按1倍柱径或1倍檩径计算。

计算老角梁长时，要考虑两次加斜的因素。

如图5-20所示：E为金檩搭交的中心点，LE与KE为金檩，JD与HD为檐檩，AE为角梁，HF为檐檩中心至飞椽头间水平出挑距离，EH为檐步架，NH为檐檩至檐椽头水平出挑尺寸，NF为飞檐水平出挑尺寸。

根据几何关系有：$\triangle ECN \backsim \triangle EBF$，而$BA$为角梁冲出2倍椽径时的斜长。

从图5-20中可知，若$\angle EA$为90°，角梁是水平放置的。从金檩搭交中心点至梁头的水平长L_1＝$\sqrt{2}$×2倍椽径＋$\sqrt{2}$×金檩中心至飞椽头的水平长。

再以L_1为另一个直角三角形的底边，以檐步举架尺寸为直角三角形的高，直角三角形斜边的长就是角梁经两次加斜计算后的斜长。

根据规则规定：角梁的斜长还要加上后尾榫长，后尾榫长按1倍柱径或1倍檩径计算，不需要

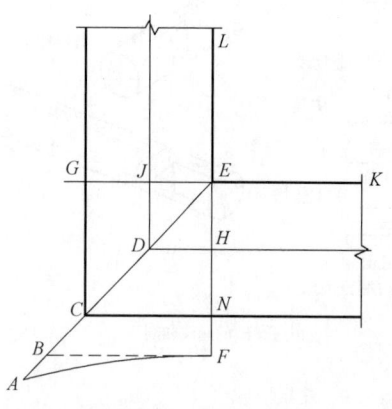

图5-20　角梁长示意

再考虑加斜的系数关系，于是有如下结论：

四方转角老角梁长＝(檐步架水平长＋檐椽平出＋2倍椽径＋1倍柱径)×1.5

六方转角老角梁长＝(檐步架水平长＋檐椽平出＋2倍椽径＋1倍柱径)×1.26

八方转角老角梁长＝(檐步架水平长＋檐椽平出＋2倍椽径＋1倍柱径)×1.20

同理，我们可以推算出仔角梁长的公式，只是将冲出尺寸改为3倍椽径即可。

计算屋面坡长、椽子长、角梁长时会反复用到举架与步架的关系：

举架——指相邻两个檩之间的垂直距离。

步架——指相邻两个檩之间的水平距离。

举架与步架构成一个直角三角形，利用勾股定理，已知两个直角边，可以求出第三边的斜长。假设步架为1，举架为0.50时，习惯称为五举。步架为1，举架为0.75时，称为七五举。

利用勾股定理关系求出斜长后，用斜边长除以步架后的商即为举折系数。

例1：步架为1m，举架为0.50m时，斜长＝$\sqrt{1^2+0.50^2}\approx1.12$（m）

解：举折系数为1.12÷1＝1.12，也就是五举时，步架的1.12倍就是五举时的斜长。

例2：步架为1.68m，举架为1.26m时，求斜长

解：斜长＝$\sqrt{1.68^2+1.26^2}\approx\sqrt{2.82+1.59}=\sqrt{4.41}=2.10$（m）

举折关系为1.26÷1.68＝0.75（七五举）

举折系数＝2.10÷1.68＝1.25

利用举折与斜长系数表，可快捷计算出屋面三角形的斜长

步架1.68m×1.25(七五举系数)＝2.10m

例3：步架为1.20m，举架为0.86m时，求斜长

解：(1) 先求出举折关系，0.86÷1.20≈0.72（七二举）

(2) 直接利用系数表求斜长，查七二举系数为1.23

斜长＝1.20×1.23≈1.48（m）

12. 压金仔角梁以根为单位计算。

仔角梁共有三种形式，即压金仔角梁、插金仔角梁（图5-21）、扣金仔角梁。唯独压金仔角梁按根计算，其他仔角梁按体积计算。

压金仔角梁多用于小式建筑或游廊的转角，形似一根大"飞椽"。后尾不与金柱相交，直接钉在老角梁上。

压金仔角梁的计算很容易，每个转角上会有一根，或者与老角梁根数相等。

13. 由戗按截面面积乘以长，以立方米为单位计算。

由戗也叫续角梁，是角梁后尾的延续斜梁（图5-22）。一个转角处可能有一个、两个或者三个由戗。

由戗无论有几根，截面面积均相等，只要计算斜长，利用斜长乘以截面面积即为由戗的体积。由戗斜长计算的道理与老角梁道理相同，不涉及檐椽和飞檐平出，直接

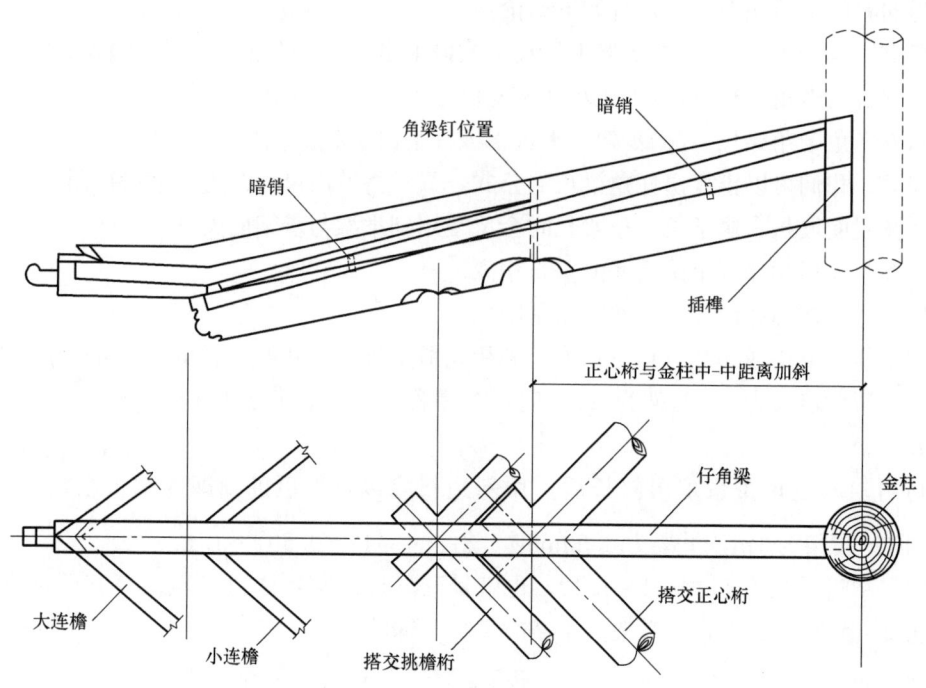

图 5-21　插金仔角梁

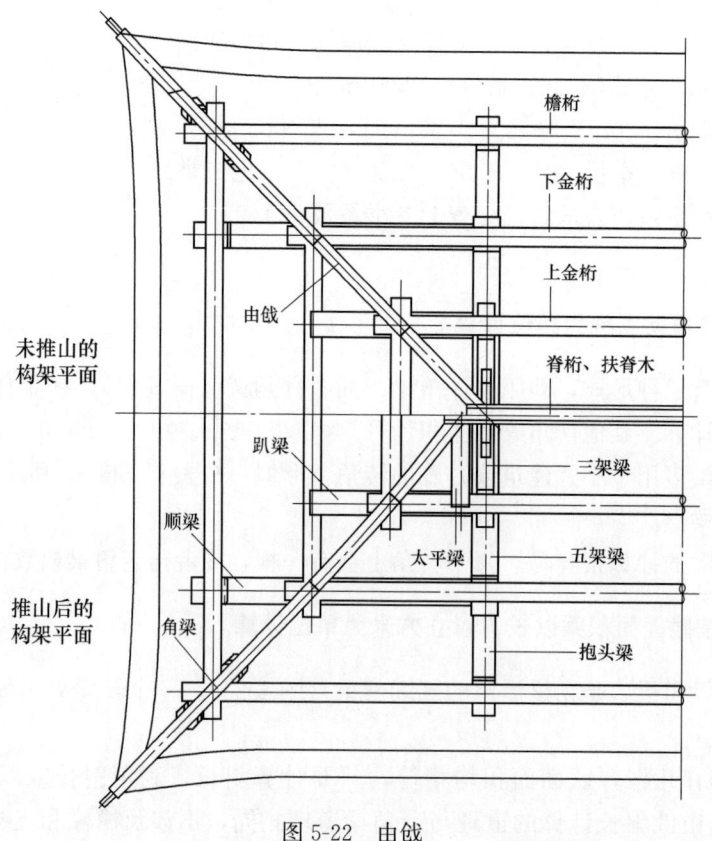

图 5-22　由戗

利用举折关系与勾股定理，求出由戗假定水平放置时的长度，再以此长度为直角三角形的底边长，利用所在位置举架高为新的直角三角形的高，求出斜长，即为由戗的实际长度。

例：一个九檩前后廊屋架，有几根由戗？

解：如图 5-23 所示，脊檩中心线左右各有四个步架。

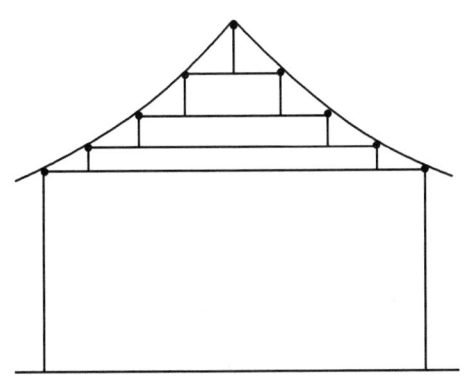

图 5-23　九架梁示意图

檐檩与金檩间是老角梁，剩余三个步架，每一个步架有一根由戗，每个转角有三根由戗，四个转角共有十二根由戗。由戗的长要根据各自所在三角形举折关系分别计算。

14. 桁檩垫板、由额垫板按截面面积乘以长，以立方米为单位计算，其长按每间梁架轴线间距计算。

大式称由额垫板，小式称垫板。垫板（图 5-24）位于一檩三件的中间，截面呈矩形，以截面面积乘以长计算。长为每间轴线尺寸。在有翘飞转角关系的攒尖建筑中，垫板无搭交关系。在转角处柱头上设一个 45°斜向放置的角云，垫板直接撞到角云侧面为止。

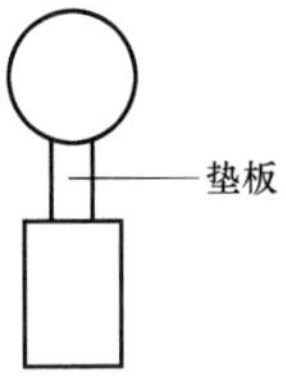

垫板在普通梁架檩下，直接撞到大梁的侧面（梁侧面剔浅槽为垫板口子，垫板伸入浅槽内）。

当木檩剖面为一檩二件时，其下的矩形构件不是垫板。无论截面尺寸如何，它属于枋类。

图 5-24　垫板

例 1：有某游廊 12 间，面宽为 4200mm，均等。檐垫板为 160mm×70mm，求檐垫板体积。

解：（1）檐垫板长=12×4.20×2=100.80（m）

（2）檐垫板体积=100.80×0.16×0.07≈1.13（m³）

例 2：有某单檐八角亭，面宽尺寸为 3200mm，垫板尺寸为 180mm×80mm，求垫板体积。

解：（1）垫板长=3.20×8=25.60（m）

（2）垫板体积=25.60×0.18×0.08≈0.37（m³）

当一座建筑物垫板截面尺寸不同时，要分别计算其体积，按定额截面高度分档计算。

15. 博脊板、棋枋板、柁挡板按垂直投影面积，以平方米为单位计算。象眼山花板按三角形垂直投影面积以平方米为单位计算，不扣除桁檩窝所占面积。

博脊板——清式建筑重檐的上额枋和承椽枋之间的板子。

棋枋板——楼房建筑中，棋枋之上的板子，分隔室内外空间。

柁挡板——悬山式建筑排山梁架上，柁与柁之间封护的木板。

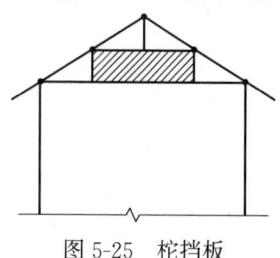
图 5-25　柁挡板

博脊板、棋枋板、柁挡板（图 5-25）均按梁、枋、瓜柱等大木构件里侧所围矩形面积计算。此面积包含周边里外钉压条固定，不应再计算压条。

象眼山花板指悬山排山梁架与斜椽构成三角形的板子，分隔室内外空间，也含周边压条。

博脊板、棋枋板、柁挡板、象眼山花板等以平方米为单位计算。这个面积是不能超过 30mm 厚的板，如实际用板厚超过 30mm，还应再计算每增厚 10mm 的加厚面积，但加厚的面积与原面积相同，不用再计算。

例：柁挡板经计算为 0.62m^2，但板厚为 32mm，则计算工程量都是 0.62m^2，但要分列两次分项工程项目，第一次按小于或等于 30mm 计算一次，第二次按每增厚 10mm，再计算一次。

16. 挂檐板、挂落板按垂直投影面积，以平方米为单位计算，滴珠板按突尖处竖直高乘以长，以平方米为单位计算。

挂檐板——古典式铺面房或宅院平台廊子檐下围扁宽的通长木板。也有在板上做出装饰木雕，图案纹饰有"云盘线""落地万子""贴作博古花卉"等。挂檐板见图 5-26。

挂落板——古建筑的平座压面石或砖冰盘檐下边通长放置的木板。

滴珠板——将雕刻有云盘线的挂落板下边沿云盘线的轮廓挖锯成云头状的挂落板。

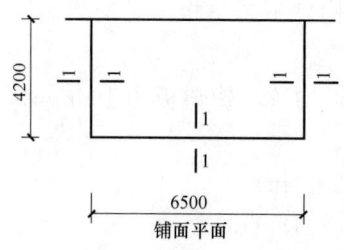
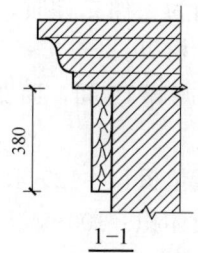
图 5-26　挂檐板

挂檐板按水平长乘以竖直长，以平方米为单位计算，滴珠板按水平长乘以突尖处竖直高，以平方米为单位计算。

例：如图 5-26 所示，求挂檐板面积。

解：挂檐板长＝2×4.20＋6.50＝14.90（m）

挂檐板面积＝14.90×0.38≈5.66（m²）

17. 博缝板按屋面坡长（上口长）乘以板宽，以平方米为单位计算。梅花钉以个为单位计量。

博缝板位于悬山式建筑山面上部或歇山式建筑侧立面山花板上方，是一个弧形板，上下弧长不相等。计算面积时取上弧长，上弧长就是坡屋面长，是若干根椽子形成的折线长。博缝板的宽是指与下弧长相垂直时的宽（图 5-27），而不是与地面垂直的宽。博缝板的制作安装包括板背后的檩窝、燕尾枋口子、博缝头的挖弯成形，不包括博缝板的梅花钉制作安装。

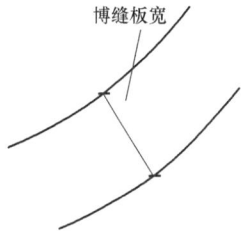

图 5-27 博缝板宽

例：有某悬山式建筑，前后坡等长，前坡长为 4850mm，博缝板宽为 400mm，求博缝板面积。

解：博缝板面积＝0.40×4.85×2×2＝7.76（m²）

博缝板厚度大于 50mm 时，应另行考虑增厚的计算，但工程量与原来相同。

坠山博缝板是专门用于牌楼上的博缝板，牌楼斗栱出踩的多少决定了坠山博缝板的大小。坠山博缝按块计量，柱出头式牌楼的每座楼上含有两块坠山博缝板。

18. 立闸山花板按三角形面积，以平方米为单位计算，其底边周长同踏脚木，竖向高由踏脚木上皮算至脊檩上皮，另加 1.5 倍椽径计算。

立闸山花板是位于歇山式建筑撒头瓦面之上立面封堵的竖向木板。三角形面积不是山花板露明面积，是包含博缝板后边及博脊所掩盖的面积。

立闸山花板分为有雕刻与无雕刻两类，但计算规则相同。计算山花板面积图纸信息不足时，可借助比例尺计算各部位尺寸。

19. 踏脚木按截面高乘以截面宽，再乘以中线长，以立方米为单位计算，踏脚木中线长度两端计算至角梁中线。

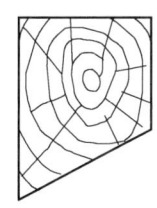

图 5-28 踏脚木截面

踏脚木是歇山式建筑排山部位特有的构件。踏脚木截面（图 5-28）随檐椽举架加工成坡形，截面面积取最小外接矩形面积，图示的高也是较大值的高。因此可以认定踏脚木截面就是一个矩形。

踏脚木的长很难计算，与金檩相交时，按金檩中心至中心长，再加两端搭交出头长（各一檩径）。

如踏脚木从金檩下穿过，则会直接撞至角梁侧帮。这时，长度按角梁中心线至另一侧角梁中心线间距计算，图示标注信息不全时，长度可借助比例尺测算。

20. 木楼板按水平投影面积，以平方米为单位计算，不扣除柱所占面积。

有楼层时，分隔上下楼层的楼板，以上一层内墙所包围面积计算。不扣除套顶石所占面积（与砖墁地面相同），但应扣除楼梯口所占面积。木楼板同样要考虑楼板是否加厚的问题。

21. 木楼梯按水平投影面积，以平方米为单位计算。木楼梯补换踏步板按累计长度，以米为单位计算。

楼梯踏步板更换，以单块长度乘以更换"块"数所得的总长度，以米为单位计算。若立板更换，也可在踏步板中累计。

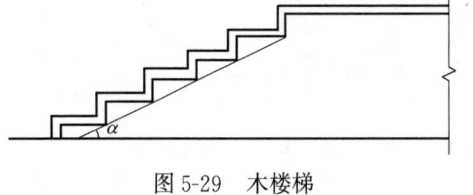

图 5-29　木楼梯

木楼梯计算时，不含转弯处休息平台的面积，只计算斜向面积。因楼梯与地面夹角不同，在宽度相同时，夹角越大，水平投影面积越小，见图 5-29，定额规定地平面与楼梯夹角 α 小于或等于 45°时，不做调整。当 α 角大于 45°，小于或等于 60°时，定额乘以 1.4 系数调整。当 α 角大于 60°时，定额乘以 2.7 系数调整。

传统古建筑的楼梯大多很陡，如城楼、钟鼓楼等 α 角多大于 45°，一般设计图不会标注出角度。但是通过其他信息，可以利用三角函数关系，自行计算 α 角度，再决定是否使用系数调整。

宽度不变，夹角越大，得到的投影面积越小，这就是因夹角变化，而使用系数调整的原因。

木楼梯包括斜梁、立板踏板的制作安装，不包括楼梯扶手的制作安装。如遇转折式楼梯，休息平台要另行计算。休息平台的方柱按梅花柱计算，休息平台梁按楞木计算，休息平台板按木楼板计算，柱下如有柱顶石，按方鼓径柱顶石计算。

例： 某木楼梯几何关系图如图 5-30 所示，是否需要进行系数调整？

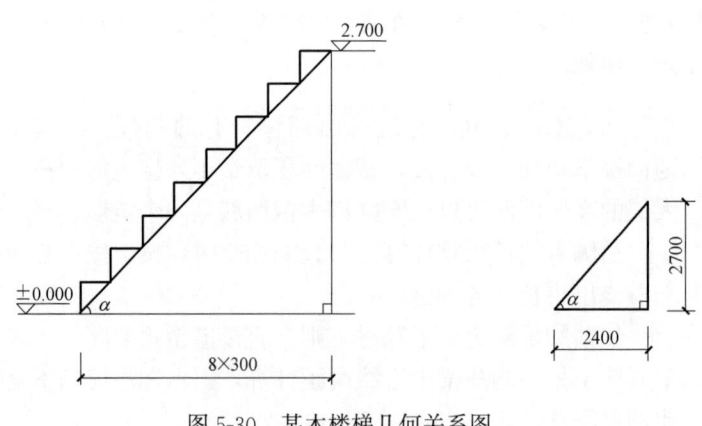

图 5-30　某木楼梯几何关系图

解： 已知水平长＝8×0.30＝2.40（m）

竖直高＝2.70m，求 α 角度

$$tg\alpha = \frac{2.70}{2.40} = 1.125$$

查正切表，1.125 对应 48.37°

α 角已大于 45°且小于 60°，按规定选用定额时，要乘以 1.40 系数调整。这个斜梁与地面的夹角，要自行测算。

22. 折柱、高栱柱以根为单位计量；壶瓶抱牙及垂花门荷叶墩以块为单位计量。

折柱——垂花门与牌楼花板之间的矩形截面矮柱（见图 5-31 中相关内容）。

高栱柱——牌楼柱的一种，牌楼角科斗栱的正心栱、正心枋、翘、昂、耍头、撑头木等由柱内穿过，柱下端插入大额枋内，上端至正心桁下皮，是串联角科斗栱的核心柱，牌楼上独有。

壶瓶抱牙——用在二郎担山式垂花门，是稳固柱的木构件，每个滚墩石背上设有一块，一座垂花门上有 2 块（图 5-31）。

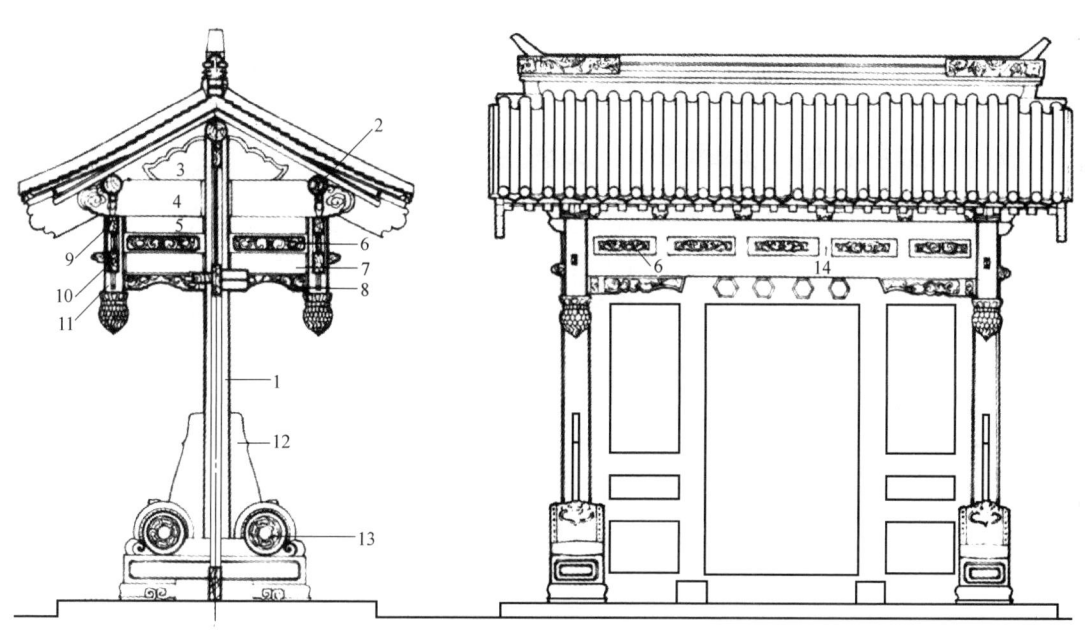

图 5-31　壶瓶抱牙

1—柱；2—檩；3—角背；4—麻叶抱头梁；5—随梁；6—花板；7—麻叶穿插枋；8—骑马雀替；
9—檐枋；10—帘笼枋；11—垂莲柱；12—壶瓶抱牙；13—抱鼓石；14—折柱

垂花门荷叶墩——垂花门花板之间雕出荷叶状的折柱。

对这些数量不需计量，参照立面图统计数量即可。

23. 龙凤板、花板、牌楼匾按垂直投影面积以平方米为单位计算。

龙凤板——牌楼花板雕刻祥云，二龙戏珠或龙凤的图案。

花板——垂花门、牌楼上雕刻花卉图案的花板。花板按面积计算，以折柱与枋子间围成的面积计算。

牌楼匾（图 5-32）——牌楼明间悬挂的匾，两侧内容相同。牌楼匾以匾相邻两柱与额枋间围成的面积计算。

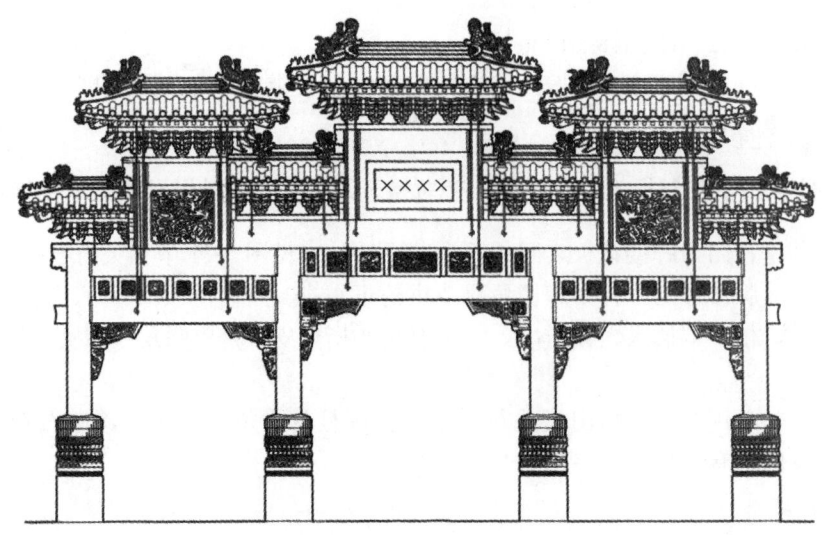

图 5-32　牌楼圖

24. 牌楼霸王杆以千克为单位计算，牌楼云冠以份为单位计算。

霸王杠（图 5-6）是牌楼两侧加固牌楼的圆钢，以千克为单位计算。圆钢的计算，根据霸王杠的形状计算出长度，再查圆钢重量表，得出霸王杠的总重量。

长度计算不仅计算斜长，还应计算包括端头的弯钩和上下端钉在木构件上的"蛐蛐儿"。

牌楼云冠在柱出头式牌楼柱上端，是保护柱头的构件。表面有雕饰，顶端有麒麟兽，多为黏土烧制或琉璃材质。

每个柱头云冠无论有几拼，都是一份。

25. 斗栱检修、斗栱拨正归安、斗栱拆修、斗栱拆除、斗栱制作、斗栱安装，均以攒为单位计算，丁头栱制作包括小斗在内，以份为单位计算。

斗栱检修是指建筑物在构架基本完好，无需拆动的情况下，对所有斗栱进行的检查、简单整修加固。不包括部件、附件的添配。

斗栱拨正归安是指将木构架拆至檩木，在不拆斗栱的情况下，对斗栱进行复位整修及加固。不包括部件、附件的添配。

斗栱拆修指斗栱变形较严重，个别构件有损坏，需要将整攒斗栱拆下来修理，归安更换个别已损坏的构件，并将构件拼装，重新安放至原来位置。拆修时若需添配正心枋、拽枋、挑檐枋、井口枋及盖斗板、斜盖斗板等附件，且上述附件不在拆修范围内，应另计算附件添配的工程量。

斗栱拆除指斗栱整攒损坏严重，需要将其全部拆下。斗栱制作指按设计图纸或原有实物，重新制作的斗栱。斗栱安装指整攒斗栱制作完成后，将其排列安装在建筑物上。

斗栱的计算单位为攒，指按传统工艺制作该斗栱的所有构件。

斗栱制作不包括垫栱板、枋、盖头板等附件制作，但包括坐斗、翘、昂、耍头、撑头、桁椀、栱、升斗、销等全部部件的制作，包括挖栱翘眼、雕麻叶云、三幅云、草架摆验的全部工作。

隔架科雀替斗栱制作还包括荷叶墩制作，牌楼斗栱角科不包活与高栱柱或边柱相连的通天斗。

草架摆验指斗栱所有部件制作完成后，将其组合拼装成一攒斗栱的过程。

斗栱制作与安装计算规则相同，但要分别计算。斗栱安装包括斗栱全部部件及附件的安装。

斗栱按其所在建筑的位置可以分为三类：

（1）平身科斗栱，位于两个柱之间的斗栱。

（2）柱头科斗栱，仅位于柱顶端（头上）的斗栱（角科除外）。

（3）角科斗栱，位于转角柱柱头上的斗栱。

定额上也是按这三类分设相应子目的。

斗栱还有许多划分方法，每种斗栱又因其斗口变化，个体会产生很大差异。为了简化计算，满足各种斗栱斗口的需要，斗口变化按表调整系数，除牌楼斗栱以 5cm 斗口为准外，其他斗栱均以 8cm 斗口为准。

丁头栱制作包括小斗在内以份为单位计算。如图 5-33 所示，一个檐柱头上会有一份丁头栱。

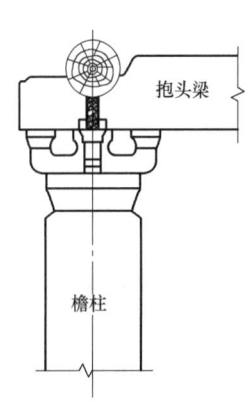

图 5-33　丁头栱示意图

26. 斗栱附件制作以档为单位计算（每相邻的两攒斗栱科中至科中为一档）；垫栱板制作以块为单位计量。

斗栱附件制作指垫栱板、枋、盖斗板等制作。

其中：昂翘斗栱、平座斗栱、溜金斗栱正心及外拽附件指正心枋、外拽枋、挑檐枋及外拽平盖斗板、斜盖斗板等。

昂翘斗栱、平座斗栱里拽附件指拽枋、井口枋及里拽斜盖斗板等。

内里品字斗栱正心附件指正心枋。

内里品字斗栱里外两拽附件指拽枋、井口枋及里外平盖斗板、斜盖斗板。

牌楼斗栱正心及里外拽附近指正心枋、拽枋、挑檐枋及平盖斗板、斜盖斗板。

斗栱附件科中至科中为一档，一档制作包含上述相应斗栱包含的工作内容。

每两攒斗栱之间的垫栱板（图 5-34）虽是斗栱附件，但要单独计量，不包含在相应斗栱的附件范围内。垫栱板以块为单位，在斗栱位置图或建筑物外立面图中可直接数出来。

垫栱板可分为两类，一类是普通平板，另一类是在板上镂雕金钱眼，利于室内外空气流动。无论哪种，计算规则相同，但对应定额不同。

例： 某重檐六角亭如图 5-35 所示，求有多少块垫板栱。

解： 正六角亭，一层每面有 4 块垫栱板，一层共有垫栱板＝6×4＝24（块）

二层每面有 3 块垫栱板。二层共有垫栱板＝6×3＝18（块），垫栱板合计为 24＋18＝42（块）

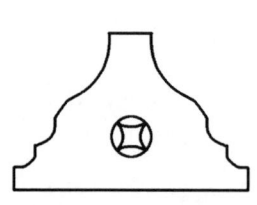

图 5-34　垫栱板

图 5-35　某重檐六角亭

27. 昂嘴雕如意云头及昂嘴剔补均以个为单位计算。

普通昂嘴借助锯、扁铲等即可加工成型，而如意头昂嘴制作要复杂许多，借助木雕工具才能雕刻成型。

斗栱昂嘴如为如意头形式，除按斗栱制安计量多少攒之外，还要单独计量昂嘴如意头的雕刻。斗栱有单昂、重昂，昂嘴雕刻如意头数量等于斗栱攒数乘以斗栱昂的个数。注意角科的昂比平身科的昂多若干个。

28. 斗栱部件添配以件为单位计算。

斗栱部件添配指斗栱个别部件出现严重损坏，需要将斗栱拆下，拆除残损部件，重新添配新部件，组装斗栱，归安至原位的情形。

计算单位以件为准，修缮工程中要根据每攒斗栱的添配数量分别计算，按不同类别再合计。

29. 挑檐枋、井口枋、正心枋、拽枋配换，按长度以米为单位计算，不扣除梁所占长度，角科位置算至科中；盖（斜）斗板添配以块为单位计量。

挑檐枋、井口枋、正心枋、拽枋的配换，也属于添配范围。指原件残损严重，需按原规格制作后安置在原位的情形。

如新建一座建筑物，斗栱上也会有上述枋，但不应按配换去计量。新建建筑物时，这些构件均已包含在斗栱附件的制作中，这些枋子的配换按长度以米为单位计算，如配换多根，以累计长度计算。计算时不扣除梁所占的长度（也就是轴线长度等于枋长）。

斗栱添配平盖斗板或斜盖斗板以块为单位计量，如添配多块，以累计块数计量。

30. 斗栱保护网的拆除及安装均按网展开面积，以平方米为单位计算。

斗栱保护网（为防止鸟类在斗栱处筑巢，用金属网将斗栱附近遮挡住）对古建筑有很好的保护作用。保护网的拆除、拆安及新网安装均按网展开面积，以平方米为单位计算。

如为45°斜钉保护网，可根据图纸剖面图求出水平位置的长，再按45°时水平长与斜长的关系求出斜长。

例：将保护网下边钉在平板枋外皮，将保护网上边钉在檐椽端头。可以利用剖面图先从正心桁中找出至挑檐桁平出尺寸，再找出挑檐桁至檐椽平出尺寸，将两个平出尺寸相加，即为水平出挑尺寸。按45°钉保护网时，保护网斜长＝水平长之和×$\sqrt{2}$

保护网面积＝斜长×保护网水平长

31. 直椽按檩中至檩中斜长，以米为单位计算。檐椽出挑算至小连檐外边线，后尾装入承椽枋者算至枋中线，封护檐檐椽算至檐檩外皮线，翼角椽单根长度按其正身檐椽单根长度计算。

直椽（含圆直椽和方直椽）的长，以单栋房屋各部位椽合计的长度，以米为单位计算。不同部位的椽要被分开计算，如檐椽、下金椽、上金椽、脑椽等。

椽长计算有三种情况：

（1）檐椽长计算，见图5-36。

已知：AB为檐步架尺寸，BC为檐步的举架尺寸，DF为檐椽平出尺寸。

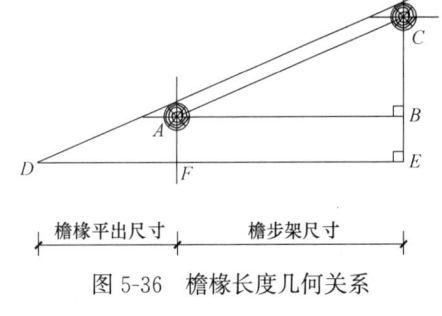

图5-36 檐椽长度几何关系

因为$\triangle ABC \backsim \triangle GDE$，则有$\dfrac{AC}{AB}=\dfrac{DG}{DE}$

在$\triangle ABC$中，$AC=\sqrt{AB^2+BC^2}$

檐椽长 $DG=\dfrac{AC}{AB}\times DE$

例1：假设图5-36中檐步架为1.20m，举架高为0.60m，檐椽平出为0.90m，求檐椽长。

解：$\triangle ABC$中AC的斜长

$AC=\sqrt{AB^2+BC^2}=\sqrt{1.20^2+0.60^2}=\sqrt{1.80}\approx1.34$（m）

也可以用0.60÷1.20＝0.50（五举），查举折系数表。

五举系数为1.12，则$AC=1.12\times AB=1.12\times1.20\approx1.34$（m）

檐椽长

$DG=\dfrac{AC}{AB}\times DE$

$DG=\dfrac{1.34\times(0.90+1.20)}{1.20}\approx\dfrac{2.81}{1.20}\approx2.34$（m）

（2）恼椽长的计算，见图5-37。

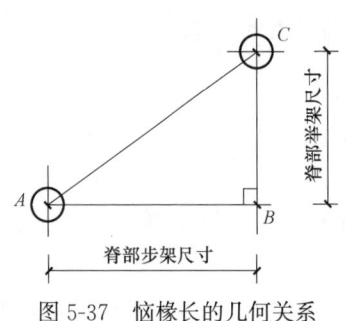

图 5-37　恼椽长的几何关系

AB 为脊步架尺寸，BC 为脊部举架尺寸

在△ABC 中

有 $AC=\sqrt{AB^2+BC^2}$

假设图 5-37 中 $AB=1.10$m、$BC=0.98$m

$$AC=\sqrt{AB^2+BC^2}=\sqrt{1.10^2+0.98^2}\approx\sqrt{2.17}\approx$$
$$1.47（m）$$

（3）后檐为封护檐时，后檐椽长计算至后檐檩外皮。

如图 5-38 所示，△ABC 为构成举折关系的三角形，AD 是檩半径。

按规则规定构成新的△DBC，其中 $DB=AB+AD=$ 步架尺寸＋檩半径

此时，后檐椽长 $CD=\sqrt{BC^2+BD^2}$

假如 $BC=0.45$m，$BA=0.92$m，$AD=0.12$m

$$CD=\sqrt{BC^2+(AB+AD)^2}=\sqrt{0.45^2+1.04^2}\approx$$
$$\sqrt{1.28}\approx1.13（m）$$

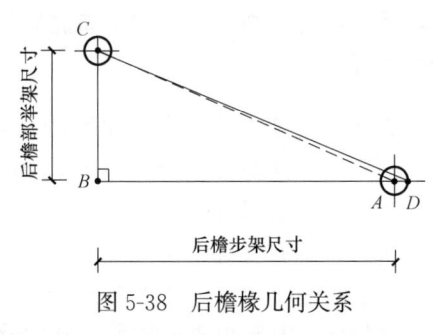

图 5-38　后檐椽几何关系

但要注意一点，檐椽后尾不是压在檩上，而是插入承椽枋的椽窝内，椽窝深一般按 1 倍椽径加斜长考虑，但规则规定：后尾插入承椽枋者，算至承椽枋中线。我们可以认为承椽枋中线就是柱中线，也可以假想这个中线就是金檩中线，这样就可以按照求檐椽长的方法，求出重檐建筑下层檐的椽长。

一个坡屋面会由若干根椽组成，前后坡有时等长，有时不等长。我们可以将前后坡的椽长累加成一个值，把它想象为一根椽，那么一个房屋（以硬山为例）在面宽方向应该排列多少根椽呢？求出面宽方向排列椽的根数，再乘以我们想象中的一根椽长（前后坡合计长）就是该建筑所有椽的总长。

以硬山式建筑为例，面宽方向可能有 N 间，而两侧山墙会有①轴和最后一道轴线，这就是面宽方向 N 间轴线之和。

我们知道排列檐椽要从砖腿子里侧开始排列，至另一侧砖腿子里侧截止，而腿子里侧与轴线的关系有一个咬中一寸。咬中一寸就是从轴线向右至墙里皮，还有一小段距离（约一寸）。

那么硬山式建筑排列檐椽的长度，就是 N 间轴线之和减去 2 倍的咬中尺寸（因左右对称，故减 2 倍的咬中尺寸）。

有了这段尺寸，排列椽子还有很多规矩。首先，要确定每根椽之间的空有多大。当设计无明确要求时，传统古建筑多按一椽一档排列。也就是椽子空宽等于椽宽或等于椽直径。用一椽一档尺寸之和（2 倍椽径）除以要排列的尺寸长，即为檐椽的根数。

排列檐椽还要掌握另一个原则，即左右对称的原则。找到明间的假想中心线，从这个

中心向左右各排出二分之一椽档，即为第一根椽子位置，然后按一椽一档一直排列至腿子里皮。这样从中分排，左右一定是对称关系，总根数是偶数。因为一侧若为奇数，另一侧也肯定为奇数，奇数加奇数则是偶数。若一侧为偶数，另一侧也肯定为偶数，偶数加偶数还是偶数。

我们在用一椽一档尺寸除以面宽的长度时，得数有可能是奇数，也有可能是偶数，若为奇数则将得数调为偶数，若为偶数就是我们排列椽子的根数。若偶数带有小数，可以直接忽略小数，直接将偶数整数。

例2： 有某硬山式建筑五间，其中，明间为3800mm，次间为3600mm，稍间为3400mm，咬中尺寸为30mm。当椽径为85mm时，前檐椽长为2.45m，金步椽长为1.2m，恼椽长为1.08m，后檐椽长为1.80m，求硬山式建筑椽总长。

解： 前坡长＝2.45＋1.20＋1.08＝4.73（m），后坡长＝1.80＋1.20＋1.08＝4.08（m）

前后坡长合计＝4.73＋4.08＝8.81（m）

假想前后坡为一根椽，椽长为8.81m。

N间轴线之和＝（3.40＋3.60）×2＋3.80＝17.80（m）。面宽方向排列椽子长＝17.80－2×0.03＝17.74（m）

排列椽子数量＝17.74÷（0.085＋0.085）≈104.35（根）

取偶数的整数是104根。

硬山式建筑椽总长＝104×8.81＝916.24（m）

利用这个方法也可以计算飞椽的数量。飞椽是叠压在檐椽头上的椽，后尾呈楔形，单位为根。许多时候，檐椽上并无飞椽。

悬山式建筑的檐椽数量计算，与硬山式建筑檐椽数量计算相同，只是面宽方向的尺寸有所变化，同时还应注意：

第一，N间轴线之和没有变化。

第二，悬山式建筑椽档的尺寸是博缝板里皮至另一侧博缝板里皮之间的水平距离。

悬山第一根排山柱中心至博缝板中心为四椽四档（8倍椽径）。一般博缝板为一个椽径厚，那么从第一根柱中心至博缝板里皮就是7.5倍椽径。排山梁架呈对称关系，则有博缝板里皮至另一侧博缝板里皮之距为N间轴线之和，加左右出梢的15倍椽径。

在这个尺度内按照一椽一档做除法，取偶不取奇的原则，可计算出檐头排列椽子的根数。

对于有翘角的建筑，先从图中找出面宽方向搭交金檩中心至另一侧搭接金檩的中心间距。这个尺寸就是排列正身椽子的尺寸。

利用这个尺寸除以一椽一档尺寸，就是面宽。檐头排列正身檐椽的数量计算方法与此相同，进深与檐头计算方法相同。

歇山式檐椽数量的计算方法，也可以应用在庑殿建筑、攒尖建筑（圆亭除外）和重檐建筑的下层檐计算中。也就是有翼角翘飞的建筑只在平直段（不起翘）排列正身椽。

翼角椽是有角梁的建筑正身檐椽在转角处的变形檐椽。它的长头翘最短，末翘最长。递增变化受出檐影响，长要由放大样来决定。但在工程量计算中为简化计算，翼角椽的长度按其正身檐椽单根长度计算。也就是无论哪一翘的翼角椽，我们都可以认为它们是一样长，且这个单根长与正身檐椽单根长相等。已知翼角椽起翘数量，再知正身檐椽单根长，就可以计算出翼角椽的总长。

32. 大连檐按长度，以米为单位计算，硬山式、悬山式建筑两端算至博缝板外皮，带角梁的建筑按仔角梁端头中点连线长，分段计算。

大连檐：飞椽头或者檐椽头上钉"☐"木条，连接椽头，其上排钉瓦口，按长度以米为单位计算。

硬山式、悬山式建筑大连檐长可参照硬山式、悬山式瓦面水平方向长的计算方法计算，这个长就是博缝板外皮至另一侧博缝板外皮之间的长。硬山式建筑就是 N 间轴线之和加 2 倍的山出。悬山式建筑就是 N 间轴线之和加 17 倍椽径。大连檐多在前后坡设置，要乘以 2。

带角梁的建筑（攒尖式、歇山式、庑殿式、重檐建筑的下层檐）可参照檐头附件长的计算方法计算。

33. 瓦口按长度，以米为单位计算。其中，檐头瓦口长度同大连檐长，排山瓦口长度同博缝板长。

瓦口是钉在大连檐上，承托滴水瓦件的木构件。瓦口按长度以米为单位计算。

一般情况下，对大连檐做计算后，大连檐长即为瓦口长。遇有歇山木博缝板时，排山瓦口长度同博缝板上弧长，也就是博缝板位置对应的屋面坡长。

34. 小连檐、里口木、闸挡板按长度，以米为单位计算。硬山式建筑两端算至排山梁架外皮线，悬山式建筑算至博缝板外皮，带角梁的建筑按老角梁端头中点连接分段计算，闸挡板不扣椽所占长度。

小连檐：当檐头设有飞椽时，檐椽头上、飞椽头下的垫木是小连檐。里口木（图 5-39）是早期古建筑做法的一个特征，是将小连檐与闸挡板合二为一的做法。里口木按飞椽位置刻口，飞椽从刻口内向外挑出，在椽当的空隙处，正好由未被刻掉的木块封堵，起到闸挡板的作用。

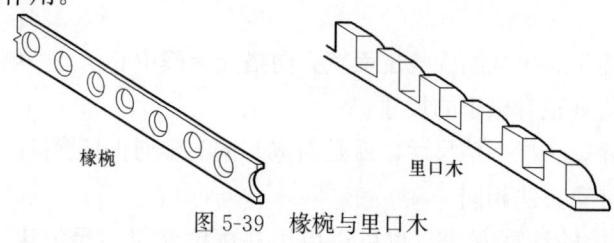

椽椀　　　　　　里口木

图 5-39　椽椀与里口木

闸挡板（图 5-40）是封堵飞椽空档的闸板，小连檐、里口木、闸挡板按长度，以米为单位计算。硬山式、悬山式建筑长与大连檐等长。

带有转角的古建筑按照老角梁端头中点连线分段计算，一个方向可分为三段：中间是正身段的平直段长度，另两段相同，只计算出其中一段长度后乘以 2 即可。也是起翘处不考虑翘起和冲出因素的直长，计算方法可参照屋面工程的相关内容。

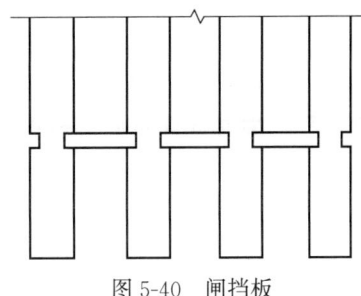

图 5-40　闸挡板

35. 椽椀、隔椽板、机枋条按每间梁架轴线至轴线间距，以米为单位计算。悬山出挑、歇山收山者山面算至博缝板外皮，硬山式建筑山面算至排山梁架外皮线。

椽椀是封堵圆椽椽档的挡板，在木装修时，安装在檐檩部位时会用到檐椀。

隔椽板又称椽中板或闸中板，是有廊步的建筑做室内装修时，安装在金檩位置，防止虫鸟进入，分隔室内外空间的木板。

机枋条是双脊檩建筑罗锅椽子下的垫木，被钉于脊檩的金盘上，也叫脊枋条。

椽椀、隔椽板、机枋条均按自身长度，以米为单位计算。

硬山式建筑计算至排山梁架外皮，也就是 N 间轴线之和再加 1 倍柁宽。

悬山式建筑计算至博缝板外皮，也就是 N 间轴线之和再加 17 倍椽径。

歇山式建筑可参照歇山屋面面积的计算方法。

36. 枕头木以块为单位计量。

枕头木（图 5-41）也叫衬头木，是钉在搭交檐檩或搭交挑檐檩端部金盘上，将翼角衬托起来的斜三角形垫木。

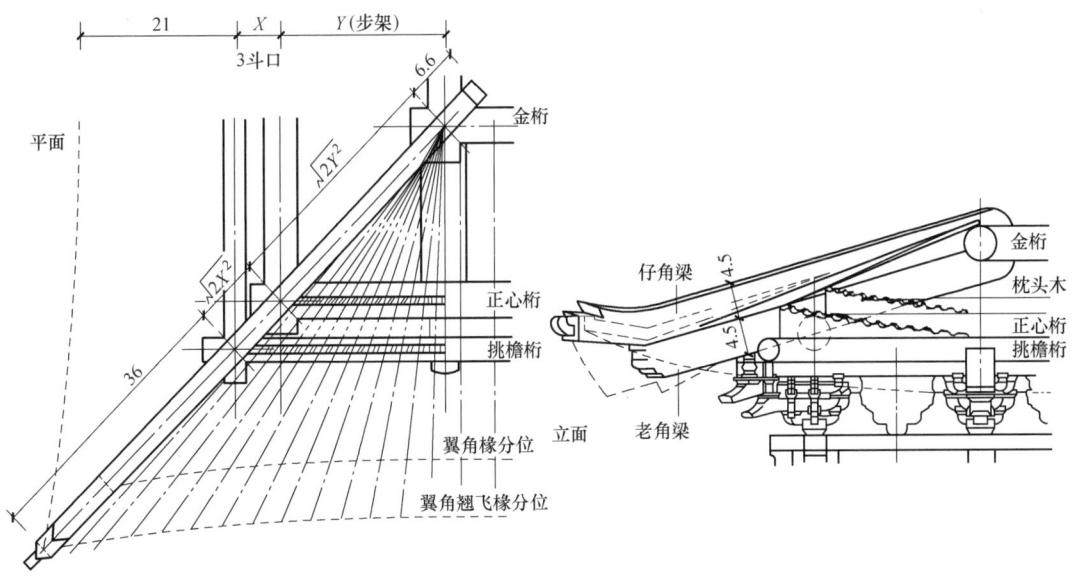

图 5-41　枕头木

枕头木只在起翘转角时使用,设计图多不标注。无斗栱的建筑,每根角梁两侧各有一块,当有出踩斗栱时,会有正心桁和挑檐桁两根檩子。也就是古建筑如带有出踩斗栱时,每根角梁两侧共有四块枕头木。

例1: 某无斗栱重檐六角亭有几块枕头木?

解: 上层檐枕头木=6×2=12(块)

下层檐枕头木=6×2=12(块)

上下层枕头木合计是24(块)

例2: 某八角重檐亭,带五踩斗栱,共有几块枕头木?

解: 上层檐枕头木=8×4=32(块)

下层檐枕头木=8×4=32(块)

上下层枕头木合计是64(块)

37. 望板按屋面不同几何形状的斜面积,以平方米为单位计算,飞椽、翘飞椽椽尾重叠部分应计算在内,不扣除连檐、扶脊木、角梁所占面积,屋角冲出部分亦不增加;同一屋顶望板做法不同时,应分别计算。各部位边线及屋面坡长规定如下:

(1)檐头边线出檐者以图示木基层外边线为准,封护檐以檐檩外皮线为准。

(2)硬山式建筑两山以排山梁架轴线为准,悬山式建筑两山以博缝板外皮为准。

(3)歇山式建筑拱山部分边线以博缝板外皮为准,撒头上边线以踏脚木外皮线为准。

(4)重檐建筑下层檐上边线以承椽枋中线为准。

(5)坡长按脊中或上述上边线至檐头大连檐外皮折线长计算。

(6)飞椽、翘飞椽椽尾重叠部分下边线,以小连檐外边线为准,上边线以飞椽尾端连线为准。

望板是钉在木椽、飞椽上的一层木板。

无论是横望板还是顺望板,都按平方米计算,飞椽椽尾叠压的望板也要计算面积。望板钉在檐头时,是在大连檐后尾开始钉铺,计算时从飞椽头开始计算,不扣除大连檐所占的面积。无飞椽时从檐椽头计算。望板遇扶脊木时,只钉到扶脊木侧面就截止。但计算其面积时,不扣除扶脊木所占面积,计算至脊檩的假想中心线为止。

有角梁的建筑,铺钉望板到角梁侧帮截止。计算其面积时,不扣除角梁所占面积。屋角冲出所增加的部分也不增加,假想成檐头直线一直延伸,到角梁为止。

计算时应把握如下几点:

① 檐头起点,有飞椽从飞椽头算起,无飞椽时从檐椽头算起。后檐封护檐时,计算到后檐檩外皮线为止。

② 硬山式建筑水平方向长,以两山排山梁架轴线之和为准。

悬山式建筑水平方向长,以博缝板外皮至另一侧博缝板外皮为准。也就是 N 间轴线之和,再加17倍椽径。

③ 歇山式建筑拱山部分参照屋面瓦面计算。

歇山撒头上边线从踏脚木外皮开始算至檐头为止,这一点与瓦面计算有所不同,但方法相同。

④ 重檐建筑的下层檐上边线，从承椽枋中心线算起至檐头为止，与木椽计算相同。

⑤ 屋面坡长按上述规则计算，是从脊的假想中心线，计算至飞椽头（或檐椽头）的多条折线长。

⑥ 飞椽、翘飞椽椽尾的叠压望板也要计算面积，前端以小连檐外皮（或檐椽外皮）为准，后端以飞椽尾端（飞子尖）连线为准。用这个宽度乘以水平方向的长度，就是压飞尾第二层望板的面积。

在计算望板面积时，还要计算光望板、毛望板面积。光望板就是将两面带有锯口的望板，对一面压刨压光。望板单面刨光是要计算刨光面积的。

光望板适用于室外檐头、廊步和室内没有吊顶的古建筑。而毛望板则使用在飞椽椽尾重叠的部分。因其底下有一层光望板，故这里只能使用毛望板。即使室内有吊顶除去压飞椽尾部，也应使用刨光望板。

根据这个原则计算出望板面积之后，还要计算光望板和毛望板各是多少平方米。定额中有望板单独刨光项目，它的工程量应该是光望板的工程量，而不是所有望板的工程量。

38. 望板涂刷防腐剂，按望板面积扣除飞椽、翘飞椽椽尾叠压部分的面积，以平方米为单位计算。

望板涂刷防腐剂、防火剂等按望板总面积扣除飞椽尾、翘飞椽尾叠压部分的面积，也可直接参照望板刨光的面积，以平方米为单位计算。不要扣除飞椽、直椽占压的望板面积。因涂刷防腐剂都是在望板制作后进行，涂刷后将望板再钉在椽背上，故不应扣除椽子所占的面积。

39. 木构造（不包括望板）贴靠砖墙等部位涂刷防腐剂，按展开面积，以平方米为单位计算。

木构件贴靠墙或地面部位，要求涂刷防腐剂，按各构件实际与墙体、地面接触的面积计算（其中圆柱按侧面展开面积计算）。排山梁架按一个梁宽加两个梁高的展开宽，乘以梁长的展开面积计算。矩形瓜柱按三面展开面积计算。圆形瓜柱按圆周长的展开面积计算。门下槛按下槛净长，乘以下槛厚的面积计算。排山梁架上的木檩头，按檩子周长乘以排山梁架宽的面积计算。木廊门筒子板按木作工程量的面积计算。过木按过木各面展开面积，扣除门口面积计算。各类面积之和为涂刷防腐剂的面积。

第三节　例　题

1. 如何认定墩接柱子是否发生拆砌墙项目？如何认定其工程量？

解： 墩接柱子有明柱和暗柱之分，暗柱墩接必须要有墙体的拆除与恢复。如埋在墙体内的中柱、山柱、后檐柱、角柱等。拆砌墙是为了满足墩接时有一定的操作工作空间。一般小式房屋暗柱拆除高度约为柱高的三分之一，再加 500mm；宽度约为从柱外皮向左右各返 600mm，才能满足操作所需的空间。许多情况下因墩接柱子而产生的墙体拆除和恢复的费用，往往高于墩接柱子自身费用。因此，对这些费用要考虑。

2. 墩接柱子包括哪些工作内容？如何理解墩接柱子的定额？

解：墩接柱子包括：一般的安全支顶及监护、锯掉旧柱脚、做墩接榫、预制新的接脚、安装接脚及铁箍的安装。不包括刷防腐和铁箍的制作，不包括相邻墙体的拆除与恢复。

墩接柱子定额分为明柱墩接与暗柱墩接，后者难度较大，因此基价不同。但墩接时接榫的形式有多种，无论采用哪种定额，均不做调整。

3. 某硬山式古建筑，前后带飞椽，大连檐、小连檐、瓦口以及闸挡板四项的长度相等吗？定额计算工程量时长度相等吗？为什么？

解：实际长度不相等，但大连檐与瓦口长度相等，小连檐与闸挡板长度相等。而计算工程量时，两者的长度也不相等。大连檐与瓦口计算规则相同，小连檐与闸挡板计算规则相同。

4. 某重檐八角亭见图 5-42，假设上层檐椽直径是 75mm，翘飞椽为七翘。下层檐椽直径是 85mm，翘飞椽为九翘。试计算此亭翘飞椽的工程量，并选择相关定额。

图 5-42　某重檐八角亭

上层翘飞椽平面示意和下层翘飞椽平面示意见图 5-43。
解：（1）上层檐

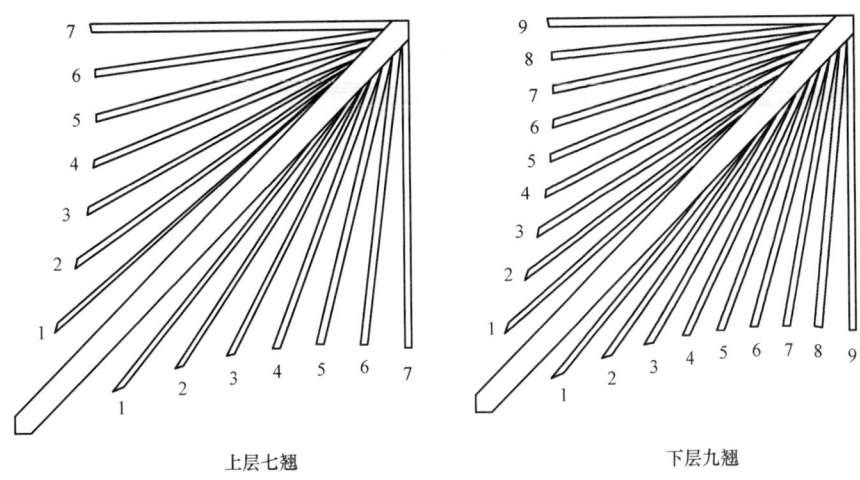

上层七翘　　　　　　　　　下层九翘

图 5-43　翘飞椽平面示意图

从翘飞椽排列平面图可知，每个转角有 1、2、3、4、5、6、7 翘的翘飞椽各两根。一个转角的翘飞椽共有 14 根，该亭子有 8 个转角，所以有翘飞椽的根数为：14×8＝112（根）

选择定额编号 5-1327，包含头翘、二翘、三翘。

选择定额编号 5-1328，包含四翘、五翘、六翘。

选择定额编号 5-1329，包含七翘、八翘、九翘。

其中：头翘至三翘的数量：3×2×8＝48（根）

四翘至六翘的数量：3×2×8＝48（根）

七翘的数量：1×2×8＝16（根）（图 5-43 中无八、九翘）

选择定额并注明工程量：

选择定额编号 5-1327，翘飞椽头、二、三翘制安（直径 80mm 以内），数量为 48 根。

选择定额编号 5-1328，翘飞椽四、五、六翘制安（直径 80mm 以内），数量为 48 根。

选择定额编号 5-1329，翘飞椽七翘制安（直径 80mm 以内），数量为 16 根。

（2）下层檐

翘飞椽总根数：9×2×8＝144（根）

头翘至三翘的数量：3×2×8＝48（根）

四翘至六翘的数量：3×2×8＝48（根）

七翘至九翘的数量：3×2×8＝48（根）

选择定额并注明工程量：

选择定额编号 5-1331，翘飞椽头、二、三翘制安（直径 90mm 以内），数量为 48 根。

选择定额编号 5-1332，翘飞椽四、五、六翘制安（直径 90mm 以内），数量为 48 根。

选择定额编号 5-1333，翘飞椽七、八、九翘制安（直径 90mm 以内），数量为 48 根。

5. 请列出举架折算系数表的内容。

解：假设步架为 1，步架与斜长的系数如表 5-2 所示。

步架与斜长的系数 表 5-2

举架	举架系数	举架	举架系数	举架	举架系数	举架	举架系数
35	1.06	59	1.16	74	1.24	89	1.34
45	1.10	60	1.17	75	1.25	90	1.35
46	1.10	61	1.17	76	1.26	91	1.35
47	1.10	62	1.18	77	1.26	92	1.36
48	1.11	63	1.18	78	1.27	93	1.37
49	1.11	64	1.19	79	1.27	94	1.37
50	1.12	65	1.19	80	1.28	95	1.38
51	1.12	66	1.20	81	1.29	96	1.39
52	1.13	67	1.20	82	1.29	97	1.39
53	1.13	68	1.21	83	1.30	98	1.40
54	1.14	69	1.21	84	1.31	99	1.41
55	1.14	70	1.22	85	1.31	100	1.41
56	1.15	71	1.23	86	1.32	101	1.42
57	1.15	72	1.23	87	1.33	102	1.43
58	1.16	73	1.24	88	1.33	103	1.44

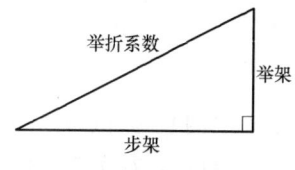

图 5-44 举折关系示意图

注：图 5-44 为举折关系示意图，假设步架为 1.68m，举架为 1.26m，举架与步架的关系是：

1.26÷1.68＝0.75（即 75％或 75 举架）

查表 5-2，75 举架系数是 1.25。则当步架是 1.68m，举架是 75 时，斜长＝1.68×1.25＝2.10（m），以此类推。

6. 古建筑木楼梯的面积计算是以楼梯的水平投影面积为准的。当地面与楼梯帮板的夹角发生变化时，为什么要用一个大于 1 的系数进行调整？

解：因为当楼梯斜长不变，宽度不变时，楼梯帮板与地面的夹角越大，所得的水平投影面积就越小。为了保证定额水平的合理，满足人工、材料、机械的科学消耗，要用一个大于 1 的系数进行调整，相对减少了定额项目的设置。

7. 某单檐八角亭子，翘飞按 13 翘设计，檐步架为 1.50m，檐椽水平出为 1.05m，檐步为五举，檐椽直径为 105mm。求此亭子的翼角椽长度。翼角椽的直接工程费是多少（暂以定额单价为准）？

解：（1）首先求出檐椽的斜长，因为檐椽长等于翼角椽长

檐椽水平长＝1.50＋1.05＝2.55（m），查表 5-2，五举架系数是 1.12。则檐椽斜

长＝2.55×1.12≈2.86（m）

（2）翼角椽的根数＝13×2×8＝208（根）

单根翼角椽长＝单根檐椽长

翼角椽总长＝208×2.86＝594.88（m）

（3）选择定额，计算直接工程费

选择定额编号 5-1270

翼角椽的直接工程费＝594.88×53.40＝31766.59（元）

注：八角亭子有 8 个转角，每个转角处有 1 个角梁。角梁左右各有翼角椽子 13 根，也就是每个转角处有翼角椽子 26 根。亭子共有 8 个转角，所以总根数＝26×8＝208（根），或者是 13×2×8＝208（根）。

8. 工程招标投标时，经常需要将工程所有木材折算成原木的体积，定额中给定的木材共有三种规格名称，即原木、板枋材、松木规格料，如何将板枋材、松木规格料折算成原木的体积？

解：折算关系可按木材折算表，表 5-3 内容计算。

木材折算表   表 5-3

项目	锯成材		门窗松木规格料		门窗硬木规格料	
	原木数量	锯成材数量	原木数量	规格料数量	原木数量	规格料数量
指标换算量	1.52	1	2.30	1	4.50	1
出材率	1	0.658	1	0.435	1	0.222

9. 某硬山式古建筑面宽有三间，次间轴线间距为 3660mm，明间面宽为 3900mm。排山梁架是五架梁，梁宽为 300mm，梁高为 400mm，檩径为 260mm，求檩子制作与安装的直接工程费。此分项工程消耗多少原木？

解：（1）求檩子的长

檩子长＝2×3660＋3900＋2×300÷2＝11520（mm）＝11.52（m）

注：排山梁架的檩子长＝各间轴线之和＋左右排山梁架各 $\frac{1}{2}$ 的梁宽。

（2）求檩子的根数

五架梁有 5 道檩子

① 檩子的体积＝5×11.52×0.13×0.13× 3.14≈3.06（m³）

② 求檩子的直接工程费

A. 檩子制作选择定额编号 5-601；预算基价是 3052.23 元

檩子制作的直接工程费＝3.06×3052.23≈9339.82（元）

B. 檩子安装选择定额编号 5-622；预算基价是 290.85 元

檩子安装的直接工程费＝3.06×290.85≈890.00（元）

③ 求檩子应消耗原木数量

参照定额编号 5-601 计算：

A. 消耗原木＝3.06×1.35≈4.13（m³）

B. 消耗板枋材＝3.06×0.023≈0.07（m³），板枋材折合原木的系数是1.52

消耗板枋材折合原木＝0.07×1.52≈0.11（m³）

C. 两者合计消耗原木＝4.13＋0.11＝4.24（m³）

10. 古建筑木结构加固工程，经常采用铁件加固，用型钢根据需要制成各种铁件。请问加固铁件计量单位是什么？计算原理是什么？应选用什么定额？

解：加固铁件的计量单位是千克。计算原理应按照设计图纸要求，分别计算出各种型钢的质量。将一份加固铁件所用的各种型钢质量相加，再乘以相同铁件的份数，即为该铁件的总质量。不同种类的铁件要分别计算，各种铁件的质量之和就是加固铁件的总质量。加固铁件按被加固的构件截面形状分为矩形和圆形。安装中又分为明装与剔槽安装。按铁件的紧固方式不同，选择相应定额。

11. 古建筑木柱与柱顶石接触的榫头有四种形式：第一种，柱底部无榫，柱被直接放在鼓径上面；第二种，柱底部是管脚榫，榫头插入柱顶石的管脚孔内；第三种，柱底部是插钎榫，榫头插入柱顶石的插钎孔内；第四种，将柱做成通柱，在柱顶石处不断开，柱顶石做成套顶，柱从套顶中穿过。以上情况柱的高度从根部如何计算？

解：第一、二种情况，柱高从柱顶石圆盘鼓径上皮算起，无论榫头有无或大小，榫头的高均不计入柱高。

第三、四种情况，柱插钎榫高和埋入套顶部分的高均计入柱高。

12. 古建筑室内无吊顶时，如何确定木望板是否需要刨光？哪些部位应使用刨光望板？哪些部位应使用毛望板？

解：设计有要求时按设计要求确定，设计无要求时应掌握以下原则：

古建筑室内或廊步无吊顶时，凡仰视可以见到的望板应做刨光处理，即望板露明均应刨光。室内或廊步有吊顶时，望板不露明时不刨光，檐步以外的望板仍需刨光。无论室内有无吊顶，凡飞椽椽尾处重叠的第二层望板均不用刨光。掌握这些原则就可以正确计算望板刨光的面积是多少。

13. 古建筑的椽一般按斜长计算，请问计算斜长有几种方法？哪种方法比较快捷？

解：第一种：使用勾股定理的方法。已知步架、举架，求出斜长。

第二种：使用解三角函数的方法。量出直角三角形中除直角以外的任意一个角的角度，利用步架或举架求出三角形的斜长。

第三种：使用系数法。求出举折的百分率，再查找利用举折率，求斜长的系数表，用水平长乘以表中对应的系数，直接求出斜长。

每种方法因人而异，一般第三种方法比较快捷。

14. 古建筑木楼梯工程量是以水平投影面积为准的。当楼梯帮板与地面的夹角大于45°时，用大于1的系数调整，为什么？

解：定额预算基价的编制是以楼梯帮板与地面夹角小于或等于45°时考虑的。这时人工、材料、机械的消耗完全可以满足实际的需要。但是，古建筑楼梯不同于现代建筑楼梯，古建筑楼梯的使用功能也与现代建筑楼梯有很大不同，有时很陡，楼梯帮板与地面的夹角甚至大于60°。在宽度不变、斜长不变的情况下，楼梯帮板与地面的夹角越大，所得的水平投影面积就越小。斜长越长，耗用的费用也就越多。为了简化计算，保证在各种情况下人工、材料、机械的消耗都科学合理。因此，要用大于1的系数对预算基价进行调整，以抵消由于夹角变化引起的投影面积减少。

15. 大木构件的柱、梁、枋、檩因年久失修，表面出现局部残损。但未影响到结构安全。设计要求对大木构件进行剔补修理，请问如何选择定额？如何确定工程量？

解：（1）大木构件剔补应执行木构件单独剔补定额编号 5-1444～5-1447。剔补定额是按剔补单块面积分类的，被剔补的构件截面无论是方形或圆形，均执行同一定额。

（2）工程量的确定以设计图纸给出的数量为准。有时图纸未明确数量，可以按照实际剔补的块数确定。但应在剔补前请示设计、甲方、监理方共同确认计划剔补的数量。各方在工程量确认单上签字后，工程量才算被确认，才可以实施剔补。

（3）定额中划分的 0.05m² 以内，0.1m² 以内，……，0.3m² 以内如何确认？剔补定额按所剔补的单块面积划分为四类。实际剔补中各部位损坏程度不同，形状各异。单块面积应以所剔补形状的最小外接矩形面积确定。是多少平方米就对应执行相应定额。单块面积大于 0.30 m² 时，可考虑用系数法合理调整预算基价。

16. 某单檐四角亭，面宽尺寸等于 3.60m，檐檩直径为 0.26m。经计算，该檐檩制作的直接工程费是 2197.61 元。验算此结果正确与否（价格暂以定额原价计算）。

解：（1）首先计算檐檩制作的工程量
檐檩截面面积＝(0.26×0.5)²×3.14≈0.05（m²）
檐檩长＝3.60＋2×(1.5×0.26)＝4.38（m）
注：四角亭的檐檩应做成十字搭交形式，每端搭交檩头的长等于1.5倍檩径。
檐檩制作的工程量＝0.05×4.38×4≈0.88（m³）
（2）选择定额编号 5-611（这里应选择两端带搭交檩头的圆檩制作定额项目）
定额预算基价为 3270.33 元/m³
（3）直接工程费＝工程量×预算基价
＝0.88×3270.33≈2877.89（元）
（4）经测算原工程直接费不正确
分析原工程直接费 2197.61 元的来源
① 工程量计算：
檐檩截面面积＝(0.26×0.5)²×3.14＝0.05（m²）
檐檩长＝3.60（m）　　檐檩制作的工程量＝0.05×3.60×4＝0.72（m³）
② 选择定额编号 5-601，定额预算基价为 3052.23 元/m³
③ 直接工程费＝工程量×预算基价
＝0.72×3052.23＝2197.61（元）
错误分析：①檩子长度只计算到轴线为止，未加上搭交檩的檩头长。②选择定额按照

普通圆檩确定，应选择两端带搭交檩头的圆檩制作定额

17：庑殿式建筑，如果遇到吻桩与雷公柱连做时，如图 5-45 所示，如何计算工程量？

解：吻桩与太平梁上的雷公柱连做时，每段的直径不同。雷公柱的直径最大，因为它承载着脊檩、扶脊木的荷载，属于承重构件。连做时，它要穿过脊檩与扶脊木，穿过的部分直径变小。另外，作为吻桩部分的直径也小于雷公柱的直径。但是，在加工此构件时，木料的大头直径要满足雷公柱底端直径的需要。这种需要是合理的最低消耗需要。因此，计算雷公柱与吻桩连做时构件的体积，应取该构件最大截面面积乘以构件的全高，才能满足合理的最低材料消耗。

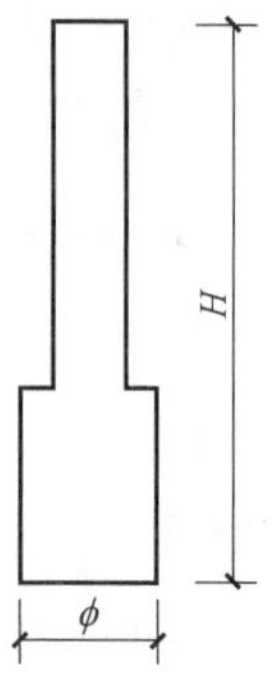

图 5-45　吻桩与雷公柱连做

$V = \phi \cdot H$

18. 木椽的长度按斜长计算。一般椽与木檩搭接时，计算到檩中为止。这种计算规则是对的吗？还有其他计算规则吗？

解：这种计算规则不是绝对的，它只代表大部分的情况，特殊情况就不适用于此规则。例如，后檐墙是封护檐做法时，后檐椽的斜长要算至后檐檩外皮为止。

19. 墩接柱加固铁箍使用普通扁钢制作，刷二道防锈漆。试问，这时的刷防锈漆可以选择刷防锈漆定额吗？

解：定额给定的铁箍是镀锌铁件（型钢），如改用普通型钢刷防锈漆，可以不再选择刷防锈漆的定额，两者不增不减，相互抵消，不再调整。

20. 墩接柱时，如果设计要求墩接腿的高度超过规定（明柱子腿高≤1/5，暗柱腿高≤1/3），如何确定预算基价？

解：定额是按照明柱腿高≤1/5，暗柱腿高≤1/3 编制的。如果设计要求的接腿高度超过此限值时，宜采用系数调整预算基价。系数的确定可以用设计要求的墩接腿高除以该柱 1/3 或 1/5 的柱高求得。用此系数乘以对应的定额预算基价，这样做比较合理，也有依据可循。

假如设计要求某根直径为 320mm，高为 3500mm 的明柱墩接，墩接腿高度是 1800mm。理论上此柱墩接腿的最大值是 3500÷5＝700（mm），实际高度与理论高度相差 1800÷700≈2.57（倍）。用 2.57 乘以对应定额的预算基价即可。文物古建筑修缮工程经常出现这种情况，用此方法调整比较合理。

21. 小式无斗栱建筑设计文件未注明翘飞椽数量时，如何确定翘飞椽的数量？

解：（1）计算原则
翘飞椽的数量＝[廊（檐）步架尺寸＋檐平出尺寸]÷（一椽一档尺寸）
（2）假设某古建筑檐步架为 1200mm，檐平出为 900mm，檐椽直径为 100mm。则翘飞椽数量＝（1200＋900）÷（100×2）＝10.50（根）≈11（根）（即 11 翘）

22. 大式带出踩斗栱的建筑如何设计翘飞椽的数量？

解：（1）计算原则

翘飞椽的数量=［廊（檐）步架尺寸+斗栱出踩尺寸+檐平出尺寸］÷（一椽一档尺寸）

（2）假设某古建筑檐步设五踩斗栱，斗口为80mm，檐步架为1760mm，五踩斗栱出挑二踩（即正心桁至挑檐桁之间的水平距离），每出挑一踩为3斗口，出挑二踩为6斗口，总出挑为480mm。檐步水平出挑1680mm，椽径为120mm。则翘飞椽的数量=（1760+480+1680）÷（120×2）≈16.33（根），取17根，即应设计17根翘飞椽。

注：计算翘飞椽时所得的商必须取奇数。如商为偶数或带小数时，则以该偶数为准增加1根，变为奇数。如商为奇数的整数，可以直接使用。如商是奇数带小数，小数在0.50以内时，仍可以取原奇数。小数大于0.50时，可将奇数带小数用四舍五入法变为偶数，再增加1根，仍取奇数。掌握宜密不宜疏的原则。

23. 某清式悬山古建筑有三间房，明间面宽为3600mm，次间面宽为3300mm，椽径为80mm，出梢尺寸为640mm，博缝板厚为80mm，前后檐应设计多少根飞椽？

解：（1）首先求出应在什么范围内设飞椽。按传统要求应在博缝板里侧至另一侧博缝板里侧设飞椽。

已知出梢尺寸为640mm，折合为8倍椽径，出梢尺寸指的是角柱中心至博缝板中心的水平距离。面宽方向轴线之和=3300+3300+3600=10200（mm）

这时博缝板中心至另一侧博缝板中心间的水平距离=640+640+10200=11480（mm）

博缝板里皮间距=11480-2×80÷2=11400mm=11.40（m）（左右各减去半个板厚）

（2）飞椽数量=应设飞椽的水平距离÷一椽一档尺寸

$$=11.40÷（0.08×2）=71.25（根）≈72（根）$$

前后坡合计=2×72=144（根）

注：求飞椽数量必须取偶数，宜密不宜疏。

24. 某游廊有12间，每间面宽尺寸为3.50m，无转角廊。端头为悬山做法，出梢为四椽四档，椽径为65mm×65mm，求前后檐飞椽数量，求罗锅椽数量。

解：（1）先求每一间飞椽数量

一间数量=3.50÷（0.065×2）≈26.90（根），将26.90根约取为28根，再乘以2坡，即得56根

（2）每端出梢有4根飞椽，也就是一坡有飞椽4根，2坡有8根。左右两端共有16根

（3）飞椽总数量=56×12+16=688（根）

（4）罗锅椽为飞椽数量的一半，罗锅椽数量=688÷2=344（根）

25. 古建筑斗栱的拆除、整修、制作与安装定额均以80mm的斗口为准而编制。如果斗口尺寸大于150mm，如何调整预算基价？

解：预算定额第七章"统一规定及说明"中有一个表格。当房屋斗口尺寸不等于80mm时，给定了一个调整系数表。分析此表可知：斗口为150mm时的人工调整系数和机械调整系

数均是 2.40。同理，斗口为 140mm 时的人工、机械调整系数是 2.14。斗口为 130mm 时的调整系数是 1.90。斗口为 120mm 时的调整系数是 1.68……从以上系数分析得出：

$$2.40 \div 2.14 \approx 1.12 \quad 2.14 \div 1.90 \approx 1.13 \quad 1.90 \div 1.68 \approx 1.13$$

这样可以推断出斗口每大出 10mm，调整系数就向上调整 1.12～1.13。

假设斗口为 160mm，则调整系数＝2.40×(1.12＋1.13)×50％＝2.70，假设斗口为 170mm，调整系数＝2.70×(1.12＋1.13)×50％＝3.04。以此类推，斗口每增大 10mm，在相邻的调整系数基础上再乘以 1.125 倍。这样调整延续了定额的科学性与合理性，具有一定的道理。

26. 定额普通枋类构件制作都包含哪些构件？

解：普通枋类构件制作指各类桁檩枋、与直榫的小额枋、跨空枋、棋枋、间枋、博脊枋、天花枋等。

27. 古建预算定额中的斗口是按照什么标准确定的？斗口发生变化时如何确定预算基价？

解：斗栱的斗口是按照 8cm 确定的。牌楼斗栱斗口是按照 5cm 确定的。斗口发生变化时，按定额斗口尺寸变化表的数据调整系数。

28. 斗栱的制作与安装分别设有两个子目，它们的工作范围相同吗？为什么？

解：不相同。因为斗栱制作包括翘、昂、耍头、撑头、桁椀、栱、升、梢等全部部件的制作。不包括垫栱板、枋、盖斗板等附件的制作。但斗栱安装包括全部部件的安装，也包括斗栱附件的安装，因此，两者的工作范围不相同。

29. 在斗栱检修时，若个别部件（如斗耳、单材栱、昂嘴头）损坏严重，需重新添配，所添配的部件还应另行执行单独添配部件、附件的定额吗？

解：斗栱检修不包括部件添配，若部件缺失或有严重损坏时，需重新添配，所添配的部件应另执行单独添配部件、附件的定额。

30. 斗栱安装定额对不同高度时的安装有何规定？

解：房屋斗栱安装，包括牌楼斗栱均已考虑了各层檐的安装和檐口高度不同时的因素，无论何种情况不允许用系数调整定额。

31. 枋的计算。

解：枋按截面面积乘以枋子长，以立方米为单位计算。枋大体可分为三类：

(1) 第一类：两端做半榫插入柱，均不出头。如硬山式建筑的檐枋、金枋、脊枋、随梁枋。这类枋在各种形式的古建筑中多有体现，是最常见的一种。计算体积时，长度取每间轴线间距。比如一座五开间的硬山式建筑，见图 5-46，有明间为 3900mm，次间为 3600mm，稍间为 3300mm，檐枋为 220mm×250mm，金枋为 220mm×250mm，脊枋为 230mm×260mm，求枋的工程量。

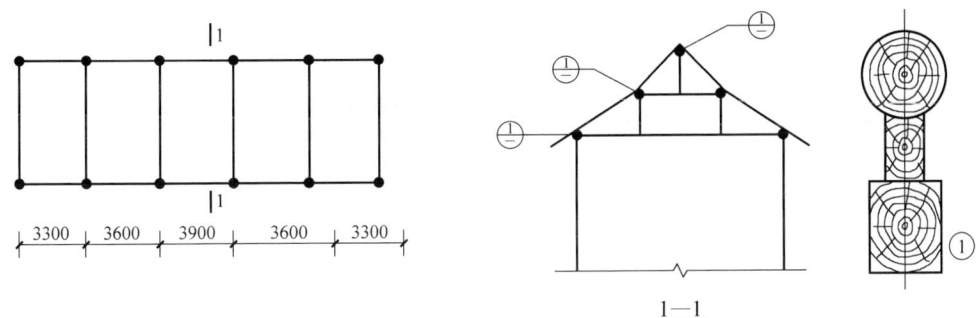

图5-46 平面、剖面示意图

因枋长按轴线间距计算，我们可以想象在①～⑥放置一根枋，又因为檐枋与金枋截面相同，那么有：

檐枋、金枋体积=0.22×0.25×（3.30×2+3.60×2+3.90）×4=0.055×17.70×4≈3.89（m³）

脊枋体积=0.23×0.26×（3.30×2+3.60×2+3.90）=0.06×17.70=1.06（m³）

枋总体积=3.89+1.06=4.95（m³）

把通常放置的枋想象成一根，可以简化计算。当然，也可以分开每间计算，每间里有两种截面的枋，每间就要计算两遍，与五间房要计算六遍结果是相同的。

（2）第二类：两端做成出头榫

①两端做成出头榫（如穿插枋），计算此类枋时，要计算出头榫的长度。

②两端做成三岔头的枋

计算此类枋时，要计算三岔头出榫的长度，三岔头外露长按0.75倍柱径计算，实际此枋长=轴线间距+左右各半个柱径+左右三岔头出头榫长+2×0.75=轴线间距+2×$\frac{D}{2}$+1.50D=轴线间距+2.50D

③两端带霸王拳的枋

计算此类枋时，要计算霸王拳出榫的长度，霸王拳外露长按0.50倍柱径计算，实际此枋长=轴线间距+左右各半个柱径+左右霸王拳出头榫长+2×0.50=轴线间距+2×$\frac{D}{2}$+D=轴线间距+2D

D是柱径。

（3）第三类：一端出头，一端不出头的枋

①一端带三岔头的枋

一端做半榫插入柱侧面（不出头），另一端做成三岔头。这种枋子长是将后尾量至柱中心，前端计算至另一相邻柱中心，再加1.25倍柱径。

②一端带霸王拳的枋

这种枋一端做半榫插入柱侧面（不出头），另一端做成霸王拳形式。这种枋长，后尾算至柱中心，前端计算至另一相邻柱中心再加1倍柱径。

32. 椽子根数的计量。

解：一般设计图纸只表示椽子的截面形式和截面尺寸，即椽径。我们把方形截面的边长称为径。如果设计图纸没有明确要求，按传统形式，椽子的排列是一椽一档，即每两根椽子之间的净距离等于一个椽径。按照这个原则，我们通过计算就可以得到某一间或通面宽方向需要排列多少根椽子。这里的椽子指正身椽子，遇有起翘时，再另行计算起翘的数量。

计算椽子的数量还要掌握椽取偶数的原则。在需要排列椽子的尺寸（长度）范围内，计算一椽一档数量，也就是用应排列椽子的长度除以一椽一档尺寸（2 倍椽径）。

硬山式建筑的长取多个开间面宽尺寸之和，扣减砖腿子里侧"咬中一寸"尺寸，这个尺寸在首层平面图中会标注或按 32mm 考虑。

假设某硬山式建筑明间为 4000mm，次间为 3800mm，稍间为 3600mm，腿子咬中为 32mm，求檐头椽子的数量（椽径为 110mm）。

通面宽＝4＋2×（3.80＋3.60）＝18.80（m）

砖腿子里侧净距＝18.80－2×0.032≈18.74（m）

椽子数量＝18.74÷（0.11×2）＝85.18（根），取偶数约为 86 根

悬山式建筑排列椽子的长，取博缝板里侧至另一侧博缝板里侧之长。这个长度就是面宽方向轴线尺寸之和加左右出稍尺寸，再扣减两个二分之一博缝板厚度。

出稍尺寸设计会有明确要求或按照 8 倍椽径（四椽四档）考虑。这 8 倍椽径指的是从边柱中心至博缝板中心的距离，而博缝板厚等于 1 倍椽径，从博缝板中心至博缝板里皮距离是半个博缝板厚，也就是半椽径。那么边柱中心至博缝板里皮的距离就是 8 倍椽径减去 0.5 倍椽径，等于 7.5 倍椽径。悬山式建筑左右对称，则两侧出稍为 15 倍椽径（博缝里皮至里皮之距）。悬山式建筑排列椽子的长度等于面宽各轴线尺寸之和，再加 15 倍椽径，用这个长度除以"一椽一档"尺寸就是檐头椽子的数量。

假设某游廊有 7 间，开间均为 3200mm，椽径为 60mm，出梢尺寸（边柱中心至博缝板中心）为 480mm，博缝板厚为 60mm，求游廊需排列多少根椽子。

排列椽子的长度＝7×3.20＋2×0.48－2×（$\frac{1}{2}$×0.06）＝22.40＋0.96－0.06＝23.30（m）

排列椽子的数量＝23.30÷（0.06×2）＝194.16≈194（根）

有翘飞、翼角的建筑椽子数量的计算。这里椽子的数量是指正身椽子的数量。长度从正身与末翘之间的椽当中心线算起，至对称一侧的椽当与末翘之间的椽当中心线为止。用这个长度除以一椽一档尺寸，取偶数即可，见图 5-47。

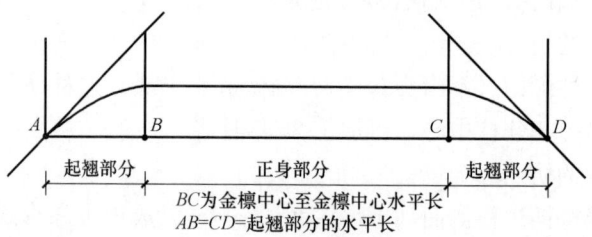

图 5-47　正身椽子数量计算

带有翘飞、翼角的歇山式、庑殿式、重檐建筑的下层檐，各种带转角的攒尖式建筑方法相同。

圆形攒尖式建筑椽子数量的计算：圆形建筑无论有几层檐，其檐头的弧形构成了一个圆形。按照飞椽（无飞椽时按檐椽）头构成的圆形周长，除以一椽一档尺寸，取偶数即可。

假设某单檐圆形亭子，无飞椽，檐步架为 1200mm，脊步架为 1100mm，上檐出为 960mm，椽径为 105mm，求檐头需排列多少根椽子？

根据题意，圆形亭子的半径为＝0.96＋1.20＋1.10＝3.26（m）

则直径＝2×3.26＝6.52（m）

圆亭檐口周长＝6.52×3.14≈20.47（m）

檐椽数量＝20.47÷（0.105×2）≈97.48（根）≈98（根）

圆形重檐建筑的下层檐计算。从攒尖雷公柱中心开始，取各步架长之和，再加下层檐的上檐出尺寸为半径，求出下层檐头的周长，再除以下层檐"一椽一档"尺寸即可。

有斗栱的古建筑，如上檐出标注的是挑檐桁至檐椽头尺寸，计算半径时还要加上斗栱出踩尺寸，斗栱每出挑一踩按 3 斗口计算。也就是三踩斗栱加 3 斗口，五踩斗栱加 6 斗口，七踩斗栱加 9 斗口，无论斗口多大，以此类推。

飞椽是叠压在檐椽上的椽子，单位为根，计算方法与檐椽数量计算相同。凡计算规则相同的，可以省略计算，直接利用前面的计算数据。

檐椽的根数已经计算出，但是计算椽（含各类直椽）的单位是米，还要把不同位置的椽计算出长度，再乘以檐椽的根数，就是一个房屋椽的总长度。

如图 5-48 所示，椽在前后坡共有 6 根，将这 6 根椽看成一根，如这时前檐椽计算出的数量是 58 根，则椽总长＝58×2×（檐椽长＋金椽长＋恼椽长）。

如遇乱插头椽，计算方法同对接椽长，但还要加上乱插头的长度，有一端乱插头做法时，椽长为 1～1.5 倍檩径，也就是檐椽、脑椽要另加一个出头长。上金椽、下金椽等需要另加两个出头长。

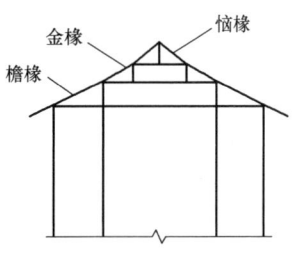

图 5-48　屋面坡长的构成

33. 斗栱的计算。

解：斗栱的计算比较简单，单位为攒。斗栱无论平身科、柱头科、角科，无论斗栱外观形式如何都是如此。斗栱的制作不包括斗栱附件的制作，应分开计算。斗栱的附件指垫栱板、枋、盖斗板等，附件另按相应的计量规则计算。而斗栱的安装则包括斗栱附件的安装。因此，斗栱附件允许另计算其制作的工程量，而斗栱安装不计取斗栱附件的安装。如遇角科与平身科连做的斗栱，计算时按二攒平身科，一攒角科计算。

斗栱计算虽然简单，但要分若干种类型，分别计算。首先，斗口大小不同，要分别计算。其次，每种相同的斗口中，又分为柱头科、角科、平身科，再次，还要根据斗栱外观，分为很多种类型一一计算。

34. 木博缝板的计算。

解： 木博缝板是用于悬山式建筑的侧立面（图 5-49），封堵出稍部位的檩头。歇山式建筑也设有博缝板，封堵侧立面檩头，木博缝板按长乘以板宽，以平方米为单位计算。

木博缝板长应取上弧长计算，上弧长按对应部位椽子举折关系求出的斜长为准。

博缝板宽取与板弧线相垂直的宽为准，不是取斜弧长与地面相垂直的宽。

博缝板制安包括前端做成博缝头的形状，斜板的拼接串带，背后剔挖檩窝。但不包括梅花钉的制安。博缝板定额基础厚度为 50mm，若超过此厚度，另行计算超厚部分，超厚部分取 50mm 厚度工程量。

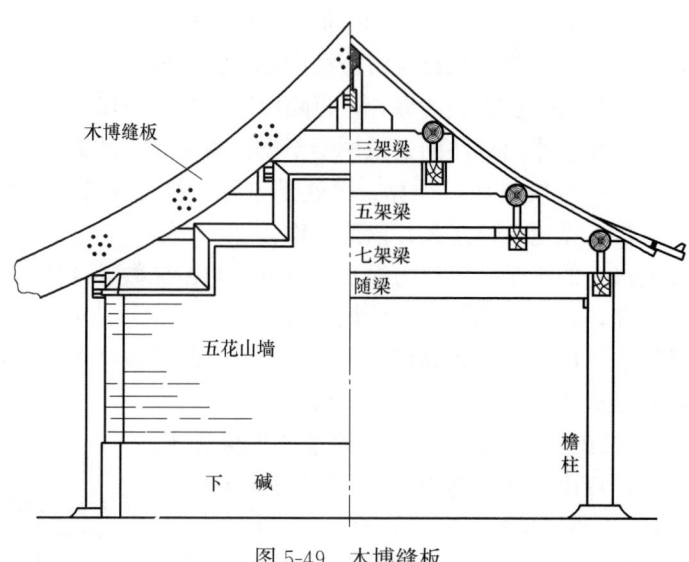

图 5-49　木博缝板

35. 梅花钉的计量。

解： 梅花钉是钉在博缝板上的装饰物，梅花钉按个统计。梅花钉多整组出现，按传统一组应设置七个。建筑侧立面多呈对称关系，计量时组数乘以七再乘以二，即为总共数量。

36. 罗锅椽子的计量。

解： 罗锅椽子（图 5-50）是双脊檩卷棚部位的特殊拱形椽子，按根计量。

硬山式、悬山式、游廊等无翘飞翼角的建筑，罗锅椽数量等于一侧檐头檐椽数量。有翼角翘飞的歇山式建筑，罗锅椽数量等于正立面一侧正身檐椽的数量。罗锅椽子数量多可以避免计算，借用上述关系，只要先计算檐椽数量，即可得出罗锅椽子数量。

37. 机枋条的计算。

解： 机枋条是罗锅椽子端头的垫木，被钉在双脊檩的上金盘面。机枋条是在计算时很

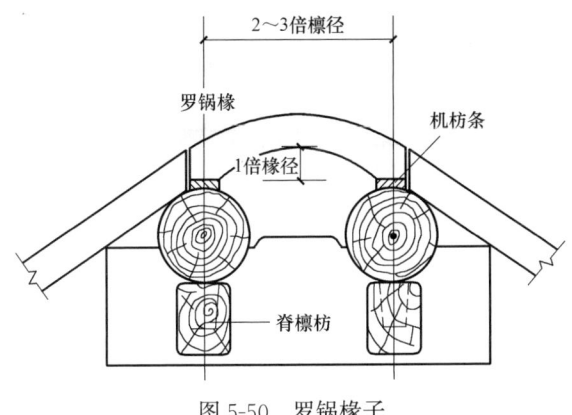

图 5-50　罗锅椽子

易丢失的构件，按长度以米为单位计算。机枋条的长度按其下檩长计算，可直接借用双脊檩长的计算结果。

38. 扶脊木的计算。

解： 扶脊木多与大式建筑脊檩叠加放置，截面左右对称呈六边形，以立方米为单位计算。根据计算规则，扶脊木与其下的脊檩长度相等，扶脊木截面为六边形，面积按脊檩面积计算。这样就得出扶脊木与脊檩等长、等截面面积，故扶脊木与脊檩等体积。不用计算扶脊木的体积，可直接借用脊檩体积的计算值。

39. 特殊檩子的计算。

解： 庑殿式建筑如遇雷公柱与吻柱连做时，吻桩要穿过脊檩，扶脊木要在脊檩剔孔。按规则规定，位于此处的这根脊檩、扶脊木（含对称另一端的）应执行"一端带搭交檩头的檩子"定额。其他扶脊木仍执行扶脊木定额。

40. 平板枋的计算。

解： 平板枋是放置在斗栱大斗下面的一块垫木，沿额枋水平方向通长设置。

平板枋按矩形截面面积乘以长，以立方米为单位计算。平板枋在建筑物的转角处应做十字搭交榫，榫头与霸王拳平齐。因此，计算长度时取轴线间距之和，另加每个转角处两根平板枋合计出头的 2 倍柱径。平板枋出头示意图见图 5-51。

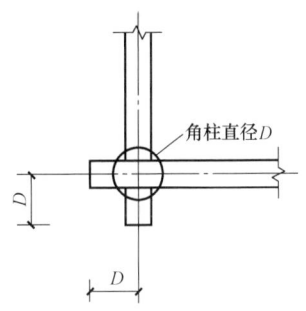

图 5-51　平板枋出头示意图

注：平板枋十字搭交出头长从柱外皮加半个柱径。

假设有某矩形带斗栱单层檐建筑，纵向轴线长为 20000mm，横向轴线长为 8000mm，檩径为 280mm，平板枋截面为 250mm×85mm，求平板枋的体积（柱径等于檩径）。

$$平板枋长=2\times(20+8)+8\times0.28$$
$$=2\times28+2.24$$
$$=58.24（m）$$

平板枋体积＝0.25×0.085×58.24≈1.24（m³）

平板枋制安定额已综合考虑了端头制作十字搭交榫的用工消耗，这点与檩子不同。

41. 翼角椽子的计算。

解：翼角椽子就是转角处的异形檐椽。计算按长度以米为单位，规则规定翼角椽长度按其正身檐椽长计算。翼角椽的根数，按图示起翘数量计量，翼角椽在角梁每一侧的数量相等，多为奇数。

假设有某单檐八角亭，设翘飞、翼角有 11 翘，檐椽长为 2200mm，求翼角椽长长度。

每根角梁的一侧有翼角椽 11 根，一个转角有 22 根。

翼角椽数量＝22×8＝176（根）

翼角椽长度＝176×2.20＝387.20（m）

42. 承重与楞木的计算。

解：承重也叫承重梁，是古建筑楼房建筑中特有的构件，沿柱间进深方向设置。承重梁不同于一般五架梁，无出挑时梁头做半榫插入通柱或檐柱侧面，承重长度等于进深方向柱间尺寸。有出挑时承重穿过金柱、檐柱，计算至木挂檐板外皮。

承重、楞木按体积计算，为截面面积×梁（或楞木）长。

43. 木匾制安计算有何特点？

解：木匾制作按平方米计算，不包括安装。因此，安装要单独计算。安装匾多举行一些仪式，非一般木构件的安装，匾的安装面积虽与制作时相同，还应考虑其他仪式的因素。

44. 角云体积如何计算？

解：角云位于攒尖建筑的柱头，角云承托搭交檩子。如四角亭有四个转角，每个转角上有一个角云。当设计文件尺寸不详时，角云长按 3 倍檩径加斜长，宽为 1 倍檩径，高为宽的 1.30 倍计算。

45. 脊瓜柱体积的计算。

解：单脊檩时，脊瓜柱是三架梁上中间放置的瓜柱。脊瓜柱按高乘以截面面积，以体积计算。多不标注高，要依靠其他大木尺寸关系推算出。脊瓜柱高取脊步举架之高，当脊檩与上金檩同直径时，两个檩的檩底之距也是脊步举架高，再加上金檩上金垫板高，即为脊檩底皮至三架梁底皮之高，再扣减三架梁之梁高，即为脊瓜柱高。也就是三架梁上皮至脊檩底皮之间的高。

46. 硬杂木与松木出材率相同吗？为什么？

解：硬杂木与松木出材率不同。因为定额所指木材的出材率是对松木而言，一般情况下松木的有效直段长度比较大，也比较直顺，所以松木的出材率相对较大。而硬杂木受树种限制，有效直段长度相对较短，直顺情况也不及松木，导致硬杂木出材率相对较小，故二者出材率不可混用。

47. 当设计文件要求椽档为一椽 2.5 档时，如何计算排列椽子的数量？

解：排列原则与一椽一档相同。被除数仍是建筑物中需要排列椽子的长，除数取 3.5 倍椽径（1 倍椽径＋2.5 倍椽径）。

48. 有翘角的古建筑正身椽子应在什么长度内排列？

解：有翘角的古建筑在排列（计算）正身椽子时，长度取搭交金檩中点至另一侧搭交金檩中点。

49. 当古建筑斗栱使用水曲柳材质时，应注意哪些问题？

确定一个原则，当设计材质与定额材质不同时，允许换算预算基价。水曲柳属于硬杂木材质，还应换算木材消耗量、木材出材率折算系数，人工、机械消耗量也增加。

50. 某牌楼见图 5-32，求坠博缝的数量。

解：（1）左右边楼与次楼相交处各有 1 块坠博缝，共计 2 块
（2）夹楼左右各有 2 块坠博缝，共计 4 块
（3）坠博缝合计＝2＋4＝6（块）

51：某牌楼见图 5-32，求云墩制安的工程量。

解：云墩按块计量，牌楼每个雀替下设有 1 块，共有 6 个雀替，有 6 块云墩。

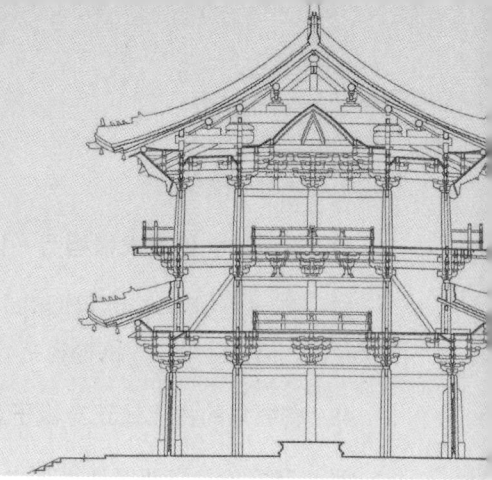

第六章
木装修工程

第一节　统一性规定及解释说明

1. 槛框包括上槛、中槛、下槛、风槛、抱框、间框（柱）、腰枋。

2. 槛框、通连楹及门栊检查加固、拆安、拆除、制安定额，已综合考虑了槅扇、槛窗、支摘窗、屏门、大门及内檐槅扇装修的不同情况，其中，通连楹和门栊在实际工程中挖弯企雕边线者，执行门栊定额，否则执行通连楹定额。帘架大框下槛亦执行相应槛框定额。

3. 槛框、通连楹、门栊及帘架大框检查加固、拆安、拆除定额已包括附属的楹斗、门簪、荷叶墩、荷花栓斗等附件在内，楹斗、门簪、荷叶墩、荷花栓斗等检查加固、拆安、拆除不得再另行计算。槛框、通连楹、门栊及帘架大框检查加固、拆安需添换的楹斗、门簪、荷叶墩、荷花栓斗另按相应制安定额执行。

4. 楹斗不分单楹、连二楹或栓斗，要按不同规格执行相应定额，门簪以其外端面形制为准执行定额。

5. 筒子板的侧板、顶板执行同一定额，若需钉木贴脸或配换木贴脸，另按相应定额及相关规定执行。

6. 帘架风门及余塞腿子，随支摘窗夹门按槅扇相应定额执行；随槅扇、槛窗的横披窗及帘架横披窗，按槛窗相应定额执行；随支摘窗的横披窗，按支摘窗相应定额执行。

7. 槅扇、槛窗拆除，不分松木、硬木执行同一定额。

8. 槅扇、槛窗的裙板、绦环板雕刻，以松木单面雕刻为准，松木双面雕刻，按定额乘以 2.0 系数执行，硬木单面雕刻按定额乘以 1.8 系数执行，硬木双面雕刻按定额乘以 3.6 系数执行。

9. 门窗扇合页铰接安装者执行鹅项碰铁铰接安装定额。

10. 门窗心屉有无仔边，定额均不做调整；码三箭心屉按正方格心屉相应定额执行；心屉补换棂条定额，均以单层心屉为准，其单扇棂条损坏量超过 40% 时，按心屉制安定额执行。

11. 什锦窗洞口面积按贴脸里口水平长，乘以垂直高计算，桶座不分是否通透，均执行同一定额。

12. 坐凳面需安装拉结铁件者，另按木构架及木基层工程中木构件安装加固铁件相应定额及相关规定执行。

13. 井口天花支顶加固，适用于梁架间整体支顶加固的情况。

14. 仿井口天花又称假硬天花，系整体吊顶后分格钉装压条以达井口天花之观感的工程做法，其吊顶执行相应项目及相关规定，压条制安或补换执行仿井口天花压条制安、补换定额。

15. 匾额刻字按油饰彩绘工程中相应定额及相关规定执行；匾托、匾钩制安与补换执行同一定额。

16. 梁柱槛框裱糊包括柱、枋、梁、檩、垫板等木构件及槛框、榻板，并以包括楹斗糊饰的人工、材料、机械消耗在内，楹斗糊饰不再另行计算。门窗扇裱糊以室内面糊饰为准，包括边抹、裙板、绦环板及转轴，不包括心屉。心屉若需糊饰执行木顶格裱糊相应定额。

第二节　工程量计算规则详解

1. 槛框、通连楹、门枕按长度，以米为单位计算，其中抱框、间框（柱）、腰枋按净长计算，槛、通连楹、门枕按轴线间距计算；随墙门的槛、通连楹、门枕长度，按露明长加入墙长度计算，入墙长度有图示者按图示计算，无图示者两端各按本身厚 2 倍计算。

槛框是古代传统木门窗的门窗框（图 6-1 和图 6-2）。水平放置被称为槛，有上槛、中槛、下槛（门槛）之分。竖直放置被称为框，有抱框、短抱框、间框之分。

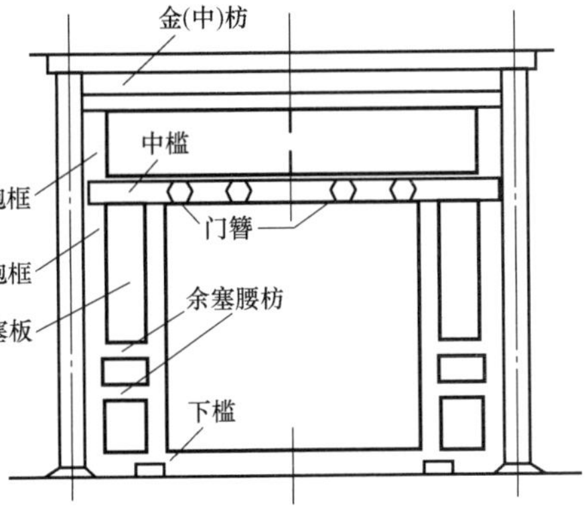

各种槛框均以累计的长度，以米为单位计算，槛框厚度不同时应分别计算。

一般沿面宽方向通长放置时，长度以开间轴线尺寸为准，如上槛、中槛、下槛、通连楹、门枕。竖向放置时以框的净长（高）计算为准，如抱框、间框。非沿间通长放置时，以自身露明长为准，如腰枋。一些小型随墙门的槛，如通连楹、门枕的长以露明长加两端埋入墙内的长。埋入墙内的长可按槛框的厚度的 2 倍为一端埋入墙内的长。通连楹与门枕是大

图 6-1　槛框

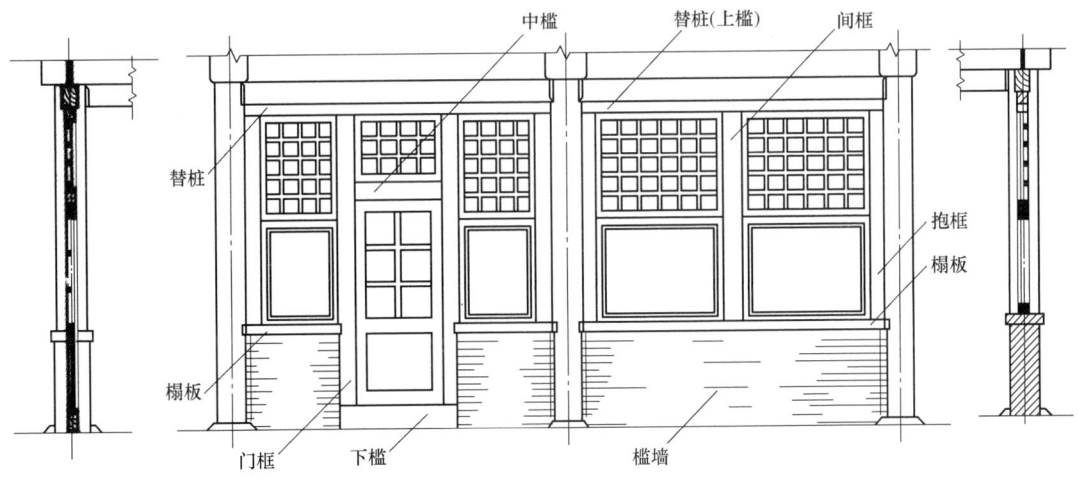

图 6-2　支摘窗槛框

门、槅扇、槛窗开启的附件，按照面宽尺寸为每一根的长，此附件极易丢失计量。

例： 如图6-3所示，大门槛框柱间轴线尺寸为3660mm，柱径为280mm，金步中枋下皮标高为3850mm，槛框尺寸表如表6-1所示，中槛上皮标高为3.000m。槛框长是多少？

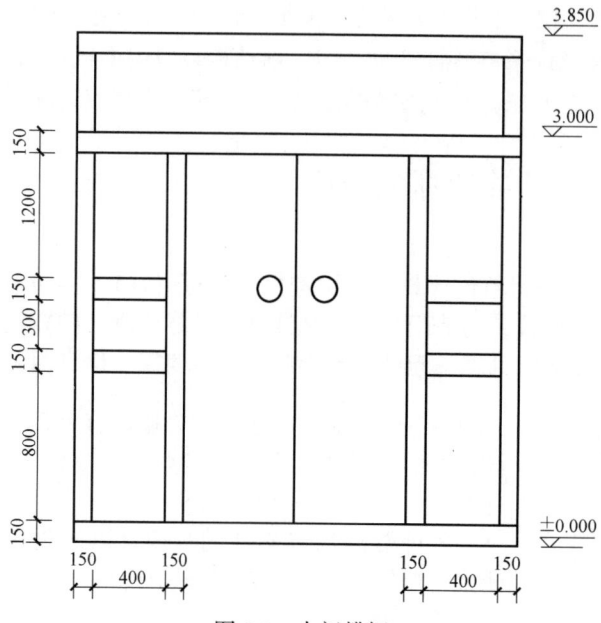

槛框尺寸表　表6-1

名称	尺寸(mm)
下槛	200×120
中槛	180×120
上槛	180×120
腰枋	150×120
抱框	150×120
短抱框	150×120

图6-3　大门槛框

解：（1）上、中、下槛长＝3×3.66＝10.98（m）

（2）短抱框长＝2×（3.85−3−0.18）＝1.34（m）

（3）腰枋长＝2×2×0.40＝1.60（m）

（4）抱框长＝4×（0.80＋0.15＋0.30＋0.15＋1.20）＝10.40（m）

（5）槛框合计长＝10.98＋1.34＋1.60＋10.40＝24.32（m）

2. 槛框拆钉铜皮、拆换铜皮、包钉铜皮均按展开面积，以平方米为单位计算。计算面积时，框按净长计算，槛按露明长计算。

主要指下槛包铜皮（图6-4），按各面包裹的展开面积计算。计算门槛包铜皮时，门槛长不是轴线长，而是下槛的净长（下槛净长＝开间轴线长−1倍柱径）。

下槛包铜皮面积＝$L \times (2h+b)$

有时立面不需要全部包封，还留有一块高度不包，这时高度取实际包的高度h_1，L是下槛长。

下槛包铜皮面积＝$L \times (2h_1+b)$

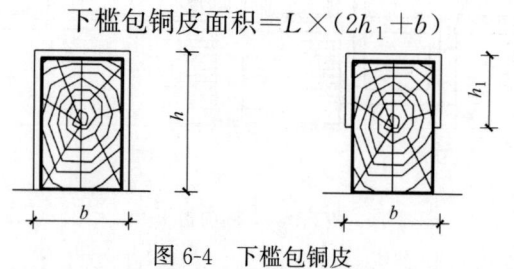

图6-4　下槛包铜皮

3. 封护檐随墙窗框按垂直投影面积，以平方米为单位计算，框外延伸部分面积不增加。

硬山式建筑封护檐如在后檐墙上留有后窗（图6-5），这种窗框是由四根槛框组合而成，计算这类槛框时不是按槛框的长度，而是按槛框外边所围面积计算，框外延伸部分不计入在内。

4. 楹斗、门簪、木门枕及帘架荷叶墩、荷花栓斗以件（块）为单位计量。

这些门窗附属装饰件（图6-6～图6-9），大多成对出现，按立面图示意统计，以件（块）为单位计量。

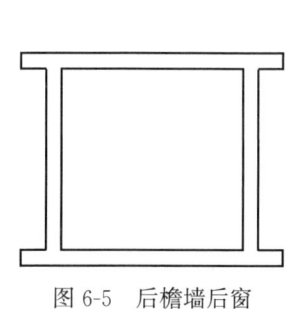

图 6-5　后檐墙后窗

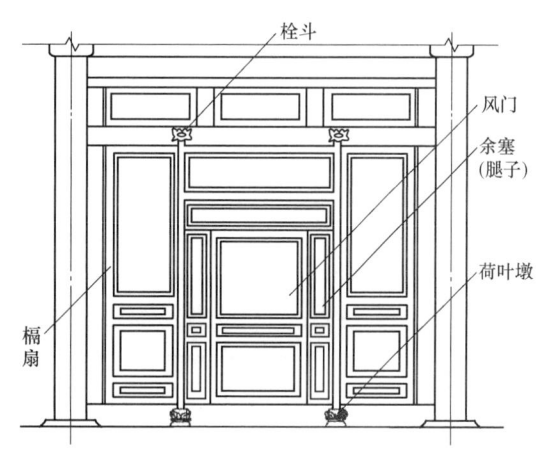

图 6-6　帘架荷叶墩

帘架荷叶栓斗　帘架荷叶墩　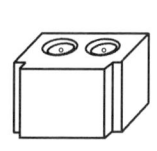连二槛　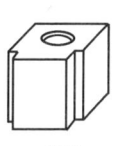单槛

图 6-7　大门附件

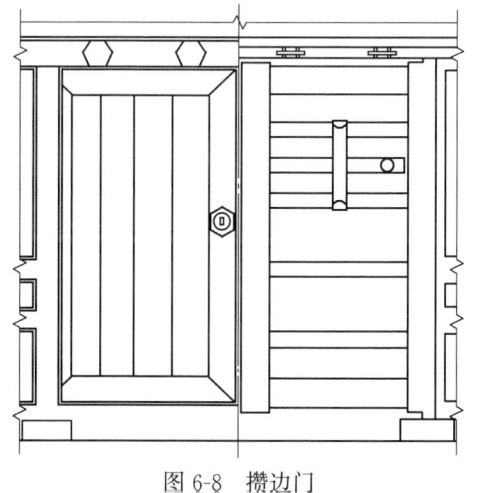

图 6-8　攒边门　　　　　　图 6-9　实踏门

5. 门头板、余塞板按露明垂直投影面积，以平方米为单位计算。

门头板也称走马板或迎风板，是大门中槛和上槛之间封堵的木板。

余塞板是大门两侧至柱之间封堵的板。

门头板、余塞板（图 6-10）均按槛框里侧所围面积计算，也就是按门头板、余塞板露明的垂直投影面积计算。

例： 见图 6-3，求门头板、余塞板面积。

解： 门头板：高＝3.85－3－0.18＝0.67（m）

宽＝3.66－0.28－2×0.15＝3.08（m）

面积＝0.67×3.08≈2.06（m²）

余塞板＝0.40×（0.80＋0.30＋1.20）×2＝0.92×2＝1.84（m²）

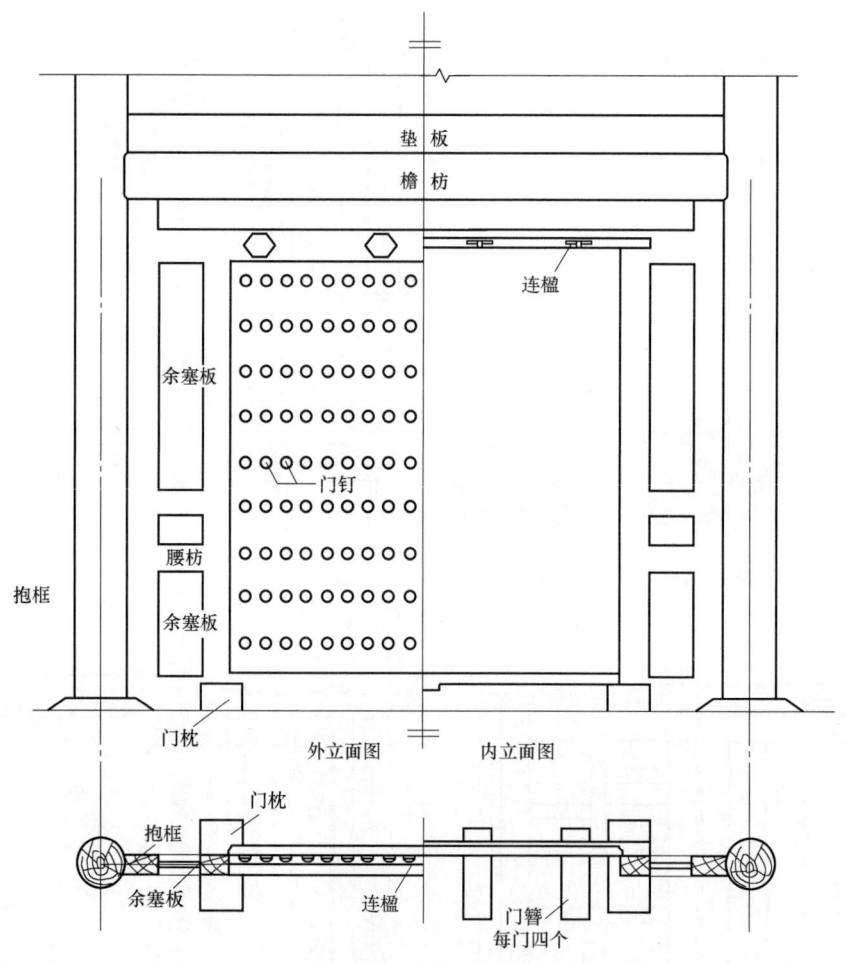

图 6-10　门头板、余塞板

6. 筒子板的侧板按垂直投影面积，顶板按水平投影面积，以平方米为单位计算。

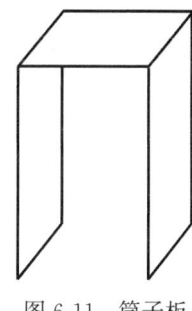

图 6-11 筒子板

筒子板（图 6-11）是山墙廊门筒子处门口内侧包封的木板。筒子板多与山墙同厚，若外侧加木贴脸，木贴脸另按累计长度，以米为单位计算。筒子板按板的实际面积，以平方米为单位计算。

筒子板由两块立板（侧板）和一块顶板组成，三块板宽相同。

面积＝宽×（2×高＋顶板水平长）

筒子板面积是板的面积，不是洞口面积。

7. 窗榻板、坐凳面均按柱中至柱中长（扣除出入口处长度），乘以上面宽的面积，以平方米为单位计算，坐凳出入口处的膝盖腿应计算到坐凳面面积中。

窗榻板也称窗台板，是位于槛墙顶面的木板。坐凳面是坐凳楣子顶面供人休息的凳面，二者均以平方米为单位计算。窗榻板、坐凳面的宽，多在平面图中标注。

窗榻板的长度按轴线尺寸计算，若中间有开门，按扣除门口后的长度计算。

坐凳面长也按轴线尺寸计算，有出入口时要扣除出入口宽度尺寸。但出入口两侧的膝盖腿长，应被计入长度尺寸之内。

例1： 某四角亭平面图见图 6-12，地面标高为±0.000，坐凳面标高为 0.500m，宽为 300mm，求坐凳面面积。

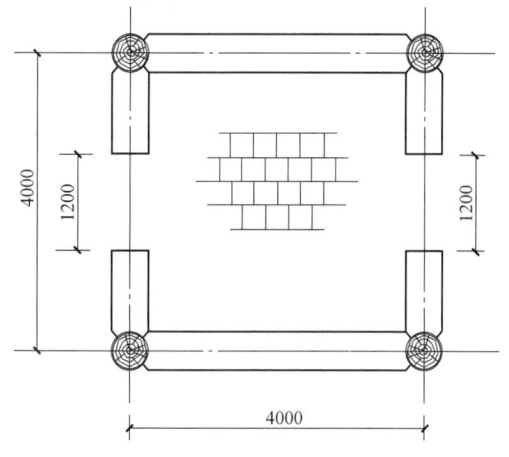

图 6-12 四角亭平面图

解： （1）坐凳面长＝4×4－2×1.20＝13.60（m）

（2）膝盖腿长＝4×0.50＝2（m）

（3）坐凳面面积＝0.30×（13.60＋2）＝4.68（m²）

注：膝盖腿埋入地面的高不计。

例2： 某硬山式建筑，明间为 3900mm，次间为 3600mm，稍间为 3300mm，仅前檐明间安四扇槅扇，其他间前后檐均为支摘窗，窗榻板宽为 420mm，求窗榻板面积。

解： 明间窗榻板长＝3.90（m）

次间窗榻板长＝3.60×4＝14.40（m）

稍间窗榻板长＝3.30×4＝13.20（m）

窗榻板总长＝3.90＋14.40＋13.20＝31.50（m）

窗榻板面积＝31.50×0.42＝13.23（m²）

8. 过木按体积，以立方米为单位计算，长度无图示者按洞口宽度乘以 1.4 计算。

过木是安放在门窗洞口上方的构件，相当于现在的钢筋混凝土过梁。

过木按体积，以立方米为单位计算。

过木的长等于洞口宽加上两侧搭在墙上的长。设计图无要求搭墙长度时，过木长按照洞口宽乘以 1.4 计算。这保证洞口每侧边压在墙上的长度，是基于构造和安全的考虑。

过木宽在设计图无表示，可按墙厚再加 40mm 考虑，如有抹灰或面层装饰还要考虑抹灰和装饰面层的厚。按传统做法，过木一般比墙面（含抹灰或装饰面）要突出 20mm 左右，过木的高一般在设计图中会明确。

例：某砖墙厚 228mm，双面各抹靠骨灰厚 20mm，墙上开一门洞宽为 1200mm，过木高为 200mm，求过木体积。

解：（1）过木长 $=1.40 \times 1.20 = 1.68$（m）

（2）过木宽 $=0.23 + 2 \times 0.02 + 2 \times 0.02 = 0.31$（m）

（3）过木体积 $=1.68 \times 0.31 \times 0.20 \approx 0.10$（m³）

9. 帘架大框（图 6-13）按垂直投影面积，以平方米为单位计算，其下端以地面上皮为准，框外延伸部分面积不增加。

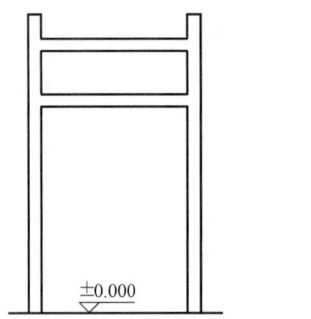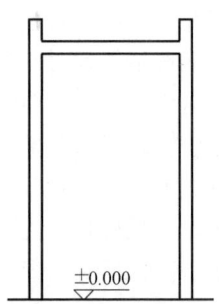

图 6-13　帘架大框

帘架大框是在木装修外面再安装一层框，用于冬季挂棉帘，夏季挂竹帘之用。帘架大框一般由两根立杆，一根或两根横杆组成。帘架大框按边框外围面积，以平方米为单位计算。

立杆出头不计入高，高以最上边横杆上皮至地面上皮为准。宽以立杆外皮至另一立杆外皮水平间距为准，荷花栓斗、荷叶墩另计算。

10. 各种门窗扇、楣子按垂直投影面积，以平方米为单位计算，门枢、白菜头、楣子腿等框外延伸部分均不计算面积。

这里的门是槅扇门（图 6-14）、风门（图 6-15）、余塞腿子、随支摘窗夹门，窗指槛窗。门不是指实踏门、攒边门、撒带门（图 6-16）、屏门（图 6-17），窗不是指支摘窗。

楣子是倒挂楣子、坐凳楣子。它们都是以平方米为单位，按边抹外围面积计算。

门枢（图 6-18）就是门大边向下延长的门轴。白菜头是倒挂楣子立边向下延伸的端头雕刻的花饰。

楣子腿是坐凳楣子下的小矮腿，这些出头均不能计入高度，应被扣除。

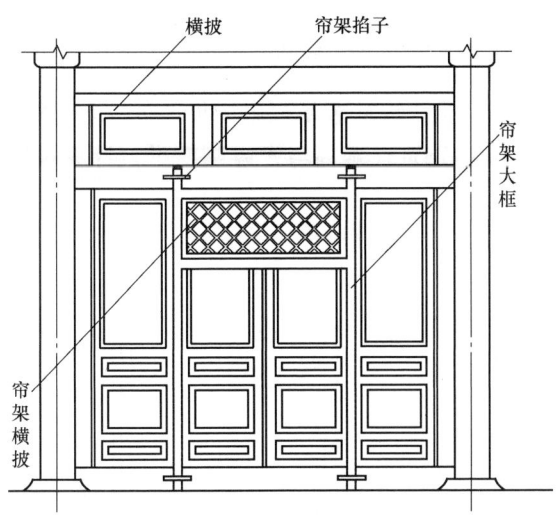

图 6-14　槅扇门

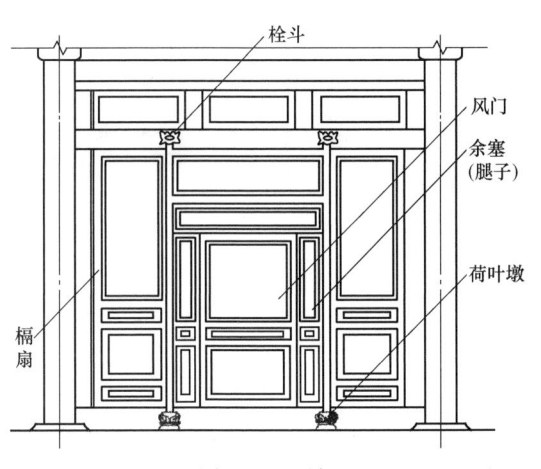

图 6-15　风门

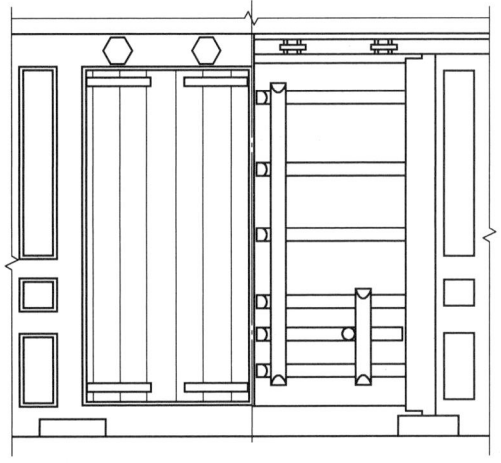

图 6-16　撒带门

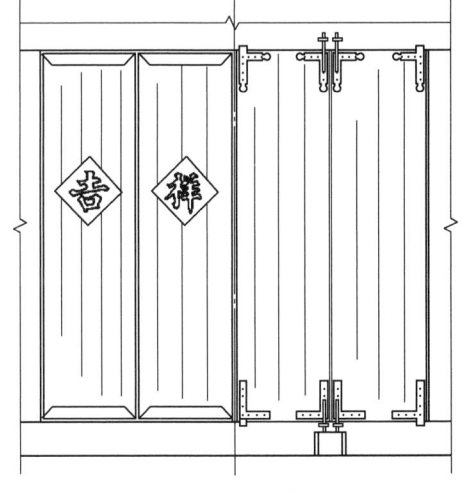

图 6-17　屏门

图 6-18　门枢

11. 裙板、绦环板雕刻按露明垂直投影面积，以平方米为单位计算。

裙板指槅扇下部较大的板子。绦环板指槅扇裙板上下较小的板子。

裙板、绦环板（图 6-19）分为有雕刻与无雕刻两类，计算规则相同，均按露明垂直投影面积，以平方米为单位计算。

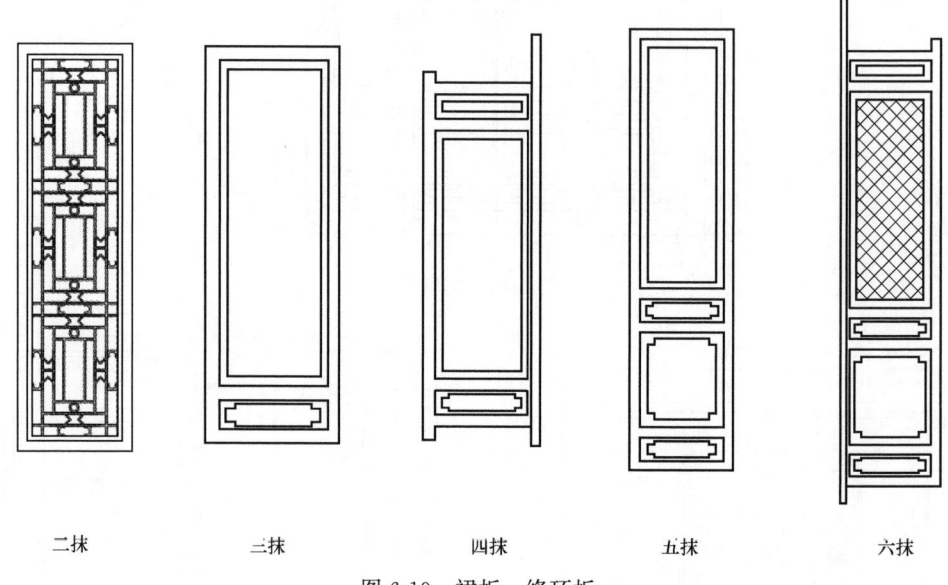

| 二抹 | 三抹 | 四抹 | 五抹 | 六抹 |

图 6-19　裙板、绦环板

计算面积中的垂直投影面积就是对应位置边抹里侧所围面积。宽等于槅扇宽减去 2 倍的槅扇边宽尺寸，高是图示净高。

例：槅扇门如图 6-20 所示，求裙板、绦环板面积，求仔屉面积，求槅扇面积。

解：绦环板面积=$0.17 \times 0.45 \approx 0.08$（m²）

裙板面积=$0.42 \times 0.45 \approx 0.19$（m²）

合计：$0.08+0.19=0.27$（m²）

仔屉面积=$0.45 \times 1.53 \approx 0.69$（m²）

槅扇面积=$(0.065+0.45+0.065) \times (0.065+0.42+0.065+0.17+0.065+1.53+0.065)=0.58 \times 2.38 \approx 1.38$（m²）

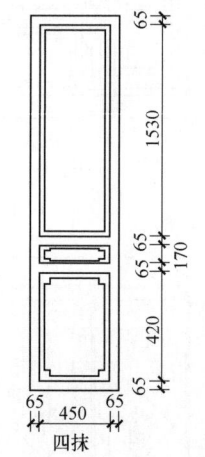

图 6-20　四抹槅扇示意图

注：仔屉面积就是安装玻璃面积。

12. 槅扇、槛窗心屉制安补换棂条，均按仔边外皮（边抹里口）围成的面积，以平方米为单位计算，双面夹纱（玻）心屉，双面均需补换棂条者按两面计算。

槅扇、槛窗制作包括边、抹、裙板、绦环板的制作，不包括心屉的制作与安装。因此，凡槅扇、槛窗、槅扇槛窗上的横披窗、帘架横披窗、随支摘窗夹门、余塞腿子、风门均不含心屉制安。也就是这些部位的门、窗扇，还要另行计算心屉的面积。

心屉面积按心屉的仔边外围面积计算。它同时也是心屉对应位置的边抹里侧所围面积。有时槅扇或槛窗虽带心屉，但心屉无仔边，心屉里面的棂条直接交在边抹里侧（也做榫卯），这种情况计算规则不变，按边抹里侧所围的对应面积计算。定额工料也不调整。传统心屉见图 6-21。

槅扇、槛窗心屉有单层或双层之分，双面心屉按单面计算后乘以 2。心屉单层或双层要从门窗剖面或节点大样图查询。

补换棂条属于心屉的维修，计算规则与新制作时相同。

编制工程造价时，槅扇、槛窗是要分开列出分项工程名称的。工程计量规则相同，但要分别计算价格。前面有一项隔窗、槛窗制作，后面也要有一项隔窗、槛窗安装。这与大木构件、石构件相同，制安要分别设立分项工程名称。

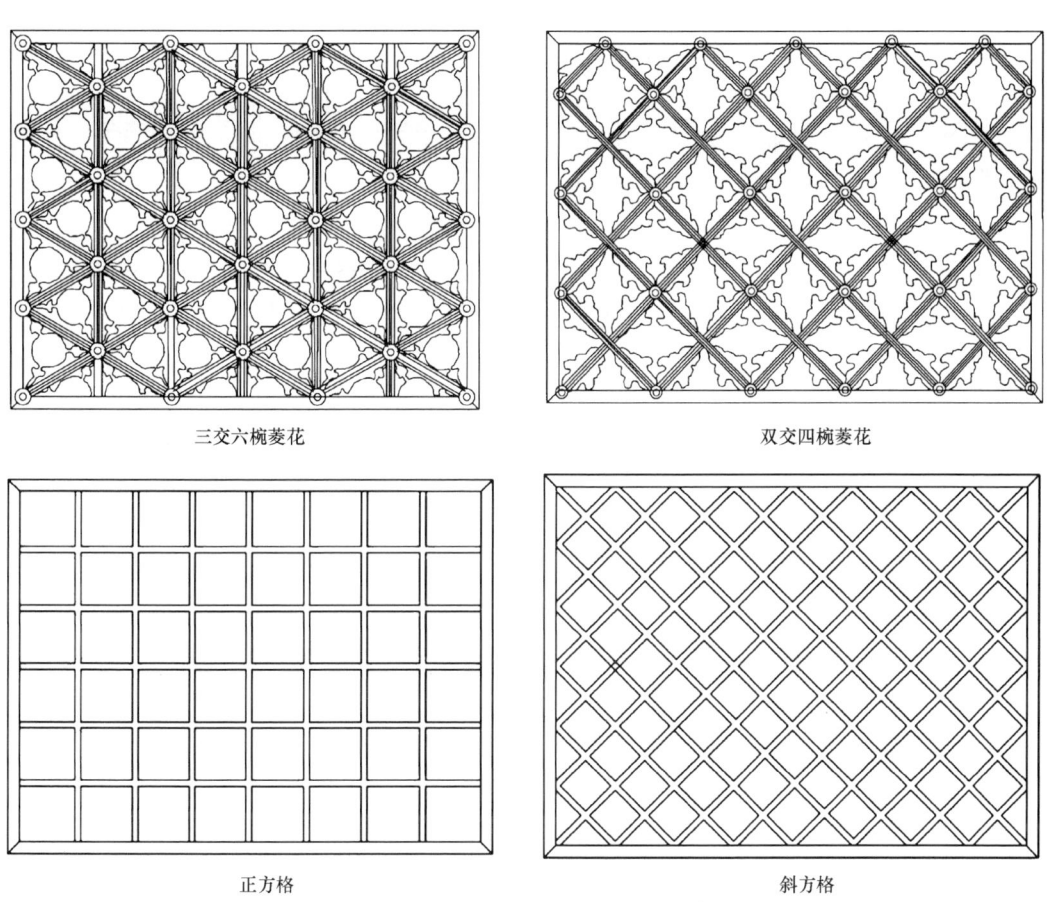

三交六椀菱花　　　　　　　　　　　　　双交四椀菱花

正方格　　　　　　　　　　　　　　　　斜方格

图 6-21　传统心屉

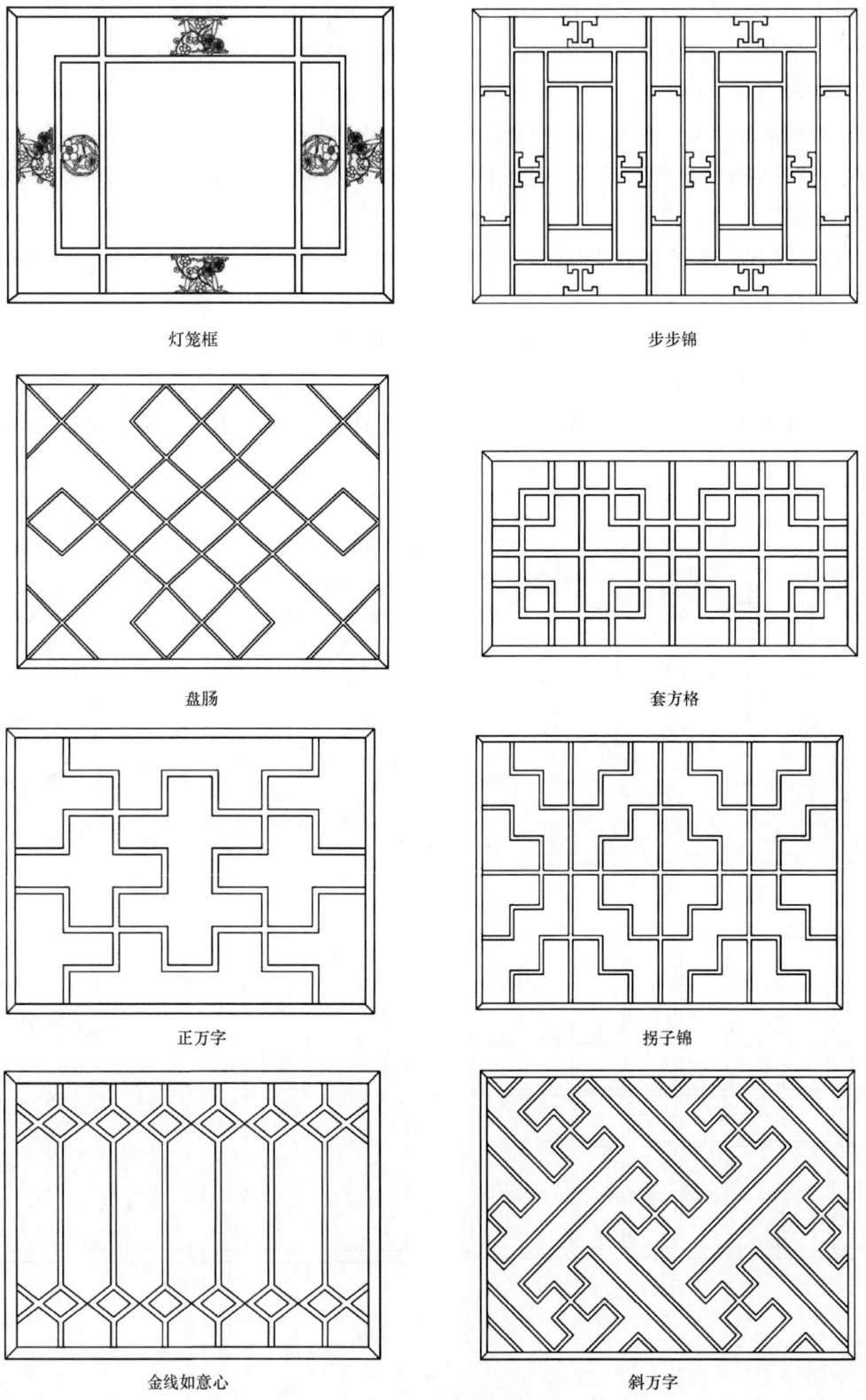

灯笼框　　　　　　　　　　　　　步步锦

盘肠　　　　　　　　　　　　　套方格

正万字　　　　　　　　　　　　　拐子锦

金线如意心　　　　　　　　　　　斜万字

图 6-21　传统心屉（续）

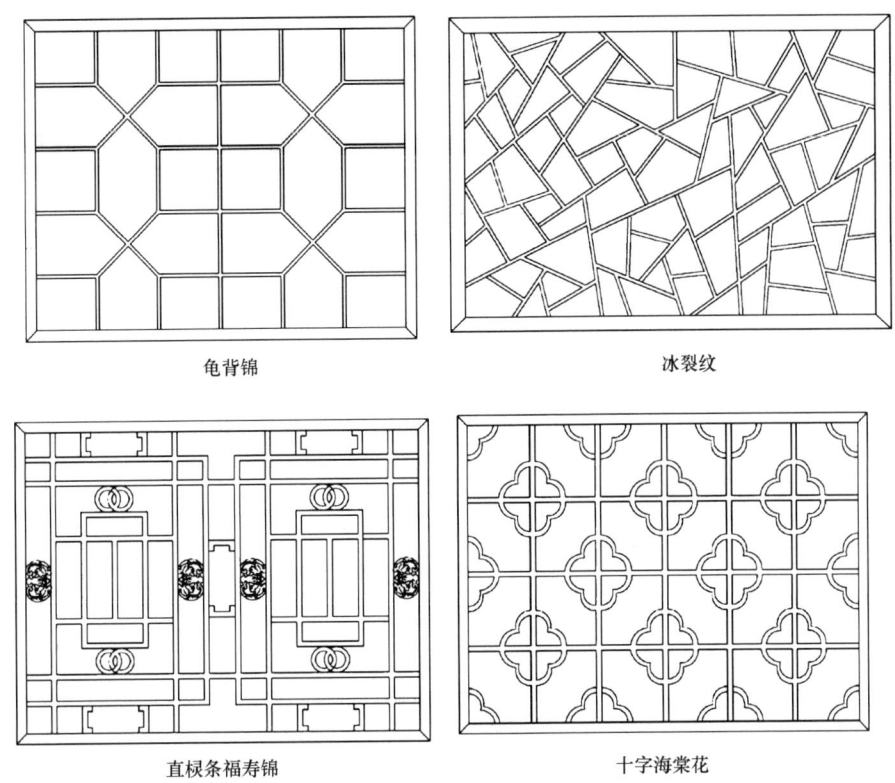

龟背锦

冰裂纹

直棂条福寿锦

十字海棠花

图 6-21 传统心屉（续）

13. 门钹、门钉、面叶、包叶、壶瓶形护口、铁门栓、栓杆及工字、握拳、卡子花等分别以件、个、根为单位计量。

大门附件见图 6-22。

门钹在每扇大门上安装一个，大门多以对出现，两扇大门就有两个门钹。

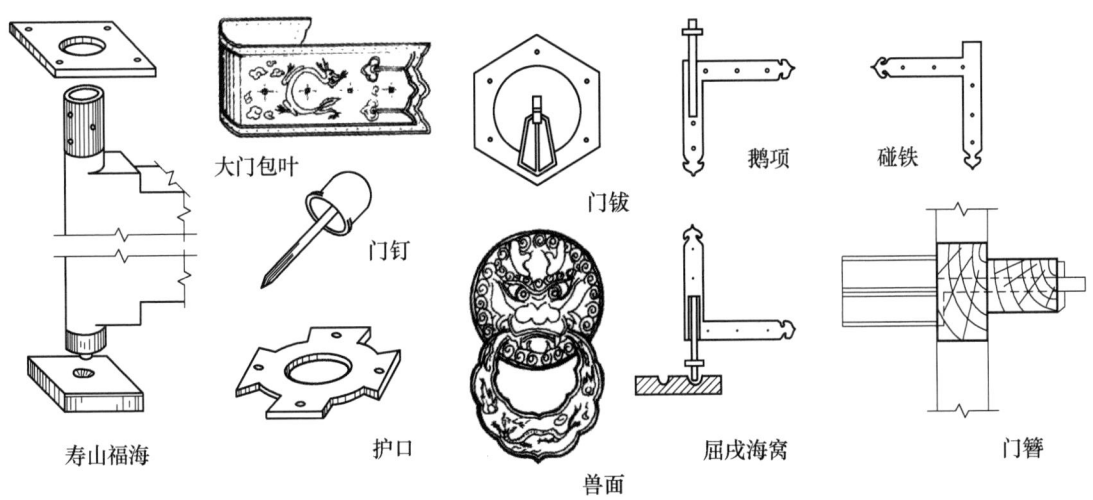

大门包叶

门钹

门钉

护口

兽面

寿山福海

鹅项

碰铁

屈戌海窝

门簪

图 6-22 大门附件

门钉横向有九路门钉、七路门钉、五路门钉。竖向多为九路门钉和七路门钉。横向数量乘以竖向数量就是门钉的总数量。

面叶多在抹头与门边交角处使用，槅扇（图 6-23）、槛窗大样图或立面图会表示数量。

包叶是大门上、下部位的装饰件，每扇大门多设两个。

铁门栓是在大门内侧关闭大门的铁杆，横向使用。汉字"闩"就是很形象的表示。

栓杆是竖向使用的木杆，是槅扇、槛窗关闭后，设置在门缝处的锁门木构件。

14. 支摘窗挺钩补配以份为单位计量；菱花扣单独添配以百个为单位计量；心屉海棠花瓣补配以件为单位计量（一个完整的海棠花由四瓣组成，每瓣算一件）。

支摘窗挺钩包括大挺钩及环子（图 6-24），按份计量。一份大挺钩包括两个环子和一个大挺钩。每个支摘窗设有一份，用于支窗上悬开启后，支撑住窗户。

菱花扣若有缺失，往往需要单独添配。而新制作的棂花心屉中，已包括菱花扣制安。菱花扣计量单位为百个，菱花扣数量可以从现状图或门窗修缮图中获取。

心屉海棠花也叫十字海棠花，一个完整的花瓣由四瓣组成，每瓣为一件。新制作十字海棠花时，已包括花瓣的制作与组装。十字海棠花见图 6-25。

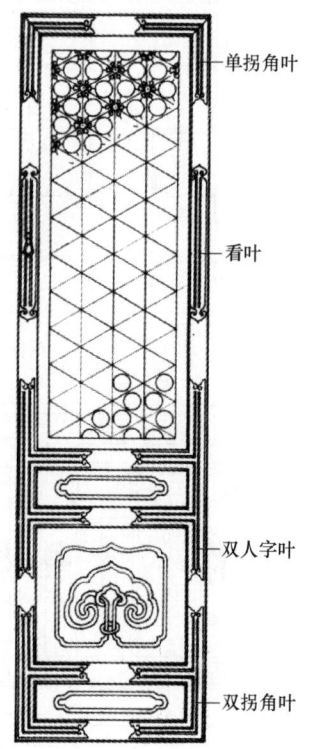

图 6-23　槅扇

单拐角叶

看叶

双人字叶

双拐角叶

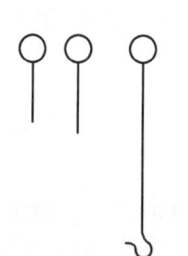

图 6-24　支摘窗挺钩

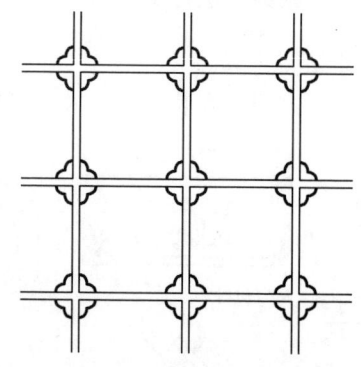

图 6-25　十字海棠花

15. 什锦窗桶座、贴脸、心屉分别以座、份、扇为单位计量，通透什锦窗双面做木贴脸、心屉者按两份、扇计量。

什锦窗见图 6-26，什锦窗桶座是用厚木板随什锦窗形状制作一个桶（图 6-27）。砌筑墙体时将其安放在墙里，形成墙体中什锦窗的外形。

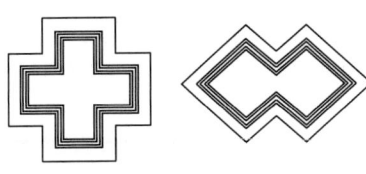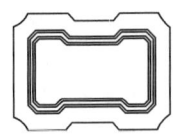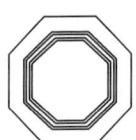

直折线型边框什锦窗

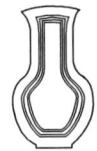

曲线型边框什锦窗

图 6-26　什锦窗

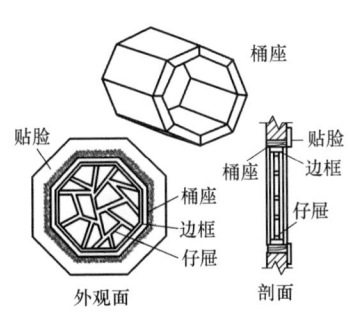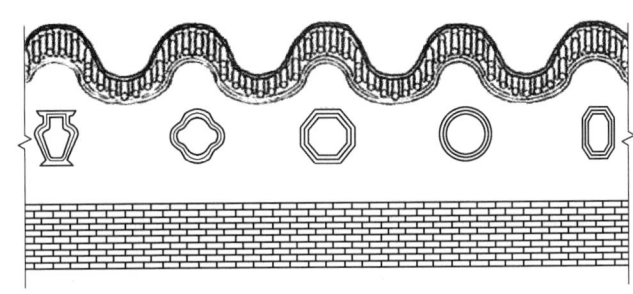

图 6-27　什锦窗桶座

　　贴脸是用木板条，随桶座外形，钉在桶口外边。贴脸要比实墙突出一些，多做企线，比较美观。这里的心屉与槅扇心屉相同，棂条交于仔边上。只不过心屉变化形式没有槅扇、槛窗那样丰富。桶座里面装仔屉，有时紧靠一侧墙体，有时两侧均有仔屉，这要看什锦窗详图如何表示。也就是两面都做木贴脸时，贴脸算两份，两面都安放心屉时，心屉面积要乘以2。

16. 倒挂楣子白菜头补配及雕刻均以个为单位计量。

　　倒挂楣子制作时包括楣子腿的制作，但不包括倒挂楣子腿端头白菜头花饰的雕刻。也就是白菜头的雕刻要另行计量，另行计价。一个完整的倒挂楣子一般有两条向下延伸的腿，硬三楇倒挂楣子有四个腿，每个腿的端头要雕刻白菜头。白菜头的数量按照此规则很好统计。

　　例：某公园开敞式长廊有17间的倒挂楣子需要全部重新制安，求白菜头的数量。

　　解：（1）某公园长廊为敞开式游廊，每间中有两个倒挂楣子，每个倒挂楣子有两个白菜头。

　　（2）白菜头数量＝17×2×2＝68（个）

17. 花牙子、骑马牙子以块为单位计量。

　　花牙子、骑马牙子是倒挂楣子上的木质透雕饰件，以块为单位计量。

　　骑马牙子多用在水平长度比较小的倒挂楣子上，它的一块实际是两个花牙子的连体做法。

计算起来很容易，软檐倒挂楣子上花牙子的数量与白菜头雕刻的数量相等。硬檐倒挂楣子上花牙子的数量依据假腿的数量而统计。骑马牙子的数量要在建筑物立面图中，逐一寻找，骑马牙子多用于垂花门的侧面。

18. 木望柱按柱身截面面积乘以全高，以立方米为单位计算。

木望柱与木栏杆配套使用，截面多呈正方形，木望柱按截面面积乘以柱身全高计算。木望柱的根数按照立面图逐个统计。

木望柱的高是从地伏上皮开始，至柱头顶部的全高，木望柱头雕刻已被包含在木望柱制作中，不应单独列项。

19. 木栏杆按地面或楼梯帮板上皮至扶手上皮间竖直高，乘以长（不扣除望柱所占长度），以平方米为单位计算；花栏杆、荷叶墩以块为单位计量。

木栏杆按面积以平方米为单位计算。高是从地面上平或楼梯帮板上皮至扶手上皮间的竖直高。图 6-28 因楼梯栏杆一般斜置，这里的竖直高指的是与地面垂直时候的高，求出楼梯与地面的夹角（是否调整系数的夹角），利用三角函数，求出栏杆的垂直高。条件不具备时也可借用比例尺获得数据。

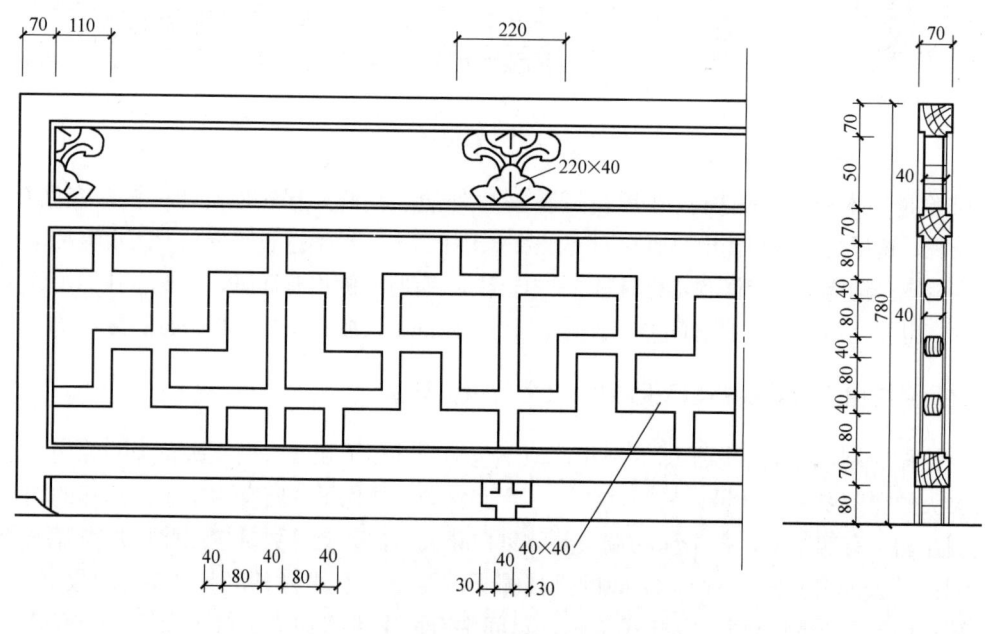

图 6-28 花栏杆

注意一点，木楼梯制安时不包括楼梯栏杆的制安。因此，木楼梯栏杆要单独计算。

木楼梯栏杆的长，取栏杆的通长，不要扣除木望柱所占宽度。木栏杆上如雕有荷叶墩，荷叶墩另按块单独计量，不含在木栏杆制安定额中。

寻杖栏杆（图 6-29）则包括绦环板、荷叶净瓶的雕刻，木栏杆包括木地伏制安，不能单独计量，这点与石栏杆不同。

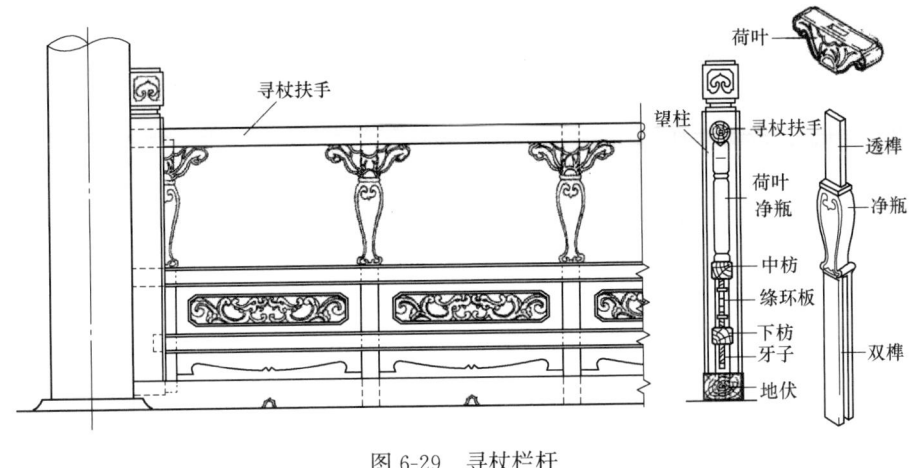

图 6-29　寻杖栏杆

20. 鹅颈靠背（美人靠）按上口长，以米为单位计算。

鹅颈靠背（美人靠）（图 6-30）按上口长，以米为单位计算。

鹅颈靠背（美人靠）制安包括扶手，鹅颈棍条制作组装，在坐凳面上剔凿卯眼安装及制安拉接铁件。

例： 如图 6-31 所示，求鹅颈靠背（美人靠）的长度。

解： 长度＝4×4＋4×0.35－1.20＝16.20（m），注意转角处不可重复计算。

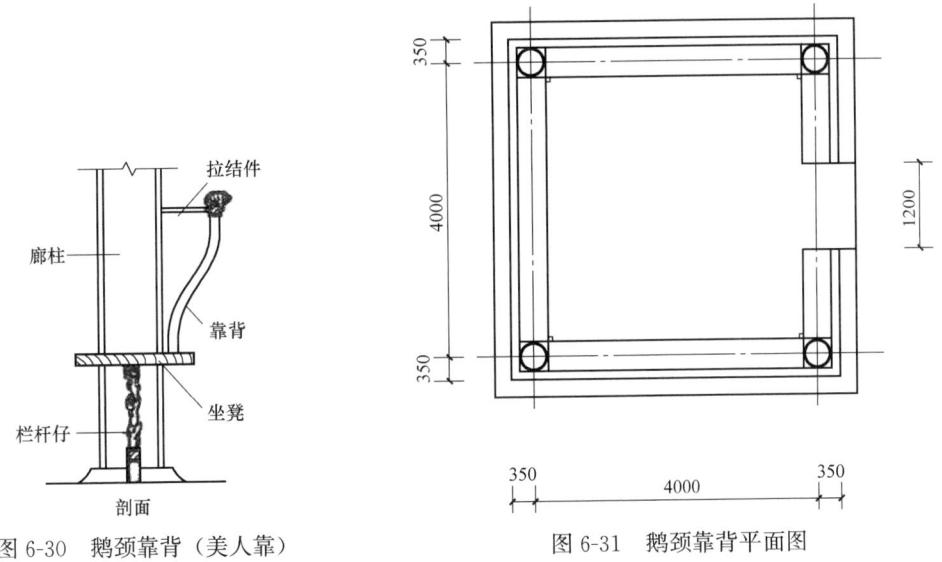

图 6-30　鹅颈靠背（美人靠）　　　　图 6-31　鹅颈靠背平面图

21. 栈板墙补换压缝引条，按所补换引条的长度累计，以米为单位计算。

栈板墙是一种用木板构成的，在外表面钉竖向压缝引条做装饰的木墙。多用于钟鼓楼的二层、山门殿等。栈板墙容易被损坏的就是压缝引条，栈板墙补换压缝引条时，要先拆除残损压缝引条，再重新用木条加工成原压缝引条形状，之后添配补齐。

这项维修方法按照所添配的压缝引条总长度，以米为单位计算。

设计图上一般会标明压缝引条的间距和损坏的添配率,计算时先求出总的压缝引条长,再乘以需要补换的百分率即可。

例: 某面栈板墙长为3200mm,高为2250mm,压缝引条间距为250mm,需要补换25%的压缝引条,求补换压缝引条的长度。

解: (1) 压缝引条总体根数＝3.20÷0.25＋1≈14(根)

注:若每档为0.25m,最后要附加1根边上的条,也就是1m范围内每档为0.25m时,会有1÷0.25＋1＝4＋1＝5(根)

(2) 总长度

单根长即栈板墙高是2.25m

总长度＝2.25×14＝31.50(m)

(3) 补换25%时的长度＝31.50×25%≈7.88(m)

22. 栈板墙、护墙板、隔墙板均按垂直投影面积,以平方米为单位计算,扣除门窗洞口所占面积。

护墙板是一面贴靠墙体,一面露明的木墙板,多用于室内墙体下半部分。

隔墙板是分隔室内空间(相当于隔断墙),两面露明的木墙板。例如,佛像的后背板等。

栈板墙(图6-32)、护墙板、隔墙板都是按照垂直投影面积,以平方米为单位计算。计算中要扣除门窗洞口所占的面积。

隔墙板往往不是独立的木板,在欲分隔的位置设下槛、上槛,靠柱子边上设有抱框,这些槛框要另行计算。隔墙板的面积仅指槛框里侧所围面积,计算隔墙板时勿忽视槛框的计算。

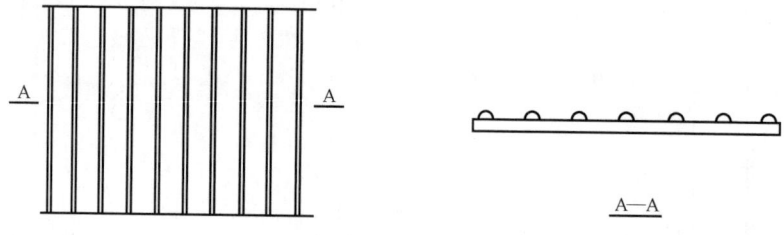

A—A

图6-32 栈板墙

例: 某建筑明间面宽为4200mm,金柱径为320mm,金步金枋下皮标高为3.780m,欲在此位置加设佛像背板、上下槛,抱框截面宽为180mm,厚为120mm。求佛像背板面积,求槛框长度。

解: (1) 明间柱间与地面至金枋底皮围成的面积 $= \left(4.20 - 2 \times \dfrac{1}{2} \times 0.32\right) \times 3.78 \approx$ 14.67(m^2)

(2) 槛框长:上下槛＝2×4.20＝8.40(m)

抱框高＝2×(3.78－2×0.18)＝6.84(m)(抱框取净高)

槛框合计长＝8.40＋6.84＝15.24(m)

(3) 槛框所占面积

这时上下槛长应取柱里皮至里皮之距，上下槛净长＝(4.20－0.32)×2＝7.76（m）

上下槛、抱框实际占压面积＝0.18×(7.76＋6.84)≈2.63（m²）

（4）背板墙面积＝14.67－2.63＝12.04（m²）

23. 圌门口、圌窗口以份为单位计量；圌门、圌窗牙子以块为单位计量。

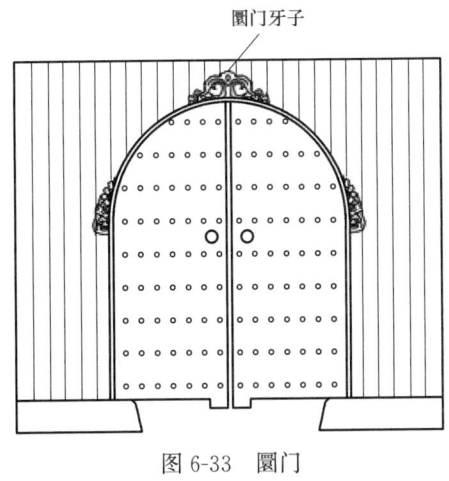

圌门牙子

图 6-33　圌门

圌门（图 6-33）是栈板墙上带有圆拱形的门口，圌窗口是栈板墙上带有圆拱形的窗口。

圌门窗口无论面积大小，以份为单位计量，一个口就是一份。

圌门、圌窗的半圆形拱部镶包木装饰的边框被称为牙子。牙子以单块计量，分为中心花和边花。中心花只有一个，边花对称设置，有 2 个或 4 个。

这些按份、按块的计量，只要从建筑立面图中统计出来就可以了。

24. 斗形圌以块为单位计量，平圌按正面投影面积，以平方米为单位计算。

平圌是外表面无边框的圌，平圌的面积按长度乘以高的面积，以平方米为单位计算。

25. 圌托以件为单位计量，圌钩按质量，以千克为单位计算。

每块圌有两个圌托，圌托以件为单位计量。圌钩是拉接稳固圌的圆钢，以千克为单位计算。圌钩的计算道理同牌楼霸王杠，先计算出长度，再查相应表格数据，求出总质量。

26. 井口天花支顶加固按井口枋里皮围成的面积，以平方米为单位计算，扣除梁枋所占面积。

井口天花支顶加固是维修传统天花吊顶的一种方法。井口天花指的是吊顶支条横纵形成的井字格，格里安放井口板（天花板）。

计算这类吊顶面积时，如果梁枋露在外面，要扣除梁枋所占的面积。

井口天花支顶加固包括支顶保护、松解吊挂、调整平直、重新钉吊挂及吊挂件的添配、拆撤支护等。支条与井口板见图 6-34。

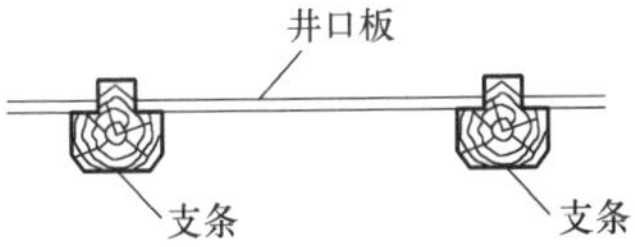

井口板

支条　支条

图 6-34　支条与井口板

27. 天花井口板分规格，以块为单位计量。

天花井口板按块计量，按吊顶仰视图统计有多少行，每行有多少块，两者相乘就是这一间井口板的数量。

定额中将板的大小分为几个档次，但计算方法不受规格限制，均相同。

例：有某室内吊顶（仰视）一间，面宽方向有7块井口板，进深方向有10块井口板。求井口板数量。

解：井口板数量＝7×10＝70（块）

28. 天花支条、贴梁、仿井口天花压条，均按其中心线长度累计，以米为单位计算。

贴梁就是贴靠梁或枋最边上的一根支条（截面比支条略大）。仿井口天花是一种非传统工艺，是现代的木龙骨吊胶合板顶棚，吊完胶合板以后将另行制备的木压条钉在有龙骨的胶合板上，形成井字格。

天花支条、贴梁、仿井口天花压条都是按照梁枋里侧所围的长与宽，按累计的长度，以米为单位计算。

计算这些长度时，要参照吊顶仰视图确定每间的支条分档数。要计算面宽方向一根支条的长度，计算进深方向一根支条的长度。

例：见图6-35，求贴梁、支条、井口板数量。

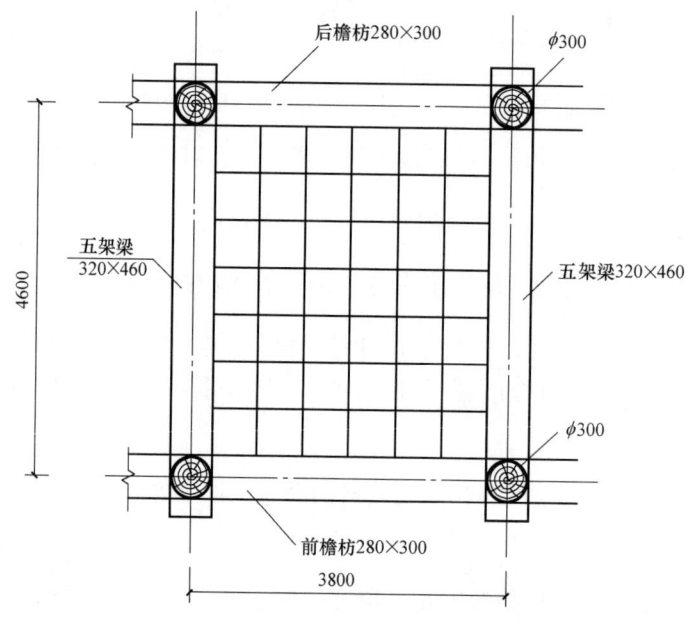

图6-35　天花位置示意图

解：（1）面宽方向支条长＝3.80－2×0.16＝3.48（m）
面宽方向有6根支条、2根贴梁，合计8根
面宽方向8根支条长＝8×3.48＝27.84（m）
（2）进深方向支条长＝4.60－2×0.28÷2＝4.32（m）
进深方向有5根支条、2根贴梁，合计7根
进深方向7根支条长＝4.32×7＝30.24（m）
支条、贴梁总计长＝27.84＋30.24＝58.08（m）
（3）井口板数量
6×7＝42（块）

29. 帽梁按最大截面面积，乘以梁架中至中长，以立方米为单位计算。

帽梁是井口天花吊顶里面的具有承重作用的梁，沿面宽方向设置。传统帽梁是将圆木沿中间锯开，形成的两个半圆形截面，现代做法有所改变。最大截面面积是指外接最小矩形面积。帽梁截面见图 6-36。

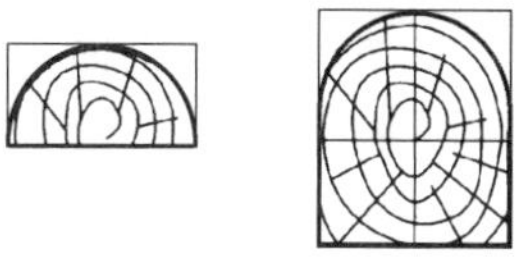

图 6-36　帽梁截面

帽梁在一间里与面宽方向平行放置多根，具体数量要在建筑剖面图中确定。梁架的长就是面宽方向轴线间的长。帽梁的长就是将面宽尺寸乘以根数的乘积。

例：某开间为 3600mm 的房间做井口天花吊顶，剖面图设有三道帽梁，帽梁截面为 200mm×350mm，求帽梁的体积。

解：帽梁的体积＝3.60×0.20×0.35×3≈0.76（m^3）

30. 木顶格白樘箅子按面积以平方米为单位计算，其平装者按水平投影面积计算，斜装者按斜投影面积计算。

木顶格白樘箅子面积要参照吊顶仰视平面图的关系计算。这个面积仍是梁枋里侧所围的面积。如果吊顶整体呈平面就是仰视的面积，若吊顶有部分呈斜面，斜面部分面积不是水平投影面积，以斜面真实面积为准（水平投影面积会小于斜面面积）。

木顶隔是海墁天花（图 6-37）的重要组成部分，由边、抹及棂条组成，棂条为正十字格（豆腐块）。

计算木顶隔白樘箅子仰视面积时，无论一间里有多少块，还是按照梁枋里侧所围面积计算，平面与斜面面积之和为实际吊顶面积。

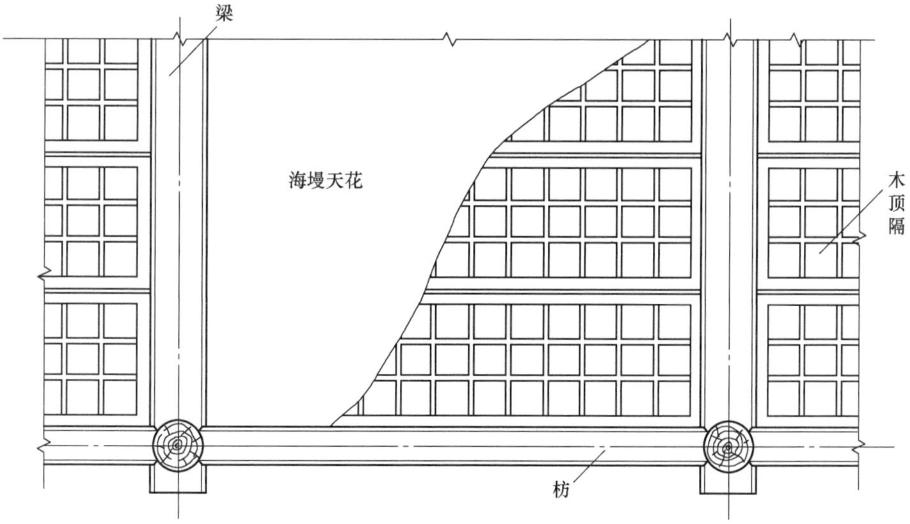

图 6-37　海墁天花

31. 白秆骨架纸天棚平、切，分别按水平投影面积和斜投影面积，以平方米为单位计算，扣除梁枋等所占面积；木顶格糊饰按木顶格白樘箅子面积计算。

白秆骨架是用高粱秆外表包裹纸的秫秸秆做成的骨架，用它形成顶棚后，再在骨架上裱糊。平，是指顶棚与地面平行；切，是指吊顶面为斜面。如顶棚较低，将梁包裹在顶棚内时，梁的面积不应被扣除。

白秆骨架斜顶棚按斜面面积计算。木顶隔若在表面糊布，对糊布项目要单独列项。

32. 梁柱槛框糊饰，按面积以平方米为单位计算，扣除墙体、天花顶棚等所掩盖面积，其中：

（1）柱按其底面周长，乘以柱露明高计算面积，枋、梁按其露明高与底面宽之和，乘以净长计算面积，均扣除槛框、墙体所掩盖面积；垫板按截面高，乘以净长计算面积；檐檩按糊饰宽，乘以净长计算面积。

（2）槛框按截面周长，乘以长，计算面积，其中，槛长以柱间净长为准，框及间柱长以上下两槛间净长为准；扣除贴靠柱、枋、梁、榻板、墙体、地面等侧的面积，对楹斗、门簪等附件不再另行计算；带门栊的上槛不扣除门栊所占面积，门栊只计算底面的面积。

（3）窗榻板按室内露明宽与厚之和，乘以净长计算面积。

梁柱、槛框裱糊以平方米为单位计算。梁柱计算时应扣除墙体、天花顶棚等所占的面积，各部位计算方法有如下规定：

（1）柱子，按柱根底面周长（直径×π），乘以柱露明高（一般为梁底）的面积计算。

（2）枋、梁按照两侧露明高之和，加枋或梁底宽，再乘以净长计算。

（3）垫板按自身高，乘以净长计算。

（4）檐檩按裱糊位置的展开宽，乘以长，以平方米为单位计算。

计算上述面积时如遇有槛框或墙体，应扣除槛框或墙体占面积。

例1：见图 6-38，假设柱径为 260mm，柱高为 3200mm，求柱的裱糊面积。

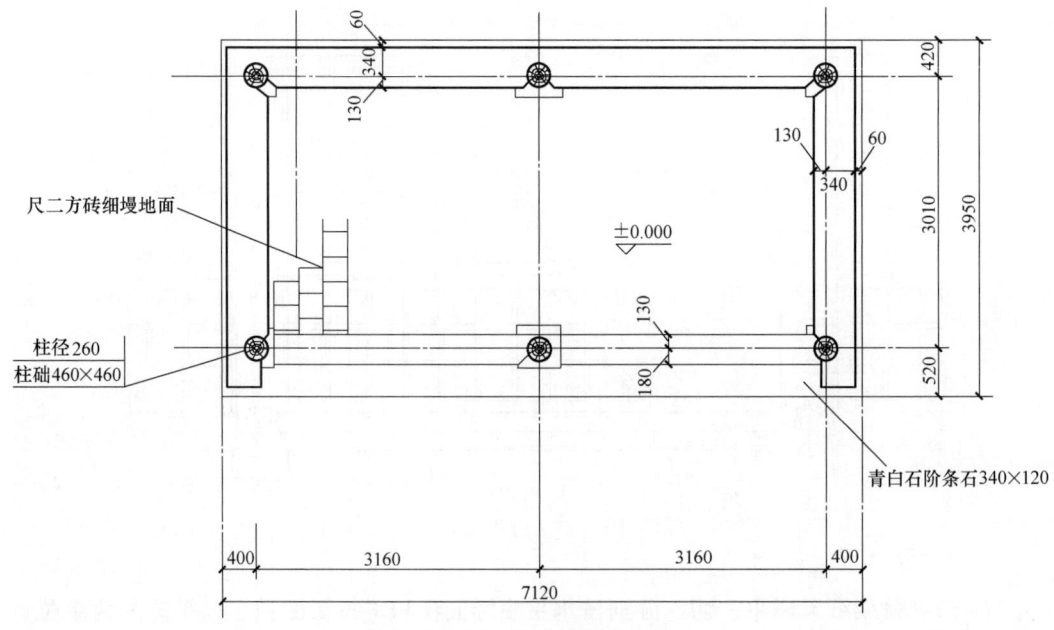

图 6-38　二间房平面示意图

解：(1) 单根柱展开面积＝0.26×π×3.20≈2.61 （m²)

(2) 求柱根数

图 6-38 中有 6 根柱，但这时取 6 根柱，显然不合理。从柱在室内露明部位分析，取 2 根柱计算较合理。

(3) 柱的裱糊面积＝3.22×2＝6.44 （m²)

梁枋也是同理，按梁枋露明的裱糊高度，而不是梁枋的实际高计算。

槛框裱糊时的长不是木作时的槛框长，而是柱里皮至柱里皮之间的净尺寸（比木作时的长少 1 个柱径）。框及间柱长按净高计算。

槛框一般按三个面展开计算（总有一个面与墙体、柱、枋、梁、地面相接触，按三个面展开实际已扣除了这些相接触的面积）。

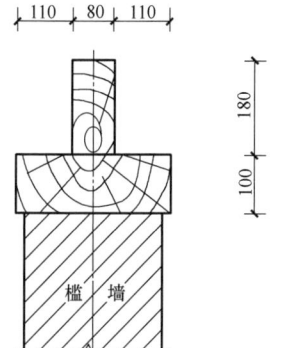

图 6-39 窗榻板裱糊

遇有槛斗、门簪等附件时，不计算附件面积。

带有门栊、通连槛的上槛，不再扣除门栊或通连槛所占面积，不扣除门轴孔洞面积。

窗榻板按室内露明宽与板厚之和，乘以柱间净长，以平方米为单位计算。

例 2：某开间为 3600mm，柱径为 280mm，窗榻板为 300mm×100mm，槛框为 180mm×80mm，求窗榻板裱糊面积（见图 6-39）。

解：根据题意：

窗榻板展开尺寸＝2×(0.11＋0.1)＝0.42 （m)

窗榻板裱糊面积＝0.42×(3.60－0.28)≈1.39 （m²)

33. 墙面糊饰按垂直投影面积，以平方米为单位计算，不扣除柱门、踢脚线、挂镜线、装饰线及 0.5m² 以内孔洞所占面积，扣除 0.5m² 以外门窗洞口及孔洞所占面积，其侧壁不增加。

裱糊的面积如为现场测绘，则按计算规则计算。凡小于或等于 0.50m² 的各种孔洞均不被扣除。墙面的各种装饰线不被扣除。

34. 门窗扇糊饰按垂直投影面积，以平方米为单位计算，边框外延伸部分及转轴面积不增加。

这里的面积是木作工程中门窗扇的面积，如为现场测绘，按木作门窗计算规则计算。

35. 心屉装纱、换纱按心屉仔边外皮（边抹里口）围成的面积，以平方米为单位计算。

心屉装裱、换纱的面积就是木作工程中槅扇、槛窗等心屉制安的面积，也是安玻璃或钉纱的面积。

第三节　例　题

1. 古建筑帘架上的横披窗应执行什么定额？槅扇上的横披窗应执行什么定额？中式门的门亮子应执行什么定额？

解：帘架上的横披窗、槅扇上的横披窗、中式门上的门亮子均应执行槛窗定额。

2. 某四合院有松木槅扇 60 扇，松木槛窗 120 扇。设计说明描述约有 50% 开启不灵活，要求对槅扇、槛窗进行检修，请问槅扇、槛窗检修的工程量是多少？为什么？

解：槅扇、槛窗检修的工程量＝60＋120＝180（扇）

因为检修门窗工程量的计算规则是以全部被检修的门窗数量为准。包括开启灵活与开启不灵活两类。无论其中预计有多少需要修理的门窗扇，均以门窗扇实物的总数为准。因此，这里的检修数量是 180 扇，而不是 90 扇。

3. 古建筑槅扇、大门经常在门轴下安装铁套统，门枕上安装海窝，通连楹上安装护口。试问出现这些开启配件后，如何计算铁件的制作与安装价格？

解：这些铁件要参照设计图纸分别计算出使用的质量，可参照执行大木加固铁件定额，计算铁件的制作费用。安装定额子目中虽有自制古建门窗五金，但这仅指拉环、挺钩、插销等小五金件。设计图中应有彩钉、套筒详图，并应另行计算。安装海窝的人工费用已包含在木门枕制安项目内。安装套统、护口可借用相关定额，另行计算安装的人工费用。

4. 古建筑木楼梯制作，设计图纸要求带有木栏杆。而木楼梯的面积是按水平投影面积计算楼梯工程量的，这个工程量中包括木栏杆的制作与安装吗？对木栏杆应如何处理？

解：木楼梯制安的水平投影面积中不包括木栏杆的制安。设计要求做木栏杆时，应另按木装修中的栏杆制安定额执行，并分别计算木望柱与木栏杆的工程量，确定价格。

5. 古建筑木装修安装玻璃一般采用什么方法？双层玻璃与中空玻璃是同一个概念吗？为什么？

解：古建筑木装修安装玻璃大多采用木压条的形式，将玻璃安装在仔屉内，有单层与双层之分。

双层玻璃一般指安装两层普通平板光玻璃，两层玻璃中间用木条分隔，玻璃外边用压条钉牢；或将仔屉做成双裁口，各层玻璃的外边再用木条压住。

中空玻璃是一种特殊玻璃，由生产厂家按设计要求事先在厂内加工预制。中空玻璃中间有一个稀有气体隔层，隔层两侧是特种光玻璃，四周有橡胶密封条，防止稀有气体泄漏。中间的稀有气体隔气层有很好的保温、隔热功能。中空玻璃必须在工厂预制，不能在现场裁割。双层玻璃与中空玻璃不是一个概念，两者的价格差别很大，必须明确区分。

6. 古建筑木装修油漆贴金工艺的槅扇、槛窗两烛香贴金和皮条线贴金的计算规则是什么？为什么？

解：槅扇、槛窗两烛香贴金和皮条线贴金的计算规则是以槅扇、槛窗边外围所围面积计算，与菱花扣贴金，裙板、绦环板贴金相同。按照其贴金部位的满外尺寸计算面积。

7. 什么叫一平一切顶棚？

解：一平是一个大的平面，一切是将大平面的某一个边做成坡形（斜顶），顶棚是由一个平面和一个斜面组成。

8. 什么叫一平二切？

解：一平是最大平面，与平面相交的有两个斜面叫二切。

9. 顶棚有斜面时（一平一切或一平二切）如何计算裱糊顶棚的工程量？

解：遇有斜顶棚时，应按斜面的实际面积（斜面的展开面积）计算，不能按顶棚的水平投影面积计算。

10. 裱糊顶棚中遇有检查口、灯杆等，如何调整定额？

解：裱糊顶棚中无论有多少个检查口、灯杆，均不调整定额，定额在确定预算基价时已综合考虑了这些因素，故不再调整。

11. 裱糊顶棚的面层材料与定额规定不符合时，如何执行定额？

解：面层材料若与定额规定不符合时，允许换算材料。换算的原则是材料单价可以换算，但材料用量及人工均不允许调整。

12. 某两面通透游廊有 **15** 间，梅花柱为 **160mm×160mm**，每间面宽为 **3800mm**，倒挂楣子高为 **480mm**，坐凳楣子高为 **460mm**，坐凳面厚 **52mm**（不含坐凳面高），宽为 **260mm**。求倒挂楣子、坐凳楣子面积，求白菜头雕刻数量，求坐凳面面积，求花牙子数量。

解：（1）求坐凳楣子面积
柱子里皮至柱子里皮长＝3.80－2×0.16÷2＝3.64（m）
坐凳楣子面积＝3.64×0.46×2×15≈50.23（m²）
（2）求坐凳面面积
坐凳面面积＝3.80×0.26×2×15≈29.64（m²）
（3）求倒挂楣子面积
倒挂楣子面积＝3.64×0.48×2×15≈52.42（m²）
（4）求白菜头数量
每片倒挂楣子上有 2 个白菜头
白菜头雕刻数量＝2×2×15＝60（个）
（5）求花牙子数量
每片倒挂楣子上有 2 个花牙子

花牙子数量＝2×2×15＝60（个）

13. 某五间房前檐明间设 6 樘槅扇，梢、次间设 4 樘槅扇，后檐无装修，求门槛数量，其中单槛有多少个？连二槛有多少个？

解：明间有 2 个连二槛，5 个单槛。梢、次间有 8 个连二槛，12 个单槛。合计有 10 个连二槛，17 个单槛。

14. 某门洞口宽为 1600mm，过木高为 150mm，墙厚为 500mm，求门口上过木工程量。

解：当设计无过木长时，过木长按洞口宽度乘以 1.40 计算，此时，过木长＝1.40×1.60＝2.24（m）

过木体积＝2.24×0.15×（0.50＋2×0.02）≈0.18（m³）

注：过木宽按墙体厚度每边再增加 20mm 计算。

15. 某房间前后窗榻板需要更换，窗榻板宽为 320mm，厚为 110mm，面宽为 3850mm，求更换窗榻板工程量。

解：窗榻板按长乘以宽所得面积计算，榻板长按轴线间距计算。

更换窗榻板工程量＝2×3.85×0.32≈2.46（m²）

注：超过规定厚度时，另计算超厚部分。

16. 某房间面宽为 3600mm，设 5 道帽梁，帽梁截面如图 6-40 所示，求帽梁体积。

解：帽梁截面面积取外接最小矩形面积。

帽梁面积＝0.22×0.30≈0.07（m²）

帽梁体积＝3.60×0.07×5＝1.26（m³）

17. 某房间轴线间距为 3800mm，柱径为 280mm，室内前后檐窗榻板要裱糊（图 6-41），求室内窗榻板裱糊面积。

解：窗榻板按室内露明宽与厚之和乘以净长计算。

（1）露明宽与厚之和＝0.11＋0.12＝0.23（m）

（2）净长＝3.80－0.28＝3.52（m）

（3）裱糊面积＝3.52×0.23×2≈1.62（m²）

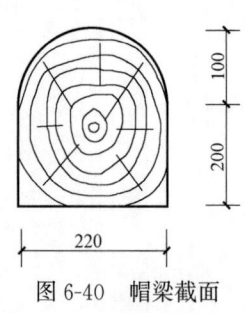

图 6-40　帽梁截面

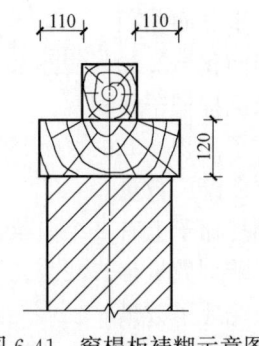

图 6-41　窗榻板裱糊示意图

18. 有某游廊 17 间，两侧有倒挂楣子，求白菜头雕刻数量。

解： 白菜头雕刻数量＝17×2×2＝68（个）

19. 异形窗、什锦窗面积的计算。

解： 无论什锦窗为何形状，均以贴脸里口水平长，乘以垂直高计算。无贴脸时，以桶座或窗口框外棱所围最小外接矩形面积确定什锦窗的面积。

20. 某天棚吊顶，面宽方向有 7 块井口板，进深方向有 11 块井口板。已知面宽方向支条贴梁单根长为 2800mm，进深方向支条贴梁单根长为 6100mm，试计算支条贴梁和井口板工程量。

解：（1）面宽方向支条和贴梁长＝2.80×12＝33.60（m）

进深方向支条和贴梁长＝6.10×8＝48.80（m）

支条和贴梁长＝33.60＋48.80＝82.40（m）

（2）井口板数量＝7×11＝77（块）

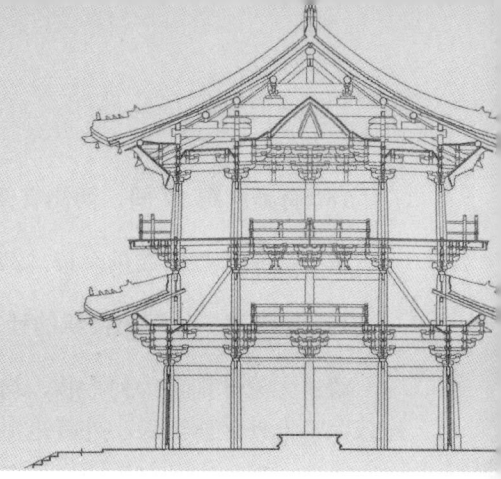

第七章
油饰彩绘工程

第一节　统一性规定及解释说明

1. 麻布灰地仗砍挠见木，综合了各种做法的麻布灰地仗及损毁程度。单披灰地仗砍挠见木及挠洗，综合了各种做法的单披灰地仗及损毁程度。在实际工程中，不得再因具体情况调整。

2. 修补地仗中捉中灰、满细灰项目与砂石穿油灰皮项目配套使用。局部麻灰、满细灰项目与砂石穿油灰皮、局部斩砍项目配套使用。麻遍上补做地仗项目与斩砍至麻遍项目配套使用。定额的人工、材料、机械消耗已包括了局部空鼓需斩砍到木骨并补做的情况，在实际工程中，不得因空鼓砍除面积的大小再做调整。

3. 各种地仗中无论是汁浆或操稀底油，定额不做调整。单披灰地仗均包括木件接榫、接缝处局部糊布条。

4. 油饰项目中的刷两道、扣末道项目与油漆地饰金或油漆地彩画项目配套使用。

5. 歇山式建筑立闸山花板油饰饰金，按相应定额及工程量计算规则执行。悬山式建筑的镶嵌象眼山花板、桄挡板，按相应定额及工程量计算规则执行。

6. 挂檐（落）板、滴珠板正面按有无雕饰分别执行定额，底边面及背面均按无雕饰挂檐板定额执行。其正面绘制彩画，按上架构件相应定额执行。

7. 连檐瓦口做地仗及油饰包括瓦口及大连檐正立面，不包括大连檐底面。大连檐底面地仗及油饰的人工、材料、机械消耗，已在椽望定额中。椽望地仗及油饰，内容已包括大连檐底面及小连檐、闸挡板、椽椀等附件。

8. 椽头彩绘包括飞椽及檐椽端面的全部彩绘。单独在飞椽头或檐椽头绘制彩画时，根据做法分别按"椽头片金彩画绘制""椽头金边彩画绘制""椽头墨（黄）线彩画绘制"定额乘以 0.5 系数。

9. 木构架油饰彩绘项目分档均以图示檐柱径（底端径）为准。上架构件包括：枋下皮以上（包括柱头）的所有枋、梁、随梁、瓜柱、柁墩、脚背、雷公柱、桄挡板、象眼山花板、桁檩、角梁、由戗、桁檩垫板、由额垫板、燕尾枋、承重、楞木等，以及楼板的底面。下架构件包括：柱，槛框，窗榻板，门头板（迎风板、走马板），余塞板，隔墙板，护墙板，筒子板，栈板墙，坐凳面及楹斗，门簪等。

10. 苏式掐箍头彩画、掐箍头搭包袱彩画定额（不含油漆地苏式片金彩画）均已包括箍头、包袱外涂饰油漆的工料，对箍头、包袱外涂饰油漆不再另行计算。

11. 油饰彩绘面回贴面积以单件构件核定。单件构件回贴面积不足30%时，对定额不做调整；单件构件回贴面积超过30%时，另执行面积每增10%定额，不足10%时，按10%计算。

12. 栈板墙外侧基层处理、地仗、油饰，按下架构件相应定额，乘以1.25系数。

13. 木楼板基层处理、地仗及油饰定额项目只适用于其上面，基层处理、地仗及油饰按上架构件相应定额及工程量计算规则执行。

14. 木楼梯地仗及油饰包括帮板、踢板、踩板正背面全部面积，不包括栏杆及扶手。木楼梯以其帮板与地面夹角小于45°为准。帮板与地面夹角大于45°.小于60°时，按定额乘以1.4系数，帮板与地面夹角大于60°时，按定额乘以2.7系数。

15. 斗栱彩绘包括栱眼处扣油，不包括栱、升、斗背面掏里刷色，对掏里刷色另行计算。盖斗板基层处理、地仗及油饰，按斗栱基层处理、地仗、油饰定额执行。

16. 斗栱昂嘴饰金以平身科昂嘴为准，柱头科昂嘴及角科由昂饰金不分头昂、二昂、三昂，均按相应斗口规格昂嘴饰金定额乘以1.5系数。

17. 垫栱板油漆地饰金彩画绘制不包括油漆地涂刷，涂刷油漆地另按油饰项目中相应的刷两道扣末道项目执行。

18. 帘架大框基层处理、地仗、油饰定额已综合了其荷叶墩、荷花栓斗的基层处理、地仗、油饰或纠粉的工料。

19. 与支摘窗配套的横披窗、夹门、楣扇及相应的帘架风门、帘架余塞、帘架横披，均按支摘窗相应定额及工程量计算规则执行。与槛窗配套的横披窗、楣扇及相应的帘架风门、帘架余塞、帘架横披，均按楣扇槛窗相应定额及工程量计算规则执行。

20. 各种门扇基层处理及地仗、油饰均以双面做为准。其中，楣扇、槛窗、支摘窗扇单独做外立面，按定额乘以0.6系数，单独做里立面，按定额乘以0.4系数。里外分色油饰者，亦按此比例分摊。

21. 大门门钉饰金不包括门钹（或兽面）、包叶，门钹（或兽面）、包叶饰金另执行相应定额。

22. 什锦窗油饰包括贴脸、桶座、背板及心屉全部油饰。双面心屉什锦窗若只做单面，按单面心屉什锦窗相应定额执行；什锦窗玻璃彩画包括擦玻璃。

23. 楣子、栏杆基层处理及地仗、油饰均以双面做为准。其中，倒挂楣子包括白菜头及花牙子。

24. 墙边拉线包括刷砂绿大边及拉红白线。只刷大边拉单线者，对定额不做调整。

25. 天花井口板彩绘包括摘安井口板，遇有海漫硬天花（仿井口天花），其支条及井口板基层处理、地仗、彩绘的定额工料机均不做调整。

26. 天花支条彩画及木顶格软天花回贴的面积比例，均以单间为单位计算。单间回贴面积不足30%时，对定额不做调整；单间回贴面积超过30%时，另执行面积每增10%定额（不足10%时，按10%执行）。

27. 匾额油饰包括金属匾托及匾钩的油饰。

第二节　工程量计算规则详解

1. 立闸山花板按露明三角形面积计算。

木作的立闸山花板在计算时已包括博缝板的面积，而在油漆计算规则中的立闸山花板的露明面积是不包含博缝板的面积。用木作立闸山花板的面积减去木博缝板的面积，即为立闸山花板露明面积。博脊及瓦面占面积可忽略不计。

2. 歇山博缝板、悬山博缝板均按屋面坡长，乘以博缝板宽，以平方米为单位计算；梅花钉饰金按博缝板工程量面积计算。

歇山博缝板只能有一面做地仗、油漆，而悬山博缝板两面都可做地仗和油漆，按规则计算出的结果只是其外露面的工程量。如里外均做地仗、油漆时，按外露面面积乘以 2 计算。以单面为准计算时，如做双面则要乘以 2。而以双面为准计算时，如只做单面，要乘以一个大于 0.50 的系数。

梅花钉每组由七颗钉组成，梅花钉饰金面积就是基底的木博缝板面积。博缝板与梅花钉见图 7-1。

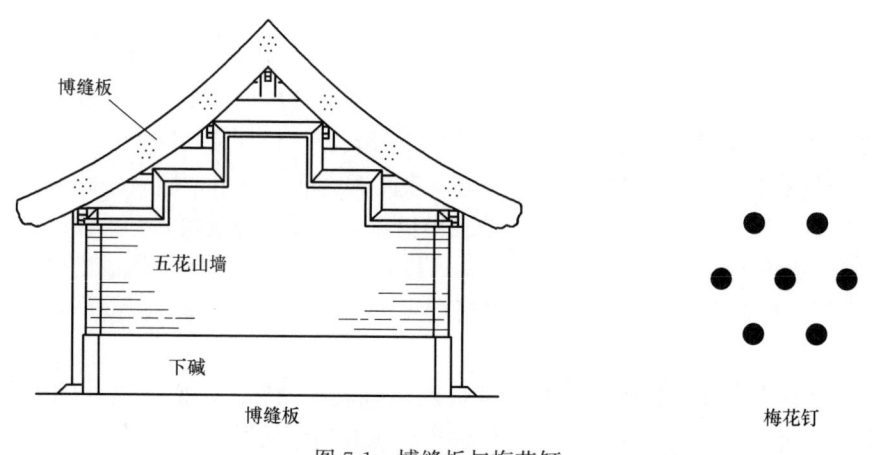

图 7-1　博缝板与梅花钉

3. 挂檐（落）板正面按垂直投影面积，以平方米为单位计算。滴珠板按凸尖处竖向高，乘以滴珠板长，以平方米为单位计算。挂檐（落）板、滴珠板底边面及背面合计面积，按其正面面积乘以 0.5 计算。

挂檐板、挂落板、滴珠板正面面积按水平长，乘以竖直高，以平方米为单位计算，滴珠板的高要量至凸尖的端头。

底边面积及背面二者的合计面积，按正面面积乘以 0.50 计算（相应地扣除了延边木、拉接铁件等的面积）。

例：某挂檐板长为 15600mm，板厚为 80mm，板高为 540mm，外露面做一麻五灰地仗，背面做三道灰地仗，里外面刷漆三道，求各部位工程量。

解：(1) 外面面积＝15.60×0.54≈8.42（m²）

(2) 背面面积＝8.42×0.50＝4.21（m²）

一麻五灰地仗面积为 8.42m²

背面三道灰地仗面积为 4.21m²

里外面刷油面积＝8.42＋4.21＝12.63（m²）

4. 连檐瓦口按 **1.5 倍大连檐截面高，乘以檐头长，以平方米为单位计算。椽头按飞椽头竖向高，乘以檐头长，以平方米为单位计算。其中，带角梁建筑檐头长，按仔角梁端头中点连线长计算；硬山式建筑檐头长，按两山排山梁架中线间距计算；悬山式建筑檐头长，按两山博缝板外皮间距计算。**

大连檐上边钉瓦口（图 7-2），求两者叠在一起的面积。大连檐高为 1 倍檐椽径，连檐瓦口面积按大连檐的长，乘以 1.5 倍大连檐的高，以平方米为单位计算。

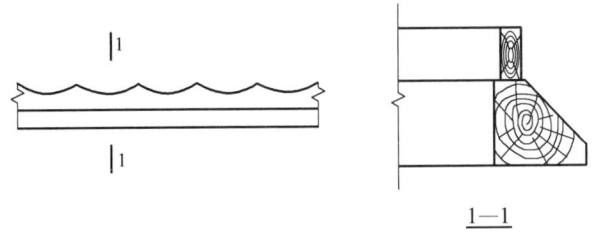

1—1

图 7-2　大连檐与瓦口

有时，只需要求瓦口面积，按大连檐长，乘以大连檐高，乘以 0.5 计算瓦口面积。

椽头面积计算（有飞椽时），按大连檐的长，乘以飞椽头的竖向高，求面积。

带角梁建筑的大连檐长，按仔角梁端头中点连线长计算，可参照屋面计算的方法计算。

硬山式建筑檐头长，按两山博缝外皮间距计算，也就是面宽方向的 N 间轴线之和，加 2 倍山出。悬山式建筑檐头长，按两山博缝板外皮间距计算，也就是前面所述的 N 间轴线之和，再加 17 倍椽径。

也可以直接借用屋面计算时的数据。

如果檐头只有檐椽，无飞椽时，椽头面积计算规则为：按大连檐长，乘以 1.5 倍大连檐高，再乘以 0.50 计算。

例 1：某硬山式建筑有三间，明间为 3800mm，次间为 3600mm，山出为 600mm，椽径为 90mm，飞椽为 90mm×90mm。前檐有飞椽，后椽老檐出无飞椽，求连檐瓦口面积，求前、后檐椽头面积。

解：(1) 前檐连檐瓦口面积＝(3.80＋2×3.60)×0.09×1.5≈1.49（m²）

(2) 后檐连檐瓦口面积＝(3.80＋2×3.60)×0.09×1.50×0.50≈0.74（m²）

(3) 前后檐合计面积＝1.49＋0.74＝2.23（m²）

(4) 后檐椽头面积＝(3.80＋2×3.60)×0.09×0.50≈0.50（m²）

(5) 前檐椽头面积＝(3.80＋2×3.60)×0.09＝0.99（m²）

例 2：某游廊有 13 间，每间面宽为 4200mm，飞椽头为 60mm×60mm，求连檐瓦口面积。

解：连檐瓦口面积＝13×4.20×0.06×1.5×2≈9.83（m²）

5. 椽望按其对应屋面面积，以平方米为单位计算。小连檐立面及闸挡板、隔椽板的面积不计算，屋角飞檐冲出部分不增加，室内外做法不同时，以檩中线为界，分别计算，其中：

（1）屋面坡长以脊中至檐头木基层外边线折线长为准，扣除斗栱（正心桁至挑檐桁）所掩盖的长度。

（2）硬山式建筑两山边线以排山梁架轴线为准，悬山式建筑两山边线以博缝外皮为准。

（3）椽肚饰金不扣除椽档面积，望板饰金不扣除椽所占面积。

椽望面积指椽子和望板的面积，其中，椽子不是展开面积。

以硬山为例，对应屋面面积是指人站在室内仰视所见望板面积，这个面积中坡长（屋面折线长）没有变化，而面宽方向的水平长也未发生变化，就是 N 间轴线之和的长度。

为了简化计算，计算屋面瓦面时，屋角飞檐冲击部分不增加。

（1）屋面坡长仍指脊的假想中心线至檐头木基层的外端。有飞椽时，计算至飞椽外端；无飞椽时，算至檐椽外端。是各椽子的折线长之和，但要扣除正心桁至挑檐桁之间的望板宽。

（2）硬山式建筑的排山梁架之距，仍是硬山式建筑 N 间轴线之和。悬山式建筑的两山博缝板之距，是 N 间轴线之和，加 17 倍椽径。

（3）椽肚饰金是一种非常少见的做法，它是仰视所见的檐椽斜面积，不扣除椽档所占面积，宽取檐椽露明的斜长，即檐椽水平出挑的斜长。

（4）望板饰金极少见，计算时，不扣除椽所占面积。

6. 上架枋（含箍头）、梁（含梁头）、随梁、承重、楞木等横向构件，按其侧面和底面展开面积，以平方米为单位计算，对上面及穿插枋榫头面积均不计算；侧面面积按截面高乘以长计算，底面面积按截面宽乘以长计算，扣除随梁、上槛、墙、天花顶棚等所盖面积，箍头端面、梁头端面面积已包括在内，不再另行增加；构件长度均以轴线间距为准，轴线外延长的箍头、梁头长度应予增加；室内外做法不同时，应分别计算。

古建筑大木构架可分为上架与下架两大类：

（1）上架指枋下皮以上（包括柱头）的所有梁、枋、随梁、瓜柱、柁墩、脚背、雷公柱、柁挡板、象眼山花板、桁檩、扶脊木、角梁、仔角梁、由戗、桁檩垫板、由额垫板、燕尾枋、承重、楞木等，以及木楼板的底面。

（2）下架指柱，各类槛框，窗榻板，门头板（迎风板、走马板），余塞板，隔墙板，护墙板，筒子板，栈板墙，坐凳面及楹斗，门簪等。

矩形截面的梁、枋面积按两个侧高之和，加一个底面宽为展开宽，乘以长，以平方米为单位计算，对梁头、枋头的断面不计算面积。对梁、枋顶面（上面），穿插枋的榫头（将军头）不计算面积，但应扣除随梁、上槛、墙体、天花顶棚所盖面积。

构件长度以轴线间距为准。如一般檐枋，轴线向外延长的箍头长或梁头长应被计入长度内（如五架梁、搭交檐枋、抱头梁的前端等）。室内外做法不同时，要分别计算，如硬山无廊建筑，外檐做一麻五灰地仗，黄线包袱式苏式彩画，室内上架四道灰地仗，刷三道红漆。对其檩、板、枋要分别计算。

例：某五架梁，从檩中心至梁端头为1倍檩径长。梁全长如何计算？

解：则梁全长＝2D＋进深轴线，其中，D为檩径。

只要梁的两端有檩，长度都是这样计算。如四架梁、月梁、七架梁、八架梁等。

另有一种梁，两端均插入柱中，这时的梁长按柱中心至另一柱中心长计算，如随梁。

还有一种梁前端与五架梁相同，梁后端插入柱中，这时梁长为在前端架加一个檩径，后端长算至柱中心，如抱头梁。

7. 坐斗枋两侧面积均按其截面高，乘以全长，以平方米为单位计算。

坐斗枋（图7-3）是斗栱下边的垫木，也称平板枋。坐斗枋按照两个侧面高，乘以长的面积以平方米为单位计算，不计算顶面。底面与额枋相交不能做地仗、油漆。

计算坐斗枋长度时要考虑转角处搭交出头的长，它是从柱中心至平板枋端头的长，为1.0倍柱径。

8. 挑檐枋外立面面积按其截面高，乘以长，以平方米为单位计算，并入上架构件工程量中，不扣除梁头及斗栱升斗所压占面积，其长度同挑檐桁长。

挑檐枋外立面面积按挑檐枋高，乘以长，以平方米为单位计算，并归入上架面积内。

挑檐枋与挑檐檩等长，不扣除斗栱、升、斗所占面积。

9. 桁檩按截面周长减去金盘宽（金盘宽按檩径$\frac{1}{4}$计算，见图7-4）和垫板或挑檐枋所压占的宽度，乘以长，以平方米为单位计算，端面不计算，扣除顶棚所掩盖面积；其长度以轴线间距为准，将轴线外延长的搭角桁檩头长度增加，悬山出挑桁檩头长度计算至博缝板外皮；室内外做法不同时，应分别计算。

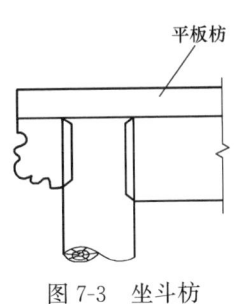

图7-3　坐斗枋　　　　　　　图7-4　金盘示意图

桁檩要按圆形展开，扣除上金盘宽尺寸，扣除檩下与垫板接触面积，有时也要扣除下金盘或斗栱挑檐枋所占压宽度。

搭交檩搭交出头长要被计入檩长。搭交檩有时一端带搭交头，有时两端均带搭交头，搭交头长从柱中心到檩外端长为1.5倍檩径。

硬山式建筑的檩长（木作工程）在排山时，要被计算到排山梁架的外皮，也就是轴线长再加上二分之一柁宽。但在油作中,不需要加二分之一柁宽,只取轴线长度。

悬山式建筑檩长仍计算至木博缝板外皮,与木作工程檩长相同,为各间轴线之和,再加 17 倍椽径,也可直接借用木作时檩子长度。

檩径不同时,要用分别展开的宽,乘以相应的长,求出各自的面积,最后合并为檩的地仗面积。

室内如有吊顶,檩会被部分吊顶掩盖,掩盖在吊顶内的檩面积,不应被计算。

10. 角梁按其侧面和底面展开面积,以平方米为单位计算,其底面面积按角梁宽,乘以角梁长计算,两侧合计面积按角梁截面高,乘以角梁长,乘以 2.5 计算,端面面积不被计算。扣除斗栱、天花掩盖的面积,其中,仔角梁头长,以飞椽挑出长即小连檐外皮至大连檐外皮水平间距为基数,角梁挑出长度以椽平出长即挑檐桁或檐檩中至小连檐外皮间距为基数,角梁内里长以檐步架水平长为基数,正方角乘以 1.5,六方角乘以 1.26,八方角乘以 1.2 计算。

角梁地仗面积与一般梁的地仗面积计算略有不同。

角梁底面面积＝角梁宽×角梁长

角梁侧面面积＝角梁高×角梁长×2.5

一般梁是乘以 2,这里是乘以 2.5。角梁的端头与其他梁端头计算方法相同,不计算端头面积。因建筑物转角的角度不同,角梁、仔角梁的长度系数各不相同。

假设仔角梁飞椽出挑尺寸为 A

则有:(1) 直角转角时仔角梁长＝1.50A(1.50 为转角 90°时的加长系数)

(2) 六方转角时仔角梁长＝1.26A

(3) 八方转角时仔角梁长＝1.20A

角梁的长分为室外长与室内长,室外长无斗栱时,取檐檩中心至小连檐外皮之间的水平距离(一般为上檐出的 2/3);室外长有斗栱时,取挑檐桁中心至小连檐外皮之间的水平距离。角梁室内长就是檐步架长加斜系数。

假设角梁室外长为 B,室内长为 C,则

(1) 直角转角时

角梁长＝$(B+C)×1.5$

(2) 六方转角时

角梁长＝$(B+C)×1.26$

(3) 八方转角时

角梁长＝$(B+C)×1.20$

例 1:某建筑为无斗栱四方单檐亭,仔角梁截面为 220mm×280mm,角梁截面为 220mm×300mm。飞椽水平出尺寸为 330mm,檐椽水平出尺寸为 650mm,檐步架为 1200mm,求仔角梁、角梁的地仗面积。

解：（1）仔角梁面积＝(0.28＋0.28＋0.22)×0.33×1.50×4

$$≈1.54（m^2）$$

（2）角梁地仗面积＝(0.30＋0.30＋0.22)×(0.65＋1.20)×1.5×4

$$≈9.10（m^2）$$

例2：某单檐六角亭，有五踩单翘单昂斗拱，斗口为70mm，仔角梁截面为220mm×280mm，角梁截面为220mm×300mm，飞椽平出尺寸为340mm，挑檐桁中至檐椽头水平出挑为700mm，檐柱至金柱尺寸为1250mm，求仔角梁、角梁的彩画面积。

解：（1）仔角梁彩画面积＝(0.28＋0.28＋0.20)×0.34×1.26×6×2.50

$$≈4.88（m^2）$$

（2）角梁彩画面积

注意，这里给出的挑檐桁中至檐椽头水平出挑为700mm，题中并未给出挑檐桁至正心桁之间的距离，但给出五踩斗栱，斗口为70mm，按常规做法五踩斗栱从檐檩中向外挑出两个拽架，而每拽架相当于3个斗口，正心桁至挑檐桁之间就是6个斗口（即6×0.07m＝0.42m）

角梁室内长为一个檐步架长，为1.25m（题目的已知条件）

角梁彩画面积＝(0.22＋0.30＋0.30)×(0.70＋0.42＋1.25)×1.26×6×2.50

$$＝0.82×2.37×1.26×6×2.50$$

$$≈36.73（m^2）$$

仔角梁、角梁彩画面积＝4.88＋36.73＝41.61（m²）

11. 由戗按其 2 倍截面高加底面宽之和，乘以长，以平方米为单位计算，不扣除桁檩、雷公柱所占面积，其长度以金步架水平长为基数，正方角乘以 1.57，六方角乘以 1.35，八方角乘以 1.28。

由戗（图7-5）也称续角梁，是斜梁的一种，是角梁向后的延续。根据屋架步架的多少，有时只有一根由戗。有时会有二根或三根由戗。

由戗的地仗面积也是按三个面展开计算，对其顶面不计算面积。由戗面积等于展开尺寸乘以由戗长。

由戗的长度受转角度数影响，不同角度对应不同调整系数。

金步架由戗长＝金步架水平长×调整系数

（1）直角转角（正方角）

金步架由戗长＝金步架水平长×1.50

（2）六角转角

金步架由戗长＝金步架水平长×1.35

（3）八角转角

金步架由戗长＝金步架水平长×1.28

若遇大型官式建筑，有下金由戗、上金由戗、脊由戗，则要分别计算各自的面积，计算各自的长度时，取各自对应位置的步架尺寸为基数，乘以调整系数。

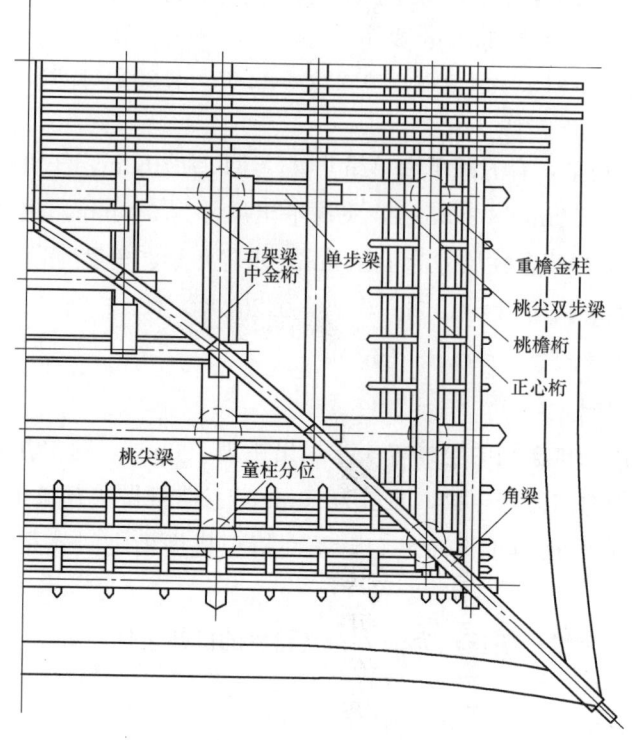

图 7-5　由戗示意图

下金由戗取下金步架为基数，上金由戗取上金步架为基数，脊由戗取脊步步架为基数。

12. 瓜柱、太平梁上的雷公柱，按周长乘以柱净高，以平方米为单位计算，柁墩按水平周长乘以截面高，以平方米为单位计算；瓜柱、柁墩均扣除嵌入墙体的面积；攒尖雷公柱按周长乘以垂头底端至由戗上皮净高，以平方米为单位计算。

可将瓜柱、太平梁上的雷公柱，攒尖雷公柱、柁墩视为一种矮柱，按柱子展开面积计算，不计算矮柱断面面积。

瓜柱按柱脚的梁背上平至上一架梁的梁底平之间的垂直距离计算柱高，柁墩同理。

太平梁上雷公柱的柱高，从太平梁的背算至脊檩底皮。攒尖雷公柱的高从垂头底皮算起至由戗上皮为止，如无图示标高，可按 7 倍的柱径计算。

瓜柱、柁墩计算地仗面积时，应扣除其贴靠在墙体的面积。

13. 脚背两侧面均按全长，乘以高，以平方米为单位计算，不扣除瓜柱所掩盖面积，扣除嵌入墙体一侧的面积，两端面及上面不计算。

角背按正反面面积计算，不扣除瓜柱所占面积，角背按正面投影的外接最小矩形计算面积。一般角背按两面计算，贴靠墙的角背按单面计算。两端面及上面不展开计算。

14. 由额垫板、桁檩垫板两面均按截面高，乘以轴线间距长度，以平方米为单位计算，悬山式建筑两山燕尾枋长计入桁檩垫板长度中，燕尾枋不再另行计算；棋枋板（围脊板）、柁挡板、象眼山花板两面，均按垂直投影面积，以平方米为单位计算，其中，象眼山花上边线以望板下皮为准，不扣除桁檩窝所占面积。

在小式建筑中是垫板，在大式建筑中是由额垫板。垫板露明部分的高就是垫板截面的高。一般垫板的面积是两个面的面积，个别情况下是单面面积。如后檐檩为一檩三件封护檐做法，只能做后檐一檩三件的内侧。

垫板面积＝高×轴线间距×2

垫板的实际长度并非轴线间距，实际露明长要小于轴线间距。但为了简化计算，规则规定垫板长度取轴线间距即可。

悬山式建筑两山燕尾枋是垫板在出梢部分的延续，外形虽与垫板不同，但计入垫板长度，不再另行计算。燕尾枋长度按图示出梢尺寸，是柱中至博缝板中之间的水平距离。无图示时，按椽空档数，加若干椽宽，再加半椽径计算，清式建筑多为8倍椽径。

棋枋板、围脊板、柁挡板、象眼山花板地仗均按板的两面计算。象眼山花板为三角形状，上边线以望板下皮构成的三角形为准，不能取外接最小矩形，其中，桁檩窝所占面积不能扣除。

棋枋板、围脊板、柁挡板按相邻木构件所围矩形的垂直投影面积计算。板与木构件的木压条已含在板的工作范围内，不另行展开计算。

例：如图7-6所示，求瓜柱面积，求柁挡板面积。

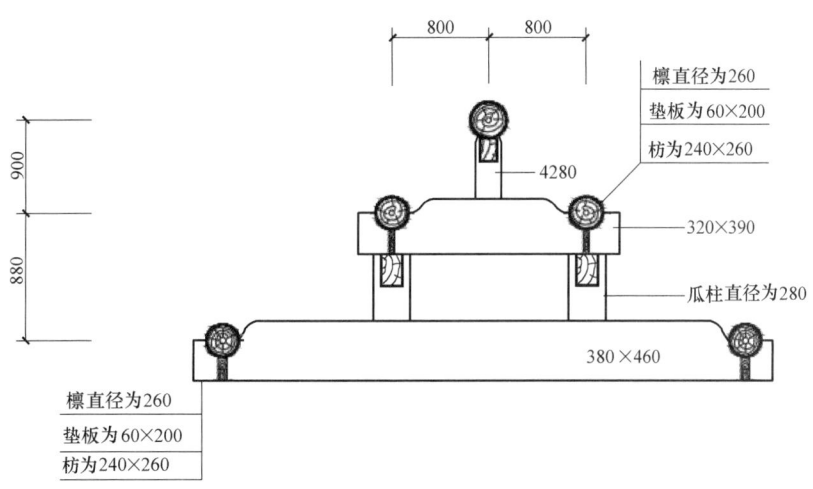

图7-6 瓜柱与梁的关系

解：（1）首先找出瓜柱高度

从图7-6中可知檐檩底皮至金棱底皮是880mm，檐垫板高等于金垫板高，也就是三架梁底皮至五架梁底皮是880mm。又知五架梁高为460mm，则五架梁顶面至三架梁底面高为0.88－0.46＝0.42（m）（金瓜柱高）

（2）瓜柱里皮至里皮间净距离＝$0.80 \times 2 - \frac{1}{2} \times 0.28 \times 2 = 1.32$（m）

桵挡板地仗面积＝$1.32 \times 0.42 \times 2 \approx 1.11$（m²）

（3）金瓜柱展开面积＝$\pi \times 0.28 \times 0.42 \times 2$ 根

≈ 0.74（m²）

（4）脊瓜柱展开面积

脊檩底皮至三架梁底的高＝$0.90 + 0.20$（垫板高）＝1.10（m）

又知三架梁高0.39m，则三架梁顶面至脊檩底皮高＝$1.10 - 0.39 = 0.71$（m）

脊瓜柱展开面积＝$0.28 \times 3.14 \times 0.71 \approx 0.62$（m²）

瓜柱合计面积＝$0.74 + 0.62 = 1.36$（m²）

15. 雀替及隔架雀替按露明长，乘以全高，以平方米为单位计算。

露明长无图示时，可按两柱间净尺寸的四分之一计算。

雀替高与额枋或小额枋、檐枋等高时，对雀替厚不计算面积。

雀替上若安装三幅云栱，对三幅云栱不计算面积。雀替下云墩也按最小外接矩形计算面积。

雀替与云墩见图7-7。

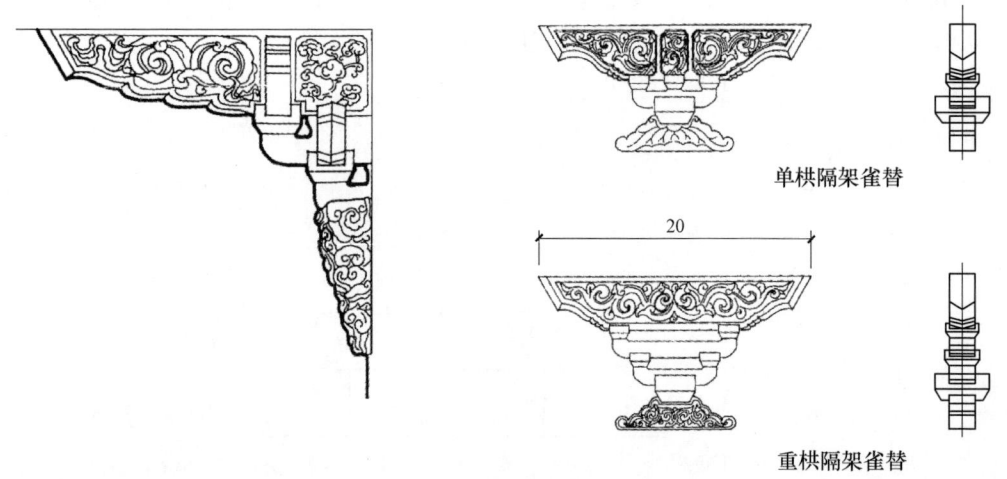

单栱隔架雀替

20

重栱隔架雀替

图7-7 雀替与云墩

16. 牌楼花板、牌楼匾按垂直投影面积，以平方米为单位计算。

牌楼花板无论图案如何，两个面做法相同；牌楼匾与一般匾不同，也是两个面做法相同。

计算规则所指的正投影面积，是指一个面的面积，不要乘以2倍。这是牌楼匾与花板较特殊的一点。

一般商家店铺的匾只有一面做地仗油饰，故这类匾按一个面的垂直投影面积计算。

牌楼花板可通过立面、剖面梁枋尺寸关系计算出两根枋之间的净高，即花板的高，但若干块花板，大小不一，设计时不一一注明，需要根据面宽、柱径、折柱看面尺寸、折柱根数计算出花板的水平长度（把若干块花板假想成一块大花板）。

例：见图 5-6，假设明间轴线为 4000mm，柱径为 300mm，折柱看面宽为 110mm，两枋净空高为 280mm，求明间花板面积和匾面积（匾与花板等长）。

解：（1）柱里皮水平净距 $=4-2\times0.30\times\dfrac{1}{2}=3.70$（m）

（2）折柱所占宽度，图中有两个 110mm 宽折柱，有两个 $\dfrac{1}{2}\times110$ 折柱（两个边折柱宽 $\dfrac{1}{2}\times110$mm），折柱宽 $=0.11\times2+\dfrac{1}{2}\times0.11\times2=0.33$（m）

（3）花板与匾水平长之和

$3.70-0.33=3.37$（m）

（4）匾的面积

匾额占三分之一长，匾额长 $=3.37\div3\approx1.12$（m）

匾额面积 $=1.12\times0.28\approx0.31$（$m^2$）

（5）花板面积

花板长 $=3.37-1.12=2.25$（m）（两块花板合计长）

花板面积 $=2.25\times0.28=0.63$（m^2）

17. 下架柱按其底面周长，乘以柱高（扣除计算到上架面积中的柱头高）计算面积，扣除抱框、墙体所掩盖面积。

圆柱的侧面展开就是圆的周长。

矩形柱、梅花柱的侧面展开就是矩形柱各边宽之和。

规则所指下架柱不包含童柱、草架柱、雷公柱、攒尖雷公柱、折柱、垂柱，这些柱归上架范围。

柱被墙体部分包裹时，不能按整根柱的面积计算，合理地扣减被包裹的面积。柱与抱框相连，应扣除两者相交部位的面积。

柱高度的确定：计算地仗面积时，所用柱高不同于大木制作时的柱高。求地仗面积所用柱高指的是从柱础鼓径上皮至枋下皮之间的高。

以檐柱为例，檐枋是插入柱头的，且檐枋上皮与柱上端顶部平齐，檐枋底皮（含）以上部位归上架。那么，柱头向下返一个枋高的柱头面积，就属于上架范围。因此，这时的柱高指对应枋下皮位置的柱高，枋底皮以上所含柱面积归上架。

柱头阴影部分面积归上架（图 7-8），檐柱、金柱同理。山墙若设有排山中柱，道理相同。上下架柱高分界线为三步梁或双步梁梁底平对应的柱高分界。三步梁或双步梁底皮（含）以上部分的柱面积归上架，以下部分

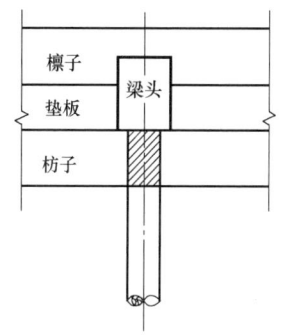

图 7-8 柱头部分归上架示意图

的柱面积归下架。

牌楼柱也是如此，无论柱上有几道枋，以最下一根枋底皮对应的高度，将牌楼柱分为上架和下架。

18. 槛框按截面周长乘以长，以平方米为单位计算，扣除贴靠柱、枋、梁、榻板、墙体、地面等侧的面积。楹斗、门簪等附件基层处理、地仗、油饰不再另行计算。其中，槛长以柱间净长为准，框及间柱长以上下两槛间净长为准。

槛框一般按三个面的展开计算面积，抱框与柱相交、下槛底面与地面相交、上槛顶面与枋相交的面不计算面积，多为两个看面加上厚度所示的面积。

槛框在一间里，无论何位置，其厚度均相同，看面因位置不同，大小也不同，下槛看面远大于其他槛框看面。要根据各自截面，分别计算长度。计算槛框长度时，因两者规则不同，不能完全借用木作时的长度。其中，竖向放置的柱、抱框可以借用木作时的长度。但水平放置的上、中、下槛则是以柱间水平净距长为准（木作时是以轴线为准）。

各种槛框截面尺寸相同时，可以求其总长，计算总面积。截面不同时，分别计算面积，最后合计为槛框地仗面积。槛框地仗面积属于下架地仗范围。

计算槛框展开面积时，与槛框附着的单楹、连二楹、门簪、荷花栓斗、荷叶墩不计算面积，也不在展开面积中扣除。

门枕、通连楹与中槛相交面积，应在中槛面积中扣除。

19. 框线饰金按框线宽，乘以长，以平方米为单位计算。

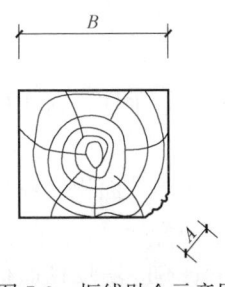

图 7-9　框线贴金示意图

框线饰金也叫框线贴金，贴金时的框线宽度，设计文件多不明确，要根据经验测算，见图 7-9，$A \approx 0.20 \times B$，A 为框线贴金的曲线长，B 为框线宽。

框线贴金的长度是槛框贴金位置的累计长度，设计文件也不会标注哪里需要框线贴金，完全由造价人员根据传统方式，确定哪里需要框线贴金。一般下槛在出入口处不做框线贴金。主要部位做框线贴金如图 7-9～图 7-12 所示加粗线位置。

20. 窗榻板按宽与两侧面高之和，乘以柱间净长（扣除门口所占长度），以平方米为单位计算，扣除风槛所占面积。

窗榻板也就是窗台板，展开宽是窗榻板两侧面宽（即板厚）与顶面之和，扣除风槛厚度尺寸（图 7-13）。窗榻板长按两柱间水平净长计算。窗榻板面积归属下架范围。

窗榻板若遇有门口时，门口左右都会有很短的窗榻板，窗榻板端头面积可计入窗榻板面积。但端头与圆柱相接形成的八字增加面积，不计入窗榻板面积。

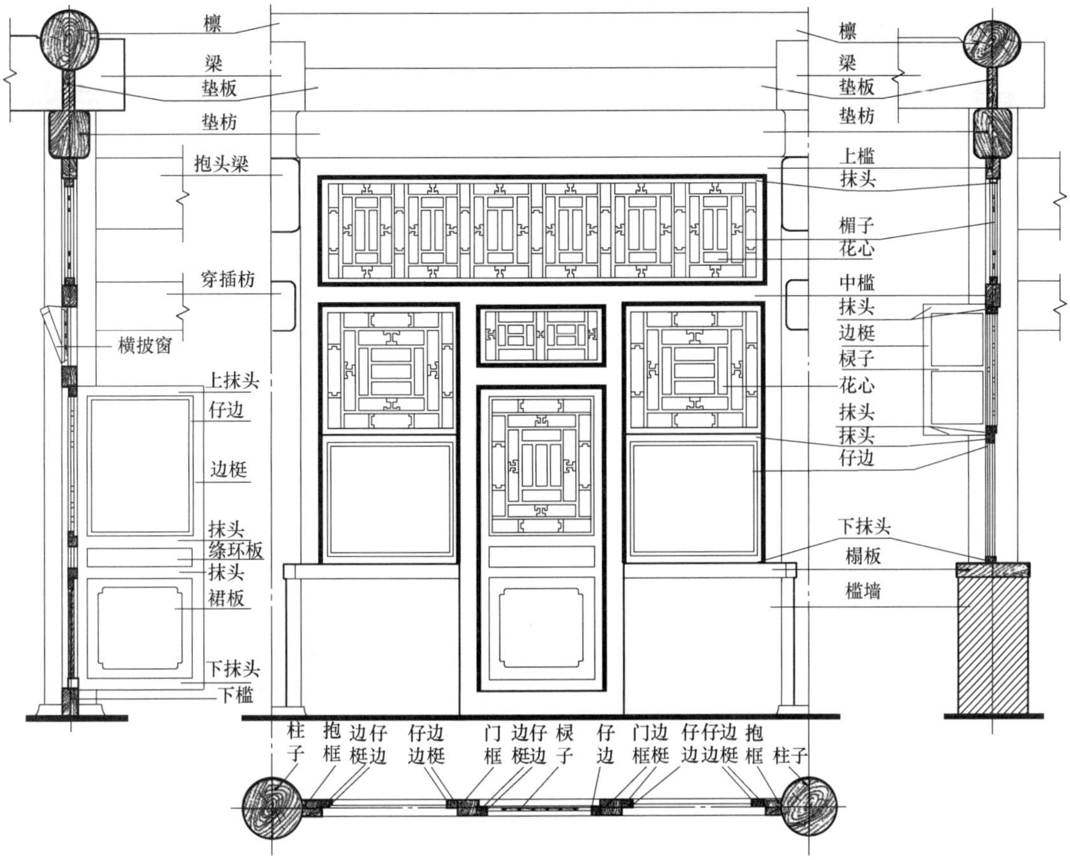

檩
梁
垫板
垫枋
抱头梁
穿插枋
横披窗
上抹头
仔边
边梃
抹头
绦环板
抹头
裙板
下抹头
下槛

檩
梁
垫板
垫枋
上槛
抹头
楣子
花心
中槛
抹头
边框
棂子
花心
抹头
抹头
仔边
下抹头
榻板
槛墙

柱子　抱框　边梃　仔边　仔边　门框　边梃　棂子　仔边　门框　边梃　仔边　仔边　抱框　柱子

图 7-10　风门框线贴金示意图

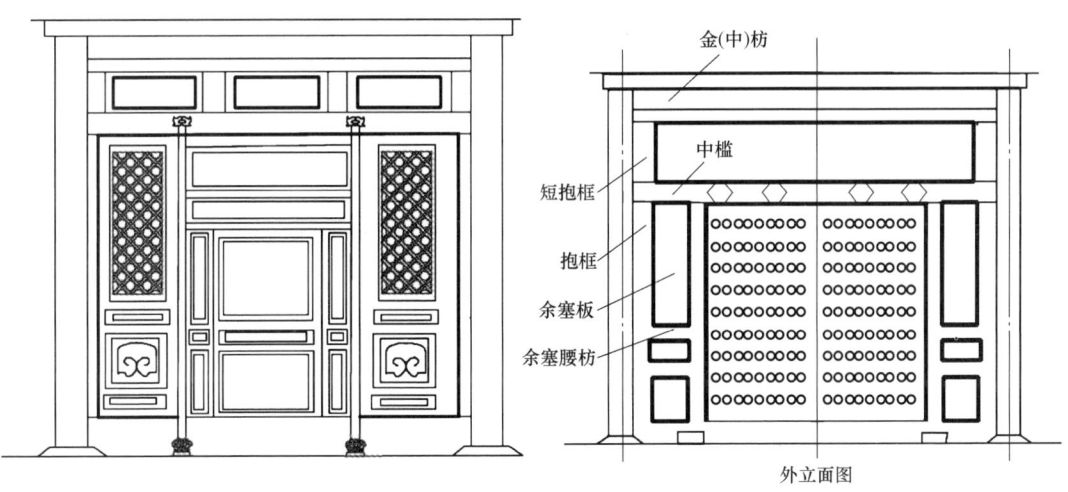

金(中)枋
中槛
短抱框
抱框
余塞板
余塞腰枋

外立面图

图 7-11　帘架及余塞板框线贴金示意图

图 7-12　攒边门框线贴金示意

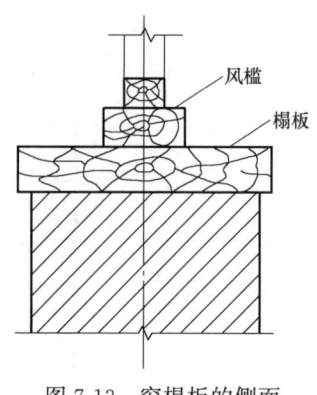

图 7-13　窗榻板的侧面

21. 坐凳面按截面周长乘以柱间净长，以平方米为单位计算，不扣除榻子所占面积，出入口长度应被扣除，对其膝盖腿长应增加。

坐凳面积按四个面的展开定宽，长按两柱间水平净长计算。坐凳面底面与榻子相交占压的面积不能被扣除。遇有出入口时，水平长度应扣除出入口宽度（图 7-14）。但出入口两侧膝盖腿的长度应被计入坐凳长。膝盖腿高以坐凳顶面至地表间垂直高计算。膝盖腿若有部分埋在地面，对埋入部分不计算。坐凳面地仗、油饰可归入下架范围。

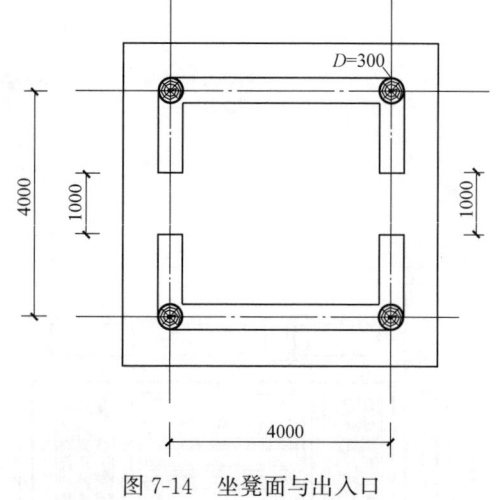

图 7-14　坐凳面与出入口

例：坐凳面标高为 +0.500，坐凳面规格为 55mm×300mm，求坐凳面面积。

解：（1）坐凳面的展开面积 = $2 \times (0.055 + 0.30) = 0.71$（m）

（2）坐凳面长度

柱间净距 = $4 - 2 \times 0.30 \div 2 = 3.70$（m）

水平长 = $3.70 \times 4 - 2 \times 1 = 12.80$（m）

膝盖腿高为 0.50m，共有四个膝盖腿，膝盖腿高折合长度 = $4 \times 0.50 = 2$（m）

坐凳面总长 = $12.80 + 2 = 14.80$（m）

（3）坐凳面面积 = $0.71 \times 14.80 \approx 10.51$（m²）

22. 门头板（迎风板、走马板），余塞板等两侧面及廊心，均按垂直投影面积，以平方米为单位计算。

门头板（迎风板、走马板），余塞板按槛框内侧所围面积，乘以两面计算。廊心墙上有彩画时，按廊心线枋里侧所围面积计算。廊心是木基底时，按木边框外围所围面积计算。廊心墙多对称设置，工程量最终要乘以2。

若修缮工程设计文件要求只做门头板、余塞板外立面地仗油饰时，工程量以实际施工面积为准，不需要乘以2，对单价应折算。

23. 筒子板按看面及两侧边宽之和，乘以立板顶板总长，以平方米为单位计算。

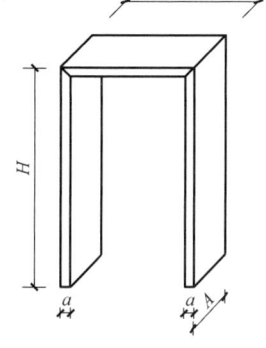

图 7-15　廊门筒子板
a—筒子板板厚；A—筒子板墙厚；B—筒子板洞口宽；H—筒子板洞口高

筒子板的宽由三个数相加而成（即看面宽和两侧的筒子板厚度）。两个立板高，加上顶板长为总长。筒子板面积中即包括筒子板自身看面面积，也包括两侧板高和顶板厚度产生的面积。

如图 7-15 所示，廊门筒子板宽＝$2a+A$，板长＝$2H+B$，筒子板面积＝板长×板宽＝$(2H+B)\times(2a+A)$

筒子板地仗面积比木作筒子板面积要大，二者不能相互借用。

例：假设廊门筒子板板厚 60mm，墙厚 410mm，木板凸出墙每侧各 20mm。洞口高 2200mm，洞口宽 850mm，求廊门筒子板地仗油漆面积。

解：（1）宽度＝$0.06\times2+(0.41+0.02\times2)=0.57$（m）

（2）筒子板长＝$2\times2.20+0.85=5.25$（m）

（3）筒子板地仗油漆面积＝$0.57\times5.25\approx2.99$（$m^2$）

若贴靠墙体一侧需刷防腐剂可借鉴此计算方法。

24. 栈板墙、木隔墙板两面及木护墙板均按垂直投影面积，以平方米为单位计算，扣除门窗洞口所占面积，木护墙板不扣除柱门所占面积。

栈板墙、木隔墙板两个面都要做地仗刷漆，故栈板墙、木隔墙按垂直投影面积的2倍计算。其中，栈板墙外侧有许多凸起的木线，计算面积时不能将它们展开。但根据规定，栈板墙外侧做地仗油饰时，定额要乘以 1.25 系数。

在做设计概算、预（结）算时，可将栈板墙外侧单独列项，执行定额时乘以 1.25 系数。若在清单计价模式下，工程量不能被随意调整，组合综合单价时，要充分考虑系数调整对价格引起的变化。也可以在编制清单工程量时，直接将栈板墙外侧面积乘以 1.25 系数后，与里侧面积合并。

护墙板有一侧贴靠墙体，仅有一面露明，计算面积时，只按露明面垂直投影面积计算。

栈板墙、木隔墙板、木护墙板应扣除大于等于 $0.50m^2$ 的门窗洞口所占面积。木护墙板有柱门时，不扣除柱门所占面积。栈板墙、木隔墙板、木护墙板面积均归入下架范围。

25. 木楼板上面按水平投影面积，以平方米为单位计算，其上面不扣除柱、槅扇所占面积；其底面扣除承重、楞木所占的面积。

木楼板分为两个面，上面（上一层站人的室内地面）要按维护墙里侧所围面积计算。不扣除柱、柱顶石、槅扇（或下槛）所占面积。扣除佛像须弥座、佛像基座、楼梯口所占面积。扣除大于等于 $0.50m^2$ 的孔洞面积（此面积属于下架面积）。

木楼板的底面（底层的顶面）按围护墙所围面积计算。扣除承重梁、楞木、大于等于 0.50m^2 孔洞、楼梯口所占面积。此面积属于上架面积，不可以直接用上面面积乘以 2 计算得出。

26. 木楼梯按水平投影面积，以平方米为单位计算。

木楼梯在宽度不变的情况下，楼梯与地面夹角越大，投影面积越小。设计文件上不会标注木楼梯与地面的夹角度数，遇木楼梯时，造价人员要测算这个夹角。可利用三角函数关系求出夹角度数。

一般设计文件上会给出楼梯起点与终点的标高，这个高就是直角三角形的高，图示还会给出楼梯斜置时的水平投影长，利用这两个关系，在三角函数中有：

$$tg\alpha = \frac{对边高}{邻边长} 或 ctg\alpha = \frac{邻边长}{对边高}$$

查三角函数表，即可求出 α（α 是木楼梯与地面的夹角）。

木楼梯 $\alpha \leqslant 45°$ 时不做调整；当 α 大于 $45°$ 且小于或等于 $60°$ 时，乘以 1.40 系数调整；当 α 大于 $60°$ 时，乘以 2.70 系数调整。

对面积做调整，而单价不做调整；对面积不做调整，而单价做调整，最终计算的结果是相同的。不建议用价格调整的方法。

木楼梯地仗油漆面积不包括楼梯栏杆、扶手面积，不包括木休息平台及平台下柱、枋、梁的面积，仅指斜楼梯的面积，栏杆等面积被另外计算。

27. 上、下架彩画回贴均以单件构件展开面积累计，以平方米为单位计算，回贴面积比例不同时，应分别累计计算。

彩画回贴属于旧彩画维修项目，单件构件指的是某一具体的大木构件。某一构件彩画有可能是一个部位，也有可能是多个部位，但都发生在同一个构件上。当一块或多块需要回贴的面积占这个（单件）构件总面积小于或等于 30% 时，执行基础定额子目编号 7-239、7-587。当回贴面积大于 30% 时，执行每增加 10% 的定额子目编号 7-240、7-588。

下架彩画回贴指官式建筑中内檐柱做浑金沥粉贴金，室外下架做斑竹纹彩画等。

旧彩画回贴计算时，要分上、下架分别计算。旧彩画回贴的工程量要视设计文件要求确定。

例：某四合院大殿正房有五间，东西厢房各有三间，耳房有四间，有垂花门一间，有游廊八间。设计总说明描述：彩画因年久失修，有多处空鼓脱离，按 20% 进行回贴，如何理解这句话的意思？

解：设计文件明确了彩画回贴按 20% 进行，但未进一步明确是哪些构件。这时，应理解为整个院落各个木构件均发生 20% 的旧彩画回贴。需要对各房间内所有有旧彩画的构件，计算彩画展开面积，取其之和，乘以设计百分率为旧彩画回贴的工程量。

如设计文件未规定某个具体构件，但规定了外檐彩画按 20% 进行回贴，则应将所有外檐构件展开面积作为工程量。

28. 各种斗栱、垫栱板、盖斗板基层处理、地仗、油饰、彩绘均按展开面积计算，工程量展开面积计算按表 7-1～表 7-3 的规定执行。

斗栱、盖斗板、掏里面积计算表一 　　　表 7-1

斗栱种类		斗栱展开面积											盖斗板面积	掏里面积
		斗栱外拽面展开面积包括：斗栱外拽各分件正面、底面、两侧面的面积，以及挑檐枋底面、外拽枋的正面和底面、正心枋外拽面的面积											外拽盖斗板面积按斗栱外拽展开面积乘以下列系数计算	外拽掏里面积包括外拽栱、升、枋的背面面积,按斗栱外拽展开面积乘以下列系数计算
		斗口尺寸												
		4cm	5cm	6cm	7cm	8cm	9cm	10cm	11cm	12cm	13cm	14cm		
昂翘镏金斗栱外拽面	三踩单昂	0.245	0.382	0.55	0.749	0.978	1.238	1.529					13.10%	19.40%
	五踩单翘单昂	0.43	0.672	0.967	1.317	1.72	2.177	2.687	3.252	3.87	4.542	5.267	18.00%	26.00%
	五踩重昂	0.45	0.702	1.012	1.377	1.798	2.276	2.81	3.4	4.046	4.749	5.507	17.20%	24.90%
	七踩单翘重昂	0.631	0.986	1.42	1.933	2.525	3.195	3.945	4.773	5.68	6.666	7.731	19.40%	27.90%
	九踩重翘重昂	0.813	1.27	1.829	2.489	3.251	4.114	5.079	6.146	7.314	8.584	9.955	20.60%	29.60%
	九踩单翘三昂	0.832	1.3	1.873	2.549	—	—	—	—	—	—	—	20.10%	28.90%
	十一踩重翘三昂	1.007	1.574	2.267	3.085	—	—	—	—	—	—	—	21.10%	30.30%

斗栱、盖斗板、掏里面积计算表二 　　　表 7-2

斗栱种类		斗栱展开面积											盖斗板面积	掏里面积
		斗栱里拽展开面积包括：斗栱里拽各分件正面、底面、两侧面的面积，井口枋、里拽枋正面和底面的面积，正心枋里拽面的面积											里拽盖斗板面积按斗栱里拽展开面积乘以下列系数计算	里拽掏里面积包括里拽栱、升、枋的背面面积,按斗栱里拽展开面积乘以下列系数计算
		斗口尺寸												
		4cm	5cm	6cm	7cm	8cm	9cm	10cm	11cm	12cm	13cm	14cm		
昂翘斗栱里拽面	三踩	0.272	0.424	0.611	0.832	1.086	1.375	1.697	2.053	2.444	2.868	3.326	13.20%	23.40%
	五踩	0.469	0.733	1.056	1.438	1.878	2.376	2.934	3.55	4.225	4.958	5.75	21.90%	27.20%
	七踩	0.651	1.017	1.465	1.994	2.604	3.295	4.068	4.923	5.859	6.876	7.974	22.70%	29.50%
	九踩	0.833	1.301	1.873	2.55	3.33	4.215	5.203	6.296	7.493	8.793	10.198	23.20%	30.80%
镏金斗栱里拽面	三踩	0.971	1.518	2.186	2.975	3.386	4.918	6.072	7.347	8.743	10.261	11.901	—	—
	五踩	1.081	1.688	2.431	3.309	4.322	5.47	6.753	8.172	9.725	11.413	13.237	—	—
	七踩	1.291	2.017	2.904	3.952	5.162	6.534	8.066	9.76	11.615	13.632	15.81	—	—
	九踩	1.491	2.33	3.355	4.566	5.964	7.548	9.319	11.276	13.419	15.749	18.265	—	—
平座斗栱里拽面	三踩单翘	0.229	0.358	0.515	0.701	0.915	1.158	1.43	1.73	2.059	2.417	2.803	14.00%	20.70%
	五踩重翘	0.41	0.641	0.923	1.257	1.642	2.078	2.565	3.103	3.693	4.335	5.027	18.80%	27.30%
	七踩三翘	0.592	0.725	1.332	1.813	2.368	2.997	3.7	4.476	5.327	6.252	7.251	20.70%	29.80%
	九踩四翘	0.773	1.209	1.74	2.369	3.094	3.916	4.834	5.849	6.961	8.17	9.475	21.70%	31.10%

斗栱、盖斗板、掏里面积计算表三   表 7-3

斗栱种类		斗栱展开面积												盖斗板面积	掏里面积
		包括斗栱各分件正面、底面、两侧面的面积及正心枋正面及底面的面积													
		斗口尺寸													
		4cm	5cm	6cm	7cm	8cm	9cm	10cm	11cm	12cm	13cm	14cm		
平座斗栱里拽面	一斗三升斗栱（单拽面）	0.046	0.071	0.103	0.14	0.182	0.231	0.285	—	—	—	—	—	—
	一斗二升交麻叶斗栱（单拽面）	0.091	0.142	0.204	0.278	0.363	0.46	0.567					—	—
	单翘麻叶云斗栱（单拽面）	0.236	0.359	0.531	0.722	0.944	1.194	1.474					—	—
	十字隔架斗栱（双拽面）	0.196	0.306	0.44	0.599	0.782	0.99	0.122					—	—
	单栱垫栱板（单拽面）	0.032	0.05	0.072	0.098	0.128	0.161	0.199	0.241	0.287	0.337	0.391	—	—
	重栱垫栱板（单拽面）	0.04	0.062	0.089	0.122	0.159	0.201	0.248	0.3	0.357	0.419	0.486	—	—

注：1. 表 7-1～表 7-3 中所列斗栱展开面积均以平身科为准，内里品字斗栱两拽合计面积按昂翘斗栱里拽面面积的 2 倍计算。牌楼昂翘斗栱、牌楼品字斗栱的平身科两拽合计面积分别按昂翘斗栱、平座斗栱外拽面面积的 2 倍计算。

2. 昂翘斗栱、镏金斗栱、一斗三升斗栱、一斗二升交麻叶斗栱及单翘麻叶云栱的柱头科外拽面面积，分别按其平身科外拽面面积计算。昂翘斗栱、溜金斗栱的柱头科里拽面面积，均按昂翘斗栱平身科里拽面面积计算。

3. 昂翘斗栱、镏金斗栱、平座斗栱的角科外拽面面积按其平身科外拽面面积的 3.5 倍计算，里拽面面积按其平身科里拽面面积计算。牌楼斗栱角科按其平身科两拽合计面积的 3 倍计算。

大部分斗栱里拽面与外拽面构造不同。因此，里外拽面的展开面积也不相同。斗栱展开面积表所有数值，仅代表平身科斗栱，遇有柱头科、角科斗栱，以平身斗栱为基数用系数调整。斗栱展开面积表的斗口范围是 4～14cm，斗口小于 4cm 的，是模型类。若斗口大于 14cm 时，可按表中相邻数值关系推测出 15cm、16cm、17cm 等各相应数值。计算斗栱展开面积时，首先，要对斗栱名称准确定位，明确斗口尺寸大小。然后，将斗栱分为里拽面面积与外拽面面积，分别查表找出对应数值。最后，将里外拽面面积相加就是一攒斗栱的总面积，也是平身科斗栱的总面积。柱头科、角科斗栱是先计算平身科斗栱面积，之后再用系数调整。将平身科、柱头科、角科斗栱面积相加，就是最后的斗栱面积。

计算斗栱面积的同时，还应计算斜盖斗板和掏里面积。

例 1： 某戏楼有七踩单翘重昂平身科斗栱 42 攒，斗口为 120mm，有柱头科七踩单翘重昂斗栱 16 攒，有角科七踩重昂斗栱 4 攒。二层檐有五踩单翘单昂平身科斗栱 38 攒，斗口为 110mm，有柱头科五踩单翘单昂斗栱 16 攒，有角科五踩单翘单昂斗栱 4 攒，求斗栱地仗面积。

解： 一层檐斗栱面积

平身科外拽面面积$=48×5.68=272.64$（m²）

平身科内拽面面积$=48×5.859≈281.23$（m²）

柱头科外拽面面积$=16×5.680=90.88$（m²）

柱头科内拽面面积$=16×5.859≈93.74$（m²）

角科外拽面面积$=4×5.68×3.50=79.52$（m²）

角科内拽面面积$=4×5.859≈23.44$（m²）

一层檐斗栱合计面积$=272.64+281.23+90.88+93.74+79.52+23.44=841.45$（m²）

二层檐斗栱面积

平身科外拽面面积$=38×3.252≈123.58$（m²）

平身科内拽面面积$=38×3.55=134.90$（m²）

柱头科外拽面面积$=16×3.252≈52.03$（m²）

柱头科内拽面面积$=16×3.55=56.80$（m²）

角科外拽面面积$=4×3.252×3.50≈45.53$（m²）

角科内拽面面积$=4×3.55=14.20$（m²）

二层檐斗栱合计面积$=123.58+134.90+52.03+56.80+45.53+14.20=427.04$（m²）

一、二层斗栱合计面积$=841.45+427.04=1268.49$（m²）

例 2： 有三踩单昂斗栱平身科 16 攒，有柱头科 8 攒，有角科 4 攒，斗口为 70mm。盖斗板与掏里面积各是多少？

解： 平身科外拽面面积$=16×0.749≈11.98$（m²）

柱头科外拽面面积$=8×0.749≈5.99$（m²）

角科外拽面面积$=4×0.749×3.50≈10.49$（m²）

外拽合计面面积$=11.98+5.99+10.49=28.46$（m²）

盖斗板面积$=13.1\%×28.46≈3.73$（m²）

掏里面积$=19.40\%×28.46≈5.52$（m²）

29. 昂嘴贴金以个为单位计量。

昂嘴贴金用于彩画等级很高的建筑上，且斗栱的类型应属于昂翘斗栱或溜金斗栱。昂翘斗栱、溜金斗栱昂嘴数量（每攒）见表 7-4。

昂翘斗栱、镏金斗栱昂嘴数量表（每攒）　　　　　　表 7-4

斗栱种类	位置分类	昂嘴数量(个)
三踩单昂	平身科	1
	柱头科	1
	角科	4
五踩单翘单昂	平身科	1
	柱头科	1
	角科	6

斗栱种类	位置分类	昂嘴数量(个)
七踩单翘重昂	平身科	2
	柱头科	2
	角科	13
九踩单翘三昂	平身科	3
	柱头科	3
	角科	22
九踩重翘重昂	平身科	2
	柱头科	2
	角科	17
十一踩重翘三昂	平身科	3
	柱头科	3
	角科	28

30. 垫栱板彩画回贴及彩画修补均按所回贴或修补的垫栱板单块面积累计，以平方米为单位计算。

这一维修项目特指定额编号 7-668。垫栱板是一个近似三角形的板，三角形底边长取相邻两个斗栱坐斗（大斗）中心至中心的距离，再扣减一个坐斗底宽（2.20 斗口），垫栱板三角形的高取平板枋上皮至正心枋底皮间的垂直距离。斗栱剖面图中翘底至昂底高为 2 斗口，昂自身高为 2 斗口，再加上大斗的斗口（共 5.2 斗口）即为垫栱板之高。

用这个方法，求出垫栱板的三角形面积，再乘以需要回贴垫栱板的块数，即为垫栱板彩画回贴的工程量。

此方法也适用于垫栱板地仗、油漆、彩画等工程量的计算。

垫栱板的块数比斗栱攒数要少 1，比如，两个柱头科中间有 4 个平身科，共有 6 攒斗栱，则垫栱板为 5 块。

31. 斗栱保护网油饰，按面积，以平方米为单位计算。

斗栱保网是为了防止虫鸟在斗栱筑巢，而钉在檐椽头与坐斗枋上皮之间的金属网，保护网面积以斜向实际面积为准。

面积等于斜向高乘以水平长，以平方米为单位计算。设计文件多不标注保护网的斜高，无图示时，可按下列方法求斜高：

在檐头剖面图中找出檐柱中心线至檐椽头之间的水平出挑尺寸，然后乘以 $\sqrt{2}$，基本就是其斜向高。

水平长是角梁端头至另一侧角梁端头之间的水平长。

32. 帘架大框按框外皮围成的面积，以平方米为单位计算，其下边线以地面上皮为准，对荷叶墩、荷花栓斗不再另行计算。

帘架大框的高，从地面上皮算至最上一根水平横框的上皮

帘架大框的水平长，以两个竖向大框外皮至外皮之间的水平距离为准

帘架大框地仗油饰面积＝水平长×竖向高

如帘架大框上下的荷叶墩、荷花栓斗做纠粉彩画，不得计算彩画工程量

单个槅扇宽是面宽尺寸减去两个半柱径，再减去两个抱框看面尺寸后，再除以 4

帘架大框高是横框上皮至地面上皮的距离，竖向立框出头部分不计入高

33. 槅扇及槛窗基层处理、地仗、油饰及边抹、面叶饰金均按槅扇、槛窗垂直投影面积，以平方米为单位计算，对框外延伸部分不计算面积。槅扇及槛窗心板饰金按其心板露明垂直投影面积，以平方米为单位计算。菱花扣饰金按菱花心屉垂直投影面积，以平方米为单位计算。心屉衬板按心屉投影面积，以平方米为单位计算。

槅扇、槛窗的垂直投影面积，就是槅扇、槛窗边抹外围所包围的面积。边框超过上下抹的出头长不计入高。

面页饰金指槅扇、槛窗边抹相交处包钉的金属装饰件贴金。

槅扇、槛窗心板饰金，是槅扇、槛窗上的裙板、绦环板做木雕素线响云等图案的贴金。按裙板、绦环板相邻边抹里侧所围面积（心板露明垂直投影面积），也是木作时裙板、绦环板的雕刻面积计算。

菱花扣饰金指槅扇、槛窗、心屉为双交四椀或三交六椀时，棂条交点的木质菱花扣贴金。

菱花扣贴金按心屉仔边外围面积，以平方米为单位计算。若心屉无仔边，棂条直接相交在隔窗、槛窗边抹上时，按照棂条对应的边抹里侧所围面积，以平方米计算。

心屉衬板是在心屉棂条里侧，在仔边里口范围内封包一层木板，不安装玻璃或用糊纸的做法。心屉衬板按仔边外围面积（即心屉面积），以平方米为单位计算。

槅扇、槛窗所计算的面积只是一面的面积，因为在相关定额中已包含双面的消耗，所以不用乘以 2。

例 1：见图 7-16，求槅扇地仗面积，求心屉衬板地仗面积，求裙板、绦环板贴金面积，求安装玻璃面积。

解：（1）槅扇地仗面积

槅扇宽＝2×0.065＋0.75＝0.88（m）

槅扇高＝6×0.065＋3×0.15＋0.48＋1.55

　　　　＝0.39＋0.45＋0.48＋1.55

　　　　＝2.87（m）

槅扇面积＝0.88×2.87≈2.53（m²）

（2）心屉衬板地仗面积

心屉宽＝0.75m

心屉高＝1.55m

心屉衬板地仗面积＝0.75×1.55≈1.16（m²）

（3）裙板、绦环板面积

裙板、绦环板宽＝0.75m

裙板、绦环板高＝3×0.15＋0.48＝0.93（m）

裙板、绦环板面积＝0.75×0.93≈0.70（m²）

（4）安装玻璃面积

因安装玻璃面积与心屉衬板面积计算规则相同，所以安装玻璃面积就是心屉衬板面积，为1.16m²。

例2： 已知明间面宽为3800mm，柱径为280mm，抱框宽为120mm，抱框厚为85mm，设有四扇窗，槅扇边宽（看面）为70mm，求裙板、绦环板、心屉的宽度。

解：（1）抱框里侧至另一侧抱框里侧之距＝$3.80-2×\frac{1}{2}×$

$0.28-2×0.12＝3.28$（m）

（2）单扇槅扇宽

在3.28m范围内均分四扇，即为单扇槅窗的宽度（不考虑门缝预留宽度）。

单扇槅扇宽＝3.28÷4＝0.82（m）

（3）心屉、裙板、绦环板的宽

心屉、裙板、绦环板三者宽度相等＝0.82－2×0.07＝0.68（m）

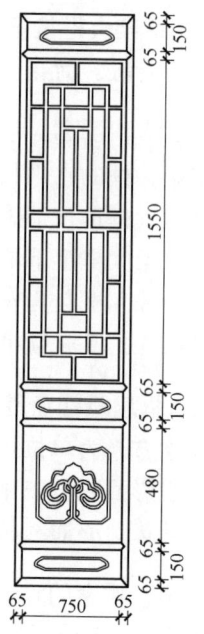

图7-16　裙板、绦环板饰金

34. 支摘窗扇及各种大门扇均按其垂直投影面积，以平方米为单位计算，对门枢等框外延伸部分不计算面积；门钹饰金以对为单位计量。

支摘窗扇，各种大门扇（指实槅门、攒边门、撒带门、屏门）计算方法与槅扇、槛窗相同。都是按照边抹外围内包面积或门窗的垂直投影面积，以平方米为单位计算。对门枢、边抹等框外延伸部分不计入门窗的高。

大门上的门钹饰金按对出现，计量也以对为单位。

无论铁质或铜质门钹，已在大门制安中另有计量，这里只计量门钹饰金。

支摘窗的支窗里侧若另安装有可开启的木玻璃窗扇，木玻璃窗扇面积就是支窗面积，应另列项计算。支摘窗高等于窗榻板上皮至上槛（或中槛）下皮间的垂直距离。

支摘窗的宽等于面宽轴线尺寸减去1个柱径，再减去3个抱框看面宽尺寸。支摘窗若在中间设有门扇时，支摘窗宽为所在位置的两个抱框里皮间距。

支摘窗中间有门时，上亮面积应被归入横披窗范围，而横披窗被归入二抹槛窗。门亮、横披窗地仗油饰面积被归入槛窗，按槛窗计算规则计算面积。

支摘窗、各种大门的面积是一个面的垂直投影面积，但定额中已包含双面做的内容，因此工程量不再乘以2倍。

35. 什锦窗以座为单位计量。

什锦窗无论外形如何，以座为单位计量。

什锦窗地仗油饰包括双侧贴脸、桶座、背板及心屉，不包括什锦窗玻璃上绘制图案。如有玻璃上绘制图案，另按什锦窗的个数计量，一个窗口在两面绘制图案，按 2 个图案计量。

36. 楣子及鹅颈靠背均按其垂直投影面积，以平方米为单位计算，对白菜头、楣子腿等边抹外延伸部分及花牙子不计算面积；白菜头饰金以个为单位计量。

楣子指倒挂楣子（图 7-17）和坐凳楣子（图 7-18）。鹅颈靠背类似于坐凳，但带有靠背，也可称为美人靠，鹅颈靠背多用在亭、敞轩、水榭等地。

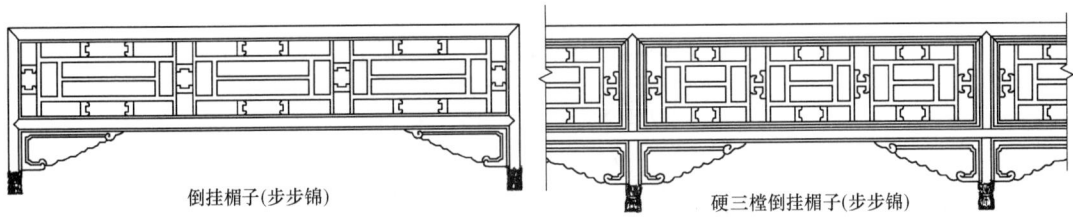

倒挂楣子（步步锦） 硬三檩倒挂楣子（步步锦）

图 7-17 倒挂楣子

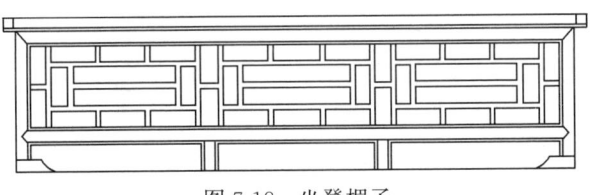

图 7-18 坐凳楣子

楣子高从下抹底皮量至上抹上皮，宽是立边外皮至外皮间的水平距离（或相邻两柱里皮至里皮间的水平距离）。

楣子面积按竖直高乘以水平长，以平方米为单位计算。楣子边框向下延伸的长，不能被计入高。

楣子刷漆包括向外延伸的边框刷漆，包括花牙子白菜头（图 7-19）刷漆。

楣子心屉若做苏式彩画时，应包括花牙子白菜头纠粉彩画绘制，不包括花牙子金边及白菜头贴金。坐凳楣子地仗油漆不包括坐凳面。

例： 某公园有游廊 12 间（无维护墙），每间面宽尺寸为 3200mm，柱径为 160mm×160mm，倒挂楣子高为 450mm，坐凳楣子高为 480mm，其中腿高为 60mm，求倒挂楣子、坐凳楣子地仗油漆面积。

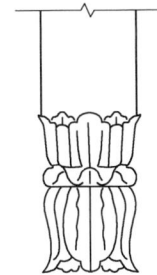

图 7-19 白菜头

解：（1）倒挂楣子地仗油漆面积

$$倒挂楣子长 = 3.20 - 2 × \frac{1}{2} × 0.16 = 3.04（m）$$

$$倒挂楣子地仗油漆面积 = 3.04 × 0.45 × 12 × 2 ≈ 32.83（m^2）$$

（2）坐凳楣子地仗油漆面积

坐凳楣子长同倒挂楣子长，坐凳楣子高＝0.48－0.06＝0.42（m）

坐凳楣子地仗油漆面积＝3.04×0.42×12×2≈30.64（m²）

将鹅颈靠背（美人靠）的凳面面积归入下架，凳面以下归属坐凳楣子，凳面上皮至靠背扶手上皮间的垂直高为鹅颈靠背（美人靠）的高，水平长按相邻两柱里皮净间距，靠背扶手绕过柱子后边的长度应被计入长度内。

37. 花罩按垂直投影面积以平方米为单位计算。

花罩（图7-20）按边框里皮所围成面积计算。上槛、间柱、抱框按展开面积计算。横披窗按槛窗规则以仔边边框外围面积计算，这种花罩地仗油饰仅指冰裂纹花罩，同时面积中应扣除圆形出入口面积。

图7-20　花罩

38. 寻仗栏杆按地面至寻杖上皮的高度，乘以长度的面积，以平方米为单位计算。棍条心栏杆、直档栏杆按垂直投影面积，以平方米为单位计算，均不扣除望柱所占长度，望柱亦不再计算面积。

寻杖栏杆按平方米为单位计算。高是地面上皮至寻杖扶手上皮间的垂直高，长是望柱中心至相邻另一望柱中心间的水平长。

其他花栏杆、棍条心栏杆、直档栏杆计算规则与寻仗栏杆相同，各种栏杆望柱已含在长度内，不得另行计算。望柱头高出寻杖扶手或栏杆扶手的高度也不应再被计算。

栏杆计算出的面积仍是单面垂直投影面积，定额工料机中指的是两面做法，不准将垂直投影面积乘以2。花栏杆若设有木地伏时，木地伏不得被单独计算。

例：某平顶建筑屋面设有木栏杆，望柱中心至望柱中心为2500mm，望柱为120mm×120mm，共有14根望柱，栏杆高为950mm，求栏杆地仗油漆面积。

解：望柱设有14根时，有栏杆13片，每片长2.50m，总长＝2.50×13＝32.50（m）

栏杆地仗油漆面积＝32.50×0.95≈30.88（m²）

栏杆上的荷叶墩、寻杖栏杆上的净瓶花卉如有纠粉彩画，纠粉彩画不得被单独计算。若有贴金边，工程量仍是原工程量，执行寻杖栏杆饰金定额。

39. 墙面刷浆分别按内外墙抹灰面积计算。

墙面刷浆面积不需要单独计算，可直接借用墙面抹灰面积的工程量。

40. 墙边彩画按其外边线长乘以宽的面积，以平方米为单位计算，墙边拉线按其外边线长度以米为单位计算。

墙面彩画一般只有一种，就是沿抹灰的外边线，在一定宽度内（约200mm）做切活彩画（图7-21），切活彩画按平方米计算。切活彩画的长按抹灰的外边线累计长计算，宽按设计文件要求取值。

图 7-21　切活彩画

切活彩画面积＝长×宽

墙边拉线，也称墙边拉色线，有多种颜色。墙边拉线以各种颜色累计长度为准，长按其外边线长乘以拉线的几种颜色的累计长计算。

例1：某抹灰墙面长为2100mm，高为1700mm，共有四块抹灰，做法相同。设计文件要求刷包金土浆，拉三道色线，求墙面刷包金土及拉线工程量。

解：（1）刷包金土面积就是抹灰面积＝2.10×1.70×4＝14.28（m²）

（2）墙面拉色线＝2×（2.1+1.7）×3×4＝91.20（m）

例2：某抹灰墙面长为2400mm，高为1600mm，共有四块抹灰做法相同。设计文件要求墙边做传统图案切活，切活宽为220mm，求墙面切活彩画及墙面刷浆面积。

解：（1）切活面积＝0.22×2×（2.40+1.60）×4＝7.04（m²）

（2）墙面刷浆面积＝2.40×1.60×4＝15.36（m²）

注：刷浆面积不扣除切活所占面积。

41. 井口板彩画清理除尘、基层处理、做地仗、绘制彩画均按井口枋里皮围成的面积，以平方米为单位计算，扣除梁枋所占面积，不扣除支条所占面积。

井口板地仗彩画面积按天花吊顶面积计算。传统天花吊顶进深方向的大梁是露在外面的。因此，天花彩画图（图7-22）面积有斗栱时，按井口枋里侧所围面积，以平方米为单位计算。无斗栱时，按前后檐枋里皮所围面积，以平方米为单位计算。进深方向的大梁所占面积应被扣除，这个面积中实际包含了井口板面积和支条面积，但互不扣除。

图 7-22 天花彩画图

井口枋里侧所在位置，可以从出踩斗栱中根据出踩的数量和井口枋的截面宽度推算出来。假如五踩单翘单昂斗栱斗口为 80mm，井口枋截面为 80mm×10mm，五踩单翘单昂斗栱里拽出二踩，而每出一踩为 3 斗口，出二踩是 6 斗口，6 斗口长度等于 6×0.08 ＝0.48（m）。出二踩的 0.48m 指的是从斗口中心（正心桁中心垂线）向里至井口枋的中心线。

那么从斗栱中心线至井口板外皮之距等于＝$0.48+\frac{1}{2}×0.08=0.52$（m）（加上半个井口枋宽尺寸）

前后檐斗栱相同，这时天花吊顶和地仗彩画进深方向尺寸就是进深方向轴线尺寸前后各扣减 0.52m，就是此房间井口枋里皮至井口枋里皮之距。

面宽方向尺寸，对某一间来讲，就是面宽方向轴线尺寸（开间尺寸）。每间进深方向设有一道大梁，梁中心尺寸对应面宽轴线尺寸。那么对某一间来讲，梁里皮至相邻梁里皮间的水平距离，就是面宽尺寸每个梁边扣减半个梁宽。假如面宽尺寸为 3600mm，大梁截面为 300mm×420mm，梁里皮至梁里皮净间距＝$3.60-2×\frac{1}{2}×0.30=3.30$（m）

用井口枋里皮至里皮尺寸乘以大梁净间距就是井口板天花吊顶、地仗、彩画的面积。

无斗栱时，道理类似，按进深方向尺寸，前后檐各扣减半个檐枋宽即可。仍用面宽大梁净间距与之相乘，即为井口板天花吊顶地仗彩画面积。

例：井口板天花仰视图如图 7-23 所示，求井口板地仗、彩画面积。

解：（1）进深方向檐枋里皮至檐枋里皮距离＝$5.20-2×\frac{1}{2}×0.22=4.98$（m）

（2）面宽方向尺寸＝$3.60-2×\frac{1}{2}×0.3=3.30$（m）

（3）井口板天花地仗、彩画面积＝$4.98×3.30≈16.43$（m^2）

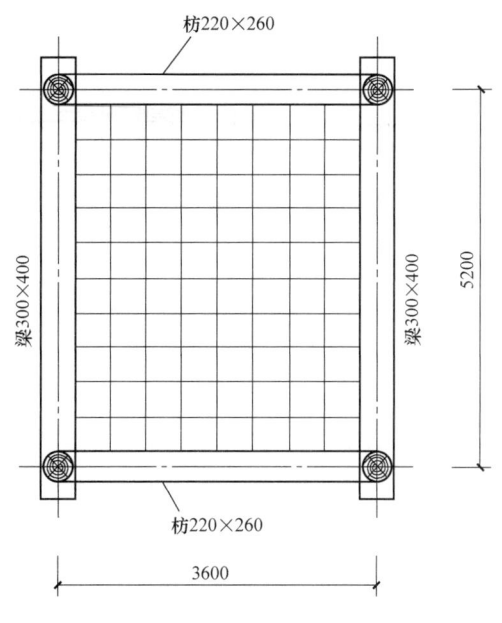

图 7-23　井口板天花仰视图

42. 井口板彩画回贴及彩画修补，按需回贴或需修补的井口板单块面积累计，以平方米为单位计算。

无论单块井口板上彩画损坏了多少，均按单块井口板面积计算。一个室内有 N 块井口板，井口板彩画回贴设计文件应给出百分率，利用设计文件的百分率乘以井口板总数，即为需要回贴的井口板块数。

用块数再乘以单块井口板的面积，就是需要回贴井口板的工程量。

井口板有时并非规格一致，不同规格时按上述方法分别计算，最后合计为需要回贴的工程量。

43. 支条彩画清理除尘、修补、基层处理、做地仗、绘制彩画均按井口枋里皮围成的面积，以平方米为单位计算，扣除梁枋所占面积，不扣除井口板所占面积。

可直接借用井口板计算面积。

口诀：井口板面积不扣除支条面积，支条面积不扣除井口板面积，且二者面积相等。

44. 木顶格软天花彩画绘制按井口枋里皮围成的面积，以平方米为单位计算，扣除梁枋所占面积。

木顶格软天花是传统室内吊顶的一种，将一间梁枋里侧所围空间内，做成多个带有边抹棂条心形的棂条窗。

在梁枋里口钉有贴梁，棂条窗在贴梁侧面，上边设有木吊挂。木顶格下面裱糊，被称为海墁天花（图 7-24）。

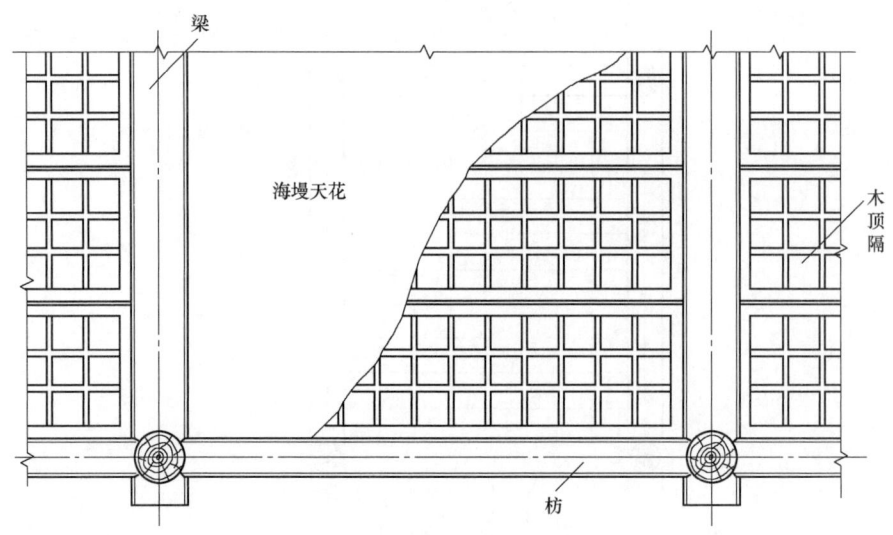

图 7-24 海墁天花

45. 支条彩画木顶格软天花回贴均依据其各间回贴（修补）的面积比例不同，分别按各间井口枋和梁枋里皮围成的面积，以平方米为单位计算。

支条彩画木顶格软天花回贴，每间的回贴数量可能不同。以各间为单位，用井口板天花彩画的计算规则，求出每一间的天花面积。

按照设计文件要求的回贴百分率与单间天花面积相乘所得面积，就是此间回贴的面积。将各间回贴工程量按此方法逐一计量，再将各间面积相加，就是此房屋支条彩画木顶格软天花彩画总的回贴面积。

例： 天花支条彩画因年久失修，局部有空鼓脱落，设计文件要求支条彩画按 30% 进行回贴，求回贴面积（本例题图见图 7-23）。

解：（1）此间支条彩画面积＝16.43（m²）

（2）设计文件要求按 30% 进行回贴的支条彩画面积＝16.43×30%≈4.93（m²）

46. 毗卢帽斗形匾按毗卢帽横向宽，乘以匾高，以平方米为单位计算，其他匾按其正投影面积以平方米为单位计算。

毗卢帽斗形匾（图 7-25）的计算面积实际是毗卢帽斗形匾的外接最小矩形面积，斗形匾不包括匾托的面积。毗卢帽的横向宽是毗卢帽斗形匾的上帽宽，高是匾的全高。

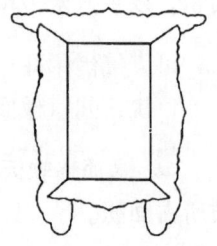

47. 抱柱对按横向弧长，乘以竖向高，以平方米为单位计算。

图 7-25 毗卢帽斗形匾

抱柱对多成对出现，按外表面的面积，以平方米为单位计算。横向弧长指外弧长，竖直方向取全高。

如设计文件给出内弧半径或直径，利用已知半径再加上抱柱对板厚尺寸，就是外弧半径。

利用外弧半径或直径求出外弧周长，在外弧周长上截取一定百分率（设计详图给的数据）就是抱柱对外弧长。

抱柱对的内半径或直径，实际就是所在木柱的半径或直径，可在建筑平面图中查询。

例：木柱半径为170mm，抱柱对高为2600mm，板厚为45mm，抱柱对外弧长为周长的40%，求两个柱子抱柱对地仗、油漆面积。

解：（1）外周长

柱半径就是抱柱对弧形板的内半径＝0.17m

外半径＝0.17＋0.045＝0.215（m）

外周长＝3.14×2×0.215＝1.35（m）

（2）抱柱对实际外弧长＝1.35×40%≈0.54（m）

（3）抱柱对面积＝0.54×2.60×2≈2.81（m²）

第三节 例 题

1. 挂檐板上绘制苏式彩画如何计量？彩画应执行什么定额？

解：一般挂檐板上无彩画，若遇挂檐板绘制苏式彩画，计算规则仍按挂檐板地仗规则不变，绘制彩画借用上架构件苏式彩画定额执行。

2. 某旧博缝板地仗脱落，要求重新剁一遍斧迹后，补做麻布地仗，此时可以计取新木件砍斧迹吗？

解：可以计取新木件砍斧迹。旧博缝板可能正是因斧迹稀浅等原因造成地仗脱落，此时计取的原因完全取决于设计图纸的要求，所以完全可以计取新木件砍斧迹的费用。

3. 悬山式建筑的山花板、象眼、柁挡板应执行什么定额子目？

解：悬山式建筑的山花板、象眼、柁挡板，这些板类属于上架木构件，应按上架地仗与上架油漆项目执行相应定额子目。

4. 单披灰地仗就是一道灰地仗吗？

解：不是。单披灰地仗是地仗中没有麻（布）的地仗做法，有时可以是四道灰、三道灰等，这里的单不是仅指一道灰，而是单披灰做法中包括一道灰的做法。

5. 某悬山式建筑屋面前后坡长共为7860mm，博缝板宽为560mm，博缝板厚为55mm，两山及正面、背面的做法相同。试计算做一麻五灰地仗、刷磁漆四道、梅花钉贴库金的直接工程费。（单价暂按定额单价执行）

解：（1）工程量计算

博缝板正面面积＝7.86×0.56×2≈8.80（m²）

博缝板正背面面积相同，博缝板面积之和为 $8.80 \times 2 = 17.60$ （m²）

（2）选择定额

① 一麻五灰地仗选择定额编号 7-70，基价 381.61 元

② 刷磁漆四道选择定额编号 7-85，基价 57.17 元

③ 梅花钉贴库金选择定额编号 7-88，基价 219.13 元

（3）计算直接工程费

① 一麻五灰地仗：$17.60 \times 381.61 \approx 6716.34$ （元）

② 刷磁漆四道：$17.60 \times 57.17 \approx 1006.19$ （元）

③ 梅花钉贴金：$8.80 \times 219.13 \approx 1928.34$ （元）

④ 直接工程费合计：①＋②＋③＝9650.87 （元）

6. 某城楼挂檐板外面做一布五灰，里面做三道灰地仗，内外均刷调合漆三道。挂檐板长为 **15.78m**，高为 **0.52m**，试计算工程量，选择定额，计算直接工程费。

解： （1）计算工程量

① 外面面积＝$15.78 \times 0.52 \approx 8.21$ （m²）

② 底面及背面面积＝$15.78 \times 0.52 \times 0.50 \approx 4.11$ （m²）

（2）选择定额

① 外面一布五灰地仗选择定额编号 7-104，基价 184.71 元

② 底面及背面三道灰地仗选择定额编号 7-106，基价 91.37 元

③ 刷调合漆三道选择定额编号 7-121，基价 24.06 元

（3）计算直接工程费

① 外面一布五灰地仗：$8.21 \times 184.71 \approx 1516.47$ （元）

② 底面及背面三道灰地仗：$4.11 \times 91.37 \approx 375.53$ （元）

③ 刷调合漆三道：$(8.21＋4.11) \times 24.06 \approx 296.42$ （元）

合计：$1516.47＋375.53＋296.42＝2188.42$ （元）

7. 某歇山木博缝板需砍除旧麻灰地仗后，重做一麻五灰地仗，搓颜料光油三道，且梅花钉贴赤金。试列出各分项工程名称，并选择相应定额。

解： （1）旧地仗砍除选择定额编号 7-52。

（2）新做一麻五灰地仗选择定额编号 7-62。

（3）搓颜料光油选择定额编号 7-76。

（4）梅花钉贴赤金选择定额编号 7-89。

8. 某会馆挂檐板地仗一麻五灰，绘制苏式墨线枋心彩画，试问该地仗、彩画应分别选用哪些定额？计算工程量应注意哪些问题？

解： 地仗选用定额编号 7-103，彩画选用定额编号 7-472 的墨线苏画定额子目。计算工程量时应注意正面面积与背面面积的计算方法不同。彩画工程量与地仗正面工程量相同，但不是地仗面积的合计。

9. 木作山花板面积是油漆工程的山花板面积吗?

解: 不是。木作山花板面积是以踏脚木上皮和望板所围的三角形面积为准。油漆工程山花板是以露明的山花板面积为准,前者大、后者小,计算规则不同,二者面积不能互用。

10. 某硬山式建筑前后檐是老檐出带飞椽做法。已知大连檐长 15.60m,小连檐长 14.40m,椽径为 75mm,试计算新建此房屋时椽头彩画,连檐瓦口四道灰地仗,油漆彩画工程量(椽头片金彩画、地仗三道灰,连檐瓦口刷三道瓷漆),并列出分项工程名称,选择相应定额。

解:(1)连檐瓦口地仗面积$=15.60×0.075×1.5×2=3.51$(m²)
(2)椽头彩画面积$=14.40×0.075×2=2.16$(m²)
(3)连檐瓦口地仗为 3.51m²,选择定额编号 7-167
(4)连檐瓦口刷瓷漆为 3.51m²,选择定额编号 7-174
(5)椽头地仗为 2.16m²,选择定额编号 7-170
(6)椽头片金彩画为 2.16m²,选择定额编号 7-183

11. 某悬山式建筑,博缝板外皮至角柱中为 0.85m,通面宽为 11.88m,椽径为 100mm×100mm,无飞椽,求椽头面积及连檐瓦口面积。

解:(1)博缝板外皮至另一侧外皮长$=2×0.85+11.88=13.58$(m)
椽头面积$=13.58×0.10×50\%×2≈1.36$(m²)
(2)连檐瓦口面积$=13.58×0.10×1.5×2≈4.07$(m²)
(大连檐的高等于椽径或椽高)

12. 为什么在计算椽头面积时,无飞椽要减少 50%的面积。

解: 因为在一椽一档时,檐椽头的面积正好补进飞椽头的空档。此时,二者椽头面积等于小连檐长乘以椽高。若无飞椽时,檐椽一椽一档无法补进,正好是二分之一的面积,故要减少 50%的面积。

13. 某工程假定只做瓦口地仗与油漆,如何计算工程量?

解: 连檐瓦口的面积等于大连檐长,乘以大连檐的高,再乘以 1.5 系数。1.5 中的 0.5 是瓦口的面积,因此,瓦口面积等于大连檐长,乘以大连檐高,再乘以 0.5 系数即可。

14. 椽望做斑竹彩画时,预算基价为何不乘以 2 倍?

解: 椽望做斑竹彩画,计算面积时,按其对应的屋面面积计算,不再乘以 2 倍。基价中已含椽帮侧面的人工、材料、机械费用。

15. 某硬山古建筑有三间，前檐带飞椽，后檐老檐出无飞椽，椽径为 **80mm**，明间为 **3600mm**，次间为 **3300mm**，地仗三道灰，飞椽头片金（库金）椽头虎眼彩画，求椽头面积，并选择定额。

解：三间轴线之和＝3300＋3300＋3600＝10200（mm）＝10.20（m）

前檐椽头面积＝10.20×0.08≈0.82（m²）

后檐椽头面积＝10.20×0.08×50%≈0.41（m²）（后檐无飞椽时面积减半）

前后檐椽头面积合计＝0.82＋0.41＝1.23（m²）

地仗选择定额编号 7-170，椽头面积为 1.23m²，椽头彩画选择定额编号 7-189

16. 某硬山古建筑有三间，前后檐无飞椽，后檐老檐出无飞椽，椽径为 **80mm**，明间面宽为 **3600mm**，次间面宽为 **3300mm**，椽头面积为多少？

解：三间轴线之和＝3300＋3300＋3600＝10200（mm）＝10.20（m）

前后檐椽头面积＝10.20×0.08×0.50×2≈0.82（m²）

檐椽头面积合计为 0.82m²

17. 某硬山古建筑有三间，前檐有飞椽，后檐封护檐，椽径为 **80mm**，明间面宽为 **3600mm**，次间面宽为 **3300mm**，椽头面积为多少？

解：三间轴线之和＝3300＋3300＋3600＝10200（mm）＝10.20（m）

椽头面积＝10.20×0.08≈0.82（m²）

椽头面积合计为 0.82m²

18. 某硬山古建筑有三间，前檐无飞椽，后檐封护檐，椽径为 **80mm**，明间面宽为 **3600mm**，次间面宽为 **3300mm**，椽头面积为多少？

解：三间轴线之和＝3300＋3300＋3600＝10200（mm）＝10.20（m）

椽头面积＝10.20×0.08×0.5≈0.41（m²）

椽头面积合计为 0.41m²

19. 某古建筑有五间，明间面宽为 **4m**，次间面宽为 **3.65m**，尽间面宽为 **3.30m**。椽径为 **90mm**，屋架举折关系如图 7-26 所示，前后坡等长，压飞尾段水平长为 **600mm**，望板厚为 **25mm**，望板制作与刨光面积是多少？选择定额，计算望板做三道灰地仗，刷三道磁漆的直接工程费。

解：（1）面宽方向排山梁架与另一侧排山梁架中心之距＝4＋2×（3.65＋3.30）＝17.90（m）

（2）根据举折关系计算各三角形的斜长

① 飞椽举架，举折为 105÷300＝0.35（三五举）

斜长＝1.06×0.30≈0.32（m）　　（举折系数 1.06）

② 檐椽举架，举折为 1200÷2400＝0.50（五〇举）

斜长＝1.12×2.40≈2.69（m）　　（举折系数 1.12）

③ 上金椽举架，举折为 1200÷1600＝0.75（七五举）

斜长＝1.25×1.60＝2.00（m）　（举折系数 1.25）

④ 恼椽举架，举折为 1440÷1600＝0.90（九〇举）

斜长－1.35×1.60＝2.16（m）　（举折系数 1.35）

单坡斜长＝0.32＋2.69＋2＋2.16＝7.17（m）

前后坡屋面坡长＝2×7.17＝14.34（m）

露明望板面积＝17.90×14.34≈256.69（m²）

（3）压飞尾毛望板面积

压飞尾水平长＝0.60m，此段斜长＝1.06×0.60≈

0.64（m）　（举折系数 1.06）

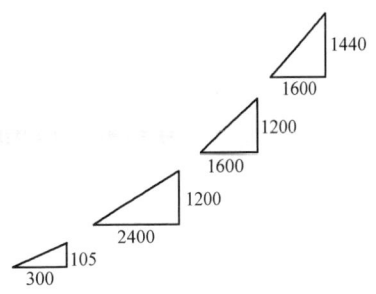

图 7-26　屋架举折关系

压飞尾毛望板面积＝17.90×0.64＝11.46（m²）

（4）望板制作面积＝256.69＋11.46＝268.15（m²）

（5）望板刨光面积

望板刨光面积就是露明望板面积＝256.69（m²）

（6）计算直接工程费

① 望板地仗三道灰，选择定额编号 7-216，基价 94.31 元

直接工程费＝256.69×94.31≈24208.43（元）

② 望板刷三道磁漆，选择定额编号 7-227，基价 47.13 元

直接工程费＝256.69×47.13≈12097.80（元）

③ 直接工程费合计＝24208.43＋12097.80＝36306.23（元）

20. 新建四柱七楼牌楼如图 7-27 所示，列出油漆彩画各分项工程的名称。

解： 此牌楼油漆彩画工程可以分为六类：下架类；上架类；装修类；椽子、望板类；博缝类；斗拱类。

各类油漆彩画又有如下分项工程：

（1）下架类：①新木件砍斧迹，清理除铲；②下架大木地仗；③下架刷油漆。

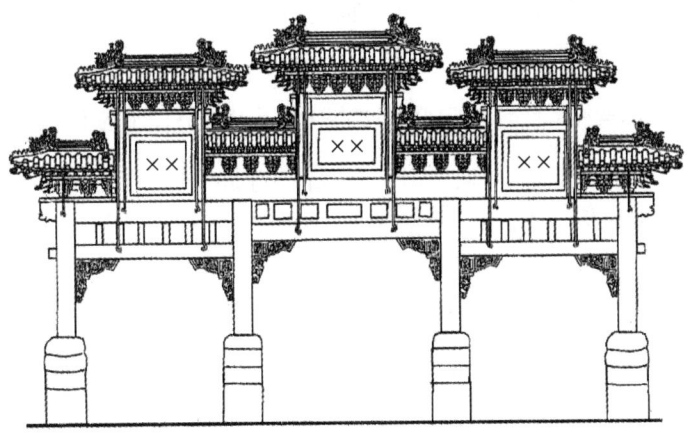

图 7-27　四柱七楼牌楼

（2）上架类：①新木件砍斧迹，清理除铲；②上架大木地仗；③上架彩画。

（3）装修类：①雀替清理除铲；②雀替地仗；③雀替彩画；④花板清理除铲；⑤花板地仗；⑥花板彩画。

（4）椽子、望板类：①清理除铲；②椽望地仗；③椽望刷油漆；④椽头地仗；⑤椽头彩画；⑥连檐瓦口地仗；⑦连檐瓦口刷油漆。

（5）博缝类：①博缝板砍斧迹，清理除铲；②博缝板地仗；③博缝板刷油漆。

（6）斗栱类：①清理除铲；②斗栱地仗；③斗栱彩画。

21. 某建筑檐柱径为 250mm，里、外侧栈板墙面积合计为 110m²，地仗一麻五灰，里侧刷调合漆三道，外侧搓光油三道。试计算里、外侧面积各是多少？列出分项工程名称，并选择各分项工程定额编号。

解：设里侧面积为 x，则外侧面积为 $1.2x$（外侧等于里侧乘以 1.2 倍）

则有 $x+1.2x=110$ $2.2x=110$ 里侧面积 $x=50$（m²）

外侧面积=$1.2x$，外侧面积=$1.2\times50=60$（m²）

一麻五灰地仗选择定额编号 7-606；里侧刷调合漆选择定额编号 7-629；外侧搓光油选择定额编号 7-622

选择定额编号 7-606，里外侧一麻五灰地仗 110m²

选择定额编号 7-629，里侧刷调合漆三道 50m²

选择定额编号 7-622，外侧搓光油三道 60m²

22. 彩画除尘应执行什么定额？新定额在项目设置上与以往有何不同？

解：彩画除尘应执行定额编号 7-237 上架构件除尘清理—彩画子目。新定额有专门用于彩画除尘的子目，指采用传统荞麦面滚粘的方法，将灰尘粘入荞麦面内。采用其他方法的彩画除尘不应借用此定额。

23. 补充定额与现行定额的关系是什么？

解：补充定额是对现行定额因缺少子目而进行的补充，它与定额子目一样具有同等效力，并遵守定额的各项规定。

24. 计量房屋大木构件地仗时，如何划分类型？试列出十种以上的下架、上架木构件名称。

解：下架构件有各种槛框、柱、塌板、门簪、门龙、门头板、余塞板、筒子板、带门钉大门、栈板墙、木地板（踏面）、木楼梯等。

上架构件有梁、垫板、檩、瓜柱、柁墩、角背、雷公柱、角梁、由戗、棋枋板、象眼山花板、承重（梁）楞木、木楼板的顶面等。

25. 上、下架的分界在什么位置？

解：枋下皮以上（包括柱头在内）所有构件属于上架，以下属于下架。

26. 某游廊有 38 间，梅花柱子高为 2.35m，檐枋高为 0.20m，柱子截面边长为 0.21m，下架柱做一麻五灰地仗，刷三遍醇酸磁漆，直接工程费各为多少？（暂按定额基价）

解：（1）柱子的侧面展开面积

柱子地仗油漆高度＝2.35－0.20＝2.15（m）

廊有 39 对柱子，即 78 根柱子。

柱子侧面展开面积＝2.15×4×0.21×78≈140.87（m²）

（2）选择一麻五灰下架地仗定额编号 7-606

直接工程费＝140.87×203.33≈28643.10（元）

（3）选择下架刷三道磁漆定额编号 7-625

直接工程费＝140.87×23.98≈3378.06（元）

（4）地仗、刷漆的直接工程费

直接工程费＝28643.10＋3378.06＝32021.16（元）

27. 木楼梯做地仗、油漆时应按上架还是下架定额执行？如何计算木楼梯的面积？

解：木楼梯属于下架，应按下架地仗油饰定额执行。木楼梯计算面积时，按水平投影面积，以平方米为单位计算。当地面与楼梯夹角大于 45°时，用系数调整。

28. 苏式彩画中卡子分为几种？

解：分为片金箍头卡子、金卡子和色卡子。

29. 清式彩画中的旋子加苏画应执行苏画定额吗？

解：不应执行苏画定额。因为旋子加苏画属于旋子彩画的一种，主要构图仍是旋子彩画，因此应按旋子类彩画相应定额执行。

30. 旧彩画修补与回贴应执行什么定额？

解：旧彩画修补与回贴不是一个概念。旧彩画修补与回贴应分别执行定额编号 7-239、定额编号 7-240 的子目。但旧彩画修补应先确定旧彩画的种类，再细分贴库金或贴赤金，按对应的修补内容，用金的种类选择相应的定额。

31. 传统苏式掐箍头彩画，箍头之间的油漆是否可以另行计算刷漆的价格？

解：不能计算箍头之间的刷漆价格。苏式掐箍头或掐箍头搭包袱彩画均已包括箍头间的油漆做法，因此，定额规定这部分油漆不能再计算。

32. 油饰彩画用的脚手架与墙身与大木安装用的脚手架有何不同？

解：油饰彩画工程使用的脚手架属于装修用的非承重脚手架，每步的步架高为 1.80m，而墙身、大木安装用的脚手架属于承重脚手架，每步的步架高为 1.20～1.50m，两者的承载能力也有很大差别。

33. 某古建筑有五踩单翘单昂斗栱，斗口为 **60mm**。有平身科斗栱 **24** 攒，柱头科斗栱 **4** 攒，角科斗栱 **4** 攒。里外拽面面积各是多少？

解：（1）平身科里拽面面积＝24×1.056≈25.34（m²）

（2）平身科外拽面面积＝24×0.967≈23.21（m²）

（3）柱头科里拽面面积＝4×1.056≈4.22（m²）

（4）柱头科外拽面面积＝4×0.967≈3.87（m²）

（5）角科里拽面面积＝4×1.056≈4.22（m²）

（6）角科外拽面面积＝4×0.967×3.5≈13.54（m²）

里拽面合计面积＝25.34＋4.22＋4.22＝33.78（m²）

外拽面合计面积＝23.21＋3.87＋13.54＝40.62（m²）

34. 某古建筑有七踩镏金斗栱斗口 **105mm**，有平身科斗栱 **20** 攒，有柱头科斗栱 **4** 攒，有角科斗栱 **4** 攒。外拽面做贴库金平金彩画，里拽面做黄线彩画，地仗均做二道灰，试计算里外拽地仗、彩画面积，并确定项目名称，选择相应定额。

解：（1）面积

平身科里拽面＝20×9.76＝195.20（m²）

平身科外拽面＝20×4.773＝95.46（m²）

柱头科里拽面＝4×4.923≈19.69（m²）（按昂翘斗栱里拽面计算）

柱头科外拽面＝4×4.773≈19.09（m²）

角科里拽面＝4×4.923≈19.69（m²）（里拽面与平身科相同）

角科外拽面＝4×4.773×3.5≈66.82（m²）

里拽面合计面积＝195.20＋19.69＋19.69＝234.58（m²）

外拽面合计面积＝95.46＋19.09＋66.82＝181.37（m²）

里外拽地仗面积＝234.58＋181.37＝415.95（m²）

（2）确定项目名称及选择定额

① 选择定额编号 7-688，做二道灰地仗，面积是 415.95m²

② 选择定额编号 7-708，里拽做黄线彩画，面积是 234.58m²

③ 选择定额编号 7-700，外拽做库金平金彩画，面积是 181.37m²

35. 某古建筑柱径为 **300mm**，设有七踩单翘重昂斗栱共 **90** 攒。其中，平身科为 **76** 攒，柱头科为 **10** 攒，角科为 **4** 攒，斗口为 **85mm**，斗栱地仗做三道灰，外拽做金琢墨贴库金彩画，里拽做黄线彩画。垫栱板外檐一麻五灰地仗，三宝珠贴库金彩画，内檐一布四灰地仗，刷三道红瓷漆，盖斗板一布四灰地仗，刷三道红瓷漆。掏里部位刷色。试计算各部位面积，并设定分项工程名称，选择相应定额。

解：（1）外拽面面积：平身科＝76×3.195＝242.82（m²）

柱头科＝10×3.195＝31.95（m²）

角科＝4×3.195×3.50＝44.73（m²）

外拽面合计面积＝242.82＋31.95＋44.73＝319.50（m²）

（2）里拽面面积：平身科＝76×3.295＝250.42（m²）

柱头科＝10×3.295＝32.95（m²）

角科＝4×3.295＝13.18（m²）

里拽面合计面积＝250.42＋32.95＋13.18＝296.55（m²）

（3）盖斗板面积：外檐面积＝319.50×19.40%≈61.98（m²）

内檐面积＝296.55×22.70%≈67.32（m²）

盖斗板合计面积：61.98＋67.32＝129.30（m²）

（4）掏里面积：外拽＝319.50×27.90%≈89.14（m²）

里拽＝296.55×29.50%≈87.48（m²）

掏里合计面积＝89.14＋87.48＝176.62m²

（5）垫栱板面积（重栱做法）：

注：垫栱板的块数与斗栱攒数相等，共计90块，查斗栱展开面积表得知，每块面积（单拽面）是0.201m²，双面做时×2。垫栱板单拽面积是0.201×90＝18.09（m²）

（6）确定分项工程名称及选择相应定额编号

选择定额编号7-685，斗栱外拽三道灰地仗，面积是319.50m²

选择定额编号7-685，斗栱内拽三道灰地仗，面积是296.55m²

选择定额编号7-694，斗栱外拽金琢墨彩画，面积是319.50m²

选择定额编号7-708，斗栱内拽黄线彩画，面积是296.55m²

选择定额编号7-679，外拽垫栱板一布四灰地仗，面积是18.09m²

选择定额编号7-679，内拽垫栱板一布四灰地仗，面积是18.09m²

选择定额编号7-727，外拽垫栱板三宝珠彩画，面积是18.09m²

选择定额编号7-747，内拽垫栱板刷瓷漆，面积是18.09m²

选择定额编号7-679，盖斗板一布四灰地仗，面积是129.30m²

选择定额编号7-747，盖斗板刷瓷漆，面积是129.30m²

选择定额编号7-715，掏里刷色，面积是176.62m²

36. 某牌楼如图 5-32 所示，试计算斗栱面积（半攒斗栱按整攒的一半计算）。

解：已知主楼、次楼有七踩单翘重昂斗栱。斗口为50mm，夹楼、边楼斗栱是五踩单翘单昂，斗口为50mm。斗栱做三道灰地仗，平金彩画（库金）。试计算工程量，确定分项工程名称，并选择定额编号。

（1）主楼斗栱平身科为4攒、角科为2攒，次楼斗栱平身科为6攒、角科为4攒。

① 平身科面积：外拽面面积＝0.986×（4＋6）＝9.86（m²）

里拽面面积与外拽面面积相同。平身科面积合计＝9.86×2＝19.72（m²）

② 角科面积：外拽面面积＝0.986×（2＋4）≈5.92（m²）

里外面积＝5.92×2＝11.84（m²）

角科面积＝3.0×11.84＝35.52（m²）

③ 主、次楼斗栱面积＝19.72＋35.52＝55.24（m²）

（2）边楼斗栱平身科数量＝1.5×2＝3（攒）、角科为2攒

夹楼斗栱平身科数量＝4×2＝8（攒），角科：无

① 平身科面积：外拽面面积＝0.672×（3＋8）≈7.39（m²）

里、外拽面合计面积＝7.39×2＝14.78（m²）

② 角科面积：外拽面面积＝0.672×2≈1.34（m²）

里、外拽面合计面积＝1.34×2＝2.68（m²）

角科面积＝3×2.68＝8.04（m²）

③ 边楼、夹楼斗栱面积＝14.78＋8.04＝22.82（m²）

（3）牌楼各类斗栱面积合计＝55.24＋22.82＝78.06（m²）

（4）分项工程项目的确定及选择定额编号

① 斗栱清理除铲：选择定额编号7-678，工程量为78.06m²

② 斗栱三道灰地仗：选择定额编号7-683，工程量为78.06m²

③ 斗栱绘平金彩画：选择定额编号7-698，工程量为78.06m²

37. 斗栱做地仗、油饰、彩画时如何计算面积？

解：斗栱做地仗、油饰、彩画时，按斗栱展开面积表对应的斗口尺寸，斗栱名称按给定的数据分里外拽面分别求出面积。计算出盖斗板、掏里及垫栱板的面积。

38. 平身科、柱头科、角科斗栱计算展开面积时，应注意什么问题？

解：斗栱展开面积均按定额给出的表格，查表计算。表中所列数据均指平身科斗栱。柱头科、角科斗栱按表格下注释用系数调整。

39. 牌楼斗栱如何计算里、外拽面面积？

解：牌楼斗栱不分里、外拽，各面面积相同。计算时平身科斗栱要乘以2，角科斗栱按平身科斗栱里、外拽面面积之和再乘以3计算。

40. 某古建筑为硬山式前后带廊步，室内设有天花吊顶。设计图纸对油漆彩画做法说明描述如下："大木做传统一麻五灰地仗，刷红色油漆。彩画绘制传统旋子彩画。门窗做单皮灰地仗，刷红色油漆"。你在阅读此说明时能提出哪些需要设计人员进一步明确和细化的问题？

解：从部位上分，此房屋可以分为上架大木、下架大木、天花吊顶、木装修、内外墙粉刷、椽子、望板、连檐、瓦口、椽头等。

从做法上分，地仗可以分为麻（布）地仗，单皮灰地仗。从油漆上可以分为刷调合漆、刷磁漆、搓光油等。从旋子彩画上可分为浑金旋子彩画、金琢墨石碾玉、烟琢墨石碾玉、金线大点金、金线小点金、金线大点金加苏画、墨线大点金、墨线小点金、雅伍墨、雄黄玉等。从吊顶彩画上可分为天花彩画与支条彩画等。

油漆彩画的说明一定要阐述明确，部位具体。阐述麻（布）地仗时要讲清楚几麻（布）几灰。单皮灰不是一道灰，要讲明具体做几道灰。刷漆要讲明油漆的颜色、品种、涂刷的遍数。彩画更是应有详细名称，以及贴金种类，枋心形式，图案内容。天花彩画要分别叙述天花、支条地仗的做法，天花与支条的彩画具体名称，井口板图案内容做法等。

椽头要讲明地仗做法，檐椽头与飞椽头彩画的种类、具体名称。内外墙涂料要讲明涂料的颜色、品种、涂刷的遍数等。

41. 古建筑木装修框线贴金按实际贴金面积计算。施工图纸上如未给出槛框贴金的宽度，如何确定槛框的宽度？

解：一般槛框贴金的宽度应按照设计图纸规定的宽度计算。设计图纸无要求时，可按照槛框看面（正面或背面）尺寸的20%～25%确定。槛框贴金面积等于槛框的长度乘以贴金的宽度。按定额编号7-636、7-637执行。

42. 如图7-28所示，有甲图4扇，有乙图16扇，求槅扇裙板、绦环板贴金面积。

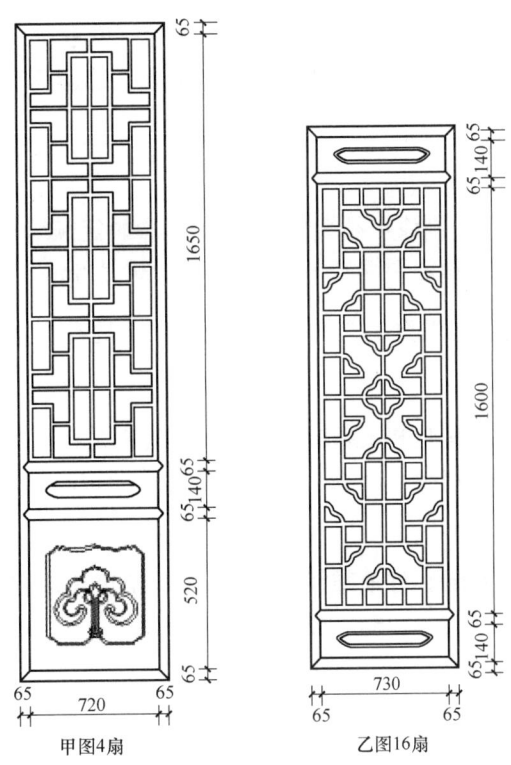

甲图4扇　　　　乙图16扇

图7-28　木槅扇

解：甲图：$0.72 \times (0.52 + 0.14) \times 4 = 1.90$（m^2）

乙图：$0.73 \times (0.14 + 0.14) \times 16 = 3.27$（m^2）

甲、乙图裙板、绦环板贴金面积 $= 1.90 + 3.27 = 5.17$（m^2）

43. 如图7-28所示，求槅扇、槛窗两炷香贴金。

解：甲图：槅扇全高 $= 4 \times 0.065 + 0.52 + 0.14 + 1.65$

$\qquad\qquad = 0.26 + 0.52 + 0.14 + 1.65 = 2.57$（m）

槅扇总宽 $= 2 \times 0.065 + 0.72 = 0.85$（m）

　　　　槅扇两炷香贴金面积＝2.57×0.85×4≈8.74（m²）
　　　　乙图：槅扇全高＝4×0.065＋2×0.14＋1.60
　　　　　　　　　　＝0.26＋0.28＋1.60＝2.14（m）
　　　　槅扇总宽＝2×0.065＋0.73＝0.86（m）
　　　　槅扇两炷香贴金面积＝2.14×0.86×16≈29.45（m²）
　　　　甲、乙图两炷香贴金面积之和＝8.74＋29.45＝38.19（m²）

44. 如图 7-28 所示，计算甲、乙槅扇、槛窗的皮条线贴金面积。

　　解： 甲图皮条线贴金面积＝两炷香贴金面积＝2.57×0.85×4≈8.74（m²）
　　乙图皮条线贴金面积＝两炷香贴金面积＝2.14×0.86×16≈29.45（m²）
　　甲、乙图皮条线贴金面积之和＝8.74＋29.45＝38.19（m²）

45. 某迎风板长为 2.5m，高为 1.2m，里外面均做一麻五灰地仗，里面刷红色调合漆三遍，外面做浅色无金彩画。计算地仗面积、刷漆面积、彩画面积，并确定相应的定额。

　　解： 地仗面积为 2.50×1.20×2＝6（m²）（双面的合计，按下架计算规则计算）
　　油漆面积为 3m²，彩画面积为 3m²。
　　地仗定额编号为 7-606，刷漆定额编号为 7-629，彩画定额编号为 7-648。
　　如有砍斧迹项目，应选择定额编号 7-600，工程量仍是 6m²。

46. 古建筑木装修有油漆贴金工艺的槅扇、槛窗，两炷香贴金和皮条线贴金的计算规则是什么？

　　解： 槅扇、槛窗两炷香贴金和皮条线贴金的计算规则是：以槅扇、槛窗边抹外围所围面积计算。其道理与菱花扣贴金，裙板、绦环板贴金道理相同。按照其贴金部位的槅扇、槛窗满外尺寸计算面积。

47. 某木柱直径为 320mm，柱顶鼓径高为 60mm，五架梁底皮标高为 3.50m，檐枋高为 300mm，设计文件要求此柱按 25％砍除旧地仗，重新做一麻五灰地仗，柱身全部新刷油漆三道，求各自工程量。

　　解：（1）油漆彩画时柱子高计算
　　柱高＝3.50－0.06＝3.44（m）
　　油漆彩画时柱高要扣除檐枋高
　　油漆彩画时柱高＝3.44－0.30＝3.14（m）
　　（2）砍除旧地仗面积＝0.32×3.14×3.14×25％≈0.79（m²）
　　（3）砍除旧地仗面积与新做一麻五灰面积相同，均为 0.79m²
　　（4）柱刷油漆面积＝0.32×3.14×3.14≈3.16（m²）

48. 某古建筑有五踩单翘单昂平身科斗栱 26 攒，有角头科斗栱 4 攒，有柱头科斗栱 8 攒，斗口为 90mm，求斗栱地仗面积，求斗栱内拽油漆面积和外拽彩画面积。

　　解：（1）平身科内拽面面积＝26×2.376≈61.78（m²）

（2）平身科外拽面面积＝26×2.177≈56.60（m²）

（3）角科内拽面面积＝4×2.376≈9.50（m²）

（4）角科外拽面面积＝4×2.177×3.50≈30.48（m²）

（5）柱头科内拽面面积＝8×2.376≈19.01（m²）

（6）柱头科外拽面面积＝8×2.177≈17.42（m²）

（7）内拽面合计面积＝61.78＋9.50＋19.01

$$＝90.29（m²）$$

（8）外拽面合计面积＝56.60＋30.48＋17.42

$$＝104.50（m²）$$

（9）斗栱地仗面积　＝90.29＋104.50

$$＝194.79（m²）$$

（10）斗栱外拽彩画面积是 104.50m²

斗栱内拽油漆面积是 90.29m²

49. 某木檩长为 3800mm，直径为 300mm，求木檩地仗展开面积。

解：地仗油漆面积计算时应扣除金盘所占面积

（1）圆周展开＝0.30×3.14≈0.94（m）

（2）金盘所占尺寸＝$\frac{1}{4}$×0.30≈0.08（m）

（3）圆檩扣除金盘展开尺寸＝0.94－0.08＝0.86（m）

（4）圆檩地仗面积＝0.86×3.80≈3.27（m²）

50. 库金箔与钛金粉的换算关系。

解：非文物建筑的彩画，有时为了降低工程造价，往往采用描钛金粉代替贴库金箔。库金箔以 93.3mm×93.3mm 规格为准，与钛金粉换算如表 7-5 所示。

库金箔与钛金粉换算表　　　　　　　　　　　　　　　　　　　表 7-5

种类	规格(mm)	折算关系	钛金粉(kg)
库金箔	93.30×93.30	2.72 具	1
赤金箔	83.30×83.30	3.40 具	1
铜箔	100×100	2.70 具	1

51. 苏式掐箍头搭包袱彩画中，包袱与箍头之间的刷油漆如何计算？

解：苏式掐箍头搭包袱彩画已包含箍头与包袱之间刷油漆，此处的油漆面积不应被单独计算。

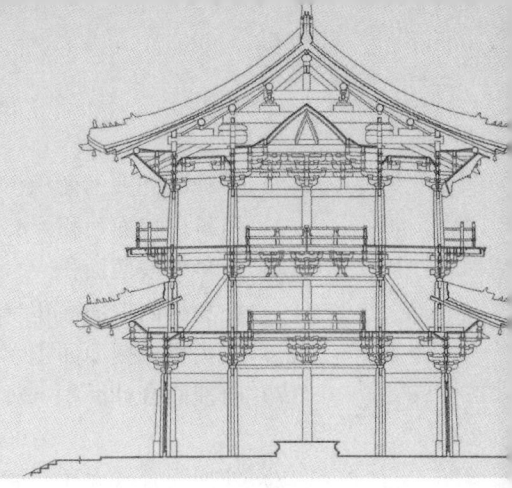

第八章

1. **工程招标投标时经常需要将所有木材折算成原木，木材体积折算可按相关规定执行，试问 1m³ 原木可以出多少立方米板枋材？出多少门窗规格料（指松木）？**

解：木材折算可按木材出材率折算表计算。

1m³ 原木经过加工可以出 0.658m³ 板枋材。

1m³ 原木经过加工可以出 0.435m³ 门窗规格料。

2. **某大式古建筑阶条石的异形好头石如图 8-1 所示，如何计算其体积？**

解：此形状比较特殊。按照异形构件计算原则，其面积应按平面所围最小矩形的面积计算，再乘以厚度就是它的体积。

面积 $= 1.50 \times 1 = 1.50$（m²）

体积 $= 1.50 \times 0.15 \approx 0.23$（m³）

注：不要将此面积计算为 $1.50 \times 0.50 + 0.50 \times 0.50 = 1$（m²）。

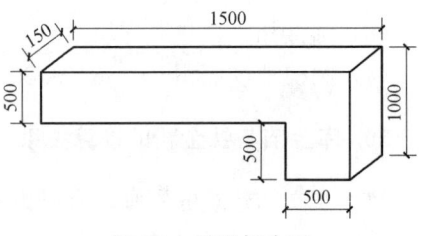

图 8-1　异形好头石

3. **直接工程费与工程直接费是一个概念吗？**

解：直接工程费与工程直接费不是一个概念。直接工程费就是原来的定额直接费，它只包括人工费、材料费和机械费，是一个工程必须要发生的三种费用。而工程直接费指的是一个工程发生的多种直接费。它除去上述三种费用以外，还可能发生一些为了完成工程实体项目而另外发生的措施费。例如：安全文明施工费，临时设施费，冬雨期施工费，二次搬运费，施工困难增加费，原有建筑物、设备、陈设、高级装修及文物保护费，施工排水、降水费等。因此，工程直接费是直接工程费与措施费之和。

4. **某古建工程安装特大型石构件，为了保护成品，加快施工速度，施工单位计划使用轮式起重机配合施工。请问此起重机发生的费用应如何处理？**

解：施工单位首先应与建设单位协商，双方确认欲使用机械的种类、机械台班的单价和计划使用机械台班的天数。施工中如使用大型机械，应按实际发生列入直接费。有时施工单位的施工组织设计文件中已明确使用大型机械配合施工，并且施工组织设计文件已得到建设单位或监理单位的批准。将此费用直接列入直接费，按实际发生情况，由建设单位负担。

5. 某工程（非招标的小型工程）所用石料由施工单位从外省采购，运至本市，请问该工程的跨省运输费应如何处理？

解：建设工程中的市内运输费已经包含在材料预算价格中。跨省运输费应由建设单位按实际发生负担。

6. 复建某古建筑时，干摆墙面上有砖雕刻的透风砖数块，请问如何确定透风砖的价格？

解：干摆、丝缝、淌白等砌筑墙面已综合考虑了所需八字、转头、透风砖的砍制。但其中并未包括透风砖的雕刻，透风砖的雕刻应另作补充砖雕定额，只计取透风砖的雕刻人工费用。

7. 某古建筑合同约定，材料价格采取可调价格的形式。投标报价时，汉白玉的价格按信息价组价是 6500 元/m³，可实际购买时甲乙双方确认汉白玉的价格为 12000 元/m³。施工单位可以调整材料价差吗？可以调整的价差是多少？

解：施工单位可以按照合同的约定调整材料价差。
可以调整的价差＝实际购买价格－原报价时的价格
＝12000－6500＝5500（元）

8. 有人认为造价部门公布的信息价就是市场价，这样理解正确吗？

解：这样理解不正确。信息价代表着当期市场的大部分材料价格，但它不是绝对等于市场价格，信息价同时可以低于市场价或高于市场价。我们从造价部门获取的信息价，可能是几个月前的市场价格。信息价要经过市场采集、调研、整理、平衡等过程。这些过程要经过一段时间，公布于众的信息价很可能已经滞后了，因此，信息价只是一种市场参考价格，不是绝对必须执行的价格。

9. 房修古建定额中凡涉及使用黄土作为建筑材料的项目，均未将黄土的价格组合在预算基价内。实际工程中遇到这些项目应如何考虑黄土的价格？

解：实际工程中黄土作为古建材料的出现一般分为以下两种类型：
第一种：施工现场内挖掘黄土。
现场内条件允许，挖掘出的黄土质量符合传统工艺的要求，可以作为古建材料使用。建设单位应按定额规定支付给施工单位因挖掘黄土而产生的人工费。如果出现现场内倒运黄土，还应支付现场 300m 以内或以外的人工倒土费。
第二种：外购黄土。
建设单位外购黄土，施工单位不应计取任何费用。如果是施工单位外购黄土，双方应事先确认黄土的价格，为以后的结算工作创造条件。
无论是在现场挖掘黄土，还是外购黄土，其数量应参照定额消耗量和预算工程量计算。计算出的黄土用量是实方的用量，还应再进行实方折虚方的用量计算。同时，也应要适当考虑黄土过筛后体积的折算。外购或挖掘的黄土都是未过筛的虚方黄土。

10. 古建筑维修工程如遇到灰土垫层应执什么定额？中是否包括黄土的价格？如何确定黄土的数量？

解： 常见的灰土垫层，执行定额时可选择与房屋修缮相关的土建定额作为依据。与其他古建筑定额一样，各种灰土的定额预算基价中也未包含黄土的价格。黄土定额消耗量可按表 8-1 灰土材料构成定额消耗量表所列数据执行。

灰土材料构成定额消耗量表　　　　　　　　表 8-1

灰土配合比	材料名称	定额消耗量
2：8	石灰	162kg
	黄土	1.13m³
3：7	石灰	243kg
	黄土	1.15m³
4：6	石灰	278kg
	黄土	0.96m³

注：表 8-1 中所列黄土为虚方，实际施工中可按照表 8-1 中黄土的消耗量，结合外购黄土的单价，自行换算出包含黄土价格的灰土价格。外购黄土的价格一般指虚方的价格，如以实方定价，应在虚方价格的基础上再乘以 1.35（系数）。

11. 古建筑修缮工程经常遇到使用原建筑物的旧材料（或建设单位自有材料）编制工程预算的情况，这部分旧材料如何定价？计算时应掌握什么原则？

解： 利用原建筑物上的旧材料（或建设单位自有的材料）应按相关规定退还建设单位（以下称为甲方）材料费。

退还甲方材料费指凡是施工过程中施工单位利用原建筑物上的旧材料，如旧砖、旧石料、旧瓦件、旧木料等或由甲方提供的自有材料，满足施工单位施工要求，减少了施工单位的材料采购，节省施工单位资金。

施工单位节省的资金，正是甲方所付出的资金（旧材料可以折算资金）。这些资金由于施工单位没有付出，理应如实退还甲方。

退还的数量、规格应以合同双方确定的数量、规格为准。单价以合同约定为准或以工程预算书所报单价为准。退还一般在竣工结算时进行。退还的费用等于双方确认的退还数量乘以预算单价，再乘以 99%。计算出的退还费用可设定为负值，在预算计费程序中放置在税金的前面，与计取税金的基数相加（即加上负值），然后按规定计取税金，计算出实际的工程造价。

有时退还甲方材料的种类、规格、数量在设计图中已有明确表示（如屋面需添配 70% 的瓦件，实际就是有 30% 的旧瓦件仍可以被再利用）。编制预算时一定要尊重设计方案，严格按设计要求编制退还甲方的材料费用，实事求是地计算出实际工程造价。

修缮工程中还经常会遇到甲方的材料不能被直接使用，而要经过修整、清理、改动等的情况。如旧瓦件的清铲，砖的重新加工，石构件、木材的长改短、大改小，这些费用都是为了利用旧料而发生的。甲方也应本着公平、务实的原则，支付给施工单位因此而发生的费用，共同降低工程成本，减少工程造价。

12. 某拆除房屋工程，合同约定承包形式为包工包料。被拆除的房屋距离渣土存放地点为 **280m**，需用手推车将渣土倒运至渣土存放点，然后用汽车将渣土清运出现场。这种情况下施工单位可以计取现场内 **300m** 倒运渣土的费用吗？为什么？

解：不可以。因为该合同为包工包料的合同，施工单位的拆除房屋已经包括将渣土原地攒堆（等待运输），施工单位负责的渣土外运已经包括将渣土运至场内的装车地点，所以不能再计取 300m 以内的现场倒运渣土的费用，但是，如果合同约定渣土由建设单位负责外运，这时发生的 280m 现场内的倒运渣土理应由建设单位负责。如果由施工单位倒运，施工单位可以计取现场 300m 以内的倒运渣土费用。

13. 什么叫总价合同？

解：总价合同是指在合同中确定完成建设项目的总价，确定承包单位工作内容和双方结算依据的合同。这类合同易于支付结算，适用于工程量相对较少或相对较准确，且工期较短、技术要求相对简单、风险较小的建设项目。此类合同要求发包单位提供的设计图纸和各项说明文件齐全、详尽，能够充分满足承包单位准确计算工程量的需要。古建筑修缮工程不宜采用此类合同。

14. 什么是单价合同？

解：单价合同是指承包单位按照投标文件所列出的分部分项工程量来确定分部分项工程费用的合同。这类合同使用范围较广，可以合理分摊风险，其成立的基础在于双方对工程量的计算方法和实际工程量与单价的确认。

15. 什么是成本加酬金合同？

解：成本加酬金合同是指由业主（或建设单位）向承包单位（或施工单位）支付建设工程的实际成本，并按照双方事先约定的某一种方式支付酬金的合同类型。这类合同对承包单位基本无风险可言，而业主需要承担成本增加的风险，承包单位的利润可能要低。

16. 招标文件与中标人投标文件不一致时，以什么为准？中标价格与合同价格不一致时，以什么为准？

解：招标文件与中标人投标文件不一致时，应以投标文件为准。中标价格与合同价格不一致时，应以合同价格为准。

17. 某工程合同约定材料、人工单价采取可调价格的方式。投标报价时暂以当月的信息价为准。工程历经 24 个月竣工，结算时应以什么价格为准？为什么？

解：这份合同只明确了人工、材料价格可以调整的原则，但具体按照什么价格调整，并没有约定清楚，结算时的价格可能有两种方法：第一种方法，按照结算时的信息价调整。第二种方法，以施工单位实际发生的价格为准进行调价。但这里有一个前提，施工单位在采购各种材料前，应先取得建设单位对价格的确认，并以书面形式签认，为以后的结算创造条件。人工单价则应以竣工时的信息价格作为参考，由双方商定。这里的材料实际发生价格不能片面地理解为施工单位所提供发票中的单价。采取第二种方法符合合同约定的调价原则，也符合合同的公平交易原则。但是这份合同在调价约定上还是有欠缺的。应当进一步明确价格的确认方式，确认时间或确认原则。

18.《北京市房屋建筑修缮及装修工程施工合同》甲种本第 35 条第 2 款明确规定："发包人收到承包人递交的竣工结算报告及结算资料后 28 天内进行核实，给予确认或提出修改意见"。实际工程中发包人如果超过合同约定的期限未确认或未提出修改意见，应如何处理？

解：合同中明确约定发包人自收到承包人结算之日起，28 天内给予确认或提出修改意见。发包人未按双方合同约定履行义务。超过合同约定期限，就是视同承认或接受承包人递交的结算报告和结算数额。承包人可以就此数额，要求发包人按照合同约定的时间支付工程结算款。这一点完全符合中华人民共和国建设部令第 107 号《建筑工程施工发包与承包计价管理办法》之规定："发包方应当在收到竣工结算文件后的约定期限内予以答复。逾期未答复的，竣工结算文件视为已被认可"。

发包人超过期限的行为不属于合同违约。但是，发包人此时如不承认承包人递交的结算数额，则属于合同违约。承包人可与发包人协商，要求发包人按照承包人所递交的结算数额进行结算，并支付工程结算尾款。如果发包人不接受承包人的要求，或发包人要求承包人开始核实工程结算数额，承包人如果同意核实，可以按照双方核实后的数额结算。如果承包人不同意核实，承包人可以凭施工合同，向仲裁机构提出仲裁要求，或向属地人民法院提起诉讼，用法律的武器保护自己的利益。发包人的违约行为可能要付出一定的代价。

但是做到这一点还不够，承包人还必须提供发包人收到结算报告和结算资料（结算书）的文字凭证。凭证中应注明发包人收到的具体日期、收件人姓名和收到文件的名称。如果承包人提供不出司法部门需要的相关证明材料，即使超过合同约定的期限，也没有理由要求仲裁或提起诉讼。因此，管理严格的施工企业，大多采取发文的形式，重大事件必须有签收记录，以备双方发生争议时，可以提供资料，用法律的武器保护合同履约人的合法利益。

19. 措施费中列举了常见的几种类型。如果招标工程施工组织设计中采用了超过规定种类的措施费，投标报价时还可以进行增加吗？

解：可以按照投标文件中施工组织设计文件所要求的措施内容，添加新的费用。

20. 某古建筑修缮工程施工工期只有 10 天，且正值春季。施工期间未遇风雨天气，气温一直在 10～15℃。在此条件下施工单位做预算报价时可以计取冬雨期施工费吗？

解：可以。此工程虽未遇到风雨天气，在常温施工下按规定仍然可以计取冬雨期施工费。冬雨期施工费是一项特殊的费用，一年中 365 天，无论天气如何变化，都应计取。但是，如果某工程在严冬或盛夏施工，工期很短，施工中多次遇到雨雪袭击，也不能因极冷或极热增加费用（合同另有约定时除外）。

21. 施工合同中经常提到不可抗力，如何认定不可抗力？

解：不可抗力是指施工过程中发生的不可预见、不可克服、不可避免的，影响施工的客观因素。

22. 措施费的费率是一个参考值，执行中应如何把握？

解：措施费的费率是一个参考值，但其中的安全文明施工费是不能向下调整的。其他费率原则上也不能向下调整，只能向上调整。但如果建设单位向施工单位免费提供了一部分临时设施，此费率可以经双方协商降低。其他费率在满足规定说明的前提下不准向下调整，可向上调整。

23. 措施费中的"二次搬运费"指的是第二次搬运的费用吗？如果发生三次或三次以上的搬运，如何处理和使用二次搬运费？

解：二次搬运费不仅指第二次的搬运费用，还可以指三次以上的多次搬运的费用。如果施工中发生了二次以上或更多次的搬运，也应按照二次搬运费用处理。但二次搬运费的费率是可以被调整的。

24. 古建筑定额有时规定在特定条件下可以乘以某个系数，如何理解定额乘以某个系数？乘以系数应掌握什么原则？

解：古建筑定额中经常会遇到在某种情况下乘以一个系数，调整定额数据。这些都是定额中明确规定的计算方法，要按照定额规定执行，该乘以什么系数就乘以什么系数。例如：古建筑墙帽预算基价规定以双面制作为准；如遇只做单面墙帽，定额乘以 0.65（系数）调整（也就是定额基价乘以 0.65 调整）。

有时定额没有规定，预算项目选用不到合适的定额，往往会借用某个与之相近的子目，但这个被借用子目还不能正确体现实际的人工、材料、机械的消耗。为了使被借用子目更科学、合理，有时要用系数再调整一下。这个系数取多大值，定额没有规定。工程造价人员要以良好的职业道德，实事求是地确定这个数值。尽可能使实际发生的消耗与相关对应的定额接近，使借用定额更趋于科学合理。

若造价人员随意乘以系数，调整定额数据，这是不严肃的行为。

25. 施工现场范围一般指多大的范围？

解：施工现场范围是指施工单位为了生产（或进行房屋修缮），而必须使用的材料加工、宿舍、办公室、生产、材料仓库、支搭脚手架所需要的用地范围。这个范围有明确的规定，一般按照面积计算，应由建设单位负责提供给施工单位。

这个范围的大小，应按照所施工或修缮的房屋首层建筑面积的 3 倍计算，才能满足施工用地范围的最低需要。这里的 3 倍首层建筑面积包含被修缮的房屋已经腾空，可以提供施工单位使用的首层房屋的建筑面积。

如果建设单位提供的范围大于此规定的面积，会便于施工，如果小于此规定的面积，会给施工带来诸多不便，可能发生许多材料的倒运和人力、物力的支出，延长施工工期。按规定应由建设单位给予经济补偿，或者由建设单位出资租场地供施工单位使用。还可以由建设单位委托施工单位租场地，供施工单位使用，但费用应由建设单位承担。

26. 如何正确理解和执行措施费中的夜间施工费?

解: 夜间施工费是因施工条件所限或为了保证工程进度需要，在施工单位必须安排夜间施工的情况下，才可以计取的措施费。夜间施工一般指晚 8:00 以后至次日凌晨 6:00 的施工。这段时间会发生夜间施工照明设备摊销及照明用电等费用。施工人员的工作效率也会因夜间施工而降低，还有夜班补助费等。因此，这段时间施工可以计取夜间施工费，弥补施工单位因夜间施工而发生的额外费用。

27. 措施费中的排水降水费，指的是施工现场内道路、场地的排水降水费吗?

解: 不是。施工现场内道路、场地的排水降水费已经在临时设施费中包含。这里的排水降水费特指基础工程为了降低地下水位，而采取的各种降水措施及降水过程中的排水费。两者根本不是一个概念。

28. 什么条件下施工单位可以计取施工困难增加费?

解: 施工困难增加费是指因建筑物地处繁华街道或为大型公共场所、旅游景区，在不停止使用的情况下，所需要的必要围挡、安全保卫措施、施工降效等支出的必要的费用。

29. 古建筑修缮工程施工经常发生占用人行便道，在胡同两侧存放建筑材料的事情。为此需要向有关部门提出申请，并缴纳占地费。此事情应当由谁办理? 此费用应当由谁承担?

解: 此事应由建设单位办理，或由建设单位委托施工单位办理。此费用全部应由建设单位承担。

30. 临时设施费是施工中发生的哪些费用? 工地宿舍、员工娱乐室、工地食堂、工地餐厅、门卫值班室属于临时设施吗?

解: 临时设施指施工企业为进行房屋修缮及装饰装修工程，所必须搭设的生活和生产用的临时建筑物、构筑物和仓库、办公室、加工厂、工作棚以及施工现场范围内的通道、水电管线及其他小型设施的搭设、维护、拆除费和摊销费等费用。工地宿舍、员工娱乐室、工地食堂、工地餐厅、门卫值班室都属于临时设施。

31. 古建筑维修定额指在正常的施工条件下所需要的人工、材料、机械的消耗。何谓正常条件?

解: 正常条件指在平地施工，建筑材料可以通过汽车顺利运至施工现场。非正常条件指涉水运输或在水中施工，或地处高山地区，建筑材料要通过牲畜、索道或人力运输才能到达施工现场的情形。

古建筑维修工程经常会遇到在山顶或很高的地方施工，为解决垂直运输问题，有时必须采用人工方式，即，背驮肩挑方法，将建筑材料运至施工地点。这笔费用有时会很高，在工程造价中占有相当大的比例。合理支付务工人员的劳动费用，正确计算和确定这些费用关系到工程造价的准确性。古建筑常用砖的重量表如表 8-2 所示，供计算砖的质量时使用。

古建筑常用砖的重量表　　　　　　　表 8-2

序号	名称	规格(mm)	质量(kg)	每立方米的数量(块)
1	大城砖	480×240×130	26.40	67
2	二城样砖	440×220×110	18.70	94
3	大停泥砖	410×210×80	12.10	145
4	小停泥砖	280×140×70	5.17	365
5	大开条砖	288×144×64	4.73	377
6	小开条砖	256×128×51	2.97	599
7	斧刃砖	240×120×40	2.2	868
8	四丁砖	240×115×53	2.64	684
9	地趴砖	420×210×85	13.20	133
10	尺二方砖	400×400×60	19.80	104
11	尺四方砖	470×470×60	23.10	76
12	尺七方砖	550×550×60	31.90	55
13	二尺方砖	640×640×96	69.30	26
14	二尺二方砖	704×704×112	97.90	18

说明：表 8-2 中所列砖的质量是砖在自然干燥条件下的质量，未考虑湿砖或含水分较大的砖的质量。

32. 当定额预算基价带有括号时，应如何理解括号的含义？如何具体执行和完善该定额预算基价？

解：凡是定额预算基价带有括号，在使用中一定要慎重，千万不要直接使用括号内的预算基价。带括号的定额预算基价是一个不完全的价格，需要根据不同情况进一步完善组价。古建筑定额中有以下三种带括号的预算基价的情况：

第一种：材料消耗量带有括号者，在实际工程中若需使用，根据括号内的数量予以补充。

假设有定额编号 3-400 琉璃正吻安装项目。基价中的材料价 6274.96 元是各种不带括号材料的使用量，乘以对应的单价之和，再加上其他材料费而得到的。也就是 6274.96 元中不含四样吻座、四样吻下当勾和四样大群色的价格。如工程中使用了上述某种材料，应用其材料单价乘以括号内的用量，与 6274.96 元相加，重新调整基价的值。如果上述三种材料均未使用，则应直接使用原基价。

第二种：材料消耗量用空括号表示者，根据实际工程需用数量予以补充。

假设有定额编号 1-451 四样琉璃角脊、庑殿及攒尖垂脊附件（垂脊筒做法）项目。定额预算基价中的材料价 1157.82 元是各种不带括号的材料使用量乘以对应单价之和。包括负值的材料一并计算，正负值相加后抵消，也就是 1157.82 元中不含四样走兽的价格。如工程中使用了 3 个四样走兽，基价增加额为 3×58.00＝174.00（元）。调整后的基价是 174.00＋

241

1157.82＝1331.82（元）。如工程中使用了 7 个四样走兽，新的基价＝7×58.00＋1157.82＝1563.82（元），依此类推。

第三种：材料单价空缺者。按照实际发生的价格予以补充，但定额消耗量不得调整。

假设有定额编号 2-1 金砖地面剔补项目。基价的材料价中不含二尺四金砖的价格。如实际工程中双方认定此砖价格为 150 元/块（或投标文件报价为 150 元/块），新的定额预算基价＝150×1.13＋382.17＝551.67（元）

33. 古建筑施工中，如果配备大型机械施工时，该机械费应如何处理？

解：古建筑定额的编制是以手工操作为主，适当配备中小型机械，未包括大型机械的使用费。凡需使用大型机械的，应根据工程具体情况按实列入直接工程费。确定使用大型机械，要有两个重要环节做保证：第一，施工组织设计中要明确大型机械的使用范围，使用机械的种类和预计使用的时间期限。预算报价要明确大型机械的台班数量、台班单价。第二，上述施工组织设计未涉及或因工程发生变更需要增加使用大型机械时，应办理工程洽商或签订补充合同文件。甲、乙双方对使用大型机械的种类、作业范围、作业天数、机械台班单价逐一确认。工程结算时就可以按照实际发生情况予以结算。

34. 什么叫信息价？如何理解和执行信息价？

解：信息价是某个行政管理部门或专业职能部门在一定时间内，进行市场调研、咨询、平衡，以及审核后公布的一种价格。这个价格为人们提供了参考的信息，故称为信息价。

信息价是一种参考价，不是必须执行的执行价。信息价有时可以等于市场价，有时又不等于市场价。

信息价往往要低于市场价，这是因为信息价从调研、采集、审核到公布要经过一段时间。信息价只代表某一时段内的参考价，它没有超前的预见性。作为某一时段内的参考价有很积极的意义和科学性，为确定工程造价提供了方便、及时的参考依据。但是目前没有文件规定必须执行信息价，所以信息价没有强制性，只是一个参考数据。

我们在确定工程造价时，往往要参考这个价格，并结合市场实际价格，最后确定材料的单价。有些情况下市场价格会高于信息价，这就要求工程造价人员要及时了解和掌握市场价格变化的趋势；特别是大宗主要材料，有时变化很小，也会直接影响工程造价。市场价格的来源主要从供应商、生产厂家或相关单位获得。各投标单位在投标文件中反映出的市场价格，只代表本单位对市场价格的确认。其他投标单位可与之相同，也可以高于或低于这个价格。市场价格是随时可变的价格，是一种竞争的价格。企业信誉好，知名度高，能及时结清货款。该企业提出的市场价格可能就会低一些，工程造价也就低，工程中标率自然会高，形成良性循环，有利于市场竞争。因此，掌握和控制市场价格，是企业经济活动的重要环节。有时，建设单位或投标文件规定必须执行某一时段的信息价，这就要求造价人员分析信息价与市场价之间的差距能否被企业消化和接受。差距过大不能被企业接受时，投标单位可与之协商或提供市场价格依据，还可提出某种材料因信息价与市场价差距太大，改为建设单位供料或要求结算

综合练习

时补齐差价。若协商未果，投标单位一定要慎重分析，权衡利弊，甚至主动放弃投标活动，预防因决策失误造成的经济亏损。

35. 房修定额中哪些定额项目涉及黄土？遇有黄土时应具备哪些条件才能计取黄土的费用？

解： 灰土、回填土、墙面抹掺灰泥、苫泥背、细墁地面、桃花浆等项目涉及使用黄土，但这些项目预算基价中不包含黄土的价格。遇有这些项目时，可以与建设单位协商外购黄土。可凭双方认可的购土凭证办理结算，也可以协商办理补充协议，双方确定需要外购黄土的数量、单价。具备以上条件结算时就可以计取外购黄土的费用，也可以在前期招标投标中，由投标人根据市场价格，自行确定外购黄土的单价，自行组合使用黄土工程项目的预算基价。合同中采取总价包死的形式，结算时原投标报价不变，将其中黄土的价格一并计算在内。

36. 定额预算基价主要有哪些方面构成？

解： 定额预算基价主要由人工费、材料费、机械费或租赁费三方面组成。

37. 某古建筑工程有 3：7 灰土垫层项目，需用大量黄土。建设单位为了节约资金，要求施工单位就地挖取黄土。请问这种情况下，在造价费用上会发生什么变化？施工单位应计取哪些费用？

解： 就地挖取黄土是可行的，但挖掘黄土时，施工单位必然要支付相应的人工费，建设单位应按挖掘土方的定额标准支付给施工单位挖土的人工费。另外，计划使用的黄土数量往往要小于实际挖掘的数量。特别是在城区，地表土很可能是回填的渣土，质量不能满足灰土、中土的标准要求，不能使用。只有满足灰土工艺要求的黄土，才是计划使用的黄土。挖掘农耕土或地表土符合要求，可以不受此限。挖土、取土宜在施工现场内进行。定额挖土不包括水平运土。超过一定范围，施工单位还可以计取现场内的倒土费用。

38. 人工费单价大多采用参考每个月工程造价管理部门发布的人工信息价格确定。这个价格有一个下限，有一个上限，如何正确理解和执行人工费单价的有关政策？

解： 人工费的单价最低不允许低于信息价公布的下限值。这是保障建筑行业务工人员的最低工资标准。

对于超过下限值，国家是不控制的，完全取决于市场需求，取决于工程的性质，取决于建设单位与施工单位协商的结果。国家政策的放开，既保证了务工人员的最低工资标准，维护社会安定，又给每个施工企业提供了一个平等竞争的平台。一般投标报价时，人工费单价的标准完全由企业根据自身的实力和管理水平确定。如果施工单位人工费单价标准过高，计算出的投标报价也必然高。特别是以人工费为计费基数的房修工程，这样投标报价就很可能超过投标控制价，或超过允许偏差，最后导致投标工作失败。

因此，人工费单价的确定要充分利用市场经济的杠杆作用，既保证外来务工人员的最基本利益，又要以人为本，促进社会稳定，还可以提高建筑企业之间的合理公平竞争。有利于利用杠杆作用，提高企业自身的管理水平。

总之，人工费单价的标准是实行政府宏观控制，企业自主确定的原则。在不低于人工费信息价下限的前提下，没有上限。自主权由市场决定，由企业决定。

39. 一般古建筑的建筑面积计算规则是怎样规定的？

解：一般古建筑的建筑面积计算规则分为以下四种：

(1) 古建筑的建筑面积应按照古建筑台明外边线水平面积计算。

(2) 如果古建筑无台明时，应以围护结构水平面积计算建筑面积。

(3) 围护结构外有檐、廊柱的，按照檐、廊柱外边线所围水平面积计算建筑面积。

(4) 围护结构外边线未括构架柱外边线的，按照构架柱外边线计算建筑面积。

40. 古建筑修缮工程措施费中脚手架的价格如何确定？脚手架使用时间如何确定？

解：脚手架的价格可以按照租赁市场的市场价格确定。计算脚手架的价格时，措施费中脚手架的预算基价只有各种架管、脚手板、卡扣的定额消耗量，不包含任何租金。组价时应按照租赁市场的租金单价（元/日），结合使用周期天数，二者相乘，将各项乘积累加，与原预算基价组合成新的完全价格。

脚手架使用时间的长短，应按照施工组织设计规定的时间加上脚手架进（退）场的必要时间确定。因为租金的多少直接影响到工程造价，不能随便乱定，应以投标报价时的施工组织设计文件规定的时间为基准，再加上进（退）场的运输时间和正常情况下闲置的几天时间确定。

41. 古建筑修缮工程使用脚手架的种类由什么确定？

解：古建筑修缮工程是一个很复杂的过程，具体应使用哪些脚手架，应按照投标报价时施工组织设计文件中规定的种类进行设置。

42. 施工总承包单位经常会将部分工程分包给其他施工单位，并向分包单位计取总承包服务费。总承包单位的这种做法合理吗？政策上有何规定？

解：总承包单位向分包单位收取总承包服务费的做法合理。相关文件规定总承包单位可以收取分包单位 1.5%～2% 的总承包服务费。收取基数以分包工程的工程造价为准（不含设备费）。如果分包单位接受总承包单位的其他服务，或要求总承包单位提供相应的管理、协调、配合服务时，总承包单位可以按照 3%～5% 的标准收取总承包服务费，收取基数仍以分包工程的工程造价为准（不含设备费）。

43. 定额预算基价中的人工费能反映哪些与人工有关的信息？

解：定额预算基价中的人工费是指为完成某一计量单位的合格产品，所需要的人工费用（人工工资）。定额人工费由人工费单价乘以定额用工的工日构成。它反映出一个定额工日的基本单价，反映出为完成某一计量单位的合格产品所消耗的定额工日。定额人工费还能反映出预算基价中人工费所占的比例，或人工费在预算基价中所占的百分率。

44. 定额预算基价中的材料费能反映哪些与材料有关的信息？

解：定额预算基价中的材料费是指施工过程中耗用构成实体的原材料、辅助材料、构配件、零件和半成品等的费用。它能反映出主要材料的名称、规格、计量单位，材料单价，材料消耗量，材料定额规定的损耗量，其他零星材料所占的价格，材料费在预算基价中所占的比例关系，或材料费在预算基价中所占的百分率。

45. 定额预算基价中的机械费能反映出哪些与机械有关的信息？

解：定额预算基价中的机械费是预算基价的组成部分。它可以反映出机械的名称、种类，台班的单价，机械台班的使用数量和机械费在预算基价中所占的比例，或机械费在预算基价中所占的百分率。

46. 墙体拆除平面图如图 1-4 所示，求所拆墙的长度（注：拆除按立方米为单位计算，体积等于墙长乘以墙截面面积）。

解：这是一个既有偏心轴线，又有中心轴线的平面图。图中①～③轴线长＝2×4500＝9000（mm），假设①轴和③轴为居中轴线，①～③轴轴线长＝（62.50＋4500）＋（4500＋62.50）＝4562.50×2＝9125（mm）

（注：①轴向左，③轴向右各，移动 62.5mm 时，轴线居中）

面宽方向轴线长＝9125×2＝18250（mm）

进深方向轴线长＝6500×3＝19500（mm）

轴线合计长＝18250＋19500＝37750(mm)＝37.75（m）

47. 某小式硬山民宅有三间，明间为 3.60m，次间为 3.30m，腿子咬中尺寸为 3cm。椽档空隙为 1.50 倍椽径时，应在前檐排设多少根飞椽（椽径 9cm)？

解：面宽总尺寸＝3.30＋3.30＋3.60＝10.20（m）。减去咬中 3cm，则砖腿里侧至另一侧砖腿里侧长＝10.20－2×0.03＝10.14（m）

飞椽数量＝10.14÷（0.09＋1.50×0.09）≈45（根），要取 46 根。

48. 某工程计划使用原木 132m³、板枋材 49.50m³、门窗规格料 19.72m³，此工程应计划购买多少立方米原木？

解：计划购买原木＝132＋49.50×1.52＋19.72×2.30＝252.596(m³)

49. 某地区红松原木供应价格是 3200 元/m³，若折算成红松板枋材的价格是多少？

解：折算价格要考虑折算系数，还要考虑到材料采购保管费率。

红松板枋材价格＝3200×1.52×1.02＝4961.28（元/m³)

50. 某工程修缮项目是方整石砌体拆砌，如何理解其预算基价的涵义？使用中应注意什么问题？

解：以定额编号 1-451 为例，预算基价是 348.26 元/m³，其中，不含添配新方整石料的价格，使用中应自行完善基价。如方整石砌体拆砌添配 35% 新石料，完善价格应参照定额编号 1-456 项目的材料用量，$1.05 \times 35\% \approx 0.37$（m³），在定额编号 1-451 的材料用量括号中加入 0.37，则添配 35% 方整石料的砌体拆砌基价＝$348.26 + 650.00 \times 0.37 = 588.76$（元）。其他各种材料用量和人工、机械均不能调整。

51. 对措施费中的安全文明施工费是否可以调整？如何调整？为什么？

解：安全文明施工费可以调整。但必须向上调整，不准向下调整。因为国家为保证施工企业的安全文明施工给出了一个最低的费率，任何企业不能以降低费率作为竞争的条件。但修缮工程遇特殊情况时，企业可依据工程特点，加大此费用的支出，保证工程顺利进行。这是国家赋予企业的权利，是企业间公平竞争的保障措施之一。

52. 冬期施工时，在砂浆中加入的防冻剂是否属于措施费内容？其费用应被包含在哪些费用中？

解：这项费用不属于措施费，其费用应在砂浆价格中包含。

53. 招标投标活动中经常会有投标担保金。此费用应从哪些费用中支出？

解：投标担保金的费用应从企业管理费中的财务经费中支出。

54. 设计文件中未明确旧墙是整砖剔补，还是半砖剔补时，应如何界定？

解：无法界定整砖剔补，还是半砖剔补时，应先按整砖剔补确定工程造价。如实际施工是整砖剔补，则结算时价格不用调整；如实际施工是半砖剔补，结算时调整定额或扣减其差价。

55. 在定额编号 2-4 尺七金砖剔补的定额子目中，基价是 217.17 元/块。剔补 5 块尺七金砖的直接工程费是 $5 \times 217.17 = 1085.85$（元）吗？

解：不是。定额基价带有括号，为不完全价，基价不能被直接使用，要根据实际情况完善基价。假如双方认定（或投标人自行确定）尺七金砖价为 120 元/块时，新的基价＝$217.17 + 120 \times 1.13 = 352.77$（元），这时的直接工程费＝$5 \times 352.77 = 1763.85$（元）

56. 有简便、快捷的方法计算平面呈五边形、六边形、八边形的建筑面积吗？

解：先从建筑平面图中找出五边形、六边形、八边形的最小外接圆的直径，求出圆的面积。以这个圆面积为基数，五边形建筑面积是基数乘以 0.6060，六边形建筑面积是基数乘以 0.8274，八边形建筑面积是基数乘以 0.8861，即为所求图形的建筑面积。

57. 某施工合同约定施工期间如遇外界因素影响施工，给甲乙方带来的经济损失另行商定。当损失发生后，双方均不想承担责任，责任应由哪方承担？

解： 首先要看损失的原因，应由造成损失的过错方承担主要责任。非过错方承担次要责任。也要承担因合同缔约不明所应承担的责任。

58. 单檐八角亭，七样黄色琉璃瓦，垂脊筒子做法，垂脊上设仙人、龙、凤、狮子、天马、海马，计算垂脊附件的直接工程费（暂以定额单价为准）。

解：（1）计算工程量，八角亭有八条垂脊、八条垂脊附件

（2）选择定额编号 3-492，原基价是 620.01 元/条

（3）换算新的基价

新基价＝620.01＋5×41.60＝828.01（元/条）

（4）直接工程费＝8×828.01＝6624.08（元）

注：计算小兽数量时，不应计算仙人的数量。

59. 某带有正吻的大式硬山式建筑，1 号布瓦，脊高为 420mm，垂脊端头设有 5 个小跑，求垂脊附件的直接工程费（暂以定额单价为准）。

解：（1）硬山式建筑有四条垂脊、有四条垂脊附件

（2）选择定额编号 3-358，原基价是 429.49 元/条

（3）换算新的基价

新基价＝429.49＋（4×35.00）＝569.49（元/条）

（4）直接工程费＝4×569.49＝2277.96（元）

注：布瓦屋面计算小跑的数量，应扣除前端抱头狮子的数量。

60. 某建筑位于山顶，糙砌大城砖墙长为 16.25m，高为 3.20m，厚为 0.48m，求砌筑此墙人工向山顶运输材料的数量。

解：（1）求墙的体积，选择定额

墙体积＝16.25×3.20×0.48＝24.96（m³）

选择定额编号 1-146

（2）确定各种材料的使用量

① 需用大城砖＝24.96×59.8910≈1495（块）

② 需用 M2.5 混合砂浆＝24.96×0.1469≈3.67（m³）

（3）计算城砖、砂浆的重量

① 城砖的数量＝1495×26.40＝39468（kg）

② 砂浆的数量：M2.5 混合砂浆 1m³ 中含有砂子 1754kg、石灰 114kg、水泥 131kg。

砂子数量＝3.67×1754＝6437.18（kg）

石灰数量＝3.67×114＝418.38（kg）

水泥数量＝3.67×131＝480.77（kg）

（4）各种材料合计（不含水）

39468+6437.18+418.38+480.77=46804.33 （kg）

61. 某古建筑院内有拆除工程，因条件所限，拆除的渣土必须被运至现场内某处，再用汽车清运出现场。编制工程造价时，现场内的渣土清运可否计取费用？依据是什么？

解：可以计取现场内的渣土清运费用。因为拆除工程所含工作范围仅指渣土原地攒堆（待运），因此，应计取现场清运渣土的费用。

62. 某台基平面图如图 8-2 所示，当方砖散水宽度为 0.40m，牙子宽为 0.05m 时，求砖牙子的长度和散水的面积。

解：（1）台基外边线长=2×（10+5）=30 （m）

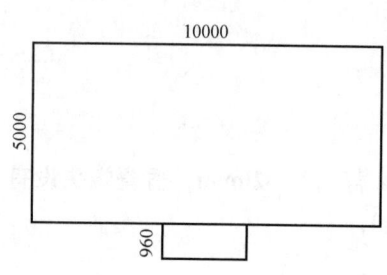
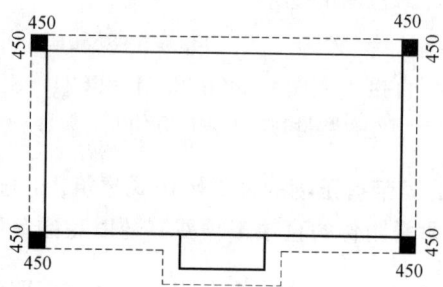

图 8-2 台基平面图

（2）台阶长=2×0.96=1.92 （m）

（3）转角处长=8×0.45=3.60 （m）

（4）砖牙子长=30+1.92+3.60=35.52 （m）

（5）散水面积：

散水的长=[2×（0.45-0.05）+10]×2+5×2+0.96×2=33.52（m）

方砖散水面积=0.40×33.52≈13.41 （m²）

63. 某新建广场花岗石材铺地面 150m²，石材厚度为 180mm，需要外购多少石材？当人工费单价为 105 元/工日，石材价格为 3800 元/m³ 时，石作工程的直接工程费是多少？

解：（1）外购石材的数量：选择定额编号 2-142 和定额编号 2-144

地面石制作=150×0.1406=21.09 （m³）

地面石加厚制作=150×0.0216×3=9.72 （m³）

外购石材量=21.09+9.72=30.81 （m³）

（2）单价变化后制作的直接工程费

① 选择定额编号 2-142，原基价是 606.27 元

② 换算后，定额编号 2-142 的基价=606.27+（105-82.10）×2.10+（3800-3000）×0.1406

=606.27+48.09+112.48=766.84 （元）

③ 查定额编号 2-144，原基价是 98.64 元

④ 换算后的基价=98.64+（105-82.10）×0.384+（3800-3000）×0.0216

$=98.64+8.79+17.28=124.71$（元）

⑤ 制作的直接工程费$=150×(766.84+124.71)=133732.50$（元）

（3）求单价变化后的安装直接工程费

① 查定额编号 2-145，原基价是 105.92 元

② 换算后的基价$=105.92+(105-82.10)×1.20$

$=105.92+27.48=133.40$（元）

③ 查定额编号 2-146，原基价是 15.89（元）

④ 换算后的基价$=15.89+(105-82.10)×0.18$

$≈15.89+4.12=20.01$（元）

⑤ 安装的直接工程费$=150×(133.40+20.01)=23011.50$（元）

（4）石作工程制作和安装的直接工程费$=133732.50+23011.50=156744.00$（元）

64. 八角单檐亭，有五踩斗栱，此亭应有几块枕头木？

解：每个角的位置因设有挑檐桁，故每个角上应有枕头木 4 块。挑檐桁有 2 块，正心桁有 2 块，8 个转角共有枕头木 32 块。

65. 八角重檐亭，无斗栱，此亭应有几块枕头木？

解：每个转角处有 2 块枕头木，底层檐有 16 块枕头木。二层檐有 16 块枕头木，共计有 32 块枕头木。

66. 古建筑工程施工中，若使用起重机械（吊车）配合大木构件安装，原来的构件安装费如何处理？起重机械费用如何处理？

解：起重机械费用应按相关定额规定执行。事先应与发包人共同确认起重机械型号、台班单价、台班数量，结算时按双方事先认定的价格、数量结算。

根据相关定额规定，凡需使用大型机械的，应根据工程具体情况按实列入直接工程费。起重机械（吊车）属于大型机械，使用起重机械配合大木构件安装时，不扣除原预算（或清单）报价中的吊装人工费用。这里的吊装就是指人工安装的费用，采用起重机吊装也势必发生人工配合、构件挂绳、水平运输、插入榫卯、钉拉杆、打戗、找中对线、修正卯口等。定额中没有规定对人工安装费用扣减，所以不应扣减此费用。

67. 按设计图纸标明剔补砖件的百分率，即可求出具体剔补砖块数的工程量。

解：通过以下内容加以说明：假设某后檐墙长为 9.60m，下碱高为 1.10m，做法为二城样干摆。设计要求按 8％剔补，求剔补的工程量。

（1）下碱面积$=9.6×1.10=10.56$（m²）

（2）需要剔补的面积$=10.56×8％≈0.84$（m²）

（3）0.84m² 剔补砖的数量

查定额编号 1-68 可知：1m² 二城样干摆墙消耗砖数量为 30.20 块，剔补 0.84m² 的砖数量$=0.84×30.20≈25.37$（块），取 26 块

（4）因细砖砌墙定额消耗量中已包含13％的损耗量，故再扣除13％的损耗量即为实际数量

$$实际数量＝26－26×13％＝22.62（块）≈23（块）$$

注：各类细砌墙体的砖消耗量已包括10％的砖加工损耗和3％的砌筑损耗，糙砌砖墙包括3％的砌筑损耗。计算剔补数量时应扣除这些损耗。

假设某槛墙长为3.20m，高为0.95m。做法为大停泥糙砌，要求剔补表面10％已风化的砖件，求剔补数量。

（1）槛墙面积＝3.2×0.95＝3.04（m²）

（2）需要剔补的面积＝3.04×10％＝0.304（m²）

（3）剔补0.304m²大停泥砖的数量

这时0.304m²大停泥砖实际厚度为大停泥砖的宽度，糙砌大停泥墙1m²折合体积＝1×0.208＝0.208（m³）

则0.304m²折合体积＝0.304×0.208≈0.063（m³）

查定额编号1-148可知：砌1m³砖墙消耗124.34块砖，比例关系为：1：124.34＝0.063：x

x＝7.83（块）（含3％损耗）

扣除损耗为7.83－7.83×3％≈8（块）

注：因剔补糙砖墙，只是对露明外表面墙体进行剔补，按露明外表面面积乘以设计要求剔补的百分率，求出实际欲剔补的面积。用这个面积根据用砖的宽度折合出欲剔补的体积。查询定额，找出该墙定额的砖消耗量，两者相乘，结果为包含砌筑损耗时的理论剔补数量。以此数量为基数扣除3％的砌筑损耗量，即为实际应剔补砖的数量。上面例题中，1m²的大停泥砖墙实际体积为0.208m³。此方法仅限于十字缝排砖，如排砖为三顺一丁，要乘以1.14系数，一顺一丁要乘以1.13系数调整。

68. 柱顶石与木柱底部衔接有几种形式？

解：有以下几种形式：

（1）无管脚榫。鼓镜顶面为无孔眼的平面，柱直接压落在此平面。

（2）带管脚榫。鼓镜顶面中心剔出管脚榫的孔眼，柱根下的管脚榫插入此孔眼，柱顶石有无管脚榫，定额不做调整。

（3）带插钎榫眼。鼓镜顶面剔出较大、较深的凹槽，柱根部做出插钎榫（阳榫）插入凹槽内。插钎阳榫的高计入柱高。柱顶石剔凿插钎榫眼按个计算。

（4）套顶石。用于楼房建筑的通柱。多将柱顶石在平面一半位置切开，中间剔凿出柱所占位置。安装完柱后，再安装柱顶石，柱顶石为装饰性假柱顶石。柱顶石所包围的柱高也应被计算。

69. 如何计算腰线石的体积？

解：腰线石按体积计算，长为图示长，高未注明时取阶条石高，宽为自身高的1.5倍。山墙腰线石的长，按压面石后尾之长计算，山墙腰线石长＝山面台基长－2倍小台阶尺寸－2倍压面石长。

70. 如何计算垂带石的面积?

解：垂带石按面积计算，大多成对放置。垂带石的长不是水平投影的长，而是斜长。垂带石面积＝斜长×宽，斜长可以用勾股定理求出。

71. 如何计算阶条石的体积?

解：阶条石的体积是截面面积乘以长，以立方米为单位计算。非割角形式的阶条石在转角处勿重复计算。阶条石制安包括转角处好头石的制安，如图 8-3 所示。

前后檐长＝2×10＝20（m）

两山之长＝[5.70－(0.42×2)]×2＝9.72（m）

台基阶条石总长＝20＋9.72＝29.72（m）

台基阶条石体积＝29.72×0.42×0.14≈1.75（m³）

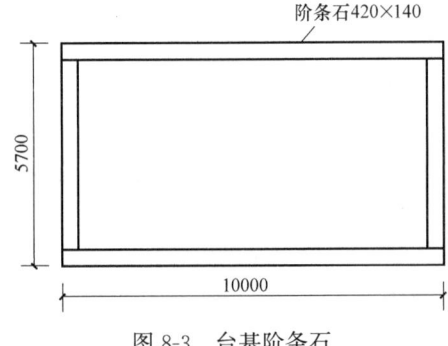

图 8-3　台基阶条石

72. 埋头石的种类有哪些?

解：埋头石有单埋头石、厢埋头石和混纯埋头石。从建筑正（背）立面图看，三者的宽度相同，要通过侧立面图区分三者。埋头石厚与阶条石厚相同，下面三种情况在高度相同时，各自的体积计算如下：

假设埋头石高度为 500mm，厚度为 150mm，宽度为 600mm

单埋头石体积＝0.50×0.15×0.60＝0.045（m³）

厢埋头石体积为：单埋头石体积＋镶条体积

镶条的宽＝0.6－0.15＝0.45（m），镶条的体积＝0.45×0.50×0.15≈0.034（m³）

厢埋头石体积＝0.045＋0.034≈0.08（m³）

混纯埋头石＝0.60×0.60×0.50＝0.18（m³）

埋头石无论是何种形式，多是前后左右对称设置，计算出一个转角后还应考虑其他倍数关系。埋头石多在台基阳角处设置，有时组合台基的阴角处也设置埋头石。

73. 踏跺石计算（垂带踏跺）。

解：长按垂带石里侧至另一侧垂带石里侧的水平长度。

假如图中给出垂带石中心至中心的长和垂带石的宽，这时的踏跺石长等于垂带中心至中心的长减去一个垂带宽。

踏跺石的宽在平面图中会有标注。踏跺石有几块，平面、立面、剖面图中均会有标注。

踏跺石只计算水平投影面积，踏跺石的立面高不能展开计算。

74. 如意踏跺石计算。

解：按水平投影面积计算。无论有几步台阶，水平投影面积就是最底下的占地面积。

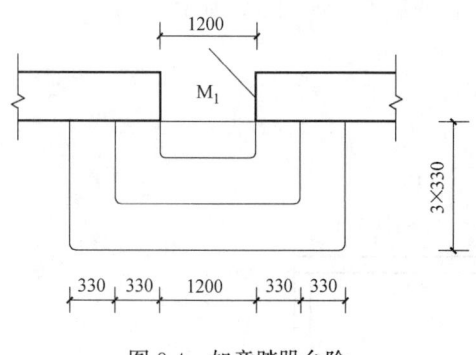

图 8-4　如意踏跺台阶

如图 8-4 所示，如意踏跺台阶，踏步宽为 330mm，门口宽为 1200mm。

通长＝0.33×4＋1.20＝2.52（m）

通宽＝0.33×3＝0.99（m）

面积＝2.52×0.99≈2.49（m²）

75. 如何计算均边石的体积？

均边石（金边石），也就是山墙下边的阶条石，高（厚）同前后檐阶条石。长为前后檐阶条石后口至后口之距。宽无设计尺寸时，可按前檐阶条石宽的二分之一计算。

均边石没有对应的定额子目，按规定应借用腰线石定额子目。

均边石体积＝长×截面面积

76. 如何计算角柱石的体积？

解：角柱石分为墀头角柱石与圭角角柱石。墀头角柱石高等于下碱高减去压面石的高（压面石高等于腰线石高），宽等于腿子下碱正面之宽。

77. 如何计算压面石的体积？

解：压面石宽同角柱石宽，高同腰线石高，长按设计图示计取。

78. 如何计算陡板石的面积？

解：陡板石高是阶条下皮至土衬上皮之高，或是埋头石之高。厚多是一阶条石厚，长度是台基总长减四角埋头石所占长，陡板石按平方米计算。凡厚度小于或等于 130mm 时，执行基础定额。

79. 如何计算平座压面石的体积？

解：平座压面石按体积计算，截面尺寸由图纸明确，长度按通面宽（各间面宽尺寸之和）扣减 2 倍的腿子咬中尺寸。腿子咬中尺寸多在首层平面图中表示。

80. 如何计算挑檐石的体积？

解：挑檐石是硬山式建筑砖腿子上部放置的石构件。宽为腿子正面上身之宽，高

（厚）、长应由图纸标明，挑檐石应按长×宽×高计算体积。

81. 如何计算券脸石的体积？

解：长按拱券外弧长，高按券脸石外弧长与内弧长间的垂直距离，宽按进深方向，以长×宽×高计算其体积。

82. 如何界定券脸石？

解：以平水线为准，平水线以下为角柱石，以上为券脸石。

83. 如何计算石须弥座的面积？

解：高按土衬石上皮至石须弥座上皮的垂直高度，长按上枋上皮外棱长，以长×高计算其面积。

84. 木柱体积的计算。

解：以截面面积乘以高为准。圆柱的截面面积以图示为准或以柱根部的直径计算。

柱高要扣除管脚榫的高和柱帽馒头榫所占高，插钎榫插入柱础石的高和套顶石所掩盖的柱高要被计入柱高。

柱高底部从柱础石顶面算起（即要扣除鼓镜高），上部与梁接触时，计算至梁的底皮。有斗栱的柱高算至平板枋下皮，排山中柱柱高算至脊檩底皮，城楼等大型有楼层分隔的通柱柱高也按此方法计算。

梅花柱按正方形的几何面积计算，不扣除梅花线脚所占面积。冲天牌楼柱按图示全高计算。

85. 瓜柱的计算。

解：瓜柱按截面面积乘以高计算体积。下金瓜柱、上金瓜柱的高按上下梁间净高计算。脊瓜柱高按三架梁（或二架梁）上皮至脊檩下皮高计算。瓜柱上下的榫卯不计入瓜柱高。

柁垫、柁墩按体积计算，计算柁垫、瓜柱时要考虑对称关系的总体数量。

金瓜柱的高＝举架－底下大梁的梁高

脊瓜柱的高＝举架＋三架梁下垫板高－三架梁高

二架梁、三架梁……九架梁的计算：梁按截面面积乘以梁长，以体积计算。截面面积指架的最大截面面积，不是梁头面积。梁长以实际的梁长计算，即檩中心至檩中心的水平之距再加上檩中心至梁头之距（1倍檩径）。两端做法相同时，加2倍檩径。

86. 梁头搭在墙上时，长度如何确定？

解：梁如果一端不是被柱子承托，而是被直接放置在墙上时，梁长前端从梁头计算至墙里皮，再加梁头伸入墙体的尺寸。梁头搭入墙体尺寸不明确，可按墙厚的2/3，且不少于 240mm 考虑。

87. 三步梁的计算。

解： 按梁截面面积乘以梁长计算，注意左右对称。梁长前端同普通的三架梁、四架梁，要考虑加一 1 倍檩径。尾端做半榫插入中柱，尾端计算至中柱中心线。

三步梁长等于三个步架之和加 1 倍檩径。步架相同时，是 3 倍的步架加 1 倍檩径，步架不同时，是三步梁承托的三个步架尺寸之和，加 1 倍檩径。

88. 双步梁、单步梁体积的计算。

解： 双步梁、单步梁计算与三步梁相同，只是步架数量应随之变化，步架数量取其梁上承托的步架数量为准。

假设有某硬山式建筑，檩径为 250mm，步架为 800mm。三步梁为 250mm×330mm，双步梁为 220mm×300mm，单步梁为 200mm×280mm，檩径为 250mm。

（1）三步梁体积

梁长＝0.25＋3×0.80＝2.65（m）

体积＝2×2×2.65×0.25×0.33≈0.87（m³）

（2）双步梁体积

梁长＝0.25＋2×0.80＝1.85（m）

体积＝2×2×1.85×0.22×0.30≈0.49（m³）

（3）单步梁体积

梁长＝0.25＋0.80＝1.05（m）

体积＝2×2×1.05×0.20×0.28≈0.24（m³）

89. 抱头梁的计算。

解： 按梁截面面积乘以梁长计算。

前端要考虑梁头加 1 倍檐檩径，后尾按廊步架尺寸计算至金柱中。

抱头梁长＝1 倍檐檩径＋廊步架尺寸

抱头梁虽每间设置一根，但在实际工程中，五间房前出廊的建筑，会设有 6 根抱头梁。若前后出廊，一共设有 12 根抱头梁。

90. 穿插枋的计算。

解： 按截面面积乘以枋长计算。穿插枋如果是前后出透榫，透榫长应被计入枋长。如果后尾不出榫头，则长度计算至金柱中心。

前后出榫头时，穿插枋长＝檐柱柱径＋廊步架尺寸＋金柱径

檐柱中心至檐柱外端榫头长＝1 倍檐柱柱径

金柱中心至金柱外端榫头长＝1 倍金柱柱径

廊步架尺寸大于其他步架尺寸，按图示尺寸或按 5 倍檩径考虑。穿插枋多与抱头梁对应设置，数量与抱头梁相同。

91. 普通圆檩的计算。

解： 普通圆檩按圆形截面面积乘以檩长，以立方米为单位计算。截面面积不扣除上、下金盘所占面积。

檩长按每间轴线间距计算，硬山式建筑第一间和最末一间檩长，算至山墙排山梁架的外皮，中间按各间面宽之和计算。

有某三间硬山式建筑，明间为3900mm，次间为3500mm，排山梁架截面尺寸为300mm×420mm，此时的次间檩长等于面宽尺寸＋0.5倍桁宽。即3500＋300×0.5＝3650（mm）

明间檩长为3900mm，因檩长按每间轴线尺寸计算，也可以把此三间房的檩子想象为一根。则此时的檩长＝三间轴线之和＋$2 \times \frac{1}{2} \times$桁宽＝N间轴线之和＋1倍桁宽

注：N假设为若干间。

硬山搁檩搭入墙体的长度应被计入檩长。

92. 悬山檩长要考虑出稍时檩长度的计算。

解： 出稍尺寸应由图纸标明，一般为8倍椽径（即四椽四档）。8倍椽径是指排山梁架中心至博缝板中心尺寸，博缝板的厚度多为1倍椽径，而计算此种檩长时，要计算至博缝板外皮，此时檩的出稍长度应为8.5倍椽径。其中，0.5倍椽径是博缝板中心至博缝板外皮之厚。而悬山式建筑左右出稍为对称关系，那么左右出稍尺寸之和即为17倍椽径（或2倍的出稍尺寸＋2×0.5倍博缝板厚）。其他各间檩长按轴线间距累加计算。这里的计算长度不是制作檩的下料长度，下料长度仍计算至博缝板中心。

93. 一端带搭交檩头的檩计算。

解： 这种檩比较特殊，一端和其他檩有搭交关系，故檩的一头要做搭交榫，另一端做成普通檩头，与梁相交。

一端带搭交檩头的檩，以截面面积乘以檩长，按立方米计算，截面面积不扣除上、下金盘所占面积。檩长按相邻两根柱之间的水平距离，再加搭交檩出头长1.5倍檩径（设计图无明确搭交尺寸时，按1.5倍檩径计算）。

还有一种情况的檩，应按一端带搭交檩头的檩计算工程量。在庑殿式建筑中，雷公柱若与吻桩连作时，脊檩的端头要打透榫，让吻桩从榫眼穿过，这根檩虽不是搭交形式的榫卯，但需剔透榫，按规定此根檩应执行一端带搭交头的檩计算规则。

94. 两端带搭交檩头的圆檩计算。

解： 以圆形截面面积乘以檩长，以立方米计算，截面面积中不扣除上、下金盘所占面积。这种檩的两个端头都需做成搭交檩头的形式。因制作用工增加，故设有单独子目，应单独计算。

檩长按柱间轴线尺寸再加上每个端头的1.5倍檩径长，两个端头共加出3倍檩径长。

此檩多用于攒尖建筑或带有翘角的建筑。无论是一端带搭交檩头，还是两端带搭交檩头，都设有对应的定额子目，搭交有正方角、五方角、六方角、八方角，不得因角度变化而调整定额。

95. 特殊形式的梁体积计算。

解：一些特殊的梁（图 8-5），一端由檐柱承托，另一端插入金柱，这时的梁长后尾只计算到金柱中，前端要加 1 倍檩径。定额应选择七架梁或五架梁子目。

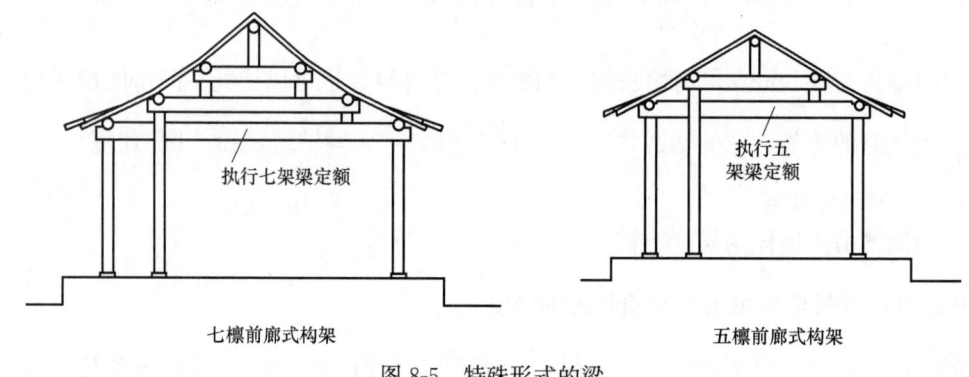

七檩前廊式构架　　　　　　　　　　　五檩前廊式构架

图 8-5　特殊形式的梁

96. 随梁的计算。

解：随梁是依附在大梁下边的辅助受力的梁，截面面积小于其上的大梁，两根梁间有一定间隔。此梁因两端均直接插入柱子，故梁长按柱中心至柱中心长计算。

97. 抹角梁的计算。

解：按截面面积乘以梁长，以立方米为单位计算，梁长按斜长计算，各端计算到檩中心线。

98. 木柱拼包木植的计算。

解：按新拼包后的外表面面积计算，如有两层拼包，要累加计算面积。计算面积时按柱根直径展开计算。

99. 垫板、由额垫板的计算。

解：按矩形截面面积乘以长，以立方米为单位计算。垫板的截面尺寸多在横剖面图（梁架剖面图）中表示。长度在平面图中体现，垫板长按每间梁架轴线间距计算。截面尺寸不同时，要分别计算，按定额子目规格分档要求，计算出各自的体积。攒尖建筑的垫板不同于檐檩，檐枋、端头无搭交关系，垫板撞至角云侧面为止。其长度仍按轴线间距计算。

截面尺寸相同的垫板，因长度按轴线间距计算，在若干间房屋中，可将其想象为一根通常放置的垫板，取其 N 间轴线之和，再看剖面图中共有几个相同截面。

假设有某五开间硬山式建筑，明间为 3.90m，次间为 3.60m，稍间为 3.30m，梁架为五檩，均为一檩三件形式，垫板截面均为 0.25m×0.08m。

$$垫板工程量＝5×0.25×0.08×（3.90＋3.60×2＋3.30×2）$$
$$＝5×0.25×0.08×17.70$$
$$＝5×0.354＝1.77 （m^3）$$

假设有某八角亭，面宽尺寸为 3.10m，檐垫板截面为 0.22m×0.05m。

$$檐垫板工程量＝8×3.10×0.22×0.05≈0.27 （m^3）$$

100. 某游廊剖面图如图 8-6 所示，共有 15 间（无转折），求四架梁、月梁工程量。

解：（1）此时有 15 间游廊，共有 16 个四架梁。

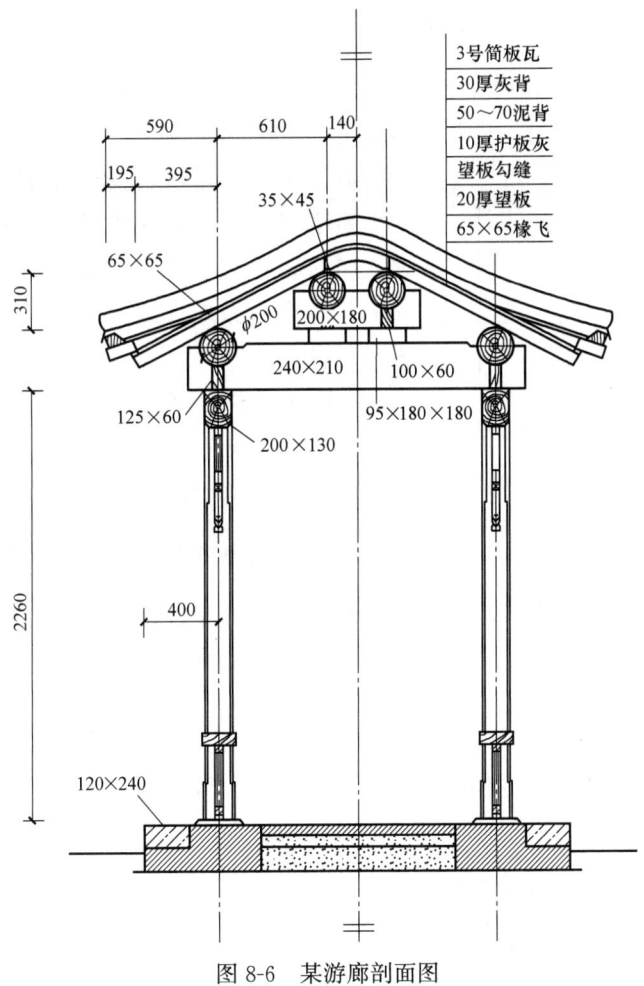

图 8-6　某游廊剖面图

$$四架梁长＝2×0.20＋2×（0.61＋0.14）＝1.90 （m）$$
$$四架梁工程量＝16×1.90×0.24×0.21≈1.53 （m^3）$$

（2）同理有 16 个月梁，月梁长＝2×0.20＋2×0.14＝0.68（m）

月梁工程量＝16×0.68×0.20×0.18≈0.39（m³）

101. 后檐为封护檐时，后檐椽长度的计算。

解：按规则椽按延长米计算，后檐椽长应计算到后檐檩外皮为止。求檩外皮时的椽长有两种方法：

第一种方法：系数法。用举架除以步架，求出举折系数。再用举折系数×（步架尺寸＋后檐檩半径），即为此时后檐椽计算到后檐檩外皮之斜长。

第二种方法：相似三角形法。将步架、举架构成的直角三角形底边延长半檩径，构成一个新的直角三角形。这两个直角三角形互为相似三角形，利用相似三角形对应边成比例的关系，求出新的三角形斜边长，即为后檐椽计算至后檐檩外皮的长度。

102. 明装铁箍与暗装铁箍的区别。

解：明装铁箍：对木构件不剔槽，铁件直接在木构件上紧固，明装铁箍见图 8-7（a），多用在无地仗做法的木件加固或有吊顶的大木件加固。

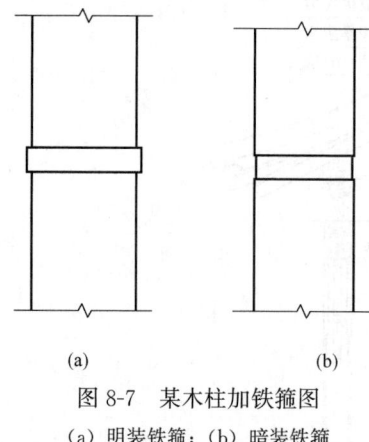

（a）　　　　（b）

图 8-7　某木柱加铁箍图

（a）明装铁箍；（b）暗装铁箍

暗装铁箍：因铁箍加固后的木构件还要做地仗、油漆或彩画，先按型钢规格在相应位置剔出木槽，加固后的型钢外表面与木构件平齐或略凹 2～3mm，为今后做地仗表面平整打基础，暗装铁箍见图 8-7（b）。

铁箍铁件多用标准型钢制作，计算单位为公斤。多种型钢组合铁件，分别计算后求合计质量。焊缝、紧固螺栓、螺母、垫圈等不计入铁件重量。

103. 截面为方形木构件的剔补。

解：指木构件截面呈矩形或厚板因局部槽朽、孔洞，需要剔除槽朽部位，用木料、胶等嵌补，给木构件打补丁。

按补丁的大小划分为多个档次，分别选择对应的定额。有时补丁的形状呈不规则多边形，计算一块补丁是多少平方米时，采取外接最小矩形的计算方法，将补丁大小按面积分为若干个档次。

104. 截面为圆形木构件的剔补。

解：用于圆柱、圆檩等截面呈圆形的木构件。因补丁表面要随木构件被刮刨成弧形，所用工时比方形木构件所用工时略多。

105. 枕头木的计量。

解：设有翘飞的转角部位，转角处木檩端头之上，因翼角逐渐向上翘起，而衬垫的枕木叫枕头木，计量单位为块。

无斗栱的建筑，因只有檐檩，故每个转角应设有两块枕头木。有出踩斗栱的建筑，因设有正心桁和挑檐桁，每个檐檩端头和挑檐桁端头须各衬垫一块枕头木，故每个转角应设有四块枕头木。

假设有某无斗栱重檐六角亭，应设几块枕头木？

首层檐一个角设 2 块，六角亭设 12 块，二层檐同上。

枕头木数量：$12 \times 2 = 24$（块）

假设某单檐八角亭，有三踩斗栱，应设几块枕头木？

每个转角处正心桁上设 2 块，挑檐桁上设 2 块，每个转角共设 4 块。

八角亭枕头木 $= 4 \times 8 = 32$（块）

106. 木材出材率的计算。

解：维修或复建古建筑会使用大量木材，木材在北京地区古建筑工程预算定额中（除个别装修定额子目）仅指松木而言，就规格形式有三种类型：

第一种，原木。原木指从林厂或供应商处直接购买的、带有树皮的、长度按一定尺寸分类的原始状的树木主干。原木不同于圆木，圆木是指截面呈标准圆形的木头，圆木是经过加工的木头。而原木截面呈不规则的自然圆形。

第二种，板枋材。这是板类和枋类的综合类型。

板类：$b > 3a$，见图 8-8。

枋类：$b \leqslant 3a$，见图 8-9。

图 8-8　板类

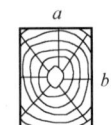
图 8-9　枋类

第三种，门窗松木规格料。这种类型的木材是在板枋材的基础之上，进一步解锯加工成更小截面的板枋材。

适用于制作古建筑门窗使用的更小尺寸的板枋材。

原木是古建筑中截面呈圆形的主材。常见于圆柱墩接、圆柱制作、圆檩制作等。

板枋材是截面呈矩形、尺寸较大的木材。多用于各种梁、枋、斗栱、槛框、博缝板、山花板、截面为方形的梅花柱子的制作等。门窗松木规格料因截面较小，只能用于古建筑门窗，小形木雕饰件，团花、卡子花、棂条的修补和制作等。

木材的三种形式，相互之间有一定的折算率。板枋材（也称锯成材）、门窗规格料是由原木经过解锯加工，进一步得到更小尺寸的材料。

表 5-3 中 1.52 与 1 的关系可解释为：用 1.52m^3 的原木，加工后，可以得到 1m^3 的板枋材。反之，欲得到 1m^3 的板枋材，需要消耗 1.52m^3 的原木。

表 5-3 中 1 与 0.658 的关系可解释为：若用 1m^3 的原木，加工后，可以得到 0.658m^3 的板枋材。

其实两者的关系相同，即 $1 \div 1.52 \approx 0.658$，原木折合门窗规格料道理与板枋材折合道理相同，只是系数值改变。

这个折算系数很重要，现在木材供应商大多直接出售原木，不出售板枋材和门窗规格料。如工程需用板枋材或门窗规格料，要自行用原木解锯加工。另外，木材价格也可以利用这个系数进行换算。

有时，计算古建筑单方木材消耗指标，也需将所有木料折算成原木，表现出每平方米建筑面积消耗原木的数量，供估价时使用。

107. 木望板的计算。

解：（1）硬山式建筑

1）硬山式建筑纵向以排山梁架中心线至另一侧排山梁架中心线的长度为准。

2）坡长按椽飞折线长之和计算。封护檐时，后檐椽计算到后檐檩外皮为止，与后檐椽同长。

老檐出，有飞椽，计算至飞椽端头；无飞椽时，计算至檐椽端头。

3）飞椽压尾的重叠望板应计算面积，重叠部分的压尾尺寸设计图多不明确，可按飞椽一头三尾的比例考虑。即压飞尾的宽等于飞椽水平长的 3 倍，再乘以 1.06 坡度系数。这样就可计算出重叠部分的望板，这部分望板因叠压在飞椽尾部，是不需要被刨光的，如单独计算望板刨光时，不能直接使用望板的制作数量，应在制作数量中扣除这部分不需要被刨光的面积。

4）屋面坡长（斜长）按椽子长的折线长计算，屋顶无论是尖山或圆山，均计算至脊檩的假想中心线。双脊檩时，计算至两根脊檩间距的假想中心线。

5）无论有无飞椽，望板檐椽头或飞椽头的大连檐、小连檐所占宽度不被扣除。

6）前后坡不等长时，分别计算坡长，再用合计坡长，乘以面宽方向水平长尺寸。

（2）悬山式建筑

1）纵向长以木博缝外皮至另一侧木博缝外皮为准。也就是各间面宽轴线尺寸之和，再加 17 倍椽径（见悬山檩长的计算方法）。

2）屋面坡长计算方法与硬山式建筑相同。

（3）歇山式建筑（图 8-10）

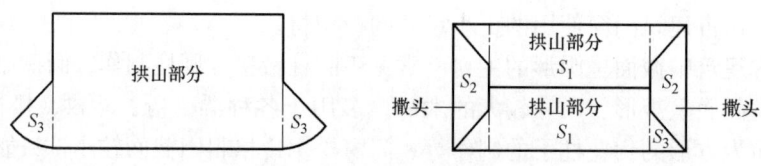

图 8-10　歇山屋面正面与俯视

先将拱山部分 S_1，按矩形考虑，暂不考虑各角部位的 S_3，其面积等于坡长乘以博缝外皮至另一侧博缝外皮之距。歇山式屋面前坡对称，只要计算出一个面积乘以 2 即可。博缝外皮至另一侧博缝外皮之距要参照歇山纵向剖面图计算。按收山法则自山面檐檩中向后退一檩径为山花板外皮，这个山花外皮就是博缝板里皮，有了博缝里皮尺寸位置再向外加出一个博缝板厚度，即为博缝板外皮位置。博缝板厚在剖面图会标注，或按 1 倍椽径计算。另一侧与之对称方法相同。

因向后先退一檩径距离（3 倍椽径），又向前加出 1 倍椽径，则山面檐檩中至博缝板外皮为 2 倍椽径。利用歇山通面宽等于各间轴线之和，再扣除二侧檐檩后退的尺寸，即为歇山式建筑博缝板外皮至另一侧博缝板外皮之距。利用坡长的值即可求出 S_1。

歇山侧立面是一个等腰梯形，此梯形加上未计算的 S_3 就是一个矩形，按矩形面积计算，再乘以 2，即为侧立面总面积。

假设某歇山式建筑五间轴线之和为 18000mm，檐檩径为 270mm，博缝板厚为 90mm，椽径为 90mm，求博缝板外皮至另一侧博缝板间的水平距离。

第一种方法：

水平距离＝18－0.27＋0.09－0.27＋0.09＝17.64（m）

第二种方法：

水平距离＝18－2×2×0.09＝17.64（m）

因 S_1 按矩形计算，对于歇山式建筑正面面积还未计算 S_3。如图 8-10 所示，S_3 为直角三角形，其中一个直角边正对的位置就是博缝板外皮，从俯视图上看，S_3 与 S_2 共同构成一个矩形，只要把这个矩形面积计算出来，就计算完成了全部面积。S_3 与 S_2 构成的撒头矩形，其为坡长乘以撒头角梁中心线与平直段檐檩至角梁中心线的交点至另一侧角梁中心线与平直段檐檩至角梁中心线的交点之连线长。

这里的坡长不是正面的檐椽长，但可利用先求出来的檐椽长减相应尺寸，或利用相似三角形关系求出坡长。撒头的坡长后尾应算至博缝板外皮。利用收山法则，找到博缝板外皮位置，再向外加出博缝板厚，就是博缝板外皮位置。如设有飞椽时，再加上飞椽斜长，就是撒头屋面的坡长。飞椽斜长一般按 1.06 倍的飞椽平出尺寸计算。

角梁中心线与平直段檐椽头至角梁中心线的交点，至另一侧角梁中心线与平直段檐椽头至角梁中心线的交点的连线长计算。

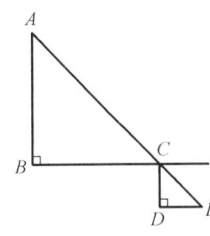

图 8-11　檐椽长的几何关系

如图 8-11 所示，AB 为檐椽长（AB 等于檐步架加上檐出），A、C、E 为仔角梁中心线，E 为仔角梁端头。因 $\triangle ABC$ 中，已知 $BC＝AB＝$ 檐椽长，BC 为平直段檐椽头的延长线，交 AE 于 C 点。另一侧与之对称，道理相同。故角梁中心线与平直段檐椽头至角梁中心线的交点，至另一侧角梁中心线与平直段檐椽头至角梁中心线的交点之连线长，等于檐椽平直段长，加 2 倍的檐椽水平长。这是带翘角的建筑无飞椽时老角梁端点至另一侧老角梁端点之间的直线计算方法。

带翘角的建筑如设有飞椽，计算道理相同。根据冲三翘四的原理，沿 C 点向外加出 3 倍椽径，即 CD 等于 3 倍椽径。CE 为角梁中心线的延长线，在 $\triangle CDE$ 中，已知 $CD＝DE$，E 点就是仔角梁中心线的端点。

带翘角的建筑仔角梁端点至另一侧仔角梁端点之间的直线长，等于檐椽平直段长加 2 倍的檐椽平出，再加 2 倍的飞椽平出。

（4）庑殿式建筑

如图 8-12 所示，将 S_1 按正梯形计算。梯形上口长以脊檩长或扶脊木长为准，梯形下口长同带翘角建筑设有飞椽时，仔角梁端点至另一侧仔角梁端点之间的直线长，坡长同硬山式建筑的相关计算。

侧面积 S_2 按三角形计算，下底边长按带翘角建筑设有飞椽时，仔角梁端点至另一侧仔角梁端点之间的直线长，三角形高取正面之坡长。

$$S_{庑殿}=2\times(S_1+S_2)$$

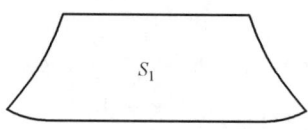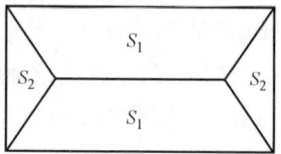

图 8-12　庑殿屋面正面与俯视

（5）庑殿、歇山、悬山式重檐建筑的下层檐（图 8-13）

分别按两个正梯形计算，S_1、S_2 的上底取柱中心至柱中心之距。下底边长同带翘角建筑设有飞椽时，仔角梁端点至另一侧仔角梁端点之间的直线长。

屋面坡长按檐步架、举架构成的三角形斜边长计算。前端有飞椽时，计算至飞椽头；无飞椽时，计算至檐椽头。飞椽斜长一般可按 1.06 倍的飞椽平出尺寸计算。椽后尾计算至金柱外皮。重檐屋面的下层檐一般仅有一个步架，利用举架、步架三角形关系和相似三角形对应边成比例的关系求出斜边长，即为屋面坡长。

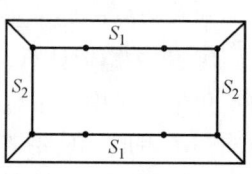

图 8-13　庑殿、歇山、悬山式重檐建筑下层檐俯视图

下层檐檐椽几何关系如图 8-14 所示。已知檐椽步架＋檐椽水平出挑＝AB，举架＝BC，金柱半径＝DB，BC 为金柱中线，求下层檐（瓦作）屋面坡长。

图 8-14　下层檐檐椽几何关系

解： 瓦作坡长后尾计算至金柱外皮。

第一种方法：

AB 为檐椽水平出尺寸（步架）＋檐椽水平出挑尺寸

CB 为柱子轴线，DB 为柱子的半径。

CB 也是重檐的举架高，利用△ABC 中，已知 AB、CB 长，求出 AC 长。

又因△ABC 与△ADE 成相似三角形关系，对应边长成比例，求出 AE，AE 就是檐椽端头到金柱外皮的坡长。

$$\frac{AC}{AB}=\frac{AE}{AD}\qquad AE=\frac{AC\times AD}{AB}$$

若有飞椽，飞椽的斜长为飞椽水平尺寸的 1.06 倍。

第二种方法：

用 $CB\div AB$ 求出举架系数，$AD=AB-DB$，利用举折系数乘以 AD，即为 AE 长度。

假设图 8-14 中 $AB=1.10$m、$BC=0.55$m、$DB=0.30$m，则举折关系为五举，五举系数是 1.12，也就是 $AC=1.10\times1.12=1.23$（m），$AD=1.10-0.30=0.80$（m）

$AD\div AB=0.80\div1.10\approx0.73$（m）

$AE=0.73\times1.23\approx0.90$（m）

假设条件同例 2，$AD=AB-DB=1.10-0.30=0.80$（m）

$AE=0.80\times1.12\approx0.90$（m）

（6）攒尖式建筑

1）四角亭俯视图见图 8-15

分别按四个相同的三角形计算，坡长按正身部位坡长（面宽假想中心线部位的坡长），后尾计算至宝顶假想中心点（即攒尖雷公柱中心）。前端有飞椽时，算至飞椽端头；无飞椽时，算至檐椽头。三角形的底边有飞椽时，按带翘角建筑仔角梁端点至另一侧仔角梁端点之间的直线长计算。无飞椽时，按带翘角的建筑老角梁端点至另一侧老角梁端点之间的直线长计算。

2）五角亭俯视图见图 8-16

3）六角亭俯视图见图 8-17

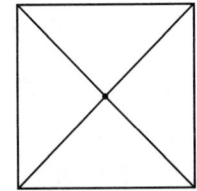

图 8-15　四角亭俯视图

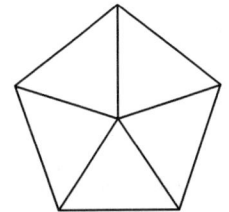

图 8-16　五角亭俯视图

分别按六个相同的三角形计算。坡长同四角亭坡长计算，三角形底边长计算方法同四角亭三角形底边计算方法。但应考虑转角时角度发生的变化，利用三角函数关系求出所需要三角形的边长。

4）八角亭俯视图见图 8-17

分别按八个相同的三角形计算，坡长同四角亭坡长计算，三角形底边长计算方法同四角亭三角形底边计算方法。但应考虑转角时角度发生的变化，利用三角函数关系，求出所需要三角形的边长。

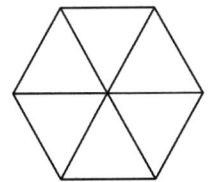

图 8-17　六角亭俯视图

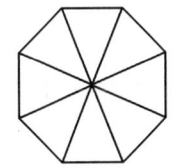

图 8-18　八角亭俯视图

分别按五个相同的三角形计算，坡长同四角亭坡长计算，三角形底边长计算方法同四角亭三角形底边计算方法。但应考虑转角时角度发生的变化，利用三角函数关系，求出所需要三角形的边长。

（7）攒尖建筑重檐下层檐

以六角亭为例，下层檐就是六个相等的等腰梯形，坡长取正身部位的坡长。坡长前端有飞椽时，算至飞椽端头；无飞椽时，算至檐椽端头。坡长后尾算至金柱外皮，等腰梯形上口边长取相邻金柱柱中至金柱柱中尺寸。等腰梯形下口边长计算时，要考虑转角角度变化，与四角亭、五角亭、六角亭、八角亭的计算方法相同。

（8）圆形攒尖式建筑，俯视图见图 8-19

圆形攒尖式建筑屋面面积很特殊，把俯视图看成一个圆形，步架、举架形成的折线斜长之和，看作是圆锥体的高。木基层外边线构成的圆为圆锥体的底座圆周长，利用圆锥面积公式，即可求出圆形攒尖屋面面积。另一种方法：也可把屋面坡长看作是半径，求圆面积。

（9）圆形重檐攒尖式屋面下层檐，俯视图见图 8-20

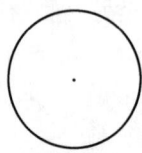
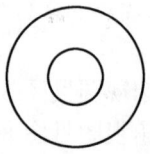

图 8-19　圆形攒尖式建筑俯视图　　　　图 8-20　圆形重檐攒尖式屋面下层檐俯视图

屋面坡长后尾计算至围脊枋外皮，前檐有飞椽时计算至飞椽头，无飞椽时计算至檐椽头。将此坡长定为高，圆台上口以围脊枋或承椽枋外皮构成的圆形为准，圆台下口以飞椽（或檐椽）构成的圆为准。圆台展开面积即为重檐攒尖式屋面下层檐的面积。

$$圆台面积 = \pi R + \pi r$$

式中：r——围脊枋围成的圆半径（或金柱外皮至对角金柱外皮长的二分之一）；

　　　R——飞椽（或檐椽）围成的圆半径。

108. 券洞抹灰（圆券）。

解： 平水（图 8-21）以下抹灰按墙面抹灰计算，券顶抹灰按券顶内展开面积计算。券顶弧长按圆周长的二分之一计算。

$$券顶展开尺寸 = 平水直径 \times \pi \times \frac{1}{2}$$

$$券顶抹灰 = 平水直径 \times \pi \times \frac{1}{2} \times 洞口深度$$

券洞墙面抹灰 = 2 × 券洞平水线至地面距离 × 洞口深度

券顶抹灰与券内墙面抹灰要分别计算。

假设某城楼门洞宽为 3.20m，券洞顶中心至地面的高为 3.80m（图 8-22），洞口深度为 9.30m，求券顶及洞内墙面抹灰面积。

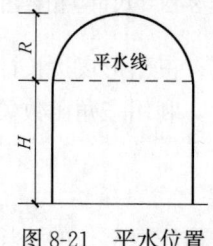
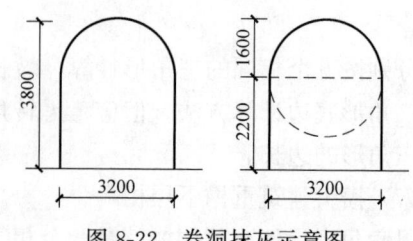

图 8-21　平水位置　　　　　　　图 8-22　券洞抹灰示意图

利用高宽关系求出平水高度，3.2m 的洞口宽即为洞顶的直径，从洞顶中心点向下取一个半径尺寸，即为平水位置。平水以下为墙面抹灰，平水以上为券顶抹灰。

平水高＝$3.80-3.20\div2=2.20$（m）

墙面抹灰面积＝$9.30\times2.20\times2=40.92$（m^2）

券顶抹灰面积＝$9.30\times(3.20\times\pi\times\dfrac{1}{2})\approx46.72$（m^2）

109. 冰盘檐抹灰的计算。

解： 冰盘檐抹灰按平方米计算，长为盖板外棱之长，高以头层檐底棱至盖板上棱间的垂直高计算。不要对砖檐的曲线做展开计算。

假设墙帽长为 50m，冰盘檐高为 0.40m，两侧冰盘檐均抹灰，求墙帽冰盘檐抹灰面积。

墙帽冰盘檐抹灰面积＝$50\times0.40\times2=40$（m^2）

110. 斜形墙抹灰面积的计算。

解： 斜形墙的高不是垂直高，是斜高。面积等于斜高，乘以水平长。

假设斜形护坡墙长为 30m，抹灰如图 8-23 所示，求表面抹灰的面积。

根据图 8-23 所示条件，做辅助线可知：

$EA+AD=1.20$（m）

$EA=1.20-AD=1.20-0.80=0.40$（m）

在 △AEB 中 $\angle AEB=90°$

利用勾股定理

$AB=\sqrt{EA^2+EB^2}=\sqrt{0.40^2+3.20^2}\approx3.22$（m）

斜墙面抹灰＝$3.22\times30=96.60$（m^2）

古建筑墙面多带有收分，抹灰按斜面的实际面积计算，不应按垂直面积计算。

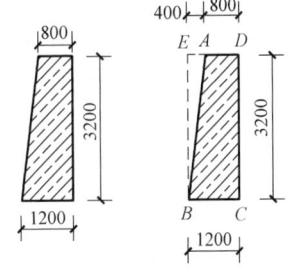

图 8-23　斜面抹灰示意图

111. 石台基打点勾缝的计算。

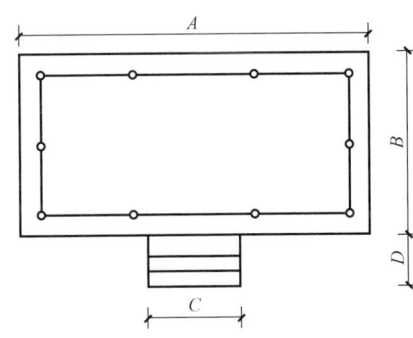

图 8-24　阶条石外棱所围面积

解： 按阶条石外棱所围面积计算（图 8-24），不包括台阶面积。若台阶也需要打点勾缝，应另行计算。台阶打点勾缝按台阶水平投影面积计算，石构件侧面不展开计算。

台基勾缝＝$A\times B$

台阶勾缝＝$C\times D$

112. 如何确定地面的面积。

解： 无围护结构的各种亭子、游廊、水榭、轩、月台、城台砖墁地面按其阶条石里口所围面积计算。不扣除柱础石、木装修的下槛所占压面积。但碑亭如无围护墙，应扣除赑屃基座所占压面积。如有围护墙，按围护墙里侧所围面积，不扣除抹灰所占厚度，扣除石碑基座后的面积计算。当石碑基座或赑屃基座面积≤1m² 时，不扣除基座所占面积。

二层平座位置廊内地面的计算（以不同形式为例）应掌握的原则是：有平座压面石时，宽度按外挑尺寸扣减平座压面石的宽至檐墙外皮间距离。如为多层冰盘檐时，道理相同，只是将平座压面石替换成冰盘檐盖板用砖，这层盖板多用方砖，即按所用方砖规格尺寸扣除方砖的宽。从方砖后尾起量至檐墙外皮距离为廊内地面的宽。

但若遇到城台台基上有条石墙勾缝，不能按台基所围面积计算。

假设某四角亭台基外围尺寸为 4000mm×4000mm，阶条石规格为 450mm×140mm，如图 8-25 所示，求亭子墁地面积。

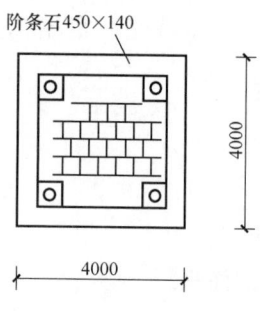

图 8-25　四角亭平面

(1) 台基面积=4×4=16（m²）

(2) 阶条石面积

阶条石长=4×4−4×0.45=14.20（m）

阶条石面积=14.2×0.45=6.39（m²）

(3) 墁地面积

墁地面积=台基面积−阶条石面积=16−6.39=9.61（m²）

假设某甬路地面如图 8-26 所示，长 100m，求石子与方砖地面面积，求砖牙子的长度。

(1) 求出 1.5m 长范围内方砖地面面积和石子地面面积

方砖地面面积=0.42×0.42×2≈0.35（m²）

1.5m 长范围内甬路面积

甬路面积=1.50×1.070≈1.61（m²）

每 1.5m 长度范围内石子地面面积=甬路面积−方砖地面面积

石子地面面积=1.61−0.35=1.26（m²）

(2) 求 100m 长石子、方砖各占面积

100÷1.5≈66.67，也就是 100m 长范围内有 66.67 个 1.5m

石子地面面积=66.67×1.26≈84（m²）

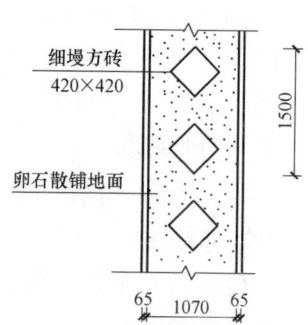

图 8-26　某甬路地面一

方砖地面面积=66.67×0.35≈23.33（m²）

另一种方法：用甬路总面积减去方砖面积，即为石子面积。

甬路总面积=100×1.07=107（m²），砖面积=107−23.33=83.67（m²），计算误差可以忽略不计。

(3) 砖牙子长=100×2=200（m）

假设某甬路地面如图 8-27 所示，长 100m，求石子地面面积与方砖地面面积各是多少？

求出方砖对角线长

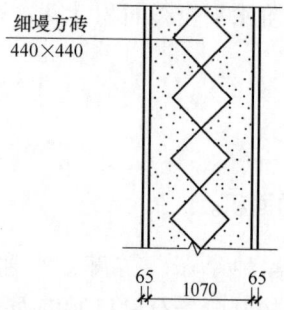

图 8-27　某甬路地面二

（1）单块方砖竖向对角线长＝$\sqrt{2}\times 0.44\approx 0.62$（m）

（2）100m 中间可放置方砖＝$100\div 0.62\approx 161.29$（块）

（3）方砖地面面积＝$161.29\times 0.44\times 0.44\approx 31.23$（m²）

（4）用地面总面积减去方砖地面面积，即为石子地面面积

甬路总面积＝$100\times 1.07=107$（m²）

石子地面面积＝$107-31.23=75.77$（m²）

113. 地面拆除面积的计算。

解：地面拆除包括拆块（料）面层和其下的结合层，不包括垫层。垫层若要被拆除，要另行计算。垫层拆除按立方米计算，用拆除的面积乘以垫层的厚度即为拆除垫层的体积。计算垫层拆除时还要考虑渣土（废除的垫层）的外运工程量和渣土消纳工程量，计算垫层拆除时的体积是指未被拆除前的实际体积，而计算渣土外运是指垫层被拆除后的自然状态下的体积。渣土外运若按立方米为单位，就要将原来密实状态下的体积折算成松散自然状态下的体积，折算关系如下：

自然状态体积＝$1.35\times$密实状态体积

也就是松散状态的体积比自然状态体积多 35％，或需要造价人员牢记。如果欲将渣土体积折算成重量，要综合考虑建筑渣土的构成，经综合测算评估，建筑渣土的密度约为 1.35t/m^3，这恰好与土的折虚系数相同，均为 1.35。

114. 整砖柳叶地面与半砖柳叶地面的区别。

解：整砖柳叶地面（图 8-28）是用一块完整的砖进行铺墁。而半砖柳叶地面（图 8-29）是将一块整砖在沿长向的二分之一处切开，将一块整砖变成两块条砖。整砖柳叶地面与半砖柳叶地面的砖件消耗量可相差一倍之多。但在地面铺装平面图中，只能反映出是柳叶的铺墁方向，不能反映出是整砖地面还是半砖地面。两者计算面积的方法虽然相同，但是用哪种方法，还需从工艺做法中明确。有时在地面剖面图中标明用砖的品种和砖件的尺寸。一般凭平面图或文字表述不能明确是整砖柳叶地面，还是半砖柳叶地面。

115. 方整石砌筑的计算。

解：方整石砌筑按立方米计算，体积等于墙体表面积乘以墙体厚度。方整石虽无规格大小界定，但定额中所指石料是指一个正常工人不借助任何起重工具，能反复多次、轻而易举地搬起的石料。符合这些要求的花岗石材大约长为 300mm，宽、高各为 250mm，每块重约 50kg，多被用于台基、建筑物下碱、护坡墙、拦土墙砌筑等。古建筑定额中的方整石就是指这类石料。有些城楼、城墙的石基座也是由条石砌筑，但这些条石尺寸往往很大，长度可达 1～2m，高（厚）为 0.5～0.8m，宽为 0.5～0.8m，每块重约 1～2t。如此硕大的条石在砌筑时，按正常的施工条件必须使用相应的起重设备，这种条石砌筑的台基不能使用方整石砌筑子目计算。

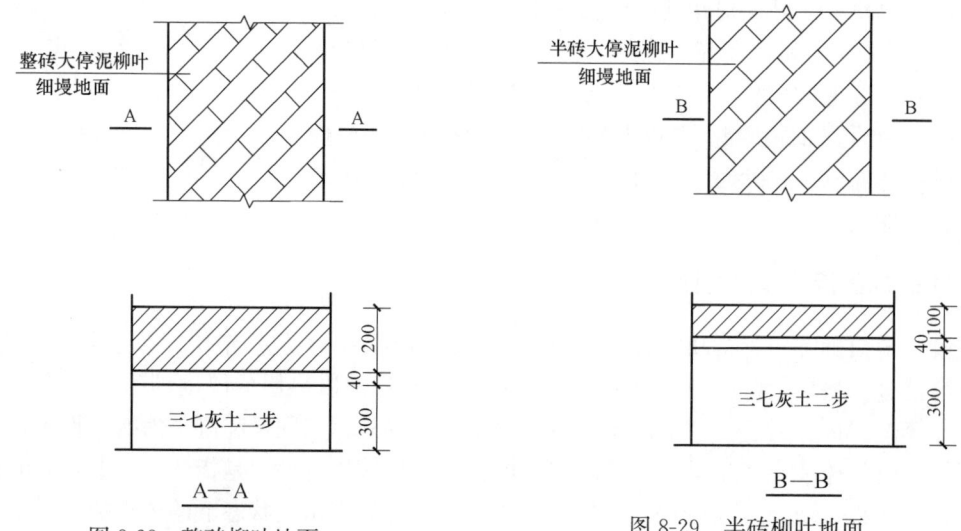

图 8-28 整砖柳叶地面　　　　　图 8-29 半砖柳叶地面

116. 瓦面设有扶脊木时，脊步坡长的计算。

解：用步架、举架关系求出的直角三角形斜长既是檩中到檩中的斜长，也是檩外皮到檩外皮的斜长。若将檩中向正上方退出一个半径后，所得三角形与原檩中至檩中的三角形成全等关系，故对应边相等。大式建筑如果脊檩上带有扶脊木，在计算屋面时，脊步要计算到脊的假想中心线。因扶脊木叠压在脊檩之上，这时的中心线应是扶脊木的假想中心线。扶脊木与脊檩直径相等。这时，实际的举高等于原脊步举高，再加一个脊檩的直径。新的举高必然导致脊步斜长的加大。

当大式建筑设有扶脊木时，计算脊步斜长，应考虑设置扶脊木后斜长的变化，不能直接用原脊步举架关系计算，那样会丢失部分面积。此时，脊步高（脊步举架）应再加一个脊檩直径，形成新的三角形高，按这个三角形关系求出三角形斜长，就是脊步斜长。

117. 后檐封护檐时，后檐步屋面坡长的计算。

解：如图 8-30 所示，后檐为封护檐时，屋面坡长计算至砖（石）盖板上皮的外棱。利用相似三角形关系，沿 AB 做延长线 AC，C 点即为盖板上皮外棱，从图中可知 GC 等于砖檐的水平出挑尺寸，FG 为后檐墙外包金尺寸，这时△ADB∽△AEC，EC＝后檐步架尺寸＋后檐墙外包金尺寸＋砖（石）檐水平出挑尺寸。

利用 $AD÷DB$ 求出举折关系，利用举折系数表对应值乘以 EC，即为 AC 段的斜长。也就是后檐金檩中到砖（石）出檐盖板上皮外棱坡长。

有时图示只标注砖（石）出檐的垂直高度，不标注水平出挑尺寸。这时，可按传统出檐规律方出方入，导出水砖（石）檐的水平出挑尺寸。方出方入就是水平出挑尺寸等于（或小于）垂直高度。

118. 砖石墙体勾缝的计算。

解：勾缝按墙体的垂直投影面积计算，有收分的墙面按墙体斜面面积计算。

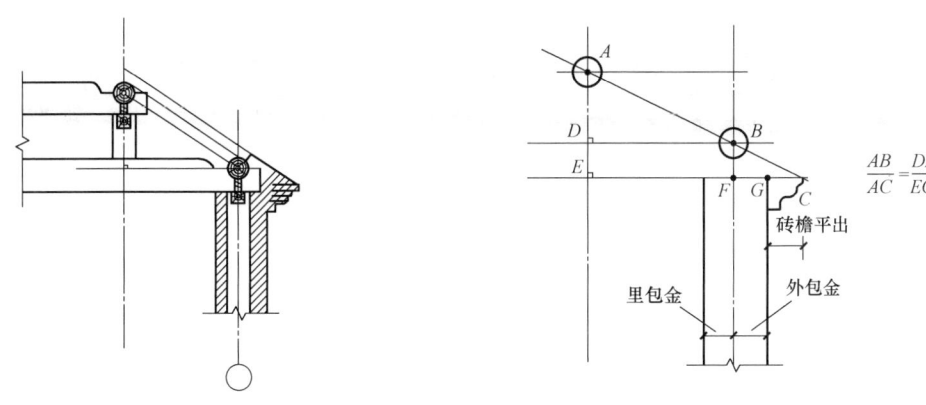

图 8-30 封护檐的几何关系

对古建筑糙砌的砖墙都需要计算勾缝的面积。古建筑糙砌砖样，无论使用何种规格的砖，一般有两种砌法：一种是满铺灰（泥）的砌法，另一种是带刀灰砌法。这两种砌法都需要在外表面勾缝（或随砌随勾）。因此，对勾缝项目要单独计算面积，勾缝工艺虽有几种，但计算方法和选择定额子目均相同。

无论是毛石、碎石、方整石，在墙体砌筑时，也需要另行计算石墙的勾缝面积。石墙勾缝有多种工艺，勾缝面积计算方法相同，但应根据工艺选择相对应的定额子目。

119. 某老檐出硬山式建筑有五间（图 8-31）。明间为 4000mm，次间为 3600mm，稍间为 3300mm，山出为 600mm。大木梁架为七檩，檐椽平出为 600mm，无飞椽，檐步架、金步架、脊步架均为 1200mm（图 8-32），檐步架有五举，金步架有六五举，脊步架有七五举。求正脊长、檐头附件长、屋面面积、山墙博缝长。

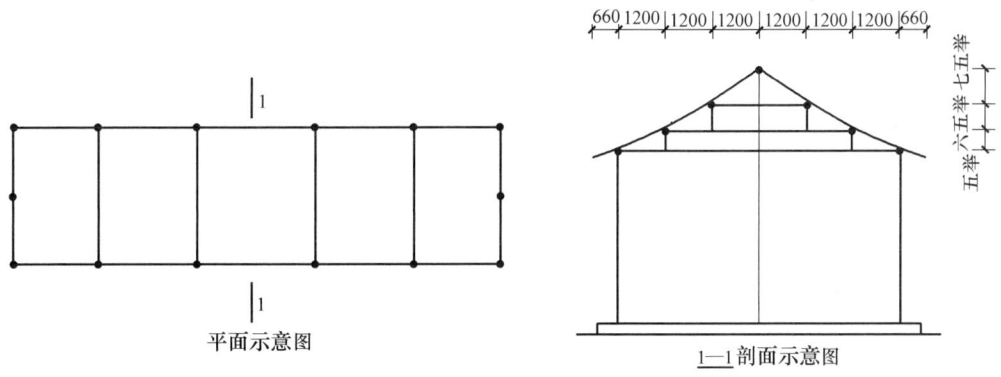

图 8-31 综合练习 119 题图一

解：（1）面宽方向台基通长＝2×0.6+（2×3.30+2×3.60+4.00）＝19（m）（正脊长）。

（2）檐椽长 X_1

$$X_1=\sqrt{1.80^2+0.90^2}=\sqrt{4.05}\approx2.01\ (\text{m})$$

（3）金步椽长 X_2

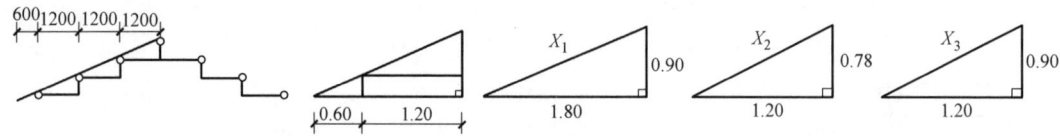

图 8-32　综合练习 119 题图二

$X_2=\sqrt{1.20^2+0.78^2}\approx\sqrt{2.05}\approx1.43$（m）

（4）脑椽长 X_3

$X_3=\sqrt{1.20^2+0.90^2}=\sqrt{2.25}=1.50$（m）

单坡长＝$X_1+X_2+X_3=2.01+1.43+1.50=4.94$（m）

（5）檐头附件长＝（0.60＋3.30＋3.60＋4.0＋3.60＋3.30＋0.60）×2＝38（m）

（6）屋面面积＝19×4.94×2＝187.72（m²）

（7）山墙博缝长＝2×4.94×2＝19.76（m）

120. 单檐六角亭（无斗栱）应设几块枕头木？

解： 单檐六角亭（无斗栱）有六根搭交檩，每根搭交檩的左右各设有 1 块枕头木。六根檩子共设有 12 块枕头木。

121. 六角重檐亭（无斗栱）应设几块枕头木？

解： 下层檐六根檩子，每根檩子左右各设一块枕头木。下层檐共有 12 块枕头木。上层檐与下层檐相同也是 12 块枕头木，合计共有 24 块枕头木。

122. 某单檐四角亭带有五踩斗栱，应设几块枕头木？

解： 带有出踩斗栱就是带有挑檐桁，此亭共有正心桁 4 根、挑檐桁 4 根，每根檩子左右各设 1 块枕头木。

枕头木合计＝（4＋4）×2＝16（块）

123. 某重檐六角亭上下檐有出踩斗栱，有几块枕头木？

解： 有出踩斗栱时会有挑檐桁，此亭有一层檐，有挑檐桁和正心桁各 6 根，每根端步有 1 块枕头木，一层檐有 24 块枕头木，二层同理也是 24 块枕头木，此亭共有 48 块枕头木。

124. 有某游廊六间（无转角），开间为 4m，椽子为 65mm×65mm，出稍尺寸为 8 倍椽径。端头为悬山式，檐步架为 800mm，檐步为五举，双脊檩檩中心至檩中心为 600mm。檐步水平出挑为 600mm，飞椽平出为 200mm，博缝板宽为 350mm。求屋面面积、大连檐长、瓦口长、小连檐长和飞椽压后尾望板面积。求檐头附件长、过垄脊长和博缝板面积。求梅花丁数量、连檐瓦口地仗面积、椽头地仗面积、博缝板地仗面积。本题如图 8-33 所示。

解：（1）过垄脊长＝$6\times4+2\times0.065\times8+2\times\dfrac{1}{2}\times0.065=24+1.04+0.065=25.105\approx$

25.11（m）

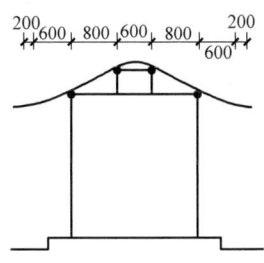 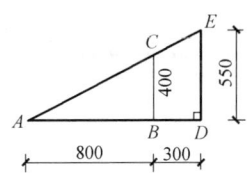 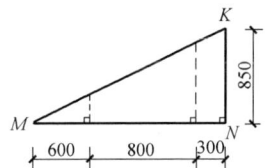

图 8-33　综合练习 124 题图一

（2）坡长：

$AB=$步架$=0.80$（m）

$BD=\dfrac{1}{2}\times0.60=0.30$（m）

$\triangle ABC\backsim ADE$，对应边成比例

因为 $AD=AB+BD=0.80+0.30=1.10$（m），则五举时 $DE=\dfrac{1}{2}\times1.10=0.55$（m）

在$\triangle ADE$ 中：$AD=1.10$，$DE=0.55$，$AE=\sqrt{AD^2+DE^2}=\sqrt{1.10^2+0.55^2}$

$AE=\sqrt{1.5125}\approx1.23$（m）（檐檩中心正脊中心线之坡长）

求檐椽平出斜长，见图 8-34。

$A'C'=\sqrt{A'B'^2+B'C'^2}=\sqrt{0.60^2+0.30^2}=\sqrt{0.45}\approx0.67$（m）

求飞椽平出的坡长

飞椽斜长（按 35% 举）$=1.06\times0.20=0.21$（m）

坡长$=0.21+0.67+1.23=2.11$（m）（单坡）

图 8-34　综合练习 124 题图二

（3）屋面面积$=2\times2.11\times25.11\approx105.96$（m^2）

（4）檐头附件长$=2\times25.11=50.22$（m）

（5）大、小连檐、瓦口长$=2\times25.11=50.22$（m）（三者长均是 50.22m）

（6）飞椽压后尾望板面积，按一头三尾考虑，尾的水平长$=3\times0.20=0.60$（m）

再按 1.06 系数求坡长$=1.06\times0.60\approx0.64$（m）

飞椽压后尾望板面积$=25.11\times0.64\times2\approx32.14$（m^2）

（7）博缝板面积$=2\times2.11\times0.35\times2\approx2.95$（m^2）

（8）梅花钉：每根檩端外面有一组，共有 8 组，56 个

（9）望板制作安装：$105.96+32.14=138.10$（m^2）

（10）望板刨光面积$=138.10-32.14=105.96$（m^2）

（11）连檐瓦口地仗面积$=$大连檐长$\times1.5$ 倍大连檐高$=50.22\times0.065\times1.50\approx4.90$

（m^2）

（12）檐头地仗面积$=$大连檐长$\times$檐椽高$=50.22\times0.065\approx3.26$（m^2）

（13）博缝板地仗面积$=2.95\times2=5.90$（m^2）

125. 整砖剔补与半砖剔补有何不同？

解：整砖剔补指的是无论墙上的砖是条面还是丁面，都要将此砖全部剔除，并用新砖（整块砖）补砌。半砖剔补则是不要把旧砖全部剔除，将新整砖沿长度方向切开，将一块整砖切成两块条砖，或将一块整砖从腰部切断变成两个丁头，补砌在丁面，如图 8-35 所示。

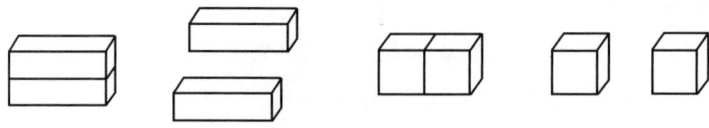

图 8-35 条砖半砖与丁砖半砖

126. 有某硬山式建筑三间，明间面宽为 3600mm，次间面宽为 3400mm，设计要求椽档按一椽 1.5 倍椽径排列，椽径为 110mm，求前檐檐椽的数量。

解：（1）三间面宽之和＝2×3.40＋3.60＝10.40（m）

（2）前檐檐椽数量＝10.40÷（0.11＋1.5×0.11）≈37.82≈38（根）

127. 有某硬山式民宅建筑五间，明间为 3800mm，次间面宽为 3600mm，稍间面宽为 3200mm，椽径为 100mm，按一椽二档排列椽子。前后檐头有多少根椽子？

解：（1）五间面宽之和＝2×（3.20＋3.60）＋3.80＝17.40（m）

（2）前后檐头椽子数量＝2×17.40÷（0.10＋2×0.10）＝2×58≈116（根）（取偶数）

128. 硬木（硬杂木）与红木的区别。

解：硬木是质地比较坚硬的木材。通常包括柞木、水曲柳、枣木、榆木、桦木等，松木类木材不属于硬木。硬木受自身生长条件限制，与松木类木材相比，其直径较小，可使用的有效长度较短，出材率相对较低。因此，松木的出材率折算系数不适用于硬木。

红木是质地坚硬、树种珍惜的稀有木材，分为五属八类，约二十九种。红木受生成环境的限制，直径相对硬木更小，有效使用长度更短，出材率极低。目前还没有出材率折算系数可供参考。红木多用于家具制作，古建内檐木装修偶见使用。

古建筑的角料，柱头科斗栱常选用硬木制作，平身科斗栱用红木制作。这时要调整硬木的出材率折算系数，调整硬木板枋材的单价，还要调整制作与安装时的用工量。

129. 假设硬木板枋材与原木折算系数为 2.98。水曲柳原木市场价格为 3500 元/m³，求角科五踩单翘单昂 80mm 斗口斗栱制安项目新的预算价格（人工暂按 110 元/工日考虑）。

解：（1）查定额子目：制作取定额编号 5-1043，安装取定额编号 5-1142。

（2）水曲柳折算后的板枋材价格＝3500×2.98×1.02＝10638.60（元/m³）

（3）人工工日调整

按定额相关信息推导出硬木与松木同类构件制作的人工变化系数。

以松木四抹槅扇（看面在 60mm 以内）制作，对应硬木四抹槅扇（看面在 60mm 以内）制作。

取松木定额编号 6-86，硬木定额编号 6-97，前者定额用工约是后者定额用工的 1.17 倍。

以松木五抹槅扇（看面 80mm 以内）制作，对应硬木五抹槅扇（看面在 80mm 以内）制作。

取松木定额编号 6-90，硬木定额编号 6-100，前者定额用工约是后者定额用工的 1.17 倍。

结论：硬木制作比松木制作用工减少 17%。

（4）斗栱制作换算后价格

① 定额编号 5-1043，扣除松木价格＝0.9352×1900≈1776.88（元）

② 新加入硬木价格＝0.9352×10638.60≈9949.22（元）

材料价格＝1805.39－1776.88＋9949.22＝9977.73（元）

③ 定额编号 5-1043，人工费调整＝2666.12×1.17≈3119.36（元）

④ 换算后的预算基价（机械费不做调整）＝3119.36＋9977.73＋191.28＝13288.37（元）

（5）斗栱安装的定额调整

① 无材料调整

② 定额编号 5-1142，人工费调整＝448.27×1.17≈524.48（元）

③ 换算后的安装预算基价（机械费暂不做调整）＝524.48＋4.48＋35.86＝564.82（元）

古建筑工程中若用硬木代替松木，不仅要对价格调整，还应调整相应的人工费。调整价格时，应使用硬木出材率的折算系数。

130. 原木体积的计算

解： 原木经木材厂初加工后，一般是有一定长度的圆柱体，圆柱体的体积等于截面面积乘以长度。原木的截面受自然生长因素影响为非标准的圆形，两端的面积不相等，一端面积大，一端面积小。要按《原木检验》GB/T 144—2013 的规定执行。

原木在计算体积时，应以小头（较细的一端）的面积为准，其直径要以通过圆心不规则圆形最大内接圆直径为准（不能取最小外切圆直径）。圆形截面的确定见图 8-36。

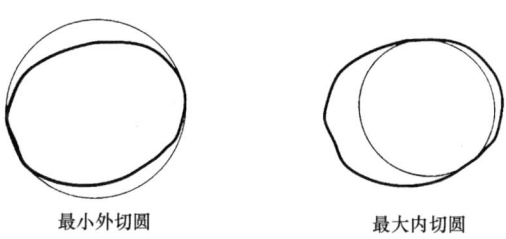

最小外切圆   最大内切圆

图 8-36　圆形截面的确定

从图 8-36 中我们可以看出：选取直径的方法不同势必造成体积计算值的偏差。根据计算机对图 8-36 模型分析计算，两者的偏差在±（15%～20%）。由此可见，科学合理掌握原木体积的计算，有助于木材用量的合理控制。如果各行业在原木体积计算时都统一使用国家标准，将对我们的建筑市场、建材市场起到积极意义。

131. 某新建六角亭经用料分析可知：木装修用板枋材为 0.45m³，松木规格料为 0.52m³；大木用原木为 1.680m³，板枋材为 3.22m³；椽望斗栱用板枋材为 2.18m³。本工程所用木材折合原木为多少立方米？

解： 按木材出材折算表计算

（1）装修：$0.45 \times 1.52 = 0.684$（m³），$0.52 \times 2.22 \approx 1.154$（m³）（松木）

（2）大木：原木 = 1.68m³，$3.22 \times 1.52 \approx 4.894$（m³）（板枋材）

（3）椽望斗栱：$2.18 \times 1.52 \approx 3.314$（m³）

（4）合计 = $0.684 + 1.154 + 1.680 + 4.894 + 3.314 = 11.726$（m³）

132. 毛石墙体拆砌项目如何确定预算基价？

解： 北京地区古建筑工程预算定额上册定额编号 1-451～1-455 涉及五个有关石墙拆砌子目，这五个定额基价不能被直接使用，因为这五个预算基价均是不完全价格，使用时应根据自身情况加以完善，形成新的预算基价。

查阅北京地区古建筑工程预算定额，主材花岗石的消耗量为 0，也就是说定额预算基价中并不含原材料的价格。那么，在使用这五个定额子目时，就要将主材消耗量与花岗石材料单价 650 元相乘，乘积与原预算基价相加，形成完整的新预算基价。定额编号 1-456～1-460 都是有花岗石或毛石消耗量的，将这个材料消耗量填入定额编号 1-451～1-455 对应的项目材料空缺处，就完成了材料量的补充，可求出新的、完整的预算基价。

以定额编号 1-451 为例，它对应定额编号 1-456，将定额编号 1-456 花岗石消耗量 1.0500 填入定额编号 1-451 材料消耗的括号内。

$1.0500 \times 650 = 682.50$（元），定额编号 1-451 完整的预算基价 = $348.26 + 682.50 = 1030.76$（元）

133. 哪些墙面的勾缝要单独再计算？墙面勾缝如何计算？

解： 传统工艺细砌的墙体（砖要经过二次加工后使用），在砌筑时已包括对灰缝的处理。这些墙主要指各种干摆墙、丝缝墙、淌白墙（含细淌白与糙淌白）。其他的各种墙体砌筑应单独计算勾缝。这些墙体主要有糙砌砖墙、方整石墙、毛石墙等。但如果这些墙体表面要求抹灰，抹灰要另行计算，此时不应计算勾缝。

勾缝以平方米为单位计算，扣除大于 0.5m² 的各种孔洞面积。墙面若非垂直于地面时，按墙面的斜长为高，求墙面真实面积。有些修缮项目，旧墙面风化脱落严重，单独依靠勾缝是不能解决问题的。设计文件往往要求对风化酥碱的砖表面进行处理，对灰缝要求串缝后再勾缝。

134. 如图 **8-37** 所示，某卡子墙，下肩做法为毛石清水墙凸缝。其他为小停泥糙砌，上身为小停泥糙砌，内外抹白靠骨灰，刷白色外墙涂料，墙头是 **3** 号板瓦花瓦心，墙帽做鹰不落，求各分项工程量。

解：（1）下肩毛石墙体积＝$4.50 \times 0.42 \times 0.80 \approx 1.51$（$m^3$）

（2）毛石勾凸缝面积＝$4.50 \times 0.80 \times 2 = 7.20$（$m^2$）

（3）小停泥糙砖墙体积＝$4.50 \times 0.38 \times (0.07 \times 4 + 1.50) \approx 3.04$（$m^3$）

（4）糙砖墙勾缝面积＝$4.50 \times 0.07 \times 4 \times 2 = 2.52$（$m^2$）

（5）小停泥糙砖一层直檐长＝$4.50 \times 2 \times 2 = 18$（m）

（6）花瓦墙帽面积＝$4.50 \times 0.24 = 1.08$（m^2）

（7）鹰不落墙顶长＝4.50（m）

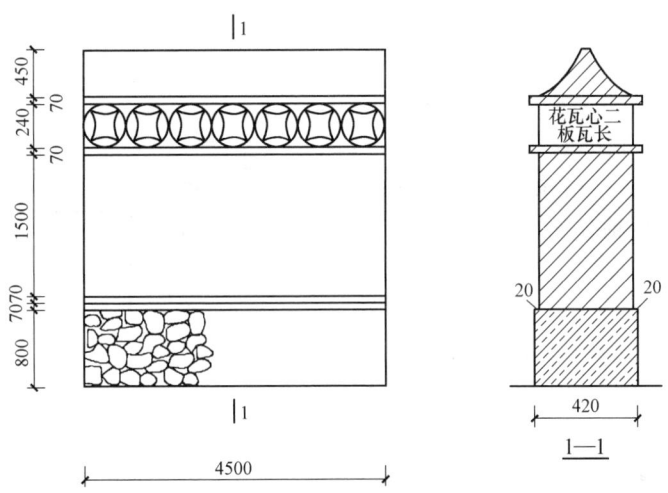

图 8-37　某卡子墙示意图

注意：3 号板瓦花瓦墙帽按进深方向的一个瓦长，以平方米为单位计算。3 号板瓦长约为 160mm，按水平长，乘以花瓦高，以面积计算，在选用定额时，应乘系数 2。

135. 某四角亭金柱顶石为 **600mm×600mm**，檐柱顶石为 **550mm×550mm**，金柱径为 **480mm**，檐柱径为 **440mm**，设计文件要求对旧柱顶石重新剁斧见新，求其工程量。

解： 柱顶石剁斧见新按柱顶石水平投影面积计算，不扣除木柱所占面积。金柱顶石面积＝$0.60 \times 0.60 \times 4 = 1.44$（$m^2$）

檐柱顶石面积＝$0.55 \times 0.55 \times 4 = 1.21$（$m^2$）

合计面积＝$1.44 + 1.21 = 2.65$（m^2）

136. 如何确定腰线石、均边石的截面尺寸？

解： 第一，设计文件明确注明腰线石、均边石的截面尺寸。

第二，均边石的高等于阶条石的高，可以借用阶条石的高度尺寸。均边石的宽如设计未标注，可以按 1.5 倍的高计算。腰线石的宽按 1.5 倍腰线石的高计算。

另外，定额子目中未设均边石的子目，按规定可执行腰线石定额。腰线石在建筑上的作用同阶条石，但不能执行阶条石定额。

137. 均边石属于山墙位置的阶条石，为何均边石不能执行阶条石定额?

解: 山墙位置的阶条石有两种情况，一种是山面与正面截面相同（如悬山式建筑敞轩），这时四面台基阶条石相同。另一种是山面有山墙，山墙压在均边石上，均边石只露明 1~2 寸，里面是墙体。在加工时只需将露明处磨细即可，因此，均边石与阶条石不同，不能执行同一定额。

138. 木柱如何计算地仗油饰面积?

解: 按柱侧面展开面积计算

（1）梅花柱按矩形截面周长乘以柱高，这里的柱高是从鼓径上皮至枋子下皮之高。

假设图 8-38 梁底标高为 2.50m，枋截面为 0.20m × 0.20m，梅花柱为 0.16m × 0.16m，求一根柱的地仗面积。

侧面展开为 4×0.16＝0.64（m），柱高为 2.50－0.20＝2.30（m），柱地仗面积为 0.64×2.30≈1.47（m²），这里的柱高取值是用柱高减去枋高。

（2）一般圆柱侧面展开计算方法相同。只不过侧面展开面积为直径乘以 3.14 或 2×半径×3.14，柱子计算方法与梅花柱相同。

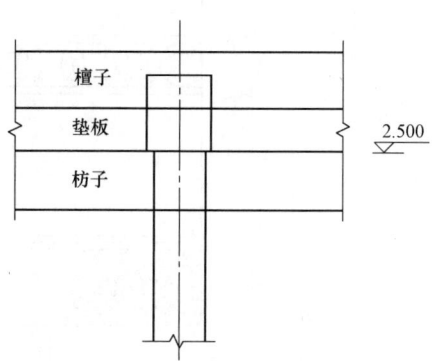

图 8-38　柱子高的确定

如遇山墙排山中柱是三步梁（或双步梁）时，柱高算至三步梁（或双步梁）的底皮。三步梁（或双步梁）以上的侧面展开面积是上架面积。上架面积的柱高上端应计算至脊檩底皮。各种柱子的截面因有其他构件叠压，故不计算面积。

（3）瓜柱（或柁墩）侧面展开的计算

1）截面呈矩形的瓜柱，见图 8-39（a），侧面展开周长＝2×(a+b)

侧面展开面积＝h×[2×(a+b)]

2）截面呈圆形的瓜柱，见图 8-40（b）

侧面展开周长＝π×D 或 π×(2R)

侧面展开面积＝h×πD 或 h×π×2R

3）柁墩示意图，见图 8-40，柁墩就是截面呈矩形的矮瓜柱，其高度 h 小于 a 或 b，计算方法与矩形瓜柱相同。

雷公柱、悬垂柱、草架柱、童柱虽被称为柱，但这些构件应被归为上架木构件。

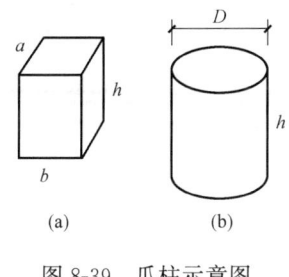

图 8-39　瓜柱示意图

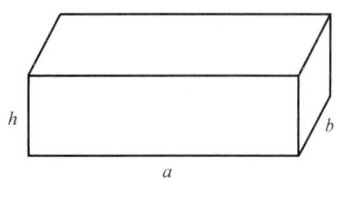

图 8-40　柁墩示意图

139. 如何计算五架梁的地仗油饰面积？

解：五架梁多为矩形截面，被两根柱子支撑，地仗油饰面积就是五架梁三个面的面积之和。这三个面积是一个梁底面积加两个梁侧帮面积。梁的截面标注数值可反映出梁高与梁宽的尺寸。比如，梁截面标注为 300×360，就表示梁宽为 300mm，梁高为 360mm。再比如，梁截面标注为 380×320，就表示梁宽为 320mm，梁高为 380mm，通常情况下梁高要大于梁宽。无论如何标注，我们应该以比较大的值为梁高，较小的值为梁宽。

梁长取五架梁的实际长度。

如图 8-41 所示，Ⓐ和Ⓑ间距代表柱子中心间距，也代表多个步架之和。

梁长＝2D＋AB

从檩子中心线至梁头长为 1 倍檩径 D

五架梁地仗油饰面积＝（2D＋AB）×
(0.45＋0.45＋0.37)

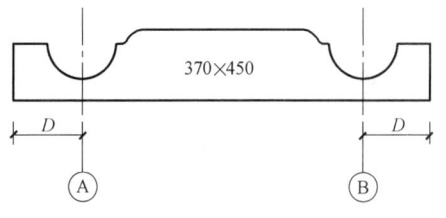

图 8-41　梁长示意图

计算五架梁面积时，以梁的最大截面面积尺寸为准，不是梁头尺寸。不扣除檩椀所占面积，梁端头的截面上虽有地仗油饰彩画，但不能计算这个面积。

古建筑中的月梁、三架梁、四架梁、五架梁、六架梁、七架梁……的地仗油饰彩画面积与五架梁面积计算方法相同。

如果五架梁下有五架随梁，随梁顶面与五架梁底相接触的面积，在五架梁面积中要被扣除，随梁另行计算。

140. 随梁、跨空枋地仗面积的计算。

解：随梁、跨空枋位于主梁的下边，与主梁平行，随梁与主梁相互叠压，跨空枋与主梁底留有一定距离。在计算两者面积时，都是计算两个侧帮面积和底面积。跨空枋随梁是做半榫与柱连接，此时长度取柱中至柱中之距或多个步架长之和，不是取柱间净距尺寸。

141. 计算柱子地仗面积时，如何确定柱子的根数？

解：(1) 游廊、攒尖建筑的亭子，如无围护墙，木作时柱子的数量就是计算面积时的数量。

（2）硬山式建筑或有围护墙时，要掌握趋于合理的原则。既不能多计算，又不可以少计算。硬山式建筑中许多柱子被墙体部分包裹，只是露明的部分要做地仗，这时可以将几根柱子合并按1根柱子考虑。尽可能合理地确定柱子的根数。假设三间硬山式建筑有廊步，按8根柱子计算比较合理，三间硬山式建筑无廊步，按4根柱子计算比较合理，切不可按实际柱子的根数计算。

142. 三步梁、双步梁、单步梁地仗面积的计算。

解：从计算规则上讲，梁是按三个面的展开面积之和计算。但是三步梁、双步梁、单步梁位于墙头上，许多面积被山墙包裹，只需在露明面做地仗。三步梁、双步梁、单步梁在无吊顶的情况下会有一个侧帮露明，另一个侧帮和梁底多被包裹在山墙里，此时只需要计算一个侧帮的面积。如果梁底稍有些露明，最多可按梁底面积的四分之一计算。三步梁、双步梁、单步梁多对称设置，计算面积时要考虑对称关系，三步梁、双步梁、单步梁的长度不同于五架梁的长度，它们的前端与五架梁前端相同，但后尾是插入排山中柱的，后尾的截止点就是排山中柱的中心线。那么三步梁的梁长为三个步架之和加一个檩径，双步梁的梁长为两个步架加一个檩径，单步梁长为一个步架加一个檩径。

143. 如何计算圆檩地仗面积？

解：（1）侧面展开的计算

檩截面呈标准的圆形，圆形构件的侧面展开周长是直径×π或2×半径×π。

檩因所在位置不同，有时在其上下要加工出金盘线，所谓金盘就是加工出一个小平台，金盘位置无需做地仗，因此计算檩展开面积时要扣除金盘所占面积。

金盘线的宽可取檩径的四分之一扣除。假定檩径为280mm，圆形展开周长为$0.28×π≈0.88$（m），扣除上金盘宽$\frac{1}{4}×0.28=0.07$（m），则扣除上金盘后檩的展开周长为$0.88-0.07=0.81$（m）。

檩与垫板、枋连接时，垫板厚度和枋宽度所占压的面积也要被扣除。

搭交檩计算面积时，不对檩的两个端头截面计算面积。但搭交出头的长度要在计算檩长时考虑进去。

（2）圆檩长度的计算

1）一般情况下，檩长就是轴线间距。

2）搭交檩长的计算：将搭交出头的长计入长度内，每个搭交檩头的长从柱中心向外加出1.5倍檩径。有时檩一端搭交，檩子另一端非搭交，有时檩两端均搭交。单檐四角亭的檐檩两端均为搭交，此时，檩长就是柱中至柱中尺寸再加3倍檩径的长。

在图8-42中，四角亭的4根檐檩就是两端均为搭交关系的檩。在图8-43中，A是一端带搭交檩头的檩，另一端为普通檩。B是两端带搭交檩头的檩，C是无搭交关系的普通檩。

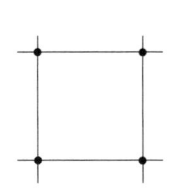

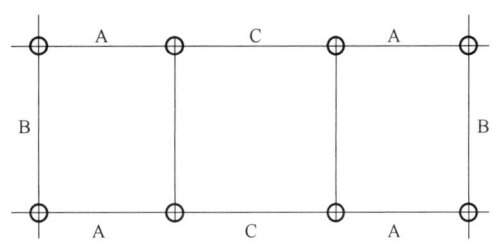

图 8-42　搭交檩示意图　　　　　　　　图 8-43　搭交檩与普通檩示意图

3）悬山式建筑出稍檩长的计算：檩长算至博缝板外皮，出稍尺寸为 8 倍椽径。如图 8-44 所示，8 倍椽径指的是从柱中心向外至博缝板中心的 8 倍椽径。通常博缝板厚为 1 倍椽径，从博缝板中心至博缝板外皮是 0.5 倍椽径。也就是说，悬山式建筑从排山梁架中心至博缝板外皮是 8.5 倍椽径。悬山出稍为对称设置，左边出稍 8.5 倍椽径，右边出稍 8.5 倍椽径，合计出稍是 17 倍椽径。悬山式建筑的檩长就是各间轴线之和再加上 17 倍椽径。

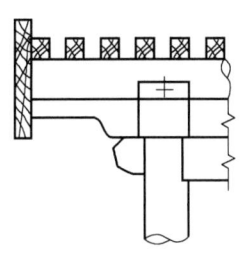

图 8-44　悬山出稍示意图

4）硬山式建筑两端各间檩长的计算：按照计算规则要求，硬山式建筑两端各间的檩长不是轴线间距，一端从轴线算起，另一端要超过轴线，计算到排山梁架的外皮截止。轴线就是排山梁架中线。从排上梁架中线至排山梁架外皮之距是二分之一梁宽，那么，檩的实际长度就是轴线间距再加二分之一梁宽。因为在一般情况下，檩的长度是以轴线尺寸为准的，一根檩的截止点就是相邻檩的起点。

以硬山式五间房为例，面宽方向有 5 根檐檩，我们可以将它们想象成为一根通长不间断的檩。这时檩长就是五间面宽轴线尺寸之和，再加上 2 倍的二分之一梁宽。

结论：硬山式建筑面宽方向的檩长度是各间面宽尺寸之和，再加上一个梁宽。若硬山式建筑是七梁架，檩长乘以 7 就是此硬山式建筑所有的檩长。若檩径不同时，要分别计算各自的长度。

5）圆檩地仗面积计算有圆檩侧面展开尺寸，有圆檩长，圆檩地仗面积＝圆檩侧面展开尺寸×圆檩长

144. 垫板、由额垫板地仗面积的计算。

解：小式建筑称垫板，大式建筑称由额垫板，虽称呼不同，但属于同一类构件。垫板、由额垫板因所在建筑上的位置原因，只有两个立面露明，需做地仗油饰。我们只要将露明的里外面积计算出来即可。

垫板面积计算原则是露明高（构件自身高）乘以垫板长。假如垫板标注尺寸为 60×180 或 140×50，其中的 180 和 140 就是垫板的高度尺寸（单位 mm）。垫板的长取各向轴线尺寸，我们仍然可以假想各间垫板是一块通长的板，不需要对每间单独计算。

在一檩三件结构中，中间的构件就是垫板；在一檩二件结构中，底下的构件不是垫

板，是枋，要按枋类计算。

145. 枋类构件地仗面积的计算。

解：枋类构件（图 8-45）与梁类构件计算方法相同，也是三个面积之和（两个侧帮面积加枋底面积）。

檐枋、金枋有木装修时，应扣除上槛顶面与枋底叠压的面积。但游廊檐枋下若安装倒挂楣子，则不扣除楣子上抹与檐枋叠压的面积。

坐斗枋（也称平板枋）只计算露明的两个立面面积。

斗栱外拽的挑檐枋里侧面不做地仗，不需计算底面面积。挑檐枋的外立面按高乘以长计算面积。

斗栱正心枋里外各立面，拽枋的底面、外面（正面）的面积，不需要被单独计算。

一般枋类的长，按轴线间距计算。带有搭交关系的枋，要将搭交出头计入枋长内（如一端或两端带有三岔头的箍头枋和一端或两端带有霸王拳的箍头枋）。

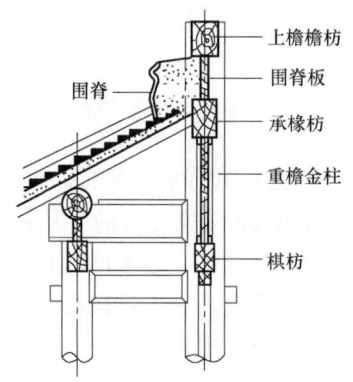

上檐檐枋
围脊板
承椽枋
重檐金柱
拱枋

围脊

图 8-45　枋类构件

穿插枋在柱外的榫头不计算面积，穿插枋长取廊步架尺寸。

大式建筑常用霸王拳，小式建筑常用三岔头，两者的出头长度是不相同的。设计图纸也不会标注三岔头或霸王拳出头的长，但计算长度时，应计算出头长。

无论是三岔头，还是霸王拳，按出头时的长度乘以枋的截面展开尺寸计算地仗面积。枋出头的折线、曲线不被考虑。

146. 长趴梁、短趴梁、抹角梁地仗面积的计算。

解：长趴梁、短趴梁、抹角梁的面积是用梁的三个面展开之和，乘以梁长，以平方米为单位计算。梁长有其特殊性，与五架梁不同，长趴梁一般趴在檐檩或斗栱的正心桁上，长趴梁头做成梯子榫，压在檐檩或斗栱的正心桁上。长趴梁的端头至檩子外金盘截止。

短趴梁一般趴在长趴梁上，短趴梁的长按长趴梁中心至中心的长即可，短趴梁端头做成燕尾榫，上皮与长趴梁平齐。

抹角梁一般用在转角处，抹角梁在直角转角处的长等于直角边长的 $\sqrt{2}$ 倍（约 1.414 倍），但抹角梁与长趴梁一样，要搭过檩中线至外金盘截止。

147. 一些特殊的梁如何计算体积。

解：图 8-46 显示的梁比较特殊，前端被柱支撑，尾端插入金柱。这种梁的体积仍然是截面面积乘以梁长，但此梁长不同于七架梁或五架梁梁长的算法，图 8-46（a）的梁横跨为五个步架，这时的梁长＝五个步架尺寸之和＋檩径。

图 8-46（b）显示的梁与上面的梁形式相同，梁长同理是三个步架尺寸之和＋檩径

斜梁是位于直角转角处的梁，有斜七架梁、五架梁、四架梁或斜抱头梁等。

这类梁计算长度时，后尾计算到柱中心，前端加一个檩径× $\sqrt{2}$ ，再加上正身梁架柱

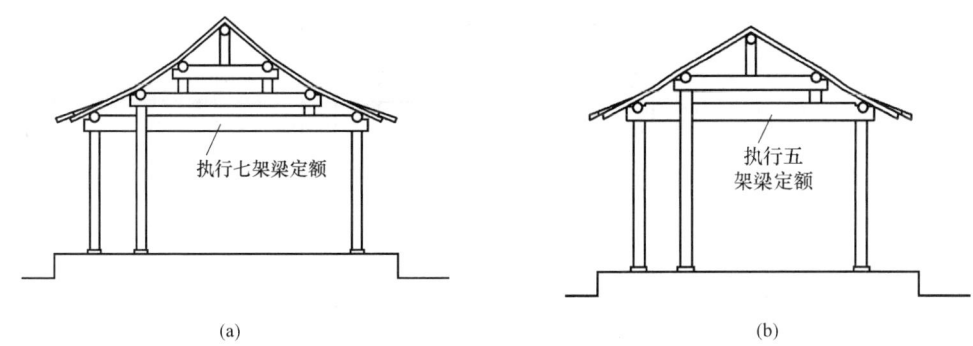

图 8-46 特殊梁的梁长

中到柱中尺寸$\times\sqrt{2}$，梁长＝（各步架尺寸之和＋檩径）$\times\sqrt{2}$

注意，梁头加一个檩径，要考虑加斜系数$\sqrt{2}$。

148. 为何计算地仗面积时，不能计算檩子梁的端头。

解： 在多数情况下，檩子梁的端头并不露明，不涉及地仗等工艺。但当檩子做搭交檩时，两个搭交头的檩子端头均露明，且做地仗油饰。在计算这类檩长时，二檩相互搭接咬合的位置并未被扣除，已计算在展开面积内，故搭交节点未扣，端头截面也不增加，相互抵消。

149. 某单檐四角亭，柱径为 **320mm**，柱高为 **3600mm**，檐枋为 **260mm×320mm**，求柱地仗面积。

解：（1）鼓径高

当柱径为 0.32m 时，鼓径高为 1/5 檐柱径，鼓径高＝$\frac{1}{5}\times0.32\approx0.06$（m）

（2）下架柱高

下架柱高＝3.60－0.32－0.06＝3.22（m）

（3）柱地仗面积

柱地仗面积＝3.22×（π×0.32）×4≈12.94（m²）

150. 如图 8-47 所示，在四角亭平面示意图中，求阶条石、柱顶石、细墁地面工程量，求生桐油使用量。

解：（1）阶条石长＝4×（0.80＋3.60＋0.80）＝20.80（m）

阶条石体积＝20.80×0.44×0.13≈1.19（m³）

（2）柱础石体积＝0.60×0.60×0.30×4≈0.43（m³）

（3）尺四方砖地面面积

台基阶条石里侧至另一侧台阶阶条石长＝5.20－2×0.44＝4.32（m）

地面面积＝4.32×4.32≈18.66（m²）

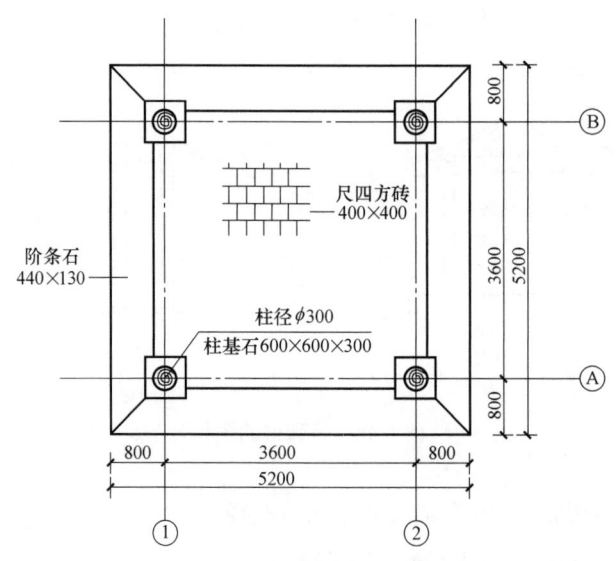

图 8-47 四角亭平面示意图

（4）求钻生桐油数量

查古建筑定额编号 2-103，从材料消耗量可知，每平方米地面钻生耗用 0.52kg 生桐油。亭内地面生桐油使用量＝18.66×0.52≈9.70（kg）

注：此类转角做成割角形式的阶条石，长按长边的长计算，不能按梯形计算。

151. 如何正确理解和执行木望板勾缝。

解：木望板在钉安过程中，不可避免地产生横缝与碰头缝，要将其控制在质量合格标准范围内。当木望板上用现代材料做防水层时，要先对这些缝隙用小麻刀灰勾抹严实，防止防水材料流坠到木望板底部，然后再做护板灰、防水层。传统屋面的防水层有青灰背，青灰背下面是传统泥背保温层，再下面是护板灰，护板灰下就是木望板，无须对木望板进行勾缝。即使有木望板勾缝，它也被包含在抹护板灰做法中。因此，只有屋面用现代材料做防水层时，才能发生木望板勾缝，按传统工艺是不允许计算此项费用的。

152. 楼梯休息平台地仗面积的计算。

解：木楼梯做地仗油饰设有休息平台时，会产生梅花柱、木梁枋、平台板等构件。休息平台不能按投影面积计算，要按梅花柱展开面积计算。梁枋按楞木展开面积计算，休息平台板按木楼梯上下面面积计算。

153. 在木作工程中，如何做到对斗栱的全面计量？

解：（1）斗栱的计量是最容易的，将斗栱分为柱头科、角科、平身科三类。以整攒为单位在建筑立面图中数出斗栱数量。

（2）因斗栱制作与安装时分别计算价格，所以每种斗栱都会发生制作与安装两个分项。

（3）斗栱制作不包括附件的制作，而斗栱安装又包括附件的安装。因此，对斗栱的附件还应计算制作项目。斗栱的附件主要有垫栱板、枋、盖斗板等。每类斗栱附件分类如下：

1）昂翘斗栱、平座斗栱、镏金斗栱正心及外拽附件制作包括正心枋、外拽枋、挑檐枋及外拽盖（斜）斗板等制作。

2）昂翘斗栱、平座斗栱、里拽附件制作包括里拽枋、井口枋及里拽盖（斜）斗板的制作。

3）内里品字斗栱正心附件制作包括正心枋制作。

4）内里品字斗栱里外拽附件制作包括里外拽枋、井口枋及里外拽盖（斜）斗板的制作。

5）牌楼斗栱正心及两拽附件制作包括正心枋、拽枋及盖（斜）斗板制作。

6）斗栱附件制作安装均不包括正心桁、挑檐桁的制作与安装。

154. 古建筑维修中，对拼攒构件如何计算？

解： 拼攒构件一般比较少见，计算规则与非拼攒构件一致，但不能直接套用定额计算价格。

计价原则应实事求是，分析出人工、材料、机械费的实际消耗。将测算出该构件的价格作为补充定额。也可以根据测算发生的价格，参照对应非拼攒构件的定额子目，用实际发生价格除以借鉴定额的预算基价，求出一个折算系数。将正式定额与折算系数结合，如实反映拼攒构件的价格。

155. 牌楼斗栱如遇半攒斗栱时，应如何确定工程量？

解： 牌楼斗栱有时在坠博缝相邻位置，在立面图上会看到半攒斗栱。斗栱的计算单位是攒，但半攒斗栱绝对不能按整攒斗栱的一半计算，不能将两个半攒斗栱合并统计为一攒。按定额相关计算规则推算，借用其他子目以两面做为准，若只做一面时，乘以0.65系数折算，牌楼斗栱若出现立面半攒时，宜按整攒斗栱乘以0.65系数折算。

156. 硬山搁檩时檩长的计算。

解： 在设有柱梁的情况下，檩长是轴线间距（面宽尺寸），加上二分之一排山大坨的宽度。在排山梁架时，将这根檩做巴掌头，搭到柁外皮。硬山搁檩，当设计要求搭入墙内时，按设计要求确定檩长；当设计无要求时，仍按此规则确定檩长。排山梁架不设柁，柁宽尺寸可参照其他柁宽尺寸计算。但无论有何种要求，檩搭在墙上的长都不能小于18mm，18mm是满足安全和构造的最小数值。

157. 有硬山搁檩做法时，多在檩下放置一块檩垫，檩垫的体积如何计算？檩垫借用什么构件的定额较为合理？

解： 檩垫就是截面呈矩形的长方木，体积按矩形截面面积乘以长，以立方米为单位计算。

檩垫的作用同古建筑中的柁墩。因此可借用柁墩定额执行。

158. 计算斗栱间垫栱板地仗、油饰、彩画的面积。

解：除牌楼斗栱外，一般相邻两攒斗栱之间要封堵一块木板，也就是垫栱板。垫栱板根据斗栱出踩的多少，有高低之分，是一个不规则的、有对称关系的三角形。不用计算垫栱板的面积，查阅斗栱展开面积表，结合斗口数据，即可得到垫栱板的面积。斗栱展开面积表中的面积是单面面积，若里外侧均做地仗油饰或彩画，还要乘以 2。垫栱板的数量按每两攒斗栱间设置一块为准。垫栱板面积应被归入上架面积内。

159. 计算门枨、通连楹的长度。

解：门枨、通连楹（图 8-48）被设置在门的上方，室内一侧，多被安置在中槛或上槛，是用于门扇开启的一个构件。设计图中，很少能准确地表示门枨、通连楹的截面尺寸和长度。如设计文件表述不详，可按抱框的截面尺寸确定它们的大小，长按所在面宽轴线尺寸确定。

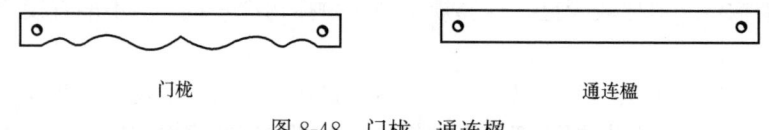

门枨　　　　　　　　　　　　　　通连楹

图 8-48　门枨、通连楹

160. 计算传统古建筑木槅扇、槛窗制安时，最容易被忽略的木构件有哪些？

解：最容易被忽略的木构件有：钉在下槛里侧的单楹、连二楹，中槛或上槛里侧的门枨或通连楹，槅扇、槛窗的栓杆。这些木构件往往在设计文件上表示不全或没有表示，但在实际施工中又是必须使用的木构件。槅扇、槛窗的附件见图 8-49。

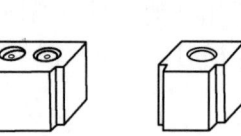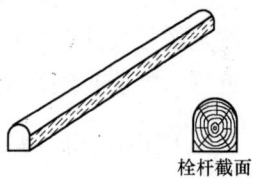

栓杆截面

图 8-49　槅扇槛窗的附件

161. 如何确定槅扇、槛窗栓杆的长度？

解：槅扇栓杆和槛窗栓杆按长度可分为多类，每类长度相差 500mm，设计文件几乎不标注栓杆的长，全凭造价人员按传统方式自行确定。首先，栓杆长不能按槅扇和槛窗自身高确定，在实际工程中，门槛多紧贴室内地面安装，唯独下槛的看面尺寸远远大于中槛、上槛、抱框的看面尺寸，这就使槅扇、槛窗的下抹下皮至门槛有较大的一段距离。其次，门枨和通连楹多被安在中槛或上槛，门枨、通连楹自身有一个高度（高度与槛框厚相同），栓杆在静置时是要略高出门枨、通连楹上皮。静置时的栓杆顶部与槅扇、槛窗也有一定的距离。这些距离加上槅扇、槛窗自身全高就是栓杆的长。

通常情况下，槅扇、槛窗栓杆长＝槅扇、槛窗自身全高＋500mm。当栓杆计算长度为 2.3m 时，适用栓杆长为 2.5m 的定额；当栓杆计算长度为 3.05m 时，适用栓杆长为 3.5m 的定额，以此类推。

162. 某路宽为 2500mm，长为 75000m。拆除兰机砖地面，原做法、新做法如图 8-50 所示，地面标高不变，计算各分项工程量。

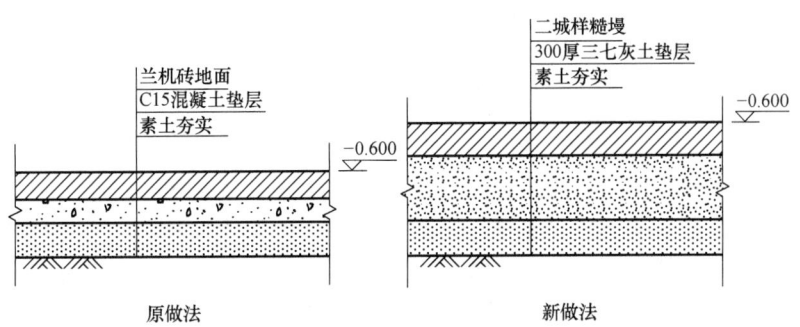

图 8-50　某路原做法、新做法示意图

解：（1）拆除兰机砖地面面积＝75×2.50＝187.50（m²）

（2）拆除 80 厚 C15 垫层体积＝75×2.50×0.08＝15（m³）

（3）降低地面挖土：查定额可知，兰机砖下的结合层厚度为 30mm 旧地面厚度，为面层厚加结合层厚，加垫层厚。

旧路厚度＝0.053＋0.03＋0.08＝0.163（m）（素土夯实上皮标高为－0.763）

新路厚度为 112mm 的二城样砖厚，加 30 结合层厚，再加 300 厚灰土垫层（素土夯实上皮标高为－1.042）

需要向下挖土深度＝1.042－0.763≈0.28（m）

路下挖土方＝2.50×75×0.28＝52.50（m³）

（4）三七灰土垫层体积＝2.50×75×0.30＝56.25（m³）

（5）糙墁二城样路体积＝2.50×75＝187.50（m³）

（6）渣土外运（查渣土发生量表）：

原垫层体积＝1.30×15＝19.50（m³）

挖土弃土体积＝1.35×52.50≈70.88（m³）

渣土外运体积合计＝19.50＋70.88＝90.38（m³）

163. 房屋的全部拆除计算中，应注意哪些问题？

解：这里的全部拆除包括整个房屋的屋面木构架、墙身、木装修的拆除，也称全房拆除。全房拆除按建筑面积计算，单层房屋按台基外边线所围面积计算。拆除工作包括将有利用价值的砖石、瓦、木构件等的完好拆除，渣土废弃物原地成堆待运。

计算中应特别注意无论台基有多高，全房拆除仅指台基上皮以上的全部拆除，不含地面、台基、台阶、散水、月台的拆除。无台基时按房屋外墙外皮所围面积计算。

164. 有某三间硬山式建筑，设计文件要求打牮拨正，此时会产生哪些分项工作内容？

解：单一仅做打牮拨正的情况并不多见，但就此问题会产生如下分项工作内容：

拆屋脊、拆瓦面、拆泥灰背、拆椽望木基层、拆木装修、拆柱门墙。如有木构件加固铁件也要被拆除。

完成上述工作后才能对大木进行打牮拨正，打牮拨正后对上述拆除工作均应一一恢复。打牮拨正之前，有很多前提工作要完成。打牮拨正多用于小型民宅和结构简单的建筑，结构复杂的多层建筑不宜用打牮拨正，即使有，也多见于小范围的局部拨正。

当屋面存在木基层、木装修未被拆除，围护墙尚存时，不能进行打牮拨正。

165. 使用建设单位的旧木料施工，如何计算工程量？

解：使用建设单位的旧木料施工，可以有效地降低工程造价，特别是一些旧木构件经加工再利用后，旧木料含水率很低，变形稳定，对计算工程量有很大好处。

施工单位使用建设单位的旧木料，要有一个领取旧木料的手续，每根旧木料要注明规格尺寸后，计算领取旧木料的数量，这个数量并非最终经改造加工后使用在建筑物上的实际数量。施工单位要根据旧木料的大小、规格选择最合适的构件。在构件制作过程中不可避免地出现下脚料，因此，旧构件的体积一定要大于新构件的体积。双方在最终结算时，究竟按哪个体积做退料呢？

其实，最终退料的体积应以利用旧木料后加工成成品构件的体积计算。两者之间的体积差，正是我们在定额材料消耗中的合理消耗。施工单位在利用旧木料上应本着节约原则，尽量让旧构件的截面与新构件截面近似，充分发挥旧构件的最大利用率，为建设单位降低工程造价。

166. 工程量清单模式下的招标投标工程，工程量的偏差责任应由谁负责？为什么？

解：工程量清单模式下的招标投标工程，投标人在投标阶段若对工程量产生疑问，是不允许对工程量做出任何修改的。投标人只能选择确定综合单价或放弃投标。

一旦中标后，中标人对工程量产生疑问，可以凭设计文件、设计说明，与监理人员按照规定的计量方法核对工程量。当确认工程量出现偏差时，责任在发包人。监理人员应当本着实事求是的原则与承包人办理工程量确认单。

167. 如何确定攒尖建筑雷公柱的高与截面面积？

解：攒尖雷公柱有设计高时按设计尺寸定高，无设计尺寸时可按 7 倍的柱径（雷公柱径）计算高。此高不含宝顶桩，如宝顶桩与雷公柱连作，宝顶桩高取宝顶座高加上宝顶珠高。攒尖雷公柱的截面形状同建筑台基平面形状。如五角亭雷公柱截面为正五边形，八角亭雷公柱截面为正八边形，但在计算体积时，无论截面为几边形，均按外接圆面积计算。当宝顶桩截面面积小于雷公柱截面面积时，仍按雷公柱截面面积计算连作时的体积。

168. 当亭子为八角亭时，求证一些重要的几何关系。

解：当亭子为八角亭时，如图 8-51 所示，设 AB＝金檩中心，CD＝檐檩中心，JL＝KM＝檐檩平出，LN＝MO＝飞檩平出，AJ＝BK＝檐步架，NP＝OQ＝翼角冲出三个椽径。

在 $\triangle ARP$ 中，$\angle ARP = 67.5°$

$$\text{ctg}67.5° = \frac{RP}{AP}$$

$$RP = \text{ctg}67.5° \times AP$$

$$AP = AJ + JL + LN + NP, \quad RS = RP + PQ + QS$$

当 $AP = 1$ 时，则有 $\sin 67.5° = \frac{AP}{AR}$，$AR = \frac{AP}{\sin 67.5°} \approx \frac{1}{0.9239} \approx 1.0824$

即 $AP = 1$ 时，AR 取 1.0824，则 $RP = \sqrt{1.0824^2 - 1^2} \approx 0.4142$

结论：八角亭时，三角形边长关系如图 8-52 所示。

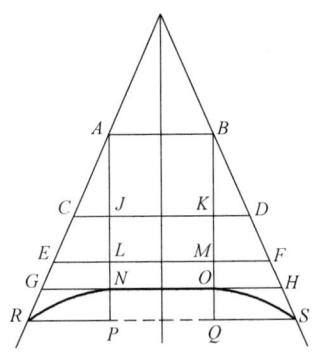

图 8-51　八角亭角度变化几何关系

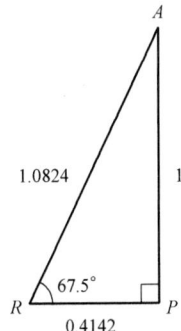

图 8-52　八角亭边长的几何关系

169. 当亭子为六角亭时，求证一些重要的几何关系。

解： 当亭子为六角亭时，求仔角梁端点中心至另一侧仔角梁端点中心之长。

如图 8-53 所示，设 $AB = $ 金檩中，$RS = $ 檐檩中，$CD = $ 檐椽出挑端线，EF 为飞椽出挑端线，$AG = BK = $ 角梁仔角梁中心线，$MH = NJ = $ 翼角冲出的 3 倍椽径，$AT = $ 檐步架 $= BU$，$TP = UQ = $ 檐椽平出，$PM = QN = $ 飞椽平出。

在 $\triangle AGH$ 中，$\angle AGH = 60°$，

$$\text{ctg}60° = \frac{GH}{AH}, \quad GH = \text{ctg}60° \times AH$$

$GH = JK = $ 起翘段的水平长，$HJ = $ 檐椽平直段的长

$$GK = GH + HJ + JK = 2GH + HJ$$

在 $\triangle AGH$ 中，假设 $AH = 1$，则有 $\sin 60° = \frac{AH}{AG}$；

$$AG = \frac{AH}{\sin 60°} \approx \frac{1}{0.866} \approx 1.1547$$

又知 $\triangle AGH$ 中，$AG = 1.1547$，$AH = 1$ 时

$$GH = \sqrt{1.1547^2 - 1^2} \approx 0.5773$$

结论：六角亭时，三角形边长关系如图 8-54 所示。

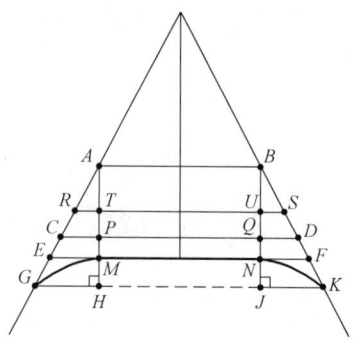

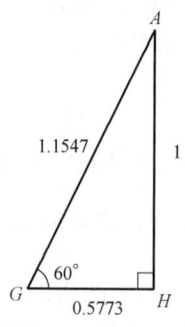

图 8-53　六角亭角度变化几何关系　　　　图 8-54　六角亭形边长的几何关系

170. 古建筑常用三角函数表。

解：见表 8-3。

古建筑常用三角函数表　　　　　　　　　表 8-3

角度	三角函数 sin 对应值	三角函数 cos 对应值	三角函数 tg 对应值	三角函数 ctg 对应值
30°	0.5000	0.8660	0.5774	1.7321
36°	0.5878	0.8090	0.7265	1.3764
45°	0.7071	0.7071	1.0000	1.0000
54°	0.8090	0.5878	1.3764	0.7265
60°	0.8660	0.5000	1.7320	0.5774
67.5°	0.9239	0.3827	2.4142	0.4142
72°	0.9511	0.3090	3.0777	0.3249
90°	1.0000	0.0000	$+\infty$	0.0000

171. 某墙厚度是 520mm，一侧外皮为小停泥干摆，衬里墙为小停泥糙砌，求衬里墙的厚度。

解：衬里墙初步厚度＝520－144 ＝376（mm）

小停泥砖长为 288mm，1.25 倍砖长为 360mm，1.5 倍砖长为 432mm，衬里墙厚度取 432mm（厚度在两者之间时数值取较大者）。

参 考 文 献

[1] 马炳坚. 中国古建筑木作营造技术 [M]. 北京：科学出版社，2003.
[2] 刘大可. 中国古建筑瓦石营法 [M]. 北京：中国建筑工业出版社，1993.
[3] 边精一. 中国古建筑油漆彩画 [M]. 北京：中国建材工业出版社，2007.
[4] 姜振鹏. 传统建筑木装修 [M]. 北京：机械工业出版社，2004.
[5] 田永复. 中国园林建筑工程预算 [M]. 北京：中国建筑工业出版社，2003.
[6] 田永复. 中国仿古建筑设计 [M]. 北京：化学工业出版社，2008.
[7] 何俊寿. 中国建筑彩画图集（修订版）[M]. 天津：天津大学出版社，2006.